教育部高等学校轻工与食品学科教学指导委员会推荐教材
"十三五"江苏省高等学校重点教材

油料科学原理
（第二版）

Principle of Oils and Fats (Second Edition)

主 编 王兴国
副主编 金青哲 刘元法 黄健花

中国轻工业出版社

图书在版编目（CIP）数据

油料科学原理/王兴国主编 . —2 版 . —北京：中国轻工业出版社，2020. 8

教育部高等学校轻工与食品学科教学指导委员会推荐教材

ISBN 978 - 7 - 5184 - 1493 - 2

Ⅰ. ①油…　Ⅱ. ①王…　Ⅲ. ①食用油—高等学校—教材　Ⅳ. ①TS225

中国版本图书馆 CIP 数据核字（2017）第 162239 号

责任编辑：张　靓　　责任终审：张乃柬　　封面设计：锋尚设计

版式设计：王超男　　责任校对：晋　洁　　责任监印：张　可

出版发行：中国轻工业出版社（北京东长安街 6 号，邮编：100740）

印　　刷：三河市万龙印装有限公司

经　　销：各地新华书店

版　　次：2020 年 8 月第 2 版第 2 次印刷

开　　本：787 × 1092　1/16　印张：20. 5

字　　数：460 千字

书　　号：ISBN 978-7-5184-1493-2　定价：58. 00 元

邮购电话：010 - 65241695

发行电话：010 - 85119835　传真：85113293

网　　址：http：//www. chlip. com. cn

Email：club@ chlip. com. cn

如发现图书残缺请与我社邮购联系调换

200931J1C202ZBW

第二版前言

油脂是人类食物中不可缺少的重要成分，其主要功能是提供热量，并提供人体必需而又不能自行合成的必需脂肪酸和各种脂溶性维生素，缺乏这些物质，人体就会产生多种疾病，甚至危及生命。作为食品加工的重要原辅料，油脂赋予食品良好的口感、风味和形态。除此之外，油脂还有多种重要的工业用途。

油料和油脂科学涉及生物、化学、营养、医学、物理、机械等多门学科，自从20世纪50~60年代以来，由于科学仪器和实验技术的发展，人们对油料、油脂及其相关成分的研究不断深入，使学科得以迅速发展，现在它不仅仅是为油脂产品加工服务的专业基础科学，而且逐渐与生命科学融合起来，并渗透到食品、化工、医药、生态环境和能源等多个领域，形成了内容庞大、结构完整的科学体系。

本书第一版编写始于2006年，于2011年出版。自第一版出版至今，油料和油脂科学已经取得了许多新的进展，食用油脂与心脑血管疾病、糖尿病和肥胖等慢性疾病的关系越来越受到关注。为此，本次修订版丰富和完善了相关内容，适当调整了结构，并改正了第一版存在的一些错误。由于是在第一版基础上完成的，因此修订版也凝集着第一版作者的大量心血与劳动，在此表示感谢。

参加本书第一版编写的有王兴国（第一~三章）、金青哲（第六、十一、十二章）、刘元法（第四、五章）、狄济乐（第七章）、华聘聘（第八章）、华欲飞和孔祥珍（第九章）、裘爱泳和单良（第十章），全书由王兴国、金青哲、单良统稿。参加第二版编写的有王兴国（第一~三章）、金青哲（第六、十章）、刘元法和黄健花（第四、五章）、邹孝强和王小三（第七章）、黄健花（第八章）、华欲飞和孔祥珍（第九章）、刘睿杰（第十一章）和常明（第十二章），全书由王兴国、金青哲、黄健花统稿。江南大学食品学院的博士研究生郑立友、金俊、谢丹等参加了相关编写工作，在此表示感谢。

编写过程中，参考和引用了有关论著及期刊论文中的部分资料，在此一并表示感谢。

江南大学食品学院油脂研究室的部分博士研究生和硕士研究生参加了文献整理、图表绘制和编写工作，他们是：孙尚德、孟宗、邹孝强、刘睿杰、王风艳、张康逸、张丽霞、刘晓君、王小三、王灵燕、邢朝宏、李磊、周红茹、池娟娟等，在此表示感谢。

本书可以作为高等学校食品科学与工程及相关本科专业的教学参考书，同时也可供相关行业的科学研究者与工程技术人员参考。

由于编写时间仓促，限于作者的水平和经验，本书可能存在一些缺陷与错误，希望专家学者和读者不吝赐教。

目 录

Contents

第一章

绪　论

第一节　油料和油脂的重要性

一、关系国计民生和社会经济可持续发展

油料主要包括植物油料和动物油料两大类。植物油料是植物种子、果肉、胚芽，其细胞富含油脂。动物油料包括陆地动物和海产动物，陆地动物油脂指乳脂和利用畜禽肉类加工副产物炼制的油脂，如猪油、牛油、牛脂、羊脂、马脂、家禽油等，而海产动物油脂主要来自海洋哺乳动物（鲸类）和鱼类。可见，油料油脂与人类从事的农业、畜牧渔业生产活动息息相关。

上古之世，我们的祖先在狩猎中捕获动物，分离脂肪，"钻燧取火，以化腥臊"。进入农业社会，人们栽培油料作物，饲养家畜，用于榨制动植物油脂；将牛乳搅拌、澄清、分离、浓缩，获得奶油。这些原始的方法，给人类饮食生活带来了划时代的变化。关于油料种植和油脂利用，《神农本草经》《王帧农书》《齐民要术》《物类相感志》《农政全书》《桐谱》等我国早期农学著作中均有大量记载，在其他的文明古国中也有多方面记载。

以农产品为基础原料的油脂加工业的飞跃发展，得助于"绿色革命"的恩惠。20世纪初迅速增长的美国棉花业，第二次世界大战后时至今日，美国及中南美国家大豆业的蓬勃兴旺，加拿大双低菜籽的成功开发，马来西亚和印度尼西亚热带棕榈油的异军突起，不仅构筑了世界油料的新格局，为全球的油脂加工提供了日益充实的原料，而且随着农业集约化的进展，使得今天油脂加工业的国际化、大型化、自动化成为现实。

油料油脂加工业是关系国计民生的重要产业，与种植业、养殖业、饲料工业、食品工业、轻工业和化学工业等行业紧密关联，肩负着满足人民健康生活的物质需求和为社会提供多种必不可少的工业原料的多重任务，在我国国民经济中具有十分重要的地位和作用。油料油脂加工业是农业生产的后续产业，攸关全国数亿农民的生计与增收，与农民生活及新农村建设息息相关；它也是我国食品工业的重要组成部分，油料油脂价格的飙升，是导致食品价格大幅度波动的重要因素，直接影响我国的食品安全；油脂还是多种行业重要的基础原料，具有广泛的工业用途，随着科学的进步，以油脂为原料生产的产品日益增多，经济价值越来越大，在医药、生态环境、能源、机械、航空、汽车、化工、纺织、矿冶等工业中，都起着非常重要的作用。当今世界资源日趋紧张，动植物油脂是具有极大潜力的可再生资源，作为不可缺少的食物和工业原料，其应用价值将受到高度重视。

二、人类生命之本

食用油脂是人类赖以生存和发展的最基本生活资料之一。

油脂是食品中不可缺少的重要成分之一。天然油脂是一大类天然有机化合物，其组成中除主要为甘油三酯以外，还有含量很少而成分又非常复杂的非甘油三酯成分。油脂的主要功能就是提供热量，油脂含碳量达73%～76%，热值39.7kJ/g，是相同单位质量蛋白质或碳水化合物热值的2倍。除提供热量外，油脂还提供人体无法合成而必须从食物中获得的必需脂肪酸和各种脂溶性维生素，缺乏这些物质，人体会产生多种疾病甚至危及生命。现在，油脂和人类健康的关系已经成为生命科学的研究热点。

植物蛋白是人类和动物生存、生产的基础。动物将植物蛋白消化分解，成为简单的氨基酸和肽，再重新组合成为动物蛋白质。畜牧生产需要补充含植物蛋白丰富的饲料，如油料饼粕等，否则就生产不出如此大量的禽畜产品。全世界生产如此大量的动物产品，需要消耗可观的植物蛋白，植物蛋白短缺是不言而喻的，而油料蛋白一直是饲料蛋白的主要来源。

油料油脂加工过程中产生的下脚料长期以来未得到充分利用，这些下脚料中存在多种油脂伴随物和植物化学物，如磷脂、维生素E、甾醇、三萜醇、脂肪醇、黄酮等，大都具有独特的生理功能。大力开发利用这些功能成分，有利于促进人类健康，与人类生活水平的提高相适应。

三、平衡世界农产品贸易

世界范围内人口和收入的增长推动了油脂和家畜产品的消费需求，使人类对油料的需求日趋旺盛，但世界油料生产与贸易的格局很特殊，不是所有国家都盛产油料，实际上称得上油料生产大国的只限于国土面积较大、有广大农场的少数几个国家，有些国家甚至一点油料都不产。要应付这种不平衡性的挑战，只有通过油料生产的多种经营和增加油料及其产品（粕和油脂）的国际贸易来满足全球的需求。世界油料植物油生产和贸易数据表明，现在全球油料年产量4亿多t，国际贸易量约1亿t，占产量的25%左右；植物油产量1.4亿～1.5亿t，而其国际贸易量5000万～6000万t，占产量的约40%。近几十年来，美国及巴西、阿根廷等美洲国家的大豆和大豆油，加拿大等国家的菜籽和菜籽油，马来西亚、印度尼西亚等国家的棕榈油等大宗油料和油脂产品的交易日趋频繁，在世界农产品贸易中扮演着越来越重要的角色。

第二节　油脂与相关行业的关系

一、与食品加工业的关系

油脂除了用作人们一日三餐的烹调用油以外，还广泛应用于食品工业，在改善食品质地，强化味觉和风味，赋予食品造型，增进食欲，引起愉悦感方面具有独特作用。

人造奶油、起酥油在焙烤食品中使用广泛。油脂在焙烤食品中主要具有以下功能：使产品酥松柔软、结构脆弱易碎、松软可口、咀嚼方便、入口易化，从而提高产品的食用品质；可塑性油脂在高速搅拌下能卷入大量空气而发泡，卷入的空气形成微小的气泡均匀分散在油脂食品中；油脂因搅打发泡而使蛋糕糊机械强度增加。此外，油脂对焙烤产品还起着改善风味、提高营养价值和储存品质以及降低面团黏性、改善面团的机械操作性能等作用。

油脂是煎炸烹调食品时重要的热媒介质。在深度煎炸过程中，油脂作为传热介质，将热煎锅表面的热量转移到热流体（热油）中，再从热油传递到被浸没食品的冷表面。在煎炸过程中，水分被蒸发，食品的外部（表皮）变得与内部不同。而传热介质通过吸附作用进入煎炸食品内部或与其表面涂层相结合，在此过程中，油与被煎炸的食品协同产生良好的色泽、风味和质构，形成独特的外壳，生产出高品质的煎炸食品。

油脂对糖果和巧克力的品质有很大影响。糖果和巧克力的主要用油有天然可可脂、类可可脂、代可可脂等。制浆过程中油脂总量的控制和温度调节是生产巧克力的关键。除在巧克力中扮演重要的角色外，油脂能够改善糖果的质构、黏胶性、风味释放性、润滑性等，对糖果的风味和香味作出贡献。

油脂所含的多种脂肪酸、脂溶性维生素为冰淇淋提供了丰富的营养和热能；油脂能使冰淇淋组织更细腻，结构更紧密，口感更温和，风味得到改善，抗融性增加，还能够控制浆料的黏度，改善其可塑性，防止冰淇淋硬化等。在冰淇淋生产中，允许使用的油脂包括乳脂肪和乳脂肪替代用油，乳脂肪替代用油包括人造奶油、起酥油、氢化油、棕榈油、椰子油等熔点在28～32℃的油脂。冰淇淋中油脂的添加量以6%～14%最为适宜。

功能性油脂包括多不饱和脂肪酸油脂、结构脂质和维生素E、磷脂等类脂物，它们对人体营养缺乏症和内源性疾病，尤其是慢性病有积极防治作用，是一类重要的功能性食品基料。

油脂及其衍生物常作为食品添加剂，如乳化剂、黏结剂、润滑剂、风味和着色剂的携带剂以及修饰剂、上光剂等，应用于多种食品加工中。例如，甘油一酯、甘油二酯、蔗糖酯、磷脂等酯类物质具有两亲性，可稳定油包水或水包油的食品体系，既是重要的食品表面活性剂，在食品中主要作为乳化剂、消泡剂、稳定剂等使用，还可以在食品中发挥增稠、润滑等作用，以及与食品中的类脂、蛋白质和碳水化合物相互作用，以提高和改进食品质量。

二、与粮食加工业的关系

稻米、小麦、玉米等粮食作物都含有少量的油脂，油脂的存在与粮食制品的食用性、营养性和储存性关系密切。油脂一般集中在作物种子的皮层和胚芽中，因此，粮食加工副产物都有较高的油脂含量，能够作为工业提取油脂的原料。这些从谷类种子的皮层和胚芽中提取出来的油脂称为谷类油脂，包括米糠油、米胚芽油、玉米胚芽油、小麦胚芽油等，具有较高的营养价值。谷类油脂的开发不仅能得到营养价值很丰富的谷类油脂，还可以得到大量的饼粕作饲料，因此，谷类油脂的开发是粮食工业深加工的重要内容，是提高粮食加工经济效益、增加农民收入、保障粮食安全的重要举措之一。

三、与饲料加工业的关系

油料饼粕含有较丰富的蛋白质以及淀粉、维生素、矿物质等，还有残存的油脂，是重要的饲料植物蛋白源，有些可直接作为饲料原料，有些需限量或经严格脱毒后使用。

在饲料中添加油脂，不仅可以增加饲料的营养价值，而且有助于改善饲料的物理性质，提高饲料的效率。其主要优点：单位质量油脂的热量是淀粉的 2 倍多，是优质能源的来源之一，而且与蛋白质和碳水化合物比较，油脂能源的利用率高，饲料中添加油脂，其代谢能量明显提高，饲料效率得到较大改善，这种现象称之为“特殊热量效果”；油脂是畜禽营养中不可缺少的必需脂肪酸亚油酸的来源；油脂可促进脂溶性维生素 A、维生素 D、维生素 E、维生素 K 的有效利用；在饲料中添加油脂，饲料粉粒的分散及灰尘显著减少，同时饲料适口性改善，使畜禽生产量提高；在颗粒饲料制造中配入适量油脂，既减轻机械设备磨损，其生产效率也得以提高。

四、与化学工业的关系

油脂除食用外，还具有很重要的工业应用。早期直接使用蓖麻油、桐油、亚麻籽油、椰子油等生产油漆、涂料、肥皂等工业产品，随着现代科技的发展，各种各样的油脂化学品不断涌现，包括：脂肪酸、脂肪酸甲酯、脂肪醇、脂肪胺、脂肪酰胺、烷基醇酰胺、二元酸、二聚酸、甘油及其衍生物等，油脂化学品大多作为化学中间体合成用途广泛的各种终端产品，在医药、皮革、纺织、化妆品、冶金、能源等行业得到广泛的应用。

近年来，全球范围内生物柴油的发展方兴未艾，它是以大豆和油菜籽等油料作物、油棕和黄连木等油料林木果实、工程微藻等油料水生植物以及动物油脂、废餐饮油等为原料制成的液体燃料，是一种清洁的可再生能源和优质的石油、柴油代用品。

第三节　油料油脂的生产、贸易和消费

一、世界油料油脂的生产、 贸易和消费

从世界范围看，植物油料无疑占有更重要的地位，动物油脂的生产和消费比例呈逐年下降的趋势。20 世纪 90 年代以来，世界植物油料及植物油的生产和贸易呈持续增长的态势。目前，国际间的油脂原料通常以大豆、棉籽、花生、葵花籽、菜籽、芝麻、棕榈仁、椰子干、亚麻籽、蓖麻籽这 10 种原料进行统计，其中大豆、菜籽、棉籽和花生这 4 种油料产量之和约占世界油料总产量的 88%，其他油料的产量相对较少。

近年来，世界主要油料的供求关系如表 1－1 所示。

表1-1　　世界主要油料的供求关系　　单位：百万 t

产品名称	2010/2011		2011/2012		2012/2013		2013/2014		2014/2015		2015/2016	
产量												
大豆	263.59		239.63		268.47		282.51		319.78		312.97	
菜籽	60.55		61.63		64.06		71.67		71.44		70.24	
棉籽	43.56		46.63		46.35		45.02		44.39		36.84	
花生	36.00		35.29		39.82		41.37		39.83		40.32	
葵花籽	33.46		40.53		34.99		41.61		39.43		40.42	
棕榈仁	12.55		13.31		15.09		15.97		16.57		15.85	
椰子干	6.02		5.54		5.72		5.42		5.43		5.31	
总量	455.72		442.55		474.50		503.55		536.86		521.95	
贸易	进口量	出口量	进口量	出口量	进口量	出口量	进口量	出口量	进口量	出口量	进口量	出口量
大豆	88.80	91.12	93.06	90.43	97.19	100.80	113.07	112.68	124.36	126.22	113.49	132.28
菜籽	10.46	10.85	12.91	12.96	12.83	12.56	15.55	15.10	14.32	15.07	14.24	14.68
棉籽	0.86	1.01	0.95	1.05	0.92	0.96	0.78	0.94	0.68	0.72	0.67	0.73
花生	2.31	2.88	2.50	3.01	2.35	2.66	2.36	2.90	2.54	3.32	3.21	3.75
葵花籽	1.55	1.79	1.86	1.94	1.36	1.45	1.58	1.96	1.57	1.66	1.83	2.01
棕榈仁	0.04	0.02	0.03	0.02	0.06	0.04	0.06	0.04	0.07	0.03	0.05	0.04
椰子干	0.14	0.12	0.12	0.11	0.04	0.07	0.09	0.11	0.10	0.11	0.11	0.10
总量	104.16	107.78	111.41	109.51	114.76	118.55	133.49	133.72	143.63	147.13	153.60	153.58
压榨												
大豆	221.34		226.82		231.38		242.80		264.49		276.31	
菜籽	59.47		60.82		62.87		66.86		67.60		67.66	
棉籽	32.57		34.57		34.44		34.22		33.85		29.54	
花生	15.69		15.80		16.59		17.60		16.67		16.67	
葵花籽	29.87		36.75		30.97		37.17		35.80		36.94	
棕榈仁	12.42		13.23		14.96		15.89		16.52		15.81	
椰子干	6.09		5.61		5.80		5.40		5.39		5.30	
总量	377.45		393.59		397.01		419.93		440.32		448.23	

数据来源：美国农业部政府网：http：//www.fas.usda.gov。

进入21世纪以来，世界主要油料产量除少数年度略有下降外，多数年度处于稳定增长状态。据美国农业部（USDA）农产品供需数据可知，2005/2006—2015/2016年度的近10年间，油籽的产量从3.9亿t震荡增长至5.2亿t，累计增幅33%以上。

由表1-1明显看出，就油料品种而言，过去5年中，大豆仍主导世界油料的生产、消费和贸易。大豆产量占世界油料总产量的近60%，居各种油料之首，世界大豆产量的约85%被用于榨油，因此大豆是世界植物油和蛋白饲料的最主要来源。大豆贸易量约占世界油料贸易量的80%，约占其生产量的40%；菜籽的国际贸易量仅次于大豆，仅占油料贸易总量的10%，约占其生产量的20%；棉籽、花生的国际贸易量较小。

从油料消费结构看，大豆仍然在油料压榨消费中占有举足轻重的地位，压榨比例为60%左右；其次是菜籽，压榨比例在15%左右；位于第三层级的是葵花籽、棉籽。

需要说明的是，虽然马来西亚和印度尼西亚的棕榈油产量惊人，但其贸易形式主要是油脂形式而非油料（果肉、籽粒）形式，美国农业部目前的油料统计中一般只包含棕榈仁。

据美国农业部的数据，2005/2006—2015/2016年度10年以来食用植物油产量累计增幅49%，世界主要植物油的供求关系见表1－2。

表1－2　世界主要植物油的供求关系　单位：百万t

产品名称	2010/2011		2011/2012		2012/2013		2013/2014		2014/2015		2015/2016	
产量												
大豆油	41.29		42.41		43.28		45.24		49.31		51.81	
菜籽油	23.69		24.31		25.70		27.27		27.62		27.71	
棕榈油	47.92		50.70		56.38		59.27		61.63		58.84	
棕榈仁油	5.55		5.91		6.72		7.13		7.34		7.14	
棉籽油	4.97		5.27		5.22		5.16		5.13		4.47	
花生油	5.04		5.06		5.34		5.67		5.37		5.37	
葵花籽油	12.28		15.14		12.91		15.53		15.02		15.51	
椰子油	3.83		3.56		3.62		3.38		3.37		3.31	
橄榄油	3.25		3.31		2.50		3.19		2.40		3.07	
总量	147.81		155.66		161.66		171.85		177.18		177.24	
贸易	进口量	出口量	进口量	出口量	进口量	出口量	进口量	出口量	进口量	出口量	进口量	出口量
大豆油	9.24	9.53	8.17	8.51	8.50	9.36	9.26	9.44	10.03	11.09	11.67	11.71
菜籽油	3.30	3.45	3.92	3.95	3.94	3.95	3.83	3.83	3.96	4.07	4.16	4.14
棕榈油	36.17	37.05	38.12	38.74	42.08	43.16	41.93	43.22	44.77	47.47	42.86	43.89
棕榈仁油	2.43	2.81	2.57	2.80	2.86	3.26	2.50	2.88	3.06	3.22	2.65	2.99
棉籽油	0.05	0.14	0.07	0.19	0.07	0.16	0.08	0.14	0.07	0.14	0.06	0.09
花生油	0.20	0.18	0.16	0.19	0.16	0.17	0.19	0.20	0.25	0.24	0.24	0.24
葵花籽油	3.64	4.58	5.35	6.41	5.16	5.57	6.97	7.78	6.19	7.38	6.98	8.11
椰子油	1.78	1.71	1.87	1.72	1.89	1.92	1.74	1.91	1.82	1.94	1.62	1.55
橄榄油	0.57	0.78	0.63	0.83	0.83	0.91	0.76	0.84	0.91	1.00	0.79	0.90
总量	57.38	60.23	60.84	63.33	65.49	68.45	67.24	70.24	71.05	76.56	71.02	73.60
消费												
大豆油	40.76		41.77		42.68		45.23		48.06		51.99	
菜籽油	23.56		23.76		24.31		26.17		27.35		28.05	
棕榈油	46.91		48.74		55.72		57.61		58.41		60.02	
棕榈仁油	5.25		5.57		6.41		6.64		7.24		7.07	

续表

产品名称	2010/2011	2011/2012	2012/2013	2013/2014	2014/2015	2015/2016
棉籽油	4. 77	5. 15	5. 21	5. 08	5. 06	4. 52
花生油	5. 04	5. 06	5. 40	5. 63	5. 46	5. 39
葵花籽油	11. 54	12. 96	12. 95	14. 14	14. 12	15. 25
椰子油	3. 81	3. 81	3. 75	3. 33	3. 31	3. 27
橄榄油	3. 00	3. 04	2. 82	2. 98	2. 65	2. 80
总量	144. 63	149. 86	159. 24	166. 82	171. 66	178. 34

数据来源：美国农业部政府网：http：//www. fas. usda. gov。

可见，在全世界范围内，棕榈油、大豆油和菜籽油是最主要的3种植物油，占世界植物油总产量的75%以上，其他品种植物油的产量相对较小。总体而言，棕榈油和大豆油主导世界植物油的生产，从2005年开始棕榈油在产量上对大豆油逐渐取得优势。

在植物油贸易总量中，棕榈（仁）油、大豆油和葵花籽油最为重要，但棕榈（仁）油所占比例远大于其他。近年来棕榈（仁）油占油脂贸易总量的65%左右，大豆油占15%左右，葵花籽油占8%～10%，三者合计已经达到贸易总量的90%。

从植物油消费结构分析，棕榈（仁）油、大豆油、菜籽油和葵花籽油是最重要的四大植物油种类。从近年的消费构成看，棕榈油与棕榈仁油合计占到主要植物油消费量的38%，是最大的植物油种类，其余依次是大豆油、菜籽油和葵花籽油，分别占植物油产量的28%、16%和8%；其余种类均在5%以下。

油料与油脂生产的区域分布并不完全一致。受生产技术发展和需求影响，全球油料生产逐渐向美洲集中。另据联合国粮农组织（FAO）数据，2005/2006年度全球油料产量为4. 03亿t，其中，亚洲产量占30. 4%，居首位；南美洲、北美洲紧随其后，分别占27. 9%和27. 3%；其余为欧洲、非洲等。2015/2016年度全球油料产量5. 35亿t，油料生产的区域分布有所变化，按产量由多到少的洲际间排序依次为南美洲、北美洲、亚洲、欧洲、非洲、大洋洲和中美洲，其中，亚洲和北美洲所占比重降至24. 3%和25. 7%，南美洲占比则增至33. 7%，欧洲的占比也增至11. 84%，其余各洲占比不大。

主要的植物油生产大国（经济体）是印度尼西亚、中国、马来西亚和欧盟，其生产的植物油合计占到世界植物油产量的52%左右。印度尼西亚、马来西亚主要生产棕榈油；中国主要生产大豆油；欧盟主要生产菜籽油。预计未来相当长的一段时间，世界主要植物油生产将继续保持这一基本格局。

比较分析近10年全球油料和食用植物油国际间贸易量的变化趋势，可以发现：一是全球油料和食用植物油的国际间贸易量明显增加。这从一个侧面反映出全球油料生产的区域优势得到发挥，各地区资源有效配置，种植本地区比较效益最大的油料产品（如，美国和南美地区主要种植大豆，加拿大主要种植油菜籽等），加强了国际油料贸易。二是植物油料的国际间贸易量增幅大于植物油增幅。这反映出主要消费国的食用油料压榨能力已逐渐增强，食用植物油的生产国可以不再是食用油料的生产国。

二、我国油料油脂的生产、贸易和消费

我国是一个油料油脂的生产大国和消费大国，也是一个油料油脂的加工大国和进出

口大国，在国际上具有举足轻重的地位。我国菜籽、花生、棉籽、芝麻的产量居世界第一位，大豆、葵花籽的生产也名列前茅。但面对巨大的人口压力和不断增加的消费，我国国内油料生产远远不能满足需求，不得不大量进口大豆、菜籽、大豆油、棕榈油等。从1997年全面开放市场到2015年，中国大豆进口量从不到300万t增加到8000多万t，占全球大豆贸易总量的三分之二，世界大豆进口量的增长几乎全部来自中国大豆消费增长。

我国植物油的供求关系如表1－3所示。

表1－3　中国油料油脂供求关系表　单位：kt

产品名称	2010/2011	2011/2012	2012/2013	2013/2014	2014/2015	2015/2016
产量						
花生	15644	16046	16692	16972	16482	16440
菜籽	13082	13426	14007	14458	14772	14931
大豆	15080	14485	13011	11951	12154	11785
葵花籽	2298	2313	2323	2424	2492	2698
其他	11953	13325	13720	12835	11757	9580
总量	58057	59595	59753	58640	57657	55434
进口						
棕榈油	5711	5841	6589	5573	5696	4689
花生油	68	62	65	74	141	113
菜籽油	647	1036	1598	902	732	768
大豆油	1319	1502	1409	1353	773	586
葵花籽油	23	122	362	531	534	878
其他	618	669	812	671	751	777
总量	8386	9232	10835	9104	8627	7811
国内消费						
棕榈油	5797	5841	6389	5700	5700	4800
花生油	2432	2585	2806	2851	2819	2887
菜籽油	5965	6255	6700	7400	7750	8300
大豆油	11109	11944	12545	13650	14200	15250
葵花籽油	362	469	837	1010	998	1379
其他	2026	2144	2379	2157	2141	2003
总量	27691	29238	31656	32768	33608	34619
食用						
棕榈油	3717	3691	4189	3600	3750	2800
花生油	2432	2585	2806	2851	2819	2887
菜籽油	5965	6255	6700	7400	7750	8300
大豆油	11109	11944	12545	13650	14200	15250
葵花籽油	362	469	837	1010	998	1379
其他	1605	1668	1759	1662	1563	1403
总量	25190	26612	28836	30173	31080	32019

我国是世界植物油料生产大国之一，国产油菜籽、花生、大豆、棉籽、葵花籽、芝麻、胡麻籽、油茶籽等八大油料的总产量达到5500万~6000万t，其中花生果、油菜籽等产量均名列世界前茅。我国利用国产油料和进口油料合计生产的植物油为2600多万t，其中大豆油占一半，菜籽油占26%，花生油近9%，棉籽油5%。

中国具有很强的油籽压榨能力，是食用植物油的最大生产国，但其大豆、油菜籽等的生产占全球比重仍很低，需要大量进口。据国家粮油信息中心数据，2014/2015年度我国国产油料榨油量1125.5万t，年度总需求量3294.6万t，当年度我国食用油自给率为34.2%，与十年前相比，对外依存度进一步拉大。

按照2015年7月10日公布的中国大陆人口总数13.68亿计算，目前我国人均年植物油消费量为24.1kg，已超世界平均水平。

总之，中国虽是油料生产大国，但国内油料油脂生产远不能满足消费需要，一方面国内食用植物油供给不足，而另一方面国内油料生产却呈萎缩趋势，从而加大了对世界食用植物油市场的依赖程度，未来相当长时间内中国将是食用植物油和油料的一个主要进口国。积极扶持国内油料产业发展，充分挖掘本国油料潜力，稳定和扩大国产油料产量，保证我国的食品安全，任重而道远。

思考题

1. 试述油料和油脂的重要性。
2. 油脂与相关行业的关系如何？
3. 试述世界植物油料油脂的生产、贸易和消费状况。
4. 试述我国油料油脂生产、贸易和消费现状。

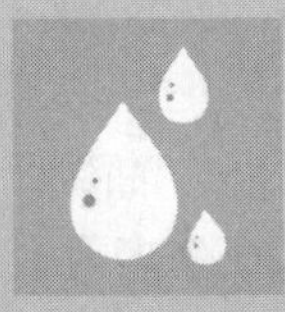

第二章

油料基础

第一节　油料的定义、分类

凡植物种子或粮食、食品加工副产物中含油率8%以上，且具备工业提取价值的物料都称为油料（Oil-bearing materials）。

油料分类方法很多，按生物来源主要可以分为植物油料和动物油料。

主要利用其种子和果肉来获取植物油脂而栽培的作物称为油料作物。全世界的油料作物不下4500种，但主要生产区域位于温带，其中美国、南美和马来西亚、印度尼西亚、中国等国家和地区处于世界油料生产的最前列。

植物油料按作物种类可分为草本油料和木本油料：草本油料有大豆、花生、棉籽、油菜籽、芝麻、葵花籽等；木本油料则有油茶籽、椰子、核桃、油橄榄、油桐等。按照栽培区域可分为大宗油料、区域性油料、野生油料和热带油料等。按用途分为食用油料、工业用油料和药用油料等。从制油角度看，按油料含油量的高低分为低油分（8%～25%）和高油分（30%以上）两类。

在植物体中，作为油分可利用的部分主要是种子和果肉。严格说来，其中以植物种子为油脂原料的应定义为油籽原料，以果肉为油脂原料的应称为果肉原料。已约定俗成的“油料”一词实际多指的是油籽原料，但二者间并未做严格区分。油籽原料的特征是，在通常的状态下可长期保管而很少变质，能够在国际间广泛流通，更便于在大型化的工厂中集中进行油脂的制取。油料植物种类繁多，其种子的形态构造也各不相同，有球形（油菜籽）、椭圆形（大豆）、扁椭圆形（蓖麻籽）、卵形（棉籽）以及其他各种不同的外形。

与油籽原料不同，同样作为植物油原料的果肉，其特征是在通常的状态下极易腐烂变质，不能广泛地作为原料流通。它们大都是在从果肉中提取精炼之后以油脂的形态进行流通，因此它们在世界油脂的统计中也占有相当重要的地位。果肉型油料的主要代表是棕榈果和橄榄果。

米糠、玉米胚芽等既不是油籽原料，也不是果肉原料，它们是谷物种子加工的副产物，也是重要的植物油来源。

世界性大宗油料目前主要有大豆、油菜籽、棉籽、花生仁、油棕果、葵花籽、芝麻、亚麻籽、红花籽、蓖麻籽、巴巴苏籽、椰子干和油橄榄等。由于地理和气候的多样性，我国的食用植物油料资源丰富，品种繁多，大豆、花生、油菜籽、棉籽、葵花籽、芝麻、油茶籽和亚麻籽等为我国八种主要食用植物油料，其中油菜籽、花生等产量均居世界第一。此外，我国还有上百种特种植物油料资源，目前产量较大且已开发利用的有：茶籽、红花籽、紫苏、核桃、杏仁、苍耳籽、沙棘、葡萄籽、月见草、南瓜籽和番茄籽等，另外还有米糠、玉米胚芽和小麦胚芽等谷物油料。特种植物油料含有丰富的不饱和脂肪酸、多种微量生物活性物质，是开发调和油和功能性油脂的重要资源。

第二节　油料种子的形态和结构

一、油料种子的形态

虽然油料种子的种类繁多，外部形状也各具特点，但基本结构相同，即都是由种皮、胚、胚乳等部分组成。

种皮包在种子外面，起保护胚和胚乳的作用。种皮含有大量的纤维物质，颜色及厚薄随油料的品种而异，根据种皮的颜色和表面的斑纹，可鉴别种子的品种。在成熟种子的种皮上，可见种脐、种孔、合点等。

胚是种子最重要的部分，大部分油籽的油脂储存在胚中。胚是由胚根、胚茎、胚芽和子叶组成的。无胚乳种子营养物质储存在胚内。

胚乳是胚发育时营养的主要来源，内存有脂肪、糖类、蛋白质、纤维素及微量元素等。但是有些种子的胚乳在发育过程中已被耗尽，因此可分为有胚乳种子和无胚乳种子两种。

按照子叶的数目和有无胚乳的情况，可把油籽分为三种类型。

（1）双子叶有胚乳种子如蓖麻籽、芝麻、亚麻籽、桐籽等。

（2）双子叶无胚乳种子大部分油料作物的种子是双子叶无胚乳种子，如大豆、花生、油菜籽、棉籽、葵花籽。

（3）单子叶有胚乳种子如椰子和作为米糠来源的稻谷。

二、油料种子的细胞结构

油籽和其他有机体一样，都由大量的细胞组织组成。不同油籽及油料不同组成部分的细胞的大小及形状不同，以大豆、花生的细胞最大，棉籽、亚麻籽的细胞最小。细胞的形状可呈球形、圆柱形、纺锤形、多角形等，一般单个细胞呈球形。

组成油料种子各组织的细胞其形状、大小及所具有的生理功能虽不相同，但基本构造类似，都是由细胞壁和填充于其内的细胞内容物构成的。

1. 细胞壁

细胞壁犹如细胞的外壳，使每个细胞具有一定的特殊形状。细胞壁的厚度一般均在1μm之内，也有个别超过1μm的。如大豆的细胞壁为13μm左右。细胞壁由纤维素、半纤维素等物质组成，这些纤维素分子呈细丝状，互相交织成毡状结构或不规则的小网结构，在网眼中充满了水、木质素和果胶等。细胞壁的结构使其具有一定的硬度和渗透性。用机械外力可使细胞壁破裂，水和有机溶剂能通过细胞壁渗透到细胞的内部，引起细胞内外物质的交换，细胞内物质吸水膨胀可使细胞壁破裂。

2. 细胞内容物

细胞的内容物由油体原生质、细胞核、糊粉粒及腺粒体等组成。油料中的油脂主要存在于原生质中，通常把油料种子的原生质和油脂所组成的复合体称作油体原生质。油体原生质在细胞中占有很大体积，是由水、无机盐、有机化合物（蛋白质、脂肪、碳水化合物等）所组成。在成熟干燥的油籽中，油体原生质呈一种干凝胶状态，富有弹性。

第三节　油料的化学组成

一、油料主要化学成分

由于品种、产地、气候、栽培技术以及贮藏条件的不同，各种油料的主要成分也不尽相同。但各种油料中一般都含有油脂、蛋白质、糖类、水分、灰分、粗纤维及游离脂肪酸、磷脂、色素、蜡质、油溶性维生素等物质。常见油料的化学成分见表 2－1。

表 2－1　常见油料的化学成分　单位：%（干基）

油料成分	脂肪	蛋白质	磷脂	糖类	粗纤维	灰分
大豆	15.5～22.7	30～45	1.5～3.2	25～35	约 9	2.8～6
油菜籽	33～48	24～30	1.02～1.2	15～27	6～15	3.7～5.4
棉籽	14～26	25～30	0.94～1.8	25～30	12～20	3～6.4
花生仁	40～60.7	20～37.2	0.44～0.62	5～15	1.2～4.09	3.8～4.6
芝麻	50～58	15～25	—	15～30	6～9	4～6
葵花籽	40～57	14～16	0.44～0.5	—	13～14	2.9～3.1
亚麻籽	29～44	25（仁）	0.44～0.73	14～25	4.2～12.5	3.6～7.3
大麻籽	30～38	15～23	0.85	21	13.8～26.9	2.5～6.8
蓖麻籽	40～56	18～28	0.22～0.3	13～20.5	12.5～21	2.5～3.2
红花籽	24～45.5	15～21	—	15～16	20～36	4～4.5
油茶仁	40～60	8～9	—	22～25	3.2～5	2.3～2.6
油桐仁	47～63.8	16～27.4	—	11～12	2.7～3	2.5～4.1
米糠	12.8～22.6	11.5～17.2	0.1～0.5	33.5～53.5	4.5～14.4	5～17.7
玉米胚芽	34～57	15～25.4	1.0～2.0	20～24	7.5	1.2～6
小麦胚芽	16～28	27～32.9	1.55～2.0	约 47	2.1	4.1
苏子	33～50	22～25	—	—	—	—

续表

油料成分	脂肪	蛋白质	磷脂	糖类	粗纤维	灰分
橡胶籽仁	42~56	17~21	—	11~28	3.7~7.2	2.5~4.6
核桃仁	60~75	15.4~27	—	10~10.7	约58	约1.5
葡萄籽	14~16	8~9	—	约40	30~40	3~5
椰子干	57~72	19~21	—	约14.6	6~8	4~4.5

个别油料中还含有少量特殊的物质，如棉籽中的棉酚、蓖麻籽中的蓖麻毒素、油菜籽中的硫代葡萄糖苷、油茶籽中的皂素等，这些物质影响所得油脂和饼粕的品质，在确定油脂制取工艺条件时应予以关注。

二、油脂

油脂是油料种子在成熟过程中由糖转化而形成的一种复杂的混合物，是油籽中主要的化学成分，其结构及性质将在后续章节中详细介绍。

天然油脂多指商业概念上的油脂总体，其组成中除95%以上为甘油三酯（也称三酰基甘油或甘三酯）外，还有含量极少而成分又非常复杂的非甘油三酯成分，非甘油三酯成分实际上可分为两大类，即脂溶性成分和脂不溶性成分。脂不溶性成分如水、固体杂质、金属、蛋白质和胶体物质等，含量甚微（0.1%以下）。脂溶性成分包括甘油二酯（也称二酰基甘油或甘二酯）、甘油一酯（也称单酰基甘油或单甘酯）、游离脂肪酸、磷脂、色素、甾醇、三萜醇、脂溶性维生素等，这些成分可按照图2-1分类。

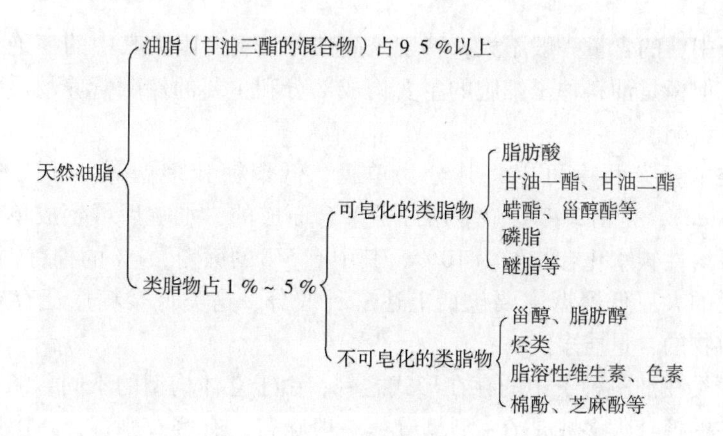

图2-1 天然油脂中的成分

脂溶性成分根据极性及分子结构的特点，也可分为简单脂质、复杂脂质和衍生脂质三大类。简单脂质主要包括部分甘油酯、蜡酯、甾醇酯、维生素D酯等；复杂脂质包括磷酸甘油酯、糖基甘油二酯、鞘脂类等。衍生脂质指由单纯脂质和复合脂质衍生而来或与之关系密切，但也具有脂质一般性质的物质，主要有取代烃、固醇类、萜和其他脂质。

三、蛋白质

除少数油料外，大多数油料的蛋白含量都相当高，脱脂后的饼粕蛋白含量更高，很多可超过40%。目前，这些脱脂饼粕大多用作饲料或肥料。

油料种子中的蛋白质基本上都是球蛋白。按照蛋白质的化学结构，通常将其分为简单蛋白质和复杂蛋白质两种，其中最重要的简单蛋白质有清蛋白、球蛋白、谷蛋白和醇溶蛋白等几种，而重要的复杂蛋白质则有核蛋白、糖蛋白、磷蛋白、色蛋白和脂蛋白等几种。

纯净的蛋白质大部分是无色或黄色的（红色的色蛋白外），无气味和滋味，常呈固态。油料中蛋白质的相对密度大致接近于1.25~1.30，除醇溶蛋白外，蛋白质都不溶于有机溶剂。蛋白质在加热、加压或有机溶剂等条件下会发生变性，在油料加工利用过程中，蛋白质的变性作用具有极其重要的作用。蛋白质可以和糖类发生作用，生成颜色很深且不溶于水的化合物，也可以和棉籽中的棉酚发生作用，生成结合棉酚；蛋白质在酸、碱或酶的作用下能发生水解反应，最后得到各种氨基酸。

在油料种子中，蛋白质主要存在于籽仁的凝胶部分。因此，蛋白质的性质对油料的加工影响很大。制油的许多工序都与蛋白质的分子结构和变化有关。

油料蛋白质之所以引起重视，不仅在于其蛋白质含量高，而且其产量也较大。油料压榨需求旺盛的“原因”有二：一是对植物油消费的不断上升，二是作为饲料主要配料的饼粕蛋白的消费量快速上升。畜牧饲养业需要消耗可观的饼粕蛋白，其短缺是不言而喻的。

四、糖类

油料种子中糖的含量一般不大，特别是高油分油料，因为其中的糖绝大部分已经转化成为脂肪。但糖是油料种子细胞的主要构成部分和主要的储藏营养物质之一，对油料加工也有重要影响。

按照糖类的复杂程度可以将其分为单糖、低聚糖和多糖等。低聚糖又称为寡糖（Oli-gosaccharide），是由2~10个单糖分子聚合而成的，水解后可生成单糖。以大豆为例，大豆中可溶性碳水化合物约为10%，其中有5%的蔗糖、1%的棉籽糖及4%的水苏糖，通常所说的大豆低聚糖主要包括上述三种成分，这类低聚糖广泛存在于各种植物中，以豆科植物的含量居多。

糖苷是糖类在油料种子中的存在形式之一，由于立体构型的不同，糖苷有α和β两类。天然存在的糖苷大多数是β-型糖苷，一般味苦，有些有剧毒，水解时生成糖和其他物质。油料种子中常见的糖苷如亚麻苷、苦杏仁苷、硫代葡萄糖苷、大豆皂苷等。糖苷具有特殊的生理活性，可用作药物，很多中药的有效成分就是糖苷。但其毒性问题必须引起注意，在油料加工时需采取相应的措施。

糖在高温下发生焦化作用变黑并分解。糖在高温下还能与蛋白质等物质发生作用，生成颜色很深且不溶于水的化合物。对此，制油过程中应予以注意。

油料种子的淀粉主要存在于核仁中，种子越成熟，其中所含有的淀粉越少。

纤维素主要存在于油料种子的皮壳中，仁中含量很少。纤维素含量大小对油料加工有较大的影响，有些油料如葵花籽、棉籽等，若带壳制油，纤维素能吸收较多油分而使饼粕中的残油增加，因此应预先进行脱壳和壳仁分离处理。

五、次要成分

（一）游离脂肪酸

脂肪酸在油料种子中主要是以结合状态存在于油脂中，很少以游离状态存在。尤其是在成熟、干燥的油料种子中，游离脂肪酸（Free fatty acid）含量一般很少。

油料和油脂中游离脂肪酸的含量与油料的成熟度、贮存时间、保管方法和油脂的加工方法等因素有关。若油料种子成熟度较差或油料种子在储存过程中发热霉变，油料种子中的游离脂肪酸含量就会升高。米糠、棕榈果等油料中含有大量解脂酶，可在短时间内使其中的油脂水解，其毛油常含有较多的游离脂肪酸。

游离脂肪酸具体内容见脂肪酸章节。

（二）部分甘油酯

甘油一酯和甘油二酯又称部分甘油酯、偏甘油酯（Partial glycerides），是甘油与一个或两个脂肪酸形成的酯。除甘油三酯以外，油料中常含有少量甘油一酯和甘油二酯，这主要是由于油料种子成熟时脂肪的合成反应未进行到底的缘故，另外，油料种子含有解脂酶，种子在受伤、破损时，解脂酶与甘油三酯相互接触，使油脂发生一定程度的水解，产生甘油一酯和甘油二酯。

毛油中的甘油一酯通过精炼过程可以基本除去，甘油二酯较难通过传统精炼过程除去，因此常与甘油三酯共存于食用油中，并对油脂的物理化学性质产生一定的影响。甘油二酯在普通食用油脂中以棕榈油和橄榄油含量较高，可达5%以上。

（三）甾醇及其酯

动物油脂普遍含胆固醇（cholesterol）；植物油料中胆固醇含量很少，主要含β-谷甾醇、豆甾醇、菜油甾醇等植物甾醇（phytosterol）。

甾醇是以环戊烷多氢菲为基本结构，并含有醇羟基的化合物。其3位上有羟基，10，13位上有二个甲基，17位上有一个支链（R）。甾醇分子的结构通式见图2-2。

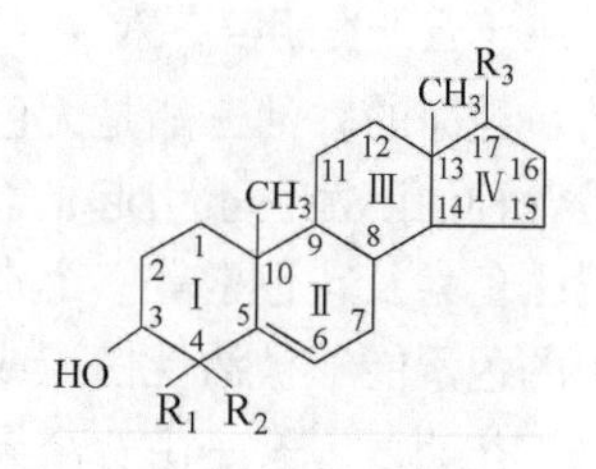

图2-2　甾醇分子的结构通式

自然界甾醇种类很多，动植物油脂主要含有胆甾醇、豆甾醇、谷甾醇、菜油甾醇等，这些甾醇的结构相似，相互间区别在于R的大小不同及双键的多少。

已发现甾醇在植物中的四种具体形式，即游离甾醇、甾醇酯、甾醇糖苷及酰化甾醇糖苷，前两者常与甘油三酯等脂质共存于植物种子部分，并成为油脂中主要的不皂化物，其含量取决于制取油脂的油料种类、精炼方法和加工深度。甾醇对热和酸碱均较为稳定。植物毛油经过精炼，特别是碱炼和脱臭，一半左右的甾醇流入下脚。下脚中甾醇的含量一般为相应毛油的2~4倍，有的甚至更高。植物油脂下脚已成为一种具有工业开发价值的植物甾醇资源，见表2-2。

表2－2　油脂下脚中甾醇含量

油脂下脚	植物甾醇含量/%	油脂下脚	植物甾醇含量/%
大豆油脱臭馏出物	9～22	米糠油二道皂脚	5.0～9.3
菜籽油脱臭馏出物	24.9	棉籽油皂脚	1.2～2.5
米糠油脱臭馏出物	4.9～19.2	菜籽油水化油脚	0.9
花生油脱臭馏出物	5.9	葵花籽油皂脚	0.6～1.6
葵花籽油脱臭馏出物	0.8～1.2	谷维素下脚皂渣	8.7～16.7
橄榄油脱臭馏出物	0.6	谷维素回收酸化油	4.1～7.4
棕榈油脱臭馏出物	2.0	米糠油皂脚脂肪酸蒸馏残渣	5.5～13.3
米糠油一道皂脚	2.7～2.9	棉籽油皂脚脂肪酸蒸馏残渣	8～10

（四）蜡酯

蜡（Waxes）由一元脂肪酸和一元醇结合而成，主要存在于油料种子的皮壳内，且含量很少。只有米糠油中含蜡较多，为0.6%～1.8%，称为糠蜡，具有广泛的用途。蜡的熔点较甘油三酯高，如糠蜡的熔点为77.5～78.5℃，常温下是一种固态黏稠的物质。蜡能溶于油脂中，溶解度随温度升高而增大，因此，制油时常转移至油中。低温冷却时蜡在油中的溶解度大大降低，并从油脂中析出，在高档油脂产品中，蜡的存在会影响其透明度，所以需用脱蜡工艺将其脱除。

组成动植物蜡的醇以饱和醇为主，自C_8开始，最高达到C_{44}，其中直链偶碳数伯醇占主要地位，个别植物蜡中含仲醇；也有支链醇，一般只含一个甲基，甲基的位置一般在羧基另一端倒数第二个碳原子上，支链醇也有偶碳的，如异二十四醇及异二十六醇。天然蜡的醇也有不饱和醇，液体蜡中都含一烯醇。

蜡酯很稳定，在酸性溶液中难水解，只有在碱性溶液中才可以缓慢地水解，但比油脂水解困难得多。这主要是由于其分子两端都是长碳链的酸和醇，并且蜡的极性基团所起的亲水作用比甘油酯的小，无论质子或氢氧离子进攻上去都困难得多。

（五）类胡萝卜素

纯净的甘油三酯是无色的液体。但油脂带有色泽，有的毛油甚至颜色很深，这主要是各种油溶性色素引起的。油料种子的色素一般有类胡萝卜素（Carotenoid）、叶绿素、黄酮色素及花色素等。个别油料种子中还有一些特有的色素，如棉籽中的棉酚等。油脂中的色素能够被活性白土或活性炭吸附除去，也可以在碱炼过程中被皂脚吸附除去。

类胡萝卜素是由八个异戊二烯（四萜）组成的共轭多烯长链为基础的一类天然色素的总称，它是使大多数油脂带有黄红色泽的主要物质。油中类胡萝卜素可分为烃类、醇类两类。

烃类类胡萝卜素主要有α－、β－、γ－胡萝卜素及番茄红素，醇类类胡萝卜素主要有叶黄素和玉米黄素，如图2－3所示。

叶黄素是α－胡萝卜素的二羟衍生物，常和叶绿素同存在于植物中。秋天叶绿素分解，即可显出叶黄素的黄色（秋叶变黄）。叶黄素也以酯的形态存在于植物中。玉米黄素为橙红色结晶，在玉米种子、辣椒果皮、柿的果肉中均存在。

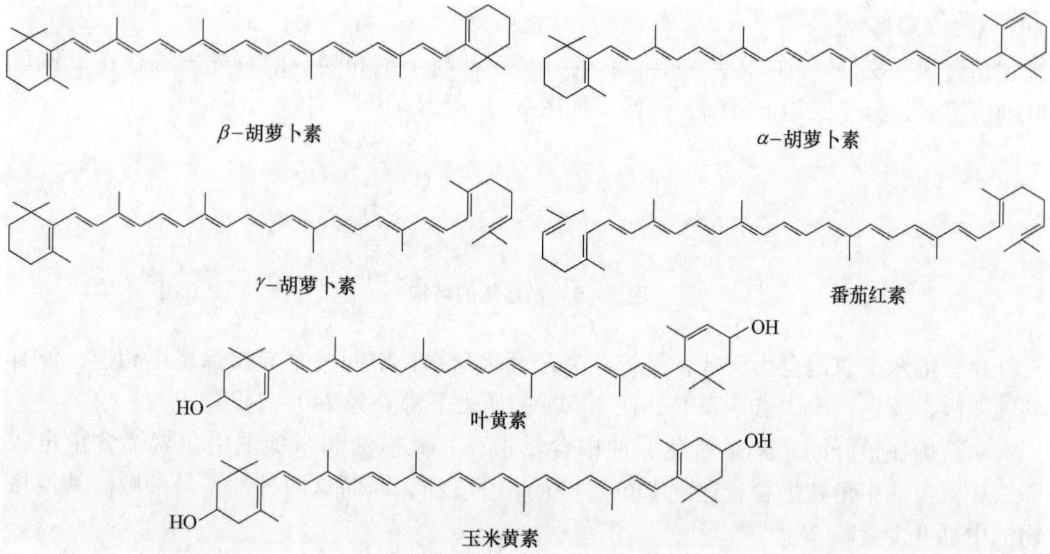

图2-3 α-、β-、γ-胡萝卜素、番茄红素、叶黄素和玉米黄素的结构

（六）生育酚

生育酚（Tocopherol）是淡黄色或无色的油状液体，由于具有较长的侧链，因而是油溶性的，不溶于水，易溶于石油醚、氯仿等弱极性溶剂，难溶于乙醇及丙酮。与碱作用缓慢，对酸较稳定，即使在100℃时亦无变化。

维生素 E 可看作是色满环的衍生物，它是一个一元酚，显示出酚的性质，在杂环上有一个长碳链，溶于油脂，在碱炼时也易被去除。有四种异构体，即 α-、β-、γ-、δ-生育酚及相应四种生育三烯酚，如图2-4所示。

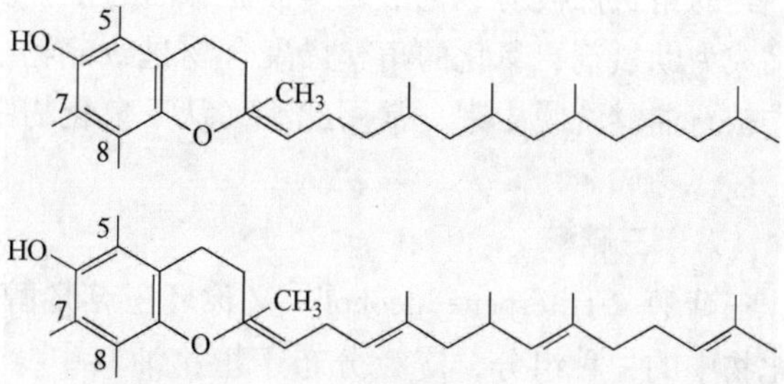

甲基之位置	生育酚(T)	生育三烯酚
5,7,8	α-T	α-T-3
5,8	β-T	β-T-3
7,8	γ-T	γ-T-3
8	δ-T	δ-T-3

图2-4 α、β、γ、δ 生育酚及生育三烯酚的结构

生育酚和生育三烯酚由于结构和构型上有差异，二者所显示出的生理活性和抗氧化性有所不同。各种生育酚和生育三烯酚在生物体内的生理活性是 $\alpha>\beta>\gamma>\delta$，因此，医学、食品、饲料等用维生素 E 均以 α-体为基础。但各种生育酚和生育三烯酚的抗氧化能力受环境温度影响，在超过50℃的高温下，抗氧化能力为 $\delta>\gamma>\beta>\alpha$，这一点对维生素 E 作为食品用抗氧化剂时成为所考虑的重要因素。

天然维生素 E 存在于含油组织细胞中。研究表明，植物种子和果肉的油中，维生素 E 含量最为丰富。如大豆油中生育酚含量达1500mg/kg，其中 α-、β-、γ-和 δ-生育酚分别占4%、1%、66%和29%。生育酚在油脂加工中可集中于脱臭馏出物中，可利用脱臭馏出物为原料用分子蒸馏法来浓缩生育酚。

（七）角鲨烯

角鲨烯（Squalene）又名三十碳六烯，是一种高不饱和烃，因首先发现存在于鲨鱼肝油而得名，分子式为 $C_{30}H_{50}$，结构式如图 2－5 所示。

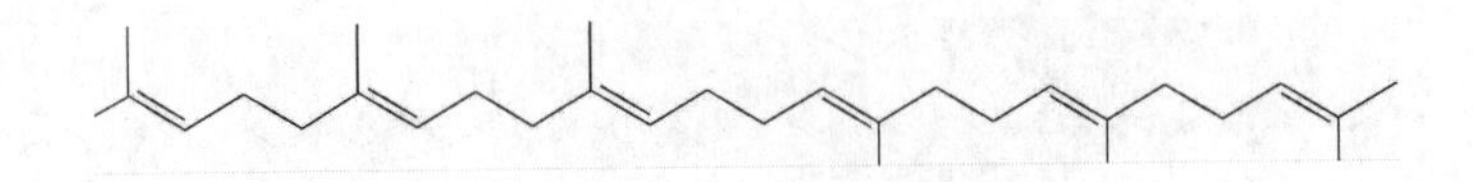

图 2－5　角鲨烯的结构

角鲨烯六个双键全为反式，是三萜类开环化合物，中间两个异戊烯尾尾相连，没有共轭双键，无色，凝固点－75℃，在 3.3Pa 的压力下沸点为 240～242℃。

角鲨烯在鱼肝油尤其是鲨鱼肝油中含量很高。橄榄油和米糠油中角鲨烯含量也较高，如橄榄油中角鲨烯含量达到 136～708mg/100g 油，因而这两种油不易酸败。其他植物油中也有少量。

角鲨烯是三萜醇和甾醇的前体。角鲨烯在肝脏中在环氧酶作用下环氧化成 2，3－环氧角鲨烯，再在环化酶作用下环合成三萜醇。

纯的角鲨烯极易氧化形成类似亚麻油的干膜。角鲨烯在油中有抗氧化作用，但氧化后又成为助氧剂，氧化的角鲨烯聚合物是致癌物。角鲨烯极性较弱，在 Al_2O_3 分离柱中首先被石油醚洗脱出来，常用此法（从不皂化物中）分离和测定角鲨烯。

（八）三萜醇

三萜醇（Triterpene alcohol）又称环三萜烯醇或 4，4－二甲基甾醇等，是植物油不皂化物中的一种组分，广泛分布于植物油料中，近二十年已从油脂中分离鉴定出 41 种三萜醇。其中含量较多、分布较广的主要有环阿屯醇、24－亚甲基环阿尔坦醇、β－香树素，其次是 α－香树素、环劳屯醇及 24－甲基环阿屯醇（环米糠醇）等。

三萜醇易结晶，不溶于水，溶于热醇。将其少量溶于无水醋酸中，滴加一滴硫酸，初呈红色，很快变成紫色，接着呈褐色反应。三萜醇是甾醇的前体，可通过脱去 4，4－二甲基和 C_{14} 甲基而得到甾醇。

多数植物油中三萜醇含量为 0.42～0.7g/kg 油，米糠油、小麦胚芽油中含量在 1g/kg 以上。米糠油中三萜醇绝大部分都不是游离的，而是和阿魏酸生成阿魏酸酯即药物谷维素，谷维素可治疗植物神经失调等病症。

（九）磷脂

磷脂（Phosphatide）按化学结构可分为两类，一类为甘油磷脂（Phosphoglycerides 或 Glycerophosphatides），一类为神经鞘磷脂。通常如无特殊说明，磷脂指的是甘油磷脂。油料种子中的磷脂主要是甘油磷脂。

油料种子中的磷脂大部分存在于油料的胶体相中，大都与蛋白质、酶、苷、生物素或糖以结合状态存在，构成复杂的复合物，以游离状态存在的很少。不同的油料种子，磷脂的含量不同。就是同一种油料种子，由于品种和生长地区的不同，其磷脂含量的变化范围也较大。几种主要植物油料中磷脂的含量见表 2－3。

表 2-3　几种主要植物油料中磷脂的含量

油料	磷脂/%	油料	磷脂/%
大豆	1.20~3.20	亚麻籽	0.44~0.73
棉籽仁	1.25~1.75	花生仁	0.44~0.62
油菜籽	1.02~1.20	蓖麻籽	0.25~0.30
葵花籽	0.60~0.84	大麻籽	0.85

一般植物油料中主要有磷脂酰胆碱（PC）、磷脂酰乙醇胺（PE）、磷脂酰肌醇（PI）和磷脂酸（PA）等，几种植物油料中所含的磷脂见表2-4。

表 2-4　几种植物油料的磷脂组成　单位:%

磷脂种类	玉米	大豆			菜籽	花生
		低	中	高		
PE	3.2	12.0~21.0	29.0~39.0	41.0~46.0	20~24.6	49.0
PC	30.4	8.0~9.5	20.0~26.3	31.0~34.0	15~17.5	16.0
PI	16.3	1.7~7.0	13.0~17.5	19.0~21.0	14.7~18.1	22.0
PA	9.4	0.2~1.5	5.0~9.0	14	—	—
磷脂酰丝氨酸（PS）	1.0	0.2	5.9~6.3	—	—	—
其他磷脂	9.4	4.1~5.4	8.5	—	—	—

如同组成油脂的脂肪酸的多样性一样，组成磷脂的脂肪酸也是多种多样的。植物油料磷脂的脂肪酸组成与其甘油三酯的脂肪酸组成相近，但大豆磷脂、菜籽磷脂及葵花籽磷脂的亚油酸含量高于甘油三酯，大豆磷脂及葵花籽磷脂的油酸含量较相应甘油三酯的低，棉籽磷脂的饱和酸含量较相应甘油三酯高得多。菜籽磷脂的脂肪酸组成与相应甘油三酯有很大区别，主要在于磷脂中长碳链脂肪酸（如 $C_{20:1}$，$C_{22:1}$）的含量甚微。

磷脂是一类重要的油脂伴随物。在油料浸出中由于溶剂破坏了磷脂与蛋白质等的结合键，使磷脂从复合体中游离并被萃取出来，随油脂进入毛油。毛油中磷脂含量的多少取决于油籽的磷脂含量、油脂的提取方法及工艺条件。几种毛油中磷脂含量见表2-5。

表 2-5　毛油中磷脂含量　单位:%

名称	磷脂含量	名称	磷脂含量
大豆油	1.1~3.5	花生油	0.6~1.2
菜籽油	1.5~2.5	棉籽油	1.5~1.8
米糠油	0.4~0.6	亚麻油	0.3

磷脂分子由于含有较多不饱和脂肪酸，易氧化而色泽加深，直至变褐色。

磷脂分子兼备疏水基团和亲水基团，是一种很好的表面活性剂，具有良好的乳化特性，在医药、食品、饲料及其他工业领域中得到广泛的应用。

除了磷酸甘油酯以外，动物组织内还存在鞘磷脂，也称神经磷脂，它在植物和微生物组织中未发现。鞘磷脂是神经酰胺与磷酸结合后，再与胆碱或胆胺相连而成的酯。结构如图2-6所示。

鞘磷脂也可与糖或肌醇连接成为糖基鞘磷脂。

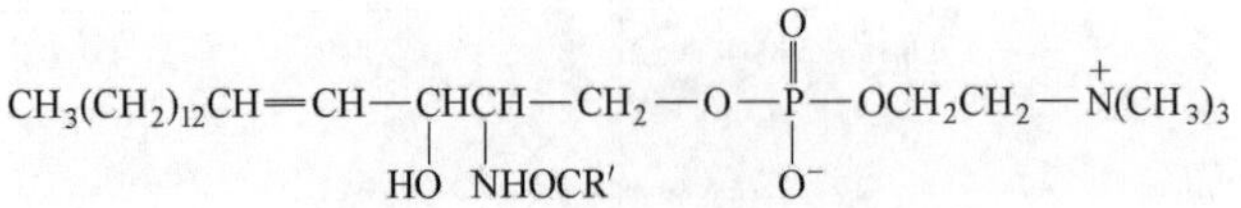

$$CH_3(CH_2)_{12}CH=CH-\underset{HO}{\underset{|}{CH}}\underset{NHOCR'}{\underset{|}{CH}}-CH_2-O-\overset{O}{\overset{\|}{\underset{O^-}{\underset{|}{P}}}}-OCH_2CH_2-\overset{+}{N}(CH_3)_3$$

图2－6　鞘磷脂的结构

（十）糖酯

糖酯（Glycolipid）是糖和脂质结合所形成的物质的总称。在生物体分布甚广，但含量较少，仅占脂质总量的一小部分。糖脂亦分为糖基酰甘油和糖鞘脂两大类。

植物种子中含有一定量的糖脂，主要是单半乳糖甘油二酯、二半乳糖甘油二酯。动物组织中仅有痕量。单半乳糖甘油二酯、二半乳糖甘油二酯结构如图2－7所示。

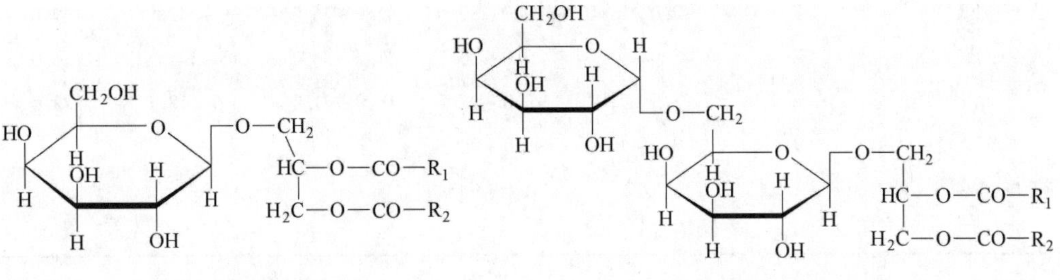

单半乳糖甘油二酯　　二半乳糖甘油二酯

图2－7　单半乳糖甘油二酯、二半乳糖甘油二酯结构

六、特殊成分

（一）棉酚

棉籽中含有棉酚（Gossypol），又称棉籽醇，是含有六个羟基的多环醛，分子式为$C_{30}H_{30}O_8$，相对分子质量为518，化学名为2，2′－双－8－甲酰基－1，6，7－三羟基－5－异丙基－3－甲基萘，此外，棉酚还存在两种异构体，在一定条件下可相互转化，它们的结构式如图2－8所示。

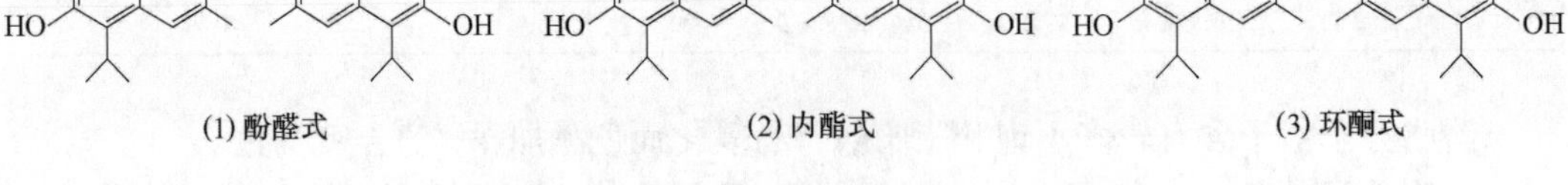

(1) 酚醛式　(2) 内酯式　(3) 环酮式

图2－8　棉酚的结构

棉酚是棉花作物的特有成分，在棉籽壳、棉籽仁、棉株的叶、干、根中均有存在。棉酚集中在棉籽仁的球状色腺体中，总量占色腺体重的20%～40%，占仁重2.5%～4.8%。无腺体棉不含棉酚，但这种棉花品种对疾病和害虫的抵抗性很差。

棉酚为淡黄至黄色板状或针状结晶，可溶于甘油三酯和硫醚、氯仿、四氯化碳、二氯乙烷、甲醇、乙醇等有机溶剂及氢氧化钠或碳酸钠的水溶液中，难溶于甘油、环已烷、苯、轻汽油中。

棉酚含醛基，具有还原性，能发生银镜反应和费林反应，还能与苯胺作用生成不溶于有机溶剂的二苯胺棉酚，此反应是提取和测定棉酚的重要依据。棉酚分子中醛邻位的羟基活泼，具有很强的酸性，故棉酚能与碳酸钠、氢氧化钠反应，生成溶于水的棉酚盐，从而在油脂精炼时与油分离。棉酚的活性多官能团，使其易与蛋白质、氨基酸、磷脂等作用，形成结合棉酚，大大降低棉酚的毒性。由于棉酚能与蛋白质中赖氨酸的 ε - 氨基结合，降低了赖氨酸的营养价值。棉酚还可与间苯酚、茴香胺等发生颜色反应，分别在 550nm、447nm 处有最大吸收。

棉酚对人和动物有毒，是棉籽制品加工中需脱除的成分之一。棉酚及其衍生物具有抗氧化性，可用作石油、橡胶等有机产品的抗氧化剂。在临床研究中，醋酸棉酚可用作男性避孕药，停止使用后即恢复生育能力，没有发生后代畸形的现象。因此，棉酚有望成为未来安全、可逆的男性避孕药。棉酚对多种肿瘤也有一定疗效，口服棉酚对放、化疗有困难和不能手术的患者进行抗肿瘤治疗具有实际意义。棉酚还可以用来防治艾滋病。

（二）硫代葡萄糖苷

十字花科芸薹属（*Brassica*）的种子如菜籽、芥子、萝卜子等油料经常都含有数量不等的硫代葡萄糖苷，或称芥子硫苷、葡萄糖异硫氰酸盐（Glucosinolate，Thioglucosinolate，Thioglucoside），含量从低于1%到大于2%不等。

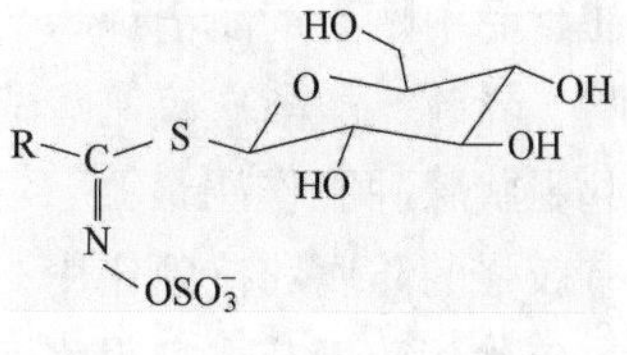

HO　O　OH　R—C—S　OH　HO　N　OSO_3^-

图2-9　硫代葡萄糖苷的结构

硫代葡萄糖苷结构式如图 2-9 所示。

不同的 R 烃基构成不同的芥子苷，每一种种子的硫代葡萄糖苷中的 R 基经常有几种，总有一种 R 占主要的，其他几种占少量，这些 R 基团的结构有单纯烃基的，有带羟基的，有含硫的，还有芳香族的等，表 2-6 所列是较常见的几种 R 基团。

表 2-6　较常见的几种 R 基团

R	结构式	含大量的种子
甲基	$CH_3—$	
烯丙基	$CH_2═CH—CH_2—$	黑芥子
丁-3-烯基	$CH_2═CH—CH_2—CH_2—$	菜籽、大头菜籽
戊-4-烯基	$CH_2═CH—CH_2—CH_2—CH_2—$	
2-羟基丁-3-烯基	$CH_2═CH—CH(OH)—CH_2—$	菜籽（阿根廷）、海甘蓝
2-羟基戊-4-烯基	$CH_2═CH—CH_2—CH(OH)—CH_2—$	
4-甲硫丁基	$CH_3—S—CH_2—CH_2—CH_2—CH_2—$	
3-甲基亚磺酰丙基	$CH_3—SO—CH_2—CH_2—CH_2—$	

续表

R	结构式	含大量的种子
4－甲基磺酰丁基	$CH_3—SO_2—CH_2—CH_2—CH_2—CH_2—$	
苄基	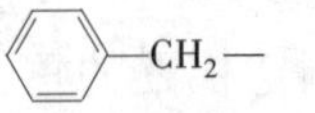 $—CH_2—$	
苯乙基	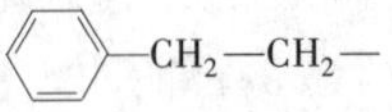 $—CH_2—CH_2—$	
2－羟基苄基	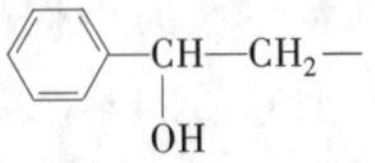 $—CH(OH)—CH_2—$	
对－羟基苄基	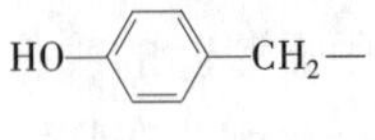 $HO—$ $—CH_2—$	白芥子
3－茚甲基	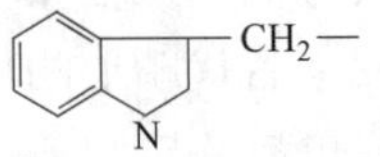 $—CH_2—$ N	

硫代葡萄糖苷本身低毒或无毒，但在芥子酶或胃肠道中的细菌酶的催化作用下，会发生降解并生成多种具有毒性的降解产物。硫苷和它的降解产物的生物化学特性为：①在食品中赋予产品辛辣味与特殊的风味，从而影响食物的适口性；②硫苷的降解产物如腈、异硫氰酸酯、硫氰酸酯等，是一种致甲状腺肿大毒素，又以2－羟基丁－3－烯基引起甲状腺肿胀作用最强（又称为前甲状腺肿胀素，Progaitrin）；③硫苷及其降解产物具有较强的防腐和抗菌作用；④硫苷及其降解产物能防止多种癌症发生的危险。

硫代葡萄糖苷本身很难溶于油中，它主要存在于菜籽饼粕中。因此，菜籽饼粕必须经过脱毒工艺处理，或者严格限制牲畜的饲用量。

现在已培养出低硫代葡萄糖苷的菜籽。

（三）芝麻木酚素

未精炼芝麻油优异的稳定性在很大程度上归因于内源性酚类抗氧化剂，即芝麻素（sesamin）、芝麻林素（芝麻酚林，sesamolin）、芝麻酚（sesamol）等，统称为芝麻木酚素（Sesamelignan），如图2－10所示。

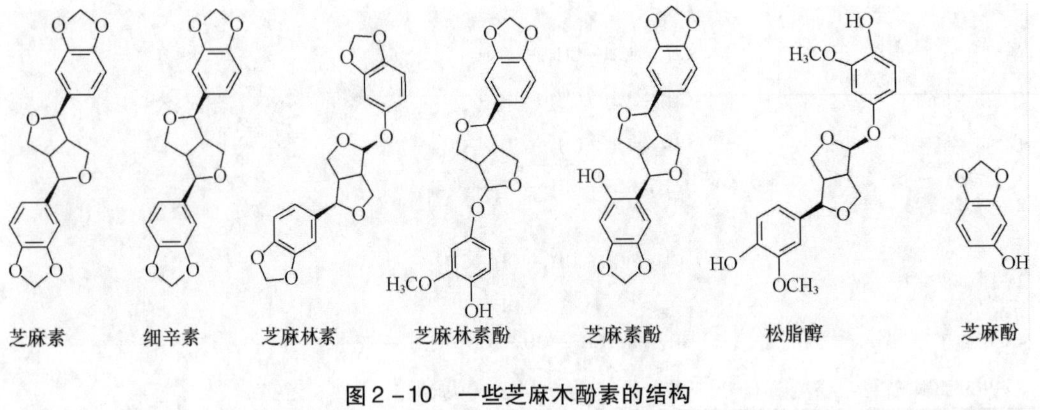

芝麻素　细辛素　芝麻林素　芝麻林素酚　芝麻素酚　松脂醇　芝麻酚

图2－10　一些芝麻木酚素的结构

存在于毛油中的天然芝麻木脂素主要有芝麻素、芝麻林素，含量分别为0.1%～0.9%和痕量～0.7%。它们在制油过程可以转化成其他芝麻木酚素。

芝麻素为针状晶体，熔点123～124℃，溶于丙酮、氯仿，微溶于乙醚及石油醚，右旋 $[\alpha]_D^{20}$ +69°。在氯仿中，与多种试剂呈颜色反应，例如：与乙酸酐产生红色，转变为绿色，与硫酸和过氧化氢产生绿色，与焦没食子酸或盐酸产生紫色。

芝麻酚熔点65.8℃，溶于醇、醚，微溶于水、石油醚。芝麻油与蔗糖和盐酸反应呈红色，称为包氏试验（Baudowintest），即是芝麻酚所起的反应。和其他抗氧化剂相比，芝麻酚相对分子质量小，邻位没有甲基，也没有其他抗氧化剂中通常所含有的大的空间阻碍基团，正是因为其结构简单，芝麻酚是研究酚型抗氧化剂机理和构效关系的最佳模型。

芝麻林素与芝麻素之间的区别在于它具有一个把一个亚甲基二氧基苯基基团与中央的四氢糠基呋喃核相连的氧原子。

芝麻油优异的氧化稳定性主要应归于芝麻酚，它在天然芝麻油中极少量，但通过酸性脱色漂土作用、稀无机酸处理、氢化或煎炸，芝麻林素可转变成芝麻酚。碱炼、水洗和脱臭降低了芝麻酚含量，脱臭后的芝麻油通常仅含有微量的游离芝麻酚，因此，与其他类似的不饱和油一样，已不再具有稳定性。

（四）亚麻木酚素

亚麻籽木酚素含量高达0.7%～2%，主要为开环异落叶松树脂酚（secoisolariciresinol，SECO）、乌台脂酚（matiresinol，MAT），还有少量的异落叶松树脂酚（isolariciresinol，ILC）、落叶松树脂酚（lariciresinol，LCS）和松脂醇（pinoresinol，PRS）等。

开环异落叶松树脂酚通常以其二葡萄糖苷（secoisolariciresinol diglucoside，SDG）形式存在，如图2－11所示。

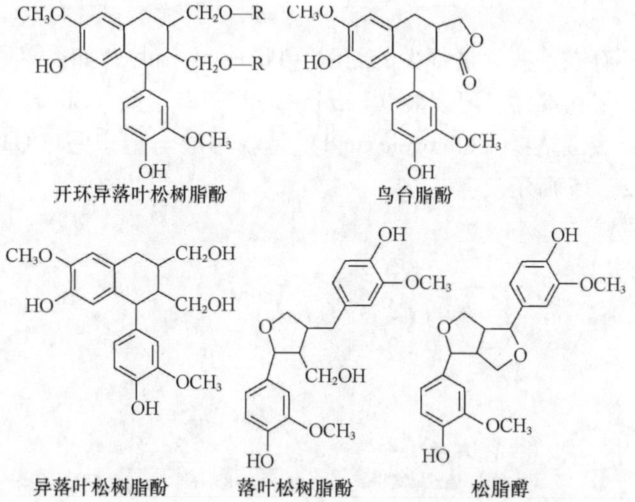

开环异落叶松树脂酚　　乌台脂酚

异落叶松树脂酚　　落叶松树脂酚　　松脂醇

图2－11　与开环异落叶松树脂酚具有共同母体结构的木酚素类物质

植物木脂素在肠道菌群作用下的代谢产物是动物木脂素，主要为肠二醇（enterodiol，END）和肠内脂（enterolaetone，ENL），分布于动物的血清、血浆、尿液和粪便中，结构见图 2－12。

（五）黄曲霉毒素

黄曲霉毒素（Aflatoxins，简记为 AFT）是一类主要由黄曲霉（Aspergillus flavus）和寄生曲霉（Aspergillus parasiticus）产生的代谢产物。目前已确定黄曲霉毒素家族中有 B_1、B_2、G_1、G_2、M_1、M_2 等二十余种成员，其结构相似，都是二氢呋喃氧杂萘邻酮的衍生物，有一个双呋喃环和一个氧杂萘邻酮。黄曲霉毒素是目前已知化合物中毒性和致癌性最强的物质之一，其中以黄曲霉毒素 B_1 毒性最大，其结构如图 2－13 所示。

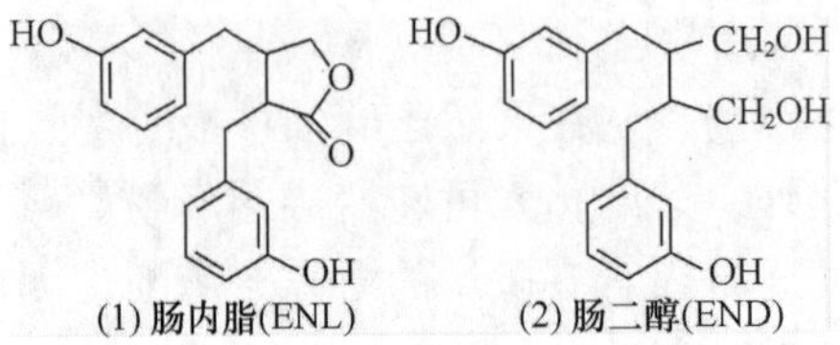
HO
OH
HO
CH2OH
CH2OH
OH
(1) 肠内脂(ENL)
(2) 肠二醇(END)

图 2－12　动物木脂素结构

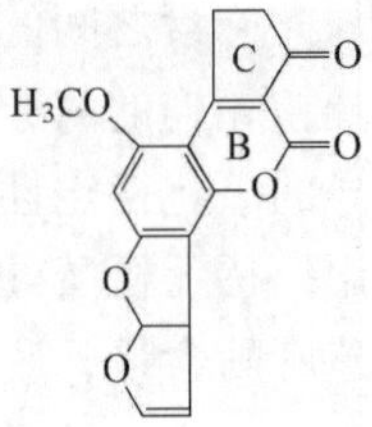
H3CO
C
B
O
O
O
O
O

图 2－13　黄曲霉毒素 B_1 结构

黄曲霉是空气和土壤中存在的非常普遍的微生物，世界范围内的花生、谷物稻子、大麦、玉米、豆类等多种谷物和油料均不同程度污染黄曲霉毒素，其中以花生和玉米污染最为严重。鉴于此，世界各国都对食品中黄曲霉毒素含量做出了严格的规定。

黄曲霉毒素对热相当稳定，不容易降解，但对紫外光、γ 射线、臭氧以及氨水、次氯酸钠等碱液较敏感，易发生降解，可利用其作为去除黄曲霉毒素的有效方法。

（六）酚酸

油料种子中还存在一些含量很少的酚酸（Phenolic acid），如香草酸（Vanillic acid）、香豆酸（*p*－Coumaric acid）、阿魏酸（Ferulic acid）、芥子酸（Sinapic acid）等，其结构如图 2－14 所示。绿原酸（Chlorogeic acid）是咖啡酸与奎宁酸（Quinic acid）所成的酯。其结构如图 2－15 所示。

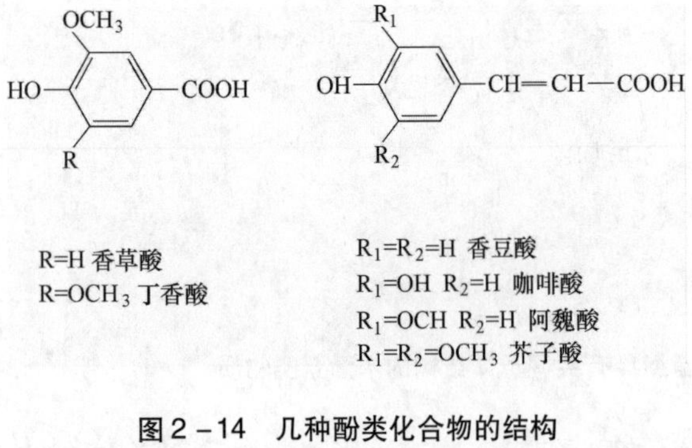
OCH3
HO
COOH
R
R1
OH
CH=CH—COOH
R2
R=H 香草酸
R=OCH3 丁香酸
R1=R2=H 香豆酸
R1=OH R2=H 咖啡酸
R1=OCH R2=H 阿魏酸
R1=R2=OCH3 芥子酸

图 2－14　几种酚类化合物的结构

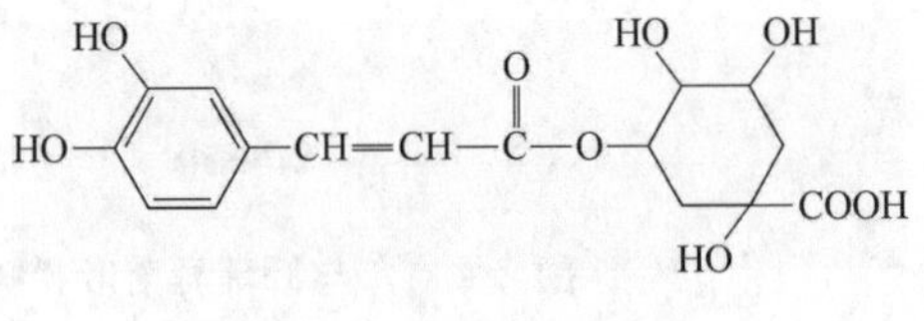
HO
HO
CH=CH—C—O
O
HO
OH
COOH
HO

图 2－15　绿原酸的结构

芥子碱（Sinapine）是芥子酸与胆碱所成的酯。结构如图 2－16 所示。

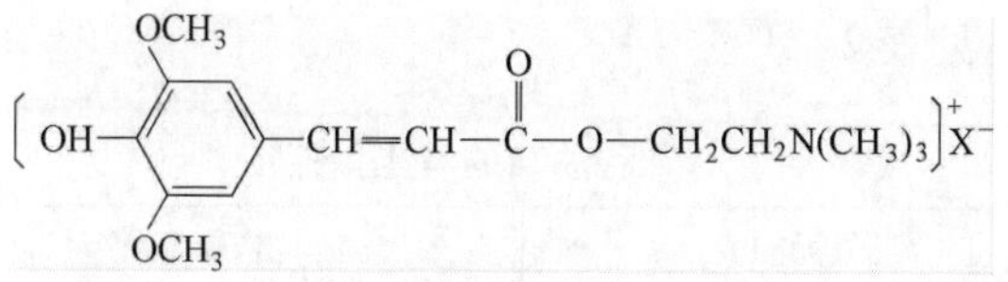

$$\left[HO-C_6H_2(OCH_3)_2-CH{=}CH-\overset{O}{\overset{\|}{C}}-O-CH_2CH_2N(CH_3)_3 \right]^+ X^-$$

图2－16　芥子碱的结构

油料加工过程中，在合适的温度、水分、pH 条件下，这些酚酸类物质易受到相关酶或空气中氧的作用而发生氧化，导致油粕的风味、色泽劣变，影响其食用价值与营养价值。例如，葵花籽粕含3%～3.5%的酚类物质，其中70%是邻二酚类的咖啡酸和绿原酸，很容易被酶氧化成邻醌。生成的醌可聚合，也可还原，可与赖氨酸的 ε－氨基或甲硫氨酸的硫醚结合，从而损耗营养成分，降低营养价值。

第四节　油料种子的物理性质

油料种子的物理性质，如体积质量、自动分级、导热性、吸附性等，对油料的安全储存、输送、加工生产均有直接或间接的影响。

1. 密度

单位体积内油料种子的质量称为密度，单位为 kg/m^3。密度与油籽大小、表面性状、整齐度、含水量高低、含杂质的种类和多少以及内部化学成分有关。根据密度可以评定油料种子的优劣，确定仓库的容积，确定输送设备及生产设备的生产量等。

主要油料的密度见表2－7。

表2－7　主要油料的密度　单位：kg/m^3

油料名称	密度	油料名称	密度
大豆	720～800	蓖麻籽	450～550
大豆胚	380～450	亚麻籽	600～700
油菜籽	560～620	芝麻	550～600
花生果	210～240	大麻籽	490～550
花生仁	600～680	米糠	380～420
棉籽	400～440	油饼	560～620
棉仁	720～800	葵花籽	275～440

2. 散落性

油料种子的散落性即自然流动性，由粒子间摩擦力的大小所决定，一般用静止角表示。

静止角是指油籽从一定高度自由落到水平面上所形成的圆锥体的斜面与其底面直径构成的角度。油料种子的散落性与油籽的形状、大小、水分含量及杂质含量有关，油籽在储存过程中若发热霉变，散落性会降低。

主要油料的静止角见表2－8。

表2－8　几种油料的静止角

油料名称	静止角/°	油料名称	静止角/°
大豆	25～36	芝麻	24～30
葵花籽	31～45	油菜籽	20～27
亚麻籽	27～34	棉籽	42～45
蓖麻籽	34～46		

3. 自动分级

油籽在振动或移动时，同类型油料或杂质集中在料堆的某一部分，造成料堆组成成分的重新分配，破坏了原来的均一性，这种现象称为自动分级。产生自动分级的原因主要是油堆中各组分的相对密度、大小及内摩擦因数不同，是在料堆具有散落性的基础上形成的。油料数量越多，移动距离越大，散落性越好，自动分级现象越严重。

油料的自动分级给扦样检质和安全储存带来麻烦，但给筛选带来有利条件。

4. 质量热容和热导率

使1kg油料的温度升高1℃所需要的热量，称为油料的质量热容，以kJ/（kg·℃）表示。油料质量热容的大小与油料的化学成分及其比例有关，与油料的含水量有关。

热导率为面积热流量除以温度梯度。热导率越大，导热性越好。油料是热的不良导体，其热导率很小，一般为0.12～0.23W/（m·℃）。由于油料的导热性差，因此在储存、加热等过程中应注意散热及加热的均匀性。

5. 吸附性和解吸性

油料是一种多细胞的有机体，从油料表面到内部分布着无数直径很小的毛细管，这些毛细管的内壁具有从周围环境尤其是从空气中吸附各种蒸气和气体的能力。当被吸附的气体分子达到一定的饱和程度时，气体分子也能从油料表面或毛细管内部释放出来而散发到周围的空气中，油料的这种性能称为吸附性和解吸性。

由于油料具有吸附性，因此当油料吸湿后水分增大时，容易发热霉变，给油料的安全储存带来困难。油料吸附有毒气体或有味气体后不易散尽，造成油料污染，因此应避免油料接触有毒或有味的气体。

第五节　油料中油脂的形成和转化

一、油脂在油料种子中的形成

油脂与蛋白质和碳水化合物一样，是细胞的重要组成部分，并且与碳水化合物一起成为细胞呼吸作用所需的主要物质。每一个活的生物细胞通常都含有少量的油分和类脂物。细胞内的油分于代谢过程中形成，并以油滴形式积累起来。它常常直接产生于细胞质内，通过细胞学研究可以清楚地得以证实，首先在果实和种子的细胞内出现淀粉，然后淀粉在叶绿体和白色体内经过某些变化转化为油或脂。

正在成熟的植物种子中，油脂的形成是由于单糖（例如葡萄糖）通过连续不断地产生甘油、饱和与不饱和的脂肪酸，并通过其在脂肪酶作用下化合成油脂分子。生物体内脂肪酶作用具有可逆性，即如果生理条件有利于合成时，脂肪酶就促使甘油和脂肪酸合成油，当条件改变时，脂肪酶就导致油分子分解成碳水化合物。

油的形成和积累过程从盛花期（子房膨大时）开始，一直进行到种子或果实完全成熟为止。也就是说种子或果实内油脂形成过程是从种子或果实开始发育约一个半至两个星期之后开始的，并一直继续到它们完全成熟为止。油脂的质量在整个合成过程中并非恒定，而会发生很大变化，每种植物的种子在最初几天或甚至最初几星期积累着大量游离的脂肪酸，在种子未成熟时游离脂肪酸的含量很高，到完全成熟时则逐渐降低到最低限度。如罂粟于开花后 2 周时其种子油的酸值为 5.2mg/g（以 KOH 计），8 周时为 3.4mg/g（以 KOH 计）。

通过对植物成熟种子的观察，得到油脂形成的过程如图 2－17 所示。

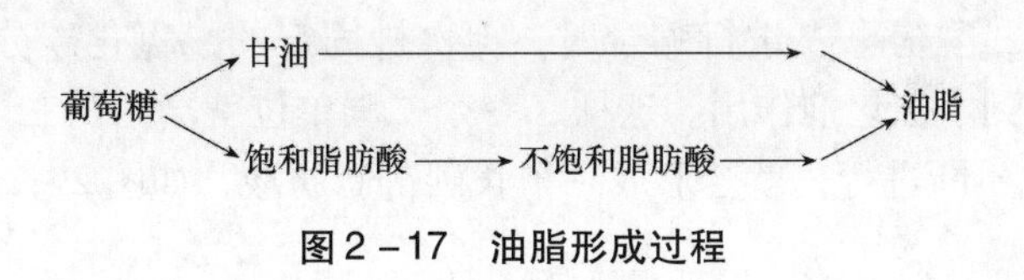

图 2－17　油脂形成过程

从图 2－17 可以看出，油脂总是由葡萄糖形成，首先葡萄糖通过连续不断的还原反应，转化成甘油和脂肪酸，而甘油和脂肪酸在脂肪酶的作用下，合成油脂。但此图中关于饱和酸形成不饱和酸的过程存在异议。

后来，通过进一步的验证得出了较为正确的概念，许多植物在油脂形成的过程中，饱和酸和不饱和酸是同时产生的，这时种子的活组织中剧烈地进行着复杂的氧化还原反应，这些反应导致更多或更少地形成某一种植物所特有的各种饱和度的脂肪酸。因此，修改后的油脂形成过程如图 2－18 所示。

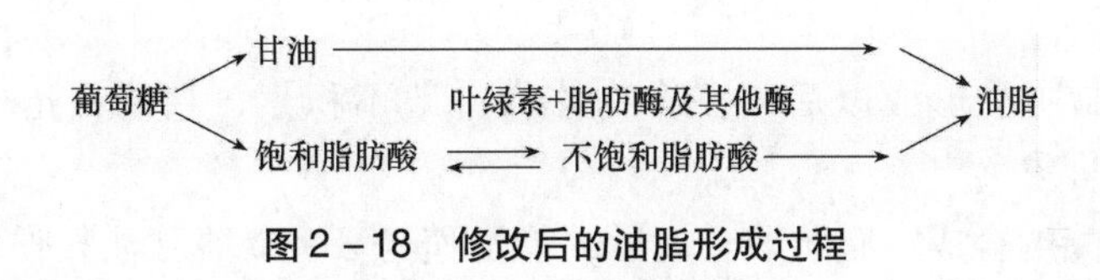

图 2－18　修改后的油脂形成过程

甘油、脂肪酸和甘油三酯的生物合成途径如下：

（1）甘油的合成　一般认为，甘油是来自糖酵解的中间产物，即糖类经糖酵解过程，形成磷酸二羟丙酮，磷酸二羟丙酮经甘油三磷酸脱氢酶还原为 L－α－磷酸甘油，L－α－磷酸甘油即可给脂类提供重要组成成分甘油，如图 2－19 所示。

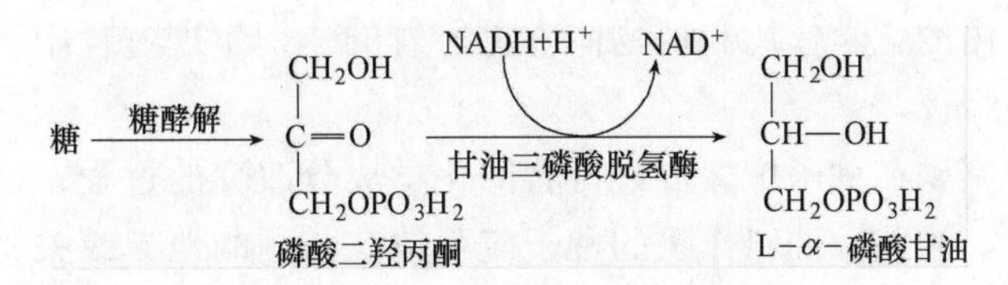

图 2－19　磷酸甘油的生物合成

（2）脂肪酸的合成　乙酰辅酶 A 是给脂肪酸提供必需碳原子的重要原料，它是作物呼吸过程中由碳水化合物（糖）形成的。乙酰辅酶 A 可形成丙二酰辅酶 A，如图 2 – 20 所示。

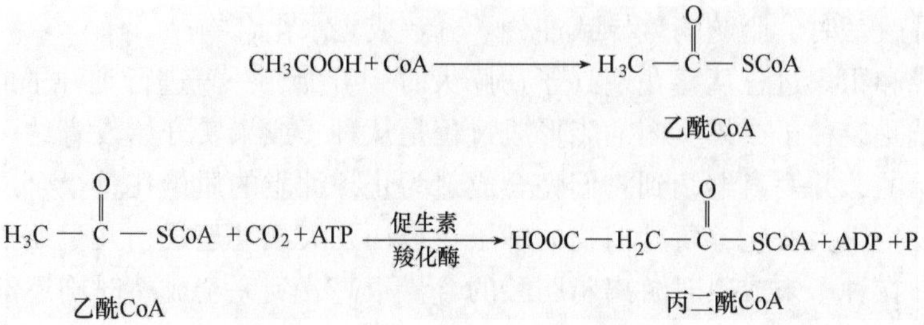

$$CH_3COOH + CoA \longrightarrow \underset{\text{乙酰CoA}}{H_3C - \overset{\overset{\large O}{\|}}{C} - SCoA}$$

$$\underset{\text{乙酰CoA}}{H_3C - \overset{\overset{\large O}{\|}}{C} - SCoA} + CO_2 + ATP \xrightarrow[\text{羧化酶}]{\text{促生素}} \underset{\text{丙二酰CoA}}{HOOC - H_2C - \overset{\overset{\large O}{\|}}{C} - SCoA} + ADP + P$$

图 2 – 20　丙二酰辅酶 A 的生物合成

乙酰辅酶 A 可与丙二酰辅酶 A 缩合，进一步的反应包括反复利用丙二酰辅酶 A，使碳链增长。每当丙二酰辅酶 A 进行缩合时，上次被固定的二氧化碳分子就被解离下来，二氧化碳实际上起到了催化剂作用。这样，一个二碳单位就会由丙二酰辅酶 A 加到丁酰辅酶 A 上去。如此不断进行，就会形成一个长碳链脂肪酸，如图 2 – 21 所示。

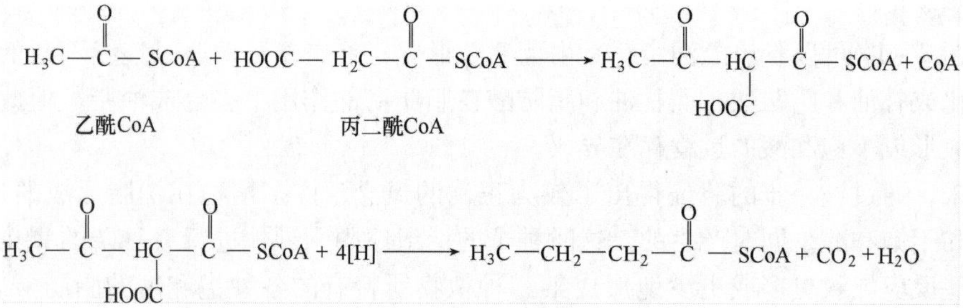

$$\underset{\text{乙酰CoA}}{H_3C - \overset{\overset{\large O}{\|}}{C} - SCoA} + \underset{\text{丙二酰CoA}}{HOOC - H_2C - \overset{\overset{\large O}{\|}}{C} - SCoA} \longrightarrow H_3C - \overset{\overset{\large O}{\|}}{C} - \underset{\underset{HOOC}{|}}{HC} - \overset{\overset{\large O}{\|}}{C} - SCoA + CoA$$

$$H_3C - \overset{\overset{\large O}{\|}}{C} - \underset{\underset{HOOC}{|}}{HC} - \overset{\overset{\large O}{\|}}{C} - SCoA + 4[H] \longrightarrow H_3C - CH_2 - CH_2 - \overset{\overset{\large O}{\|}}{C} - SCoA + CO_2 + H_2O$$

图 2 – 21　长碳链脂肪酸的生物合成

中等长度的脂肪酸形成以后，在作物体内一般不积累，它们将迅速转化为最终产物——软脂酸和油酸。

（3）甘油三酯的合成　脂肪酸合成后，能迅速与 α – 磷酸甘油相作用形成甘油三酯（即脂肪），沉积于细胞中。当甘油与脂肪酸作用后，辅酶 A（或 ADP）才被分解下来，磷酸甘油中的磷酸也被除去。

甘油三酯是在磷酸甘油上结合三个活性脂肪酸形成的。其合成过程如图 2 – 22 所示。

植物体内油脂的形成和积累与外界环境也有着密切的关系，无论在自然条件或栽培条件下，植物都经常处于和气候、土壤、自然环境或耕作条件的相互联系中。这种相互作用体现在植物体内的化学作用和植物体内进行着的一切生理过程中，并且影响着植物的解剖结构和形态特征。

贮藏期间可观察到在种子中缓慢进行着的化学成分改变的过程，这些变化反映在油脂的数量和品质上。因此，油料作物的种子应存放在防潮的地方或关闭但通风良好的室内，散放或用袋装，并堆成垛，不妥善和粗放的贮藏会使种子受到严重的败坏和损失。

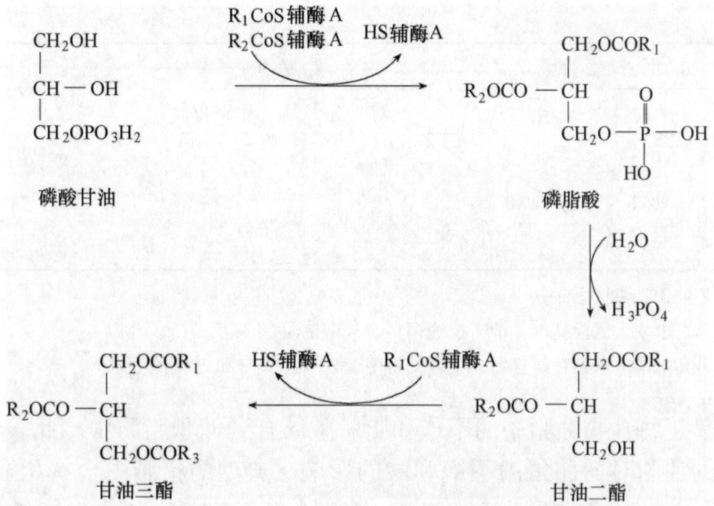

$CH_2OH-CH(OH)-CH_2OPO_3H_2$（磷酸甘油） $\xrightarrow[\text{HS辅酶A}]{R_1CoS辅酶A,\ R_2CoS辅酶A}$ $CH_2OCOR_1-CH(R_2OCO)-CH_2O-P(=O)(OH)-OH$（磷脂酸）

磷脂酸 $\xrightarrow[H_3PO_4]{H_2O}$ $CH_2OCOR_1-CH(R_2OCO)-CH_2OH$（甘油二酯）

甘油二酯 $\xrightarrow[\text{HS辅酶A}]{R_1CoS辅酶A}$ $CH_2OCOR_1-CH(R_2OCO)-CH_2OCOR_3$（甘油三酯）

图2-22　甘油三酯的生物合成

二、油脂在动物组织中的分布及影响因素

当猪、牛、羊等喂养到可以获得经济效益的屠宰重量时，脂肪组织在它们身体的许多部位聚集，主要包括皮下脂肪（处在表皮下，肌肉表面之上）和肌肉脂肪（处于肌肉之间），也有相当数量储存在腹腔和其他位置中。脂肪在不同位置的分布随着动物的种类、品种和成熟程度的不同而变化。

在商品学中，根据动物脂肪蓄积部位的不同可分为：板油（肾周围脂肪）、花油（网膜及肠系膜脂肪）、膘油（皮下脂肪）和杂碎油（其他内脏和骨髓脂肪）等。

对于牛、羊、猪，从表皮、肌肉间到肌肉内部、深腹和肾上脂肪的硬度是逐步增加。因此，从这些地方获得的脂肪熬制油脂，油脂产品将会更加稳定，而且具有较好的风味稳定性。

肉类油脂的脂肪酸组成受到许多因素的影响，最为显著的是饲料。饲料对猪油和牛油的脂肪酸组成的影响见表2-9。

表2-9　用不同饲料喂饲的猪油和牛油的脂肪酸含量　单位：%

脂肪酸	猪油		猪油		牛油	
	牛油饲料[①]	大豆油[①]	对照组[②]	卡诺拉油[②]	对照组[③]	菜籽油[③]
$C_{14:0}$	1.0	0.8	1.3	0.5	3.9	3.6
$C_{16:0}$	26.6	22.1	25.6	10.8	26.7	24.3
$C_{16:1}$	4.1	2.5	0.9	0.4	20	2.0
$C_{18:0}$	12.1	11.3	12.9	4.3	20.2	20.5
$C_{18:1}$	40.5	33.2	46.9	56.1	41.2	43.0
$C_{18:2}$	11.2	24.4	11.5	21.5	4.8	5.5
$C_{18:3}$	4.0	4.9	0.9	6.5	—	—

续表

脂肪酸	猪油		猪油		牛油	
	牛油饲料[①]	大豆油[①]	对照组[②]	卡诺拉油[②]	对照组[③]	菜籽油[③]
$C_{20:4}$	0.3	0.5	—	—	—	—
$C_{22:6}$	0.2	0.2	—	—	—	—
总饱和脂肪酸	39.6	34.2	39.8	15.6	50.8	48.4

注：①饲料含牛油 3% 或大豆油。

②对照饲料以玉米大豆为基料，卡诺拉油饲料含卡诺拉油 20%。

③对照组是高能的玉米棉籽饼食物，菜籽饲料中含 20% 的菜籽和 20% 的玉米。

反刍动物易于将食物油脂中的不饱和脂肪酸结合到储积脂肪中。此表解释了饲喂含不饱和脂肪酸的油脂对增加猪肉不饱和酸的影响。典型的猪脂中含有相当多的棕榈酸、硬脂酸、油酸、亚油酸及少量肉豆蔻酸、棕榈烯酸、亚麻酸和花生四烯酸等。研究表明：喂饲含大豆油的饲料使猪背部的脂肪含有较高的亚油酸含量，油脂组成的变化尽管使猪的躯体外观变软，但不会在加工中产生任何问题。

一般来说，反刍动物与猪相比，饱和脂肪酸含量高，亚油酸含量较低。因而，牛油、羊油比猪油硬。因为喂饲不饱和脂肪酸含量高的油脂对反刍动物的脂肪组成有直接的影响，所以有必要防止瘤胃微生物作用使脂质中不饱和脂肪酸变成饱和脂肪酸。

除喂饲外还有许多因素影响动物油脂的组成，这些因素包括遗传和性别等。

思考题

1. 写出油料的定义。
2. 油料如何分类？
3. 试述油料种子的形态和结构。
4. 试述油料的化学组成、次要成分和特殊成分。
5. 试述油料种子的物理性质。
6. 试述油料中油脂的形成及影响因素。

第三章

油料分论

一、富含可食性植物油的重要油料

（一）大豆

大豆（Soybean）又名黄豆，属豆科，一年生草本植物，原产于我国。大豆的果实为荚果，豆荚内含有1~4粒种子，一般为2~3粒。种子直径在5~9.8mm，由胚和种皮两部分组成，一般胚占种子重的92%左右，种皮占8%左右。大豆无胚乳，子叶是大豆的主要部分，占种子重的90%，子叶有两片，其中含有丰富的蛋白质和脂肪，子叶的细胞组织内几乎集中了大豆所含的全部油脂。

大豆种子有扁圆体形、球形、椭圆形和长圆体形等几种不同的形状，如图3-1所示。

图3-1 大豆

大豆有大粒和小粒之分。大豆种皮的色泽因品种而异，通常有黄、青、褐、黑及杂色五种。黄色大豆数量最多，且含油量最高，主要用于制油。成熟的大豆种子表面光滑、完整、饱满，有的还具有光泽，光泽好的大豆含油量往往比较高。

大豆属于高蛋白油料，其湿基含蛋白质30%~45%，含油仅15.5%~22.7%。除含上述主要成分外，大豆还含有抗营养因子，如胰蛋白酶抑制剂、凝集素、皂苷以及致肠胃胀气成分，这些嫌弃成分在大豆加工过程中应去除或使其破坏，以提高大豆制品的营养价值。现在，通过诱变育种、转基因技术等开发低亚麻酸（1.5%~2.5%）、高油酸（60%~70%）、无胰酶抑制素的大豆新品种，已经在一些国家获得成功。

大豆主要用于制取油脂和饼粕，过去饼粕仅作为副产品，用作饲料或肥料。近年来大豆日益成为制取食用蛋白的重要原料，以大豆饼粕为原料，可制取大豆浓缩蛋白、分离蛋白、组织状蛋白、纤维状蛋白等多种产品。

大豆油呈黄色或棕榈黄色，是一种半干性油。大豆油的特征指标见表3-1。

表 3-1　　大豆油的特征指标

项　目		特 征 值
相对密度 d_{20}^{20}		0.919～0.925
折射率 n^{40}		1.466～1.470
碘值（以I计）/（g/100g）		124～139
皂化值（以KOH计）/（mg/g）		189～195
不皂化物/（g/kg）		≤15
脂肪酸组成/%		
十四碳以下脂肪酸		ND～0.1
豆蔻酸	$C_{14:0}$	ND～0.2
棕榈酸	$C_{16:0}$	8.0～13.5
棕榈一烯酸	$C_{16:1}$	ND～0.2
十七烷酸	$C_{17:0}$	ND～0.1
十七碳一烯酸	$C_{17:1}$	ND～0.1
硬脂酸	$C_{18:0}$	2.5～5.4
油酸	$C_{18:1}$	17.7～28.0
亚油酸	$C_{18:2}$	49.8～59.0
亚麻酸	$C_{18:0}$	5.0～11.0
花生酸	$C_{20:0}$	0.1～0.6
花生一烯酸	$C_{20:1}$	nd～0.5
花生二烯酸	$C_{20:2}$	ND～0.1
山嵛酸	$C_{22:0}$	ND～0.7
芥酸	$C_{22:1}$	ND～0.3
木焦油酸	$C_{24:0}$	ND～0.5

注：ND 表示未检出，定义为0.05%。

大豆油中富含有人体必需脂肪酸——亚油酸、α-亚麻酸，并且富含维生素E等成分，因此具有很高的营养价值。大豆油广泛用于食品，除生产传统的烹调油外，还大量用于生产起酥油、人造奶油、蛋黄酱、低热量涂抹脂等。小部分大豆油用于非食用工业，如环氧大豆油、涂料载色体、生物柴油和彩色油墨等。

除对大豆中油脂、蛋白质的开发和利用外，当前国内外还十分注重磷脂、大豆异黄酮、维生素E和皂苷等一些大豆功能因子的开发和利用。

目前，大豆已成为世界上最重要的植物油料之一，主要生产国有美国、巴西、阿根廷、中国等十个国家，产量占世界总产量的96%以上，是供应世界植物蛋白（食用和饲料）、食用油的主要来源之一。

（二）油菜籽和卡诺拉菜籽

油菜的种子称为油菜籽（Rapeseed）。油菜是世界性的油料作物，属十字花科，一年生草本植物。油菜的果实为长角果，内有种子即油菜籽10～38粒。成熟的油菜籽多为球形，其直径为1.27～2.05mm，如图3-2所示。

油菜种子由种皮和胚两部分组成，无胚乳。胚有两片肥大的子叶，呈黄色。每片子叶均从中部折叠，一片包在外，一片裹在其内，油脂主要集中在两片子叶内。子叶和种皮结合紧密，难以去皮，并且去皮会引起较大的油分损失。

图3－2 油菜籽

我国栽培的油菜有三大类型：芥菜或称辣油菜类、白菜或称甜油菜类以及甘蓝类。甘蓝类的籽粒多偏大，而芥菜类的常偏小，白菜类的则大小均有。一般大粒籽含油量较高，中等的次之，小粒籽最低。油菜籽的颜色有黄、褐及黑色等，色泽与含油量有一定的关系，如芥菜、白菜类的黄色种子常比褐色种子含油量高。品种相同，提前收获的种子色浅，而适时收获的种子色深，含油量后者常较前者高。各种类型油菜籽的含油量见表3－2。

表3－2 各种类型油菜籽的含油量 单位:%

类别		甘蓝	芥菜		白菜	
颜色		黑	褐	黄	褐	黄
品种数		2	2	3	3	4
含油量	最高	48.23	39.59	41.28	46.41	49.69
	最低	42.01	32.91	34.62	41.50	45.10
	平均	45.96	37.50	39.10	44.52	46.25

油菜籽中除含有33%～47%的油脂外，还含有25%左右的蛋白质，4%～6%的硫代葡萄糖苷（又称芥子苷或葡萄糖异硫氰酸盐），以及其他一些成分。硫代葡萄糖苷是一类复杂的烃基配糖体，目前已发现近120多种。

菜籽油的甘油三酯结构有较大的特殊性，其中，芥酸主要分布于sn－1，3位，sn－2位的含量小于5%，而95%油酸和亚油酸则分布于sn－2位。但是，菜籽磷脂的脂肪酸组成与相应的甘油三酯有很大的区别，菜籽油磷脂中芥酸的含量甚微。

尽管菜籽油中维生素E的含量很低（毛油中仅有0.06%左右），但是菜籽油的多不饱和脂肪酸含量并不很高，所以氧化稳定性比较好，AOM值可达19h。

菜籽油中含有一般油脂中所没有的芥酸。芥酸是一种二十二碳单不饱和脂肪酸，它的金属盐与一般不饱和脂肪酸的金属盐不同，而与饱和脂肪酸金属盐性质相近，即仅微溶于有机溶剂。当以金属盐的方法分离油脂中的脂肪酸时，如有芥酸存在，其金属盐就与饱和脂肪酸金属盐混在一起分离出来。由于芥酸的特殊结构和性能，高芥酸菜籽油在润滑、防水及化学中间体等方面具有广泛用途。

去毒（除净硫代葡萄糖苷分解产物）的菜籽蛋白具有较好的营养特性，它的含硫氨基酸的含量比大豆蛋白高，且必需氨基酸的平衡比大豆蛋白好，其营养价值等于或优于动物蛋白。菜籽蛋白具有一定的可溶性、吸水性、吸油性、乳化性和起泡性，可作为食品的黏结配料，也可用于香肠、面包和饼干等多种食品中。

双低菜籽是20世纪50年代前后由加拿大最先培育出来的新型菜籽，并于1980年正式命名为卡诺拉（Canola）菜籽。它是指油菜籽中芥酸含量低，同时菜籽饼中硫苷含量也低的油菜品种。双低商品油菜籽芥酸含量不得高于2.0%，硫苷含量不得超过30.0μmol/g饼。目前，Canola已在欧洲国家大规模地种植。中国、俄罗斯、澳大利亚、新西兰等国家也正在积极推广之中。

传统菜籽油和低芥酸油的特征指标见表3－3。

表3－3　典型传统菜籽油、低芥酸菜籽油的特征指标

项目		一般菜籽油特征值	低芥酸菜籽油特征值
相对密度 d_{20}^{20}		0.910～0.920	1.465～1.467
折射率 n^{40}		1.465～1.469	0.914～0.920
碘值（以I计）/（g/100g）		94～120	105～126
皂化值（以KOH计）/（mg/g）		168～181	182～193
不皂化物/（g/kg）		≤20	≤20
脂肪酸组成/%			
十四碳以下脂肪酸		ND	ND
豆蔻酸	$C_{14:0}$	ND～0.2	ND～0.2
棕榈酸	$C_{16:0}$	1.5～6.0	2.5～7.0
棕榈一烯酸	$C_{16:1}$	ND～3.0	ND～0.6
十七烷酸	$C_{17:0}$	ND～0.1	ND～0.3
十七碳一烯酸	$C_{17:1}$	ND～0.1	ND～0.3
硬脂酸	$C_{18:0}$	0.5～3.1	0.8～3.0
油酸	$C_{18:1}$	8.0～60.0	51.0～70.0
亚油酸	$C_{18:2}$	11.0～23.0	15.0～30.0
亚麻酸	$C_{18:3}$	5.0～13.0	5.0～14.0
花生酸	$C_{20:0}$	ND～3.0	0.2～1.2
花生一烯酸	$C_{2}0:1$	3.0～15.0	0.1～4.3
花生二烯酸	$C_{20:2}$	ND～1.0	ND～0.1
山嵛酸	$C_{22:0}$	ND～2.0	ND～0.6
芥酸	$C_{22:1}$	3.0～60.0	ND～3.0
二十二碳二烯酸	$C_{22:2}$	ND～2.0	ND～0.1
木焦油酸	$C_{24:0}$	ND～2.0	ND～0.3
二十四碳一烯酸	$C_{24:1}$	ND～3.0	ND～0.4

注：ND表示未检出，定义为0.05%。

Canola 菜籽油的甘油三酯结构具有一定的规律性。多不饱和脂肪酸主要分布于 sn－2 位，80% 左右为 U_3，而且由于各种甘油三酯的碳链组成相似，使 Canola 油容易形成 β 结晶。Canola 油中维生素 E 的含量比菜籽油高出一倍，因此其氧化稳定性稍优于菜籽油。

Canola 菜籽饼粕的含硫量远远低于传统菜籽的饼粕，是优良的蛋白资源，省去了传统菜籽饼粕需脱毒的麻烦。

（三）花生

花生（Peanut，Groundnut）又名长生果、落花生和地果等，是一年生草本植物。花生的果实为荚果，花生壳占荚果重的 20% ~30%，每荚中一般含油种子 2 ~3 粒。花生的种子由种皮和胚组成，由于花生子叶大，习惯上常将花生种子分为种皮（俗称红衣）、子叶及胚（包括胚芽、胚根、胚轴）三部分。种皮很薄，占仁重的 3% 左右，干燥后易剥落；子叶 2 片，肥厚，重量占种子重的 90% 以上。

花生种子形状大都呈椭圆形，也有圆形或圆柱形的，如图 3 －3 所示。

目前，世界上有 50 多个国家种植花生，花生的成分随着品种和生长条件的不同而有所差异。花生是广大人民所喜爱的食品，不仅含有较多的蛋白质和脂肪，而且还含有人体需要的多种营养素（维生素、矿物质等）。花生既可被直接消耗作为食用，也可以压榨取油。

图 3 －3 花生和花生仁

花生种仁的含油量随品种的不同而有显著变化，一般在 40% ~51%，油脂主要分布在子叶内，胚和种皮内也有少量的油脂存在。

花生仁平均含蛋白质 28.5%，花生蛋白中含有人和动物所需的 8 种必需氨基酸，但甲硫氨酸、赖氨酸含量低于大豆蛋白，因此花生饼粕的饲用价值不如大豆饼粕。

花生中含单糖约 5%，其中 D－葡萄糖 2.9%，D－果糖 2.1%；低聚糖约 3%，其中蔗糖 0.9%，棉籽糖 1%，水苏糖 0.8%，毛蕊糖 0.3%。

花生仁中维生素含量比较丰富，100g 花生仁中含维生素 B_1 1.03mg，烟酸 10mg，维生素 C 2mg，胡萝卜素 0.04mg 以及胆碱、维生素 E 等。

花生含胰蛋白酶抑制剂、甲状腺肿素、凝集素等抗营养因子，但其胰蛋白酶抑制剂含量约为大豆的 20%，这些抗营养因子经过热加工处理后容易失去活性。此外，花生较易感染黄曲霉毒素，霉烂变质的花生中含量较高。

花生油是一种非干性植物油。花生酸是花生油的特有成分，根据花生酸在某些溶剂中（如乙醇）的相对不溶性的特点可以检出花生油。由于花生油中含有一定量的长链饱和脂肪酸，将花生油置于低温下（0℃）便可凝固。亚麻酸含量低（ <1%）是花生油香味稳定的主要原因之一。花生油的特征指标见表 3 －4。

表3-4　　花生油的特征指标

项　目		特 征 值
相对密度 d_{20}^{20}		0.914~0.917
折射率 n^{20}		1.460~1.465
碘值（以I计）/（g/100g）		86~107
皂化值（以KOH计）/（mg/g）		1187~196
不皂化物/（g/kg）		≤10
脂肪酸组成/%		
十四碳以下脂肪酸		ND~0.1
豆蔻酸	$C_{14:0}$	ND~0.1
棕榈酸	$C_{16:0}$	8.0~14.0
棕榈一烯酸	$C_{16:1}$	ND~0.2
十七烷酸	$C_{17:0}$	ND~0.1
十七碳一烯酸	$C_{17:1}$	ND~0.1
硬脂酸	$C_{18:0}$	1.0~4.5
油酸	$C_{18:1}$	35.0~67.0
亚油酸	$C_{18:2}$	13.0~43.0
亚麻酸	$C_{18:3}$	ND~0.3
花生酸	$C_{20:0}$	1.0~2.0
花生一烯酸	$C_{20:1}$	0.7~1.7
山嵛酸	$C_{22:0}$	1.5~4.5
芥酸	$C_{22:1}$	ND~0.3
木焦油酸	$C_{24:0}$	0.5~2.5
二十四碳一烯酸	$C_{24:1}$	ND~0.3

注：ND表示未检出，定义为0.05%。

花生油主要作烹调油使用，其他食用用途是制备起酥油、人造奶油和蛋黄酱。花生油作为煎炸油和烘焙用油，具有很好的风味。我国花生的种植面积在世界生产花生的国家中居第二位，常年种植面积7000万亩，约占全球20%；单产220kg，是世界平均水平的近两倍；近年花生果总产约1600万t，居世界首位。

图3-4　轧花棉籽

（四）棉籽

棉籽（Cottonseed）是棉花的种子，棉花属锦葵科，是一年生草本植物。由棉铃中采取的棉花称籽棉，由籽棉上轧下来的棉纤维称皮棉，籽棉除去皮棉后，即可取得棉籽。棉籽着生有灰白色短绒，形状为圆锥形，也有卵形、短卵形的，如图3-4所示。

棉籽由壳和仁（即种胚）两部分组成，壳包在仁的外面，相当坚硬，壳中含油极少，但戊聚糖含量很丰富，是制取糠醛的原料；胚位于壳内，分为子叶、胚茎、胚根和胚芽四个部分；子叶有2片，占胚的绝大部分，蜷曲并充满在种子内部，呈黄白色，种子中的油主要在子叶中。

轧花棉籽含短绒5%～14%，壳25%～45%，短棉绒可用于制造粗纱和多种纤维产物，壳可作为反刍动物的粗饲料。壳内的胚是棉籽的主要部分，也称籽仁，其含油28%～40%，蛋白质30%～40%，是提取蛋白质和油脂的优质原料。

棉籽油的特征指标见表3－5，其主要脂肪酸有棕榈酸、油酸和亚油酸，与花生油类似。

表3－5　　棉籽油的特征指标

项　目		特 征 值
相对密度 d_{20}^{20}		0.918～0.926
折射率 n^{40}		1.458～1.466
碘值（以I计）/（g/100g）		100～115
皂化值（以KOH计）/（mg/g）		189～198
不皂化物/（g/kg）		≤15
脂肪酸组成/%		
十四碳以下脂肪酸		ND～0.2
豆蔻酸	$C_{14:0}$	0.6～1.0
棕榈酸	$C_{16:0}$	21.4～26.4
棕榈一烯酸	$C_{16:1}$	ND～1.2
十七烷酸	$C_{17:0}$	ND～0.1
十七碳一烯酸	$C_{17:1}$	ND～0.1
硬脂酸	$C_{18:0}$	2.1～3.3
油酸	$C_{18:1}$	14.7～21.7
亚油酸	$C_{18:2}$	46.7～58.2
亚麻酸	$C_{18:3}$	ND～0.4
花生酸	$C_{20:0}$	0.2～0.5
花生一烯酸	$C_{20:1}$	ND～0.1
花生二烯酸	$C_{20:2}$	ND～0.1
山嵛酸	$C_{22:0}$	ND～0.6
芥酸	$C_{22:1}$	ND～0.3
二十二碳二烯酸	$C_{22:2}$	ND～0.3
木焦油酸	$C_{24:0}$	ND～0.1

注：ND表示未检出，定义为0.05%。

棉籽内含棉酚色素腺体，棉酚含量常随棉籽的品种、生长情况及成熟程度不同而异，普通棉籽含0.5%～0.7%游离棉酚，大都在仁中，壳中几乎不含棉酚。制取油脂时，部分棉酚会溶于油脂中，部分留在棉粕中。棉酚具有毒性，棉籽制品需去毒后才能使用。

棉籽油与其他植物油相比，最明显特征是含有环丙烯酸，主要是苹婆酸和锦葵酸，毛棉籽油含有0.5%左右的环丙烯酸，该酸具有哈尔芬（Halphen）试验反应特征，作为棉籽油定性指标，可检出混入0.2%以上的棉籽油。食用含有环丙烯酸的食品会对生物体造成不利影响，如用作母鸡饲料，产下的鸡蛋蛋白呈粉红色，鸡蛋储存时间短，且不能孵出小鸡。一般通过碱炼、脱臭、氢化等精炼工艺处理能破坏环丙烯酸，失去Halphen反应的显色特性。

精炼后的棉籽油清除了棉酚、环丙烯酸等物质，可供人食用。棉籽蛋白是一种浅黄到深黄色的片粉状物，有温和的香味，没有胰蛋白酶抑制素等有害因子，其营养价值远比谷类蛋白高。棉籽蛋白在脱去棉酚后，可广泛用于食品中。

（五）葵花籽

葵花籽（Sunflower seed）是向日葵的果实。葵花属菊科，草本植物，是当今世界上四种主要的一年生油料作物之一，原产中美洲，1569年作为观赏植物开始在西班牙种植，19世纪前苏联才利用葵花籽榨油。葵花籽又称向日葵籽，是一种瘦果，长卵形或椭圆形，灰棕色或黑色，其壳木质化，如图3-5所示。

图3-5　葵花籽和葵花籽仁

葵花籽由壳和籽仁两部分组成，二者不结合在一起，壳包在仁的外面，约占整个重量的35%~60%，呈黑色或白色等，主要由纤维素、半纤维素和木质素所组成，油分含量较少，结构较疏松。葵花籽仁有果皮、两片子叶及胚组成。果皮分三层：外果皮膜质，上有短毛；中果皮革质，硬而厚；内果皮绒毛状。种皮内有两片肥大的子叶以及胚根、胚芽，没有胚乳和胚茎，胚芽位于种子的两端，油分主要存在于子叶中。

葵花籽按其特征和用途可分为三类：①食用型。籽粒大，皮壳厚，出仁率低，约占50%左右，仁含油量，一般在40%~50%。果皮多为黑底白纹。宜于炒食。②油用型。籽粒小，籽仁饱满充实，皮壳薄，出仁率高，占65%~75%，仁含油量一般达到45%~60%，果皮多为黑色或灰条纹，宜于榨油。③中间型。这种类型的生育性状和经济性状介于食用型和油用型之间。

葵花籽油一般呈淡琥珀色，精炼后与其他油相似呈淡黄色。葵花籽油有独特的气味，脱臭后可以去除。葵花籽油是为数不多的高含亚油酸的油脂之一，亚油酸含量

48% ~74%。气候条件对葵花籽油中的油酸和亚油酸含量影响较大。生长在北纬39℃以南的葵花籽，其油中油酸含量一般较高，而生长在较北方的葵花籽油亚油酸含量较高。目前一种新的高油酸杂交品种已经培育出来，并在美国北方地区生产。葵花籽油富含维生素 E，氧化稳定性较好。葵花籽油的特征指标见表3-6。

表3-6　葵花籽油的特征指标

项　目		特　征　值
相对密度 d_{20}^{20}		0.918 ~ 0.923
折射率 n^{40}		1.461 ~ 1.468
碘值（以I计）/（g/100g）		118 ~ 141
皂化值（以KOH计）/（mg/g）		188 ~ 194
不皂化物/（g/kg）		≤15
脂肪酸组成/%		
十四碳以下脂肪酸		ND ~ 0.1
豆蔻酸	$C_{14:0}$	ND ~ 0.2
棕榈酸	$C_{16:0}$	5.0 ~ 7.6
棕榈一烯酸	$C_{16:1}$	ND ~ 0.3
十七烷酸	$C_{17:0}$	ND ~ 0.2
十七碳一烯酸	$C_{17:1}$	ND ~ 0.1
硬脂酸	$C_{18:0}$	2.7 ~ 6.5
油酸	$C_{18:1}$	14.0 ~ 39.4
亚油酸	$C_{18:2}$	48.3 ~ 74.0
亚麻酸	$C_{18:3}$	ND ~ 0.3
花生酸	$C_{20:0}$	0.1 ~ 0.5
花生一烯酸	$C_{20:1}$	ND ~ 0.3
山嵛酸	$C_{22:0}$	0.3 ~ 1.5
芥酸	$C_{22:1}$	ND ~ 0.3
二十二碳二烯酸	$C_{22:2}$	ND ~ 0.3
木焦油酸	$C_{24:0}$	ND ~ 0.5
二十四碳一烯酸	$C_{24:1}$	ND

注：ND表示未检出，定义为0.05%。

葵花籽仁一般含蛋白质21% ~30.4%。葵花籽蛋白质中，球蛋白占55% ~60%，清蛋白占17% ~23%，谷蛋白占11% ~17%，醇溶蛋白占1% ~4%，结合的非蛋白氮和不溶性剩余物低于总氮含量的11%。葵花蛋白中氨基酸的组成，除赖氨酸的含量较低外，其他的各种氨基酸具有良好的平衡性。

葵花籽仁含酚类化合物，如绿原酸和咖啡酸等，它们和蛋白质结合在一起，在碱性和高温条件下，能够迅速氧化成醌，生成绿色产物，影响蛋白制品颜色。绿原酸还可抑制胃蛋白酶活性，因此需要在提取蛋白过程中将其除去，以保证产品质量。

近年全球葵花籽总产量在4000万t左右，其中乌克兰、俄罗斯和欧盟分别生产1000

万、950万、900万t左右，是全球最主要的葵花籽及其产品的生产国（区），葵花籽产量总共占全球总产量的70%左右。目前我国葵花栽培也较广，东北和华北地区有较大面积的葵花种植，产量250万t，稍逊于阿根廷的300万t。

（六）芝麻

芝麻（Sesame）又名胡麻、油麻，属胡麻科，是一种直立带分枝的一年生草本植物。芝麻适宜于在赤道附近和亚热带地区生长，具有良好的抗干旱性能。芝麻的果实是一种蒴果，果内所含种子的数量多的在136粒以上，少的有40粒左右，种子呈扁平椭圆形，一端尖一端圆。种子均无光泽，颜色有白、黄、棕红和黑色等数种，如图3-6所示。我国民间认为，食用以白芝麻为好，补益药用则以黑芝麻为佳。

图3-6　不同色泽的芝麻种子

芝麻种子平均含油量45%～63%，蛋白质含量19%～31%，碳水化合物含量20%～25%。芝麻种子还是一种很好的矿物质源，特别是钙、磷、钾和铁，同时烟酸、叶酸和维生素E等维生素也丰富。一般黄色和白色芝麻的含油量最高，棕红色芝麻次之，黑色芝麻最低。芝麻种子由种皮、胚乳和胚三部分组成。种皮内含有某些色素使之常呈黑色或褐色，在白芝麻种皮细胞内尚累积有草酸钙使皮呈白色，若去除草酸钙则立即变成淡灰色、深褐色及黄色等。种皮内是胚乳，其厚度约80～100μm，胚乳中充满油脂和蛋白质。胚有2片子叶，其中也充满着油脂和蛋白质。

芝麻种子粒小，纤维素含量6%左右，制油时一般不脱皮，如要利用芝麻蛋白作为食用，因其表皮中含有1%～2%的草酸，需预先脱皮处理。

芝麻制油多采用不经过精炼的水代法和压榨法方式，少采用浸出法。

水代法制取的芝麻油，常称作小磨香油或小磨麻油，具有色泽深、香浓可口等特点，一般作冷调油使用。压榨法制取的芝麻油，又称作机榨芝麻油，其香味比小磨香油略淡，色泽也相对浅些。在亚洲和非洲部分地区，芝麻香油作为餐桌用油和煎炸油已有悠久的历史。

芝麻油脂肪酸组成比较简单，与棉籽油和花生油类似，属于油酸和亚油酸类半干性油脂。芝麻油的特征指标见表3-7。

表3-7　芝麻油的特征指标

项　目	特征值
相对密度 d_{20}^{20}	0.9126～0.9287
折射率 n^{40}	1.465～1.469
碘值（以I计）/（g/100g）	104～120
皂化值（以KOH计）/（mg/g）	186～195

续表

项　目		特 征 值
不皂化物/（g/kg）		≤20
脂肪酸组成/%		
十四碳以下脂肪酸		ND~0.1
豆蔻酸	$C_{14:0}$	ND~0.1
棕榈酸	$C_{16:0}$	7.9~12.0
棕榈一烯酸	$C_{16:1}$	ND~0.2
十七烷酸	$C_{17:0}$	ND~0.2
十七碳一烯酸	$C_{17:1}$	ND~0.1
硬脂酸	$C_{18:0}$	4.5~6.7
油酸	$C_{18:1}$	34.4~45.5
亚油酸	$C_{18:2}$	36.9~47.9
亚麻酸	$C_{18:3}$	0.2~1.0
花生酸	$C_{20:0}$	0.3~0.7
花生一烯酸	$C_{20:1}$	ND~0.3
山嵛酸	$C_{22:0}$	ND~1.1
芥酸	$C_{22:1}$	ND
木焦油酸	$C_{24:0}$	ND~0.3
二十四碳一烯酸	$C_{24:1}$	ND

注：ND 表示未检出，定义为 0.05%。

芝麻油具有独特的香味，研究认为香味是由高温处理时，芝麻油不皂化物分解产生的 C_4~C_9 直链醛及乙酰吡嗪等挥发物引起的。芝麻油中含有多种抗氧化剂，除含有约 500mg/kg 的维生素 E，还有芝麻酚（sesamol）、芝麻酚林（sesamolin）、芝麻素（sesamin）、细辛素（asarinin）等，因此芝麻油的稳定性好。

芝麻油中含有的微量芝麻酚可与糠醛作用产生血红色反应，此反应可以作为芝麻油的定性试验，该方法又称糠醛显色法或威勒迈志（Villavecchia）法。

芝麻籽中的蛋白质大部分位于籽的外层，按其溶解度可分为清蛋白（8.6%）、球蛋白（67.3%）、醇溶蛋白（1.3%）、谷蛋白（6.9%），其中球蛋白是主要的蛋白质组分。芝麻蛋白的氨基酸组成优于其他大多数油籽的蛋白质，富含色氨酸、含硫氨基酸、精氨酸等，可作为婴儿和断奶幼儿食品的优良蛋白源。

世界芝麻的种植地域分布广泛，有 60 多个国家种植芝麻，种植面积排在前四位的依次是印度、苏丹、缅甸、中国等发展中国家。据联合国粮农组织统计，世界芝麻年总产量接近 450 万 t，1/3 以上用于国际贸易。2014 年中国芝麻年产量 63 万 t，同年进口差不多相同数量的芝麻，由此估算我国芝麻的实际消费量近 130 万 t，用于榨油的芝麻约 100 万 t，生产芝麻油约 45 万 t。我国芝麻栽培以河南最多，约占全国产量的 1/3。

（七）橄榄

油橄榄（Olive）又名齐墩果，为木犀科，齐墩果属常绿乔木，盛产于地中海沿岸国

图3-7 橄榄果

家、中东及北非各国，是最古老的木本油料之一。油橄榄树盛果期可长达50年到百年。

橄榄树的果实为卵型核果，如图3-7所示。

囊果皮包括一层厚度因品种而异的外果皮和一层包裹在内果皮（木质果核）外围的中果皮(果肉)，内果皮包裹着种子。橄榄果实平均化学组成大致如下：水52.4%；油19.6%；蛋白质1.6%；糖19.1%；纤维素6.8%；灰分1.5%。油的产量和质量取决于橄榄树的品种、各部分的比例、微量元素的含量以及树的生长条件和健康状况。具有中等大小果实的橄榄品种通常产油率最高。

用于油脂生产的橄榄果肉与果仁的比率为（4~8)∶1。以干基计，橄榄果果肉含油60%~80%，果仁含油30%左右。取自果肉的油脂称为橄榄油，取自核仁的油脂称为橄榄仁油，无论是产量还是质量，橄榄油都远远优于橄榄仁油。

橄榄油营养丰富，具有极高的生理价值，被誉为世界上最贵重的油脂之一。橄榄油的脂肪酸组成较单一，油酸是其特征脂肪酸，含量高达55.0%~83.0%，见表3-8。

表3-8 橄榄油的脂肪酸组成 单位:%

脂肪酸名称		特征值
豆蔻酸	$C_{14:0}$	0.05
棕榈酸	$C_{16:0}$	7.5~20.0
棕榈一烯酸	$C_{16:1}$	0.3~3.5
十七烷酸	$C_{17:0}$	0.3
十七碳一烯酸	$C_{17:1}$	0.3
硬脂酸	$C_{18:0}$	0.5~5.0
油酸	$C_{18:1}$	55.0~83.0
亚油酸	$C_{18:2}$	3.5~21.0
亚麻酸	$C_{18:3}$	1.0
花生酸	$C_{20:0}$	0.6
花生一烯酸	$C_{20:1}$	0.4
山嵛酸	$C_{22:0}$	0.2
木焦油酸	$C_{24:0}$	0.2

橄榄油的非甘油三酯成分非常复杂，其中角鲨烯含量高达140~700mg/100g，这是橄榄油氧化稳定性高的一个原因。另外，橄榄油中含有0.3~3.6mg/kg的β-胡萝卜素和5~300mg/kg的生育酚（主要为α-生育酚）以及如酪醇、羟基酪醇、3，5-二羟基苯甲酸等酚类抗氧化剂，它们对橄榄油的氧化稳定性也有一定作用。但橄榄油中含mg/kg级的叶绿素和脱镁叶绿素，对储存有不利影响。

橄榄油是油橄榄鲜果直接冷榨而成的天然食用植物油，一般橄榄果收获后3天内就要进行压榨，否则油的质量会下降。工业上一般采用低温压榨工艺制备橄榄油，首次榨取的油为初榨油（Virgin olive oil），又称原生油、头道油，该油质量最好，不需精炼；再对头道压榨饼分2~4次压榨取油，油的质量就不如头道油了，有时还需要精炼；最后用溶剂浸出法提取油饼中的残油，质量最差，精炼后可以食用。但是，若用CS_2作为溶剂提取最后的饼油，该油称作含硫橄榄油（Sulphur olive oil）或称作橄榄油脚（Olive oil foot），只能作工业用油。

目前，全世界95%以上的橄榄树都种植在地中海沿岸，全世界橄榄油的年产量目前只有300万t左右。我国最适合种植橄榄树的地区有甘肃陇南和四川广元等，目前均已有一定种植规模。

（八）椰子

椰子（Coconut）树系属棕榈科常绿乔木，一年四季都结果，树身高达30m以上，直径大约有25cm，主干带有斑纹、无旁枝、较平滑，树冠长有约30片5~6m长的叶子，根在沙地里可延伸至10m，除主要起吸收营养和呼吸功能的作用外，它像钳一样牢牢地扎在地上。椰子树一年四季都可以“提供”食物、饮料、动物饲料和油脂化学工业的原料以及栖息的场所，因此，在种植椰子树的国家，人们虔诚地把它比喻为“生命之树”、“天堂之树”，椰子树能存活至少50年时间。从植物传播果实种子的习性来说，椰子是靠海水漂浮传播到世界各地的。椰子的果大而且果皮坚硬，耐水久浸，在海里漂浮多日不失其发芽力。它可以靠海水自然分布，而不一定都要靠人工引种。

一般来说，成熟的椰子重1kg以上，卵形，呈绿色或黄色。果实外有一层光滑的表皮，外表皮下是纤维构成厚度5~10cm的中果皮，再下面是坚硬呈球形的内果皮（壳），厚3~5mm。壳内包裹了1~2cm厚的胚乳（果仁、果肉）。果实内有一称作外种皮的褐色薄层，隔开了仁与壳的内表面。仁内空腔平均有300mL的胚乳液，即椰子汁。椰果及其纵剖面如图3-8所示。

图3-8　成熟椰果图

椰子树全身无废物，是热带的宝树。果仁可以加工成下列产品：椰子油、椰子干（Copra）、椰子脱脂乳、椰子奶、椰子粉、蛋白粉及椰子粕。椰子汁是无菌汁液，pH为5.6，是一种健康饮料。仁壳之间色褐而薄的外种皮常在椰子干的生产中剥离下来以减少有色物质，剥离物含少量不饱和油脂。内果皮（壳）坚硬、球形、厚3~5mm，用其制成的产品有木炭、活性炭、合成树脂填充物、胶水、蚊香的成分，也可用来雕制工艺品。椰子的中果皮，通称椰棕，5~10cm厚，由纤维构成，富有弹性，为制纤维、棕绳、鞋刷、扫帚和床垫、席子等的材料，也可作为燃料。

椰子果肉脱水后得到的椰子干，椰子干含油量高达60%~70%，是富含月桂酸类脂肪酸的木本油料。椰子油很多特性与普通油脂不同。有关特征指标见表3-9。

表 3－9　　椰子油的特征指标

项　目		特 征 值
相对密度 d_{20}^{40}		0.908～0.921
折射率 n^{40}		1.448～1.450
碘值（以 I 计）/（g/100g）		70～110
皂化值（以 KOH 计）/（mg/g）		250～264
不皂化物/（g/kg）		≤15
脂肪酸组成/%		
辛酸	$C_{8:0}$	4.6～10.0
癸酸	$C_{10:0}$	5.5～8.0
月桂酸	$C_{12:0}$	45.1～50.3
豆蔻酸	$C_{14:0}$	16.8～21.0
棕榈酸	$C_{16:0}$	7.5～10.2
硬脂酸	$C_{18:0}$	2.0～4.0
油酸	$C_{18:1}$	5.0～10.0
亚油酸	$C_{18:2}$	1.0～2.5
亚麻酸	$C_{18:3}$	ND～0.2
花生酸	$C_{20:0}$	ND～0.2
花生一烯酸	$C_{20:1}$	ND～0.2

注：ND 表示未检出，定义为 0.05%。

可以看出，与其他油脂相比，椰子油具有很高的皂化值和很低的折射率，这是由其特殊脂肪酸组成所确定的，利用该性质可鉴别椰子油中是否掺杂其他油脂。

椰子油不饱和脂肪酸含量较少，碘值只有 7.5～10.5gI/100g。由于构成椰子油的主要脂肪酸月桂酸、豆蔻酸和棕榈酸之间的熔点最大差值仅为 19℃，而由它们所构成的甘油三酯的熔点差值也很小，因此，椰子油的塑性范围很窄。

椰子油不皂化物含量很低，一般只有 0.1%～0.3%，不皂化物中 40%～60% 为甾醇。椰子油仅含微量的维生素 E，主要为 α 和 δ 生育酚，但由于椰子油脂肪酸饱和度很高，因此，椰子油氧化稳定性好，精炼椰子油的 AOM 值高达 250h，添加 BHA 和柠檬酸，可使 AOM 值提高到 350h。

椰子油含有微量的 δ 和 γ 系列内酯等椰子风味物质。由于椰子油含有较多的中短链脂肪酸甘油酯，很容易水解产生游离脂肪酸，形成类似肥皂的风味。另外，如果椰子肉在干燥过程中受到含硫物污染，制得的椰子油会有难闻的橡胶味道。如果以用烟道气烘干的椰子肉为原料生产椰子油，毛油含有 3mg/kg 左右的多环芳香烃类（PAH）物质，精炼后可基本去除掉。

冷榨椰子油（Virgin coconut oil，VCO）采用高品质无污染的新鲜椰子肉为原料压榨而成，加工过程中不使用高温和溶剂，尽量保持自然的椰香味，避免营养成分损失。VCO 可以直接食用，而且没有很强的油腻感。

椰子油广泛用于食品和非食品领域。椰子油是一种工业通用原料，由此生产出从日用化妆品、肥皂、医药、食品到柴油的替代品等一系列产品。

（九）油棕

油棕（Oil palm）系棕榈科多年生乔木，茎粗壮，高6～9m，直径30cm以上。油棕广泛分布于非洲、南美洲、东南亚及南太平洋地区，在其他热带地区也有小面积的生长，其生长的理想条件是：每年超过2000mm的降雨量、25～33℃的温度，生长的最适地区为赤道南北纬度5°之间的热带地区。

油棕全年开花结果，果穗呈长圆形，穗上有若干果实，果实呈梨形或卵形，未成熟时果实呈黑色，成熟后为橙红色，如图3－9所示。

图3－9　油棕果

油棕果是一种高产油料，果肉（Palm fruit）、果核（Palm kernel）都富含油脂，每粒果实内含一粒果核，一般果肉含油脂46%～81%，核仁含油脂42%～54%。棕榈果中的解脂酶活力较高，如果处理不当，会使毛棕榈油中游离脂肪酸含量很高，有时会高达50%。因此在收获油棕果后，应立即进行灭酶处理。

棕榈油（Palm oil）与棕榈仁油（palm kernel oil）是不同的。棕榈油是从油棕果的果肉中提取的油脂，而棕榈仁油则是从油棕果核仁中提取的。棕榈油中饱和脂肪酸和不饱和脂肪酸约各占50%，这种平分状态决定了棕榈油的碘值较低，并且赋予棕榈油具有良好的氧化稳定性。而棕榈仁油同椰子油一样，是富含月桂酸（12∶0）的油脂。与棕榈仁油相比，由于椰子油的多烯酸总量比棕榈仁油更少，所以椰子油比棕榈仁油的氧化稳定性更好。

棕榈油与棕榈仁油的理化性质和应用领域各不相同，二者的特征指标见表3－10与表3－11。

表3－10　棕榈油特征指标

项　目		特征值
相对密度 d_{20}^{40}		0.891～0.899
折射率 n^{50}		1.454～1.456
碘值（以I计）/（g/100g）		50～55
皂化值（以KOH计）/（mg/g）		190～209
不皂化物/（g/kg）		≤12
脂肪酸组成/%		
癸酸	$C_{10:0}$	ND
月桂酸	$C_{12:0}$	ND～0.5
豆蔻酸	$C_{14:0}$	0.5～2.0
棕榈酸	$C_{16:0}$	39.3～47.5
棕榈一烯酸	$C_{16:1}$	ND～0.6
十七烷酸	$C_{17:0}$	ND～0.2
十七碳一烯酸	$C_{17:1}$	ND

续表

项　目		特 征 值
硬脂酸	$C_{18:0}$	3.5～6.0
油酸	$C_{18:1}$	36.0～44.0
亚油酸	$C_{18:2}$	9.0～12.0
亚麻酸	$C_{18:3}$	ND～0.5
花生酸	$C_{20:0}$	ND～1.0
花生一烯酸	$C_{20:1}$	ND～0.4
山嵛酸	$C_{22:0}$	ND～0.2

注：ND 表示未检出，定义为≤0.05%。

表 3－11　　棕榈仁油的特性指标

项　目		特 征 值
密度/（kg/m³）		897～912
折射率 n^{40}		1.448～1.452
碘值（以 I 计）/（g/100g）		13～23
皂化值/（mmol/kg）		4.10×10^3～4.53×10^3
熔点（滑动点）/℃		25～28
不皂化物/%		≤0.1
水溶性挥发脂肪酸/（mmol/kg）		80～140
水不溶性挥发脂肪酸/（mmol/kg）		160～240
脂肪酸组成/%		
乙酸	$C_{2:0}$	<0.5
辛酸	$C_{8:0}$	2.4～6.2
癸酸	$C_{10:0}$	2.6～7.0
月桂酸	$C_{12:0}$	41～55
豆蔻酸	$C_{14:0}$	14～20
棕榈酸	$C_{16:0}$	6.5～11
硬脂酸	$C_{18:0}$	1.3～3.5
油酸	$C_{18:1}$	10～23
亚油酸	$C_{18:2}$	0.7～5.4

类胡萝卜素、维生素 E、甾醇、磷脂、三萜烯醇、脂肪醇等构成了棕榈油的次要组分。尽管上述成分含量占棕榈油总量还不足 1%，但对于棕榈油的营养价值、稳定性及精炼加工过程都有很重要的影响。棕榈毛油中天然抗氧化剂成分丰富，含类胡萝卜素 500～700mg/kg，主要以 α－和 β－胡萝卜素形式存在，含维生素 E 和生育三烯酚 600～1000mg/kg（精炼后仍保留一半含量），均具有防止油脂氧化的作用。未经精炼的棕榈油，由于富含类胡萝卜素呈红棕色，常温下呈半固体状态。

目前棕榈油与棕榈仁油在世界范围内被广泛地应用于食品工业中，如棕榈油在起酥油、人造奶油、煎炸油等食品专用油的生产，棕榈仁油是制取代可可脂、冰淇淋、人造奶油的原料；有10%左右的棕榈油用于油脂化学品的生产，而富含中碳链脂肪酸的棕榈仁油适合于生产月桂酸、豆蔻酸。棕榈油不同种类甘油三酯的熔点差异较大，容易通过冷却结晶方法将棕榈油分离成硬脂（palm stearin）、软脂（palm olein）和中间部分（palm midfraction）三部分，扩大其在食品和其他工业中的应用。

除了生产棕榈毛油和棕榈仁油外，棕榈油工业也产生大量的生物质副产品，如棕榈树干、树叶、空果枝和果核壳等，适当加工即可形成有附加值的产品。

自20世纪70年代以来，随着棕榈油在油脂方面的商业价值被逐步发现，东南亚国家开始大量种植油棕树，全球棕榈油产量在过去40年保持着年均8.1%的高速增长，同期植物油产量年均增速仅4.5%。从2004/2005年度起，全球棕榈油产量已经超过大豆油，占植物油总产量的35%以上，成为世界上最大的植物油种。2015/2016年度全球棕榈油产量6500万t，其中印度尼西亚、马来西亚是两大主要棕榈油生产国，两国产量占世界总产量的约90%。目前印度尼西亚的棕榈油产量已执世界牛耳，不同的是，印度尼西亚一半以上的棕榈油出口是毛棕榈油，而马来西亚则多以较高价值的精炼产品出口，且马来西亚掌握着唯一的棕榈油期货品种交易所，是全球棕榈油定价中心。

（十）可可豆

可可树（Theobroma cacao）原生在赤道附近的美洲，现已在非洲西部、亚洲和印度西部广泛种植。可可树一般需3～5年才能首次开花结果，一直到第10个年头产果量才能达到最高，产果期长达40年或更长。可可树的每根主干和大支干上只结一个果实或荚果，它们看起来非常像一个个起皱的瓜，直径为10cm、长为20cm。在每个荚果中有20～40粒被果肉覆盖住的豆子，即为可可豆（cocoa bean）。豆子质量占整个豆荚的40%左右，如图3－10所示。

图3－10　可可豆

可可豆仁中脂肪含量为45%～55%。一粒成熟的可可豆中可含高达700mg的可可脂。一棵树每年可产生多达2000粒可可豆，因此可产生15kg的可可脂。

可可脂蕴含在仁的纤维组织中，因此要使脂肪游离出来必须通过研磨或挤压。果实先经发酵、干燥和焙炒过程，使豆荚变得干脆，方便破碎，并产生一种浓郁而独特的香味和苦味，同时变为褐色；然后经过压碎、脱皮、遴选，使果仁与外壳分离，再把果仁加工、压榨提取可可脂。可可脂的特征指标见表3－12。

表3－12　可可脂的特征指标

项目	特征值	项目	特征值
相对密度 d_{15}^{99}	0.856～0.864	皂化值（以KOH计）/（mg/g）	188～198
折射率 n^{40}	1.456～1.459	不皂化物/%	≤0.35
碘值（以I计）/（g/100g）	33～42	滑动熔点/℃	30～34

可可脂的组成为：98%甘油三酯、1%左右游离脂肪酸、0.3%～0.5%甘油二酯、0.1%甘油一酯、0.2%甾醇（主要是谷甾醇和豆甾烷醇）、150～250mg/kg生育酚（其中85%为γ－生育酚）和0.05%～0.13%磷脂。可可脂的氧化稳定性很好，AOM值可达200h以上。

可可脂主要含三种脂肪酸，即棕榈酸（25%）、硬脂酸（36%）和油酸（34%）。可可脂甘油三酯结构很特殊，油酸大都分布在甘油基2位上，而棕榈酸和硬脂酸分布在1，3位上，形成1，3－二饱和2－不饱和的对称型甘油三酯，如POS、POP、SOS，这三种对称型分子占到总甘油三酯的80%以上。可可脂甘油三酯的结构特性决定了具有入口即化的熔融性，它在27℃以下时是坚硬和易碎的，当温度越过很窄的区间（27～33℃）时，大多数可可脂开始熔化；当温度达到35℃时，基本全熔。因此，可可脂是巧克力、糖果用脂的最佳原料。

随着糖果巧克力需求量的增加，对可可豆的需求也逐年增加，其价格不断高涨，促使糖果制造业寻求可可脂的代用品。

（十一）油茶籽

油茶（Oil camellia）与油棕、油橄榄和椰子并称为世界四大木本食用油料植物，也是我国特有的木本油料树种。油茶树属山茶科，为多年生常绿小乔木，耐瘠薄，适宜在适当的野外区生长。

油茶果实称为“茶果”，成熟的油茶果为卵圆形，表面生有长绒毛，它由茶蒲和种子两部分组成。种子包含在茶蒲中，一个茶包中有1～4粒种子，其重量约占茶果的38.7%～40.0%。油茶籽为双子叶无胚乳种子，种子呈茶褐色或黑色，外形呈椭圆形或圆球形，背圆腹扁，有光泽，如图3－11所示。

图3－11　油茶籽

种子由种皮（即茶籽壳）和种仁两部分组成。茶籽壳含较多色素，呈棕黑色，极其坚硬，主要由半纤维素（多缩戊糖）、纤维素和木质素组成，含油极少，含较多的皂素。种仁白色或淡黄色，胚微突，与种子同色。茶籽最好去壳制油，否则壳中的有色物会混入油中使之呈深色，并且使油品的质量和得率下降，并降低副产物利用价值。

油茶籽属于高油分油料，整籽含油30%～40%，含仁率为66%～72%，仁为淡黄色，仁中含油40%～60%，粗蛋白9%，粗纤维3.3%～4.9%，皂素8%～16%，无氮浸出物22.8%～24.6%。仁中由于蛋白质含量较低，而皂素和淀粉等胶体物质较多，故黏性很大，当用螺旋榨油机榨茶仁油时，会堵塞榨膛而影响生产，所以常在料胚中留下小部分茶壳，以调节塑性，创造较理想的压榨条件。油茶籽油的特征指标见表3－13。

油茶籽含有丰富的皂素，它易溶于水，会引起红血球溶解而使动物中毒。制油时皂素留在饼粕中，因此未经处理的茶饼粕不能用作饲料，而除去皂素后则是良好的饲料，同时得到的皂素是一种有用的化工原料。

表 3－13　油茶籽油的特征指标

项　　目		特 征 值
相对密度 d_{20}^{20}		0.912～0.922
折射率 n^{20}		1.460～1.464
碘值（以 I 计）/（g/100g）		83～89
皂化值（以 KOH 计）/（mg/g）		193～196
不皂化物/（g/kg）		≤15
脂肪酸组成/%		
饱和酸		7～11
油酸	$C_{18:1}$	74～87
亚油酸	$C_{18:2}$	7～14

（十二）米糠

米糠（Ricebran）是糙米碾白过程中被碾下的皮层及米胚和碎米的混合物，它是稻米果实的皮层，也被称为“米皮”、“清糠”，如图 3－12 所示。

图 3－12　糙米和米糠

商品米糠包括稻米的外果皮、中果皮、交联层、种皮、米糠和糊粉层，有时还包括胚芽，约占整个糙米的 8%～12%（以质量计）。我国的米糠资源产量约为 1500 万 t，是一种量大面广的可再生资源。

米糠的化学组成中多糖占 45%～55%、脂肪占 12%～20%、蛋白质占 12%～17%。此外还含有维生素、谷维素等。由于解脂酶的存在，因此米糠在储藏过程中最主要的问题就是易酸败，不宜久藏。当米糠未脱离米粒时，只要稻子不霉变，此时解脂酶的活性很小，不致引起米糠变质。当米糠脱离糙米后几小时之内，解脂酶便显出极大的活性，迅速分解米糠中的油脂而游离出大量的脂肪酸，致使酸值大幅度增长。

实际生产中主要采用热处理或挤压膨化技术钝化解脂酶。米糠中的蛋白质和脂肪的含量较高，主要用于动物饲料。但是近年来大宗油料的产量不能满足需求，因此用米糠生产高质量的米糠油越来越受到人们的重视。

米糠油脂肪酸中80%以上为不饱和脂肪酸，是一种半干性油，其脂肪酸组成与玉米油、花生油等相近。米糠油的特征指标参见表3－14。

米糠是稻谷颗粒的精华所在，富集几十种生理活性物质，为现代食品生产中功能性食品基料。除对米糠油关注外，现在人们更多关注米糠中的伴随物，如甾醇、谷维素、糠蜡、肌醇等。米糠的综合利用是开发米糠资源的重要方向。

表3－14　米糠油的特征指标

项　目		特　征　值
相对密度 d_{20}^{40}		0.914～0.925
折射率 n^{40}		1.464～1.468
碘值（以I计）/（g/100g）		92～115
皂化值（以KOH计）/（mg/g）		179～195
不皂化物/（g/kg）		≤45
脂肪酸组成/%		
豆蔻酸	$C_{14:0}$	0.4～1.0
棕榈酸	$C_{16:0}$	12～18
棕榈一烯酸	$C_{16:1}$	0.2～0.4
硬脂酸	$C_{18:0}$	1.0～3.0
油酸	$C_{18:1}$	40～50
亚油酸	$C_{18:2}$	29～42
亚麻酸	$C_{18:3}$	<1.0
花生酸	$C_{20:0}$	<1.0

二、富含不可食性植物油的重要油料

（一）亚麻籽

亚麻籽（Flax seed）是亚麻的种子。亚麻属于亚麻科，是一年生草本植物。主要分布在温带，其干籽含油率45%左右。亚麻分油用、纤维用、油与纤维兼用三种。油用亚麻通常为胡麻，它的茎秆较矮，分枝多，分枝部位低，花与蒴果多，种子含油量高。

图3－13　亚麻籽

胡麻在我国北方种植较多。胡麻果实为蒴果，呈圆桃形，每个蒴果内通常有10粒种子。种子呈扁卵形，一端钝圆，另端尖而略偏斜，如图3－13所示。

种子大小差别甚大，一般大粒种子的千粒重7～9g，中粒种子的千粒重5～7g，小粒种子的千粒重3～5g。种子表面光滑，为浅黄或暗褐色。种子由种皮、内胚乳和胚三部分组成。含油率一般在29%～44%。

亚麻籽油的明显特征是亚麻酸含量高，为

39%～62%。由于亚麻仁油含有高级不饱和脂肪酸，能与溴生成不溶性的六溴化合物沉淀，可以通过此反应来检出亚麻仁油的存在。亚麻籽油的特征指标见表3-15。

表3-15　亚麻籽油的特征指标

项　目		特征值
相对密度 d_{20}^{20}		0.9276～0.9382
折射率 n^{20}		1.4785～1.4840
碘值（以I计）/（g/100g）		164～202
皂化值（以KOH计）/（mg/g）		188～195
不皂化物/（g/kg）		≤15
脂肪酸组成/%		
棕榈酸	$C_{16:0}$	3.7～7.9
硬脂酸	$C_{18:0}$	2.0～6.5
油酸	$C_{18:1}$	13.0～39.0
亚油酸	$C_{18:2}$	12.0～30.0
亚麻酸	$C_{18:3}$	39.0～62.0

亚麻籽油的甘油三酯结构符合1-随机2-随机3-随机分布学说，其主要甘油三酯组分为 GSU_2（35%左右）、GU_3（65%左右）*。

毛亚麻籽油中有胶杂和蜡，通过静置沉降后随油脚去除。亚麻籽油容易氧化，对储存条件的要求高。亚麻籽油常有“亚麻酸硬化味道”（linolinichardening flavour），一般通过氢化可消除或减少这种难闻的味道。

亚麻籽油是干性油，传统用作涂料。随着水基涂料的发展，亚麻籽油的需求减少。亚麻籽油的其他工业用途包括油漆、油毡、油布和印刷油墨。即使经过脱臭，亚麻籽油仍有特殊的气味，因而限制了它在食品中的使用。现已培育出一种含2% $C_{18:3}$ 和72% $C_{18:2}$ 的亚麻籽，称为利诺拉（Linola），可生产食用级亚麻籽油。

新鲜压榨亚麻籽油口感良好，经短时贮存会有苦味，并呈渐进式增加而严重影响口感无法食用。已有研究表明，苦味很可能与亚麻籽中存在的多种疏水性环肽及其结构变化有关，这些环肽的总量在0.5～2.0mg/g，由8～9个氨基酸组成，分子质量近1000u。完全精炼可以去除苦味。

亚麻籽粕含大约30%的蛋白质，可用于羊、马、奶牛及菜牛的饲料中。亚麻籽粕最大的价值是用在观赏动物的配制食料中，它赋予兽皮光泽和柔软性。当亚麻籽粕用作家禽饲料时，必须注意它含有一种维生素 B_6 拮抗剂：N-（γ-L-谷氨酰基）氨基D-脯氨酸。所以，必须补充维生素 B_6。亚麻籽粕用作猪饲料时，必须补充赖氨酸和蛋氨酸。

亚麻籽还含有亚麻苦苷、亚麻氰苷等生氰糖苷类物质，它们本身虽无毒，但在与其共存的酶作用下可生成HCN，引起人畜中毒。脱毒的措施有水煮、酸-湿热处理、干热处理、挤压、微波、压热、微生物处理、溶剂（乙醇）萃取等。

---

* G：甘油基；S：饱和脂肪酸；U：不饱和脂肪酸。

（二）蓖麻籽

蓖麻又名大麻子、洋黄豆，属大戟科，是最古老的油料作物。目前世界各地均有种植，其主要生产国有巴西、印度、泰国、俄罗斯和部分非洲国家等。

蓖麻籽（Castor bean）的果实为蒴果，呈球形或椭圆形。果壳裂瓣上有缝，且密生粗大的刺，但也有无缝无刺的。蒴果通常3～4室，每室内着生一粒种子，即蓖麻籽，如图3－14所示。

图3－14 蓖麻籽蒴果和种子

蓖麻籽成椭圆形，微扁，一端钝圆。种皮为角质，壳坚硬而脆，壳上有一层蜡脂，色泽美丽，有褐色底，上有银灰色花纹。蓖麻籽由种皮、种阜、胚乳、子叶、胚所组成。种皮分为外种皮与内种皮，外种皮坚硬，内种皮为柔软薄壁细胞组织。种子略窄的一端有肾形种阜，是种皮外的附生物，由珠孔附近的珠被扩展而成，有的种阜中央有一条横沟。在种子的略平一面有一条明显的种脊，几乎与种子同长。种脐则位于略平一面的尖端，紧靠种阜，合点在略平一面的钝端。珠孔在隆起一面的尖端，紧靠种阜。胚乳很大，呈白色，将胚包在其中。胚有两片薄膜状的白色子叶，上有明显的脉纹、胚根、胚茎和胚芽。

蓖麻籽壳、仁组成比例大约为：壳24.5%，仁75.5%。

蓖麻籽含油量很高，一般达50%左右，种仁含油达69%左右。蓖麻油主要供工业及医药用，在6000多年以前古埃及就利用蓖麻油照明。

蓖麻油是羟基酸类油脂的唯一代表。蓖麻油含90%左右的蓖麻酸，即12－羧基十八碳－9－烯酸，和1%左右的二羟基硬脂酸，蓖麻油的脂肪酸组成比较简单，见表3－16。

表3－16 蓖麻籽油的特征指标

项目		特征值
相对密度 d_4^{20}		0.9515～0.9675
折射率 n^{20}		1.4765～1.4810
碘值（以I计）/（g/100g）		80～88
皂化值（以KOH计）/（mg/g）		177～187
乙酰化值（以KOH计）/（mg/g）		≥140
脂肪酸组成/%		
十五烷酸	$C_{15:0}$	0.7～1.0
棕榈酸	$C_{16:0}$	0.8～1.1
棕榈一烯酸	$C_{16:1}$	ND～0.2
二羟硬脂酸		0.6～1.1
油酸	$C_{18::1}$	2.0～2.3
亚油酸	$C_{18:2}$	4.1～4.7
亚麻酸	$C_{18:3}$	0.5～0.7
蓖麻酸		87.1～90.4
花生酸	$C_{20:0}$	0.3～0.8

注：ND表示未检出，定义为0.05%。

蓖麻油的特殊用途大多是作为润滑油、磺化油和液压油。蓖麻油可经催化脱水形成与桐油和奥的锡卡油相似的共轭酸油，从而用于涂料中。蓖麻油经碱裂解可生成癸二酸和2－辛醇，热分解生成十一碳烯酸和庚醛。蓖麻油易发生水解、裂化、皂化、酯化、酰胺化、加成、氧化、卤化和磺化等多种化学反应，可作为多种化学反应的基料。

可以通过加热熔融法和氯化镁沉淀法来定性鉴别蓖麻油的存在，蓖麻油由于含有大量的蓖麻酸而具有易溶于乙醇，不溶于烃类的特性，由此以区别于其他植物油。

蓖麻饼中含有较多的毒素，如蓖麻素、蓖麻碱等，其中蓖麻素是血红素的强烈凝结剂，对动物的致死量为0.5mg/kg。因此，蓖麻饼必须经脱毒处理，如经过205℃的高温蒸炒或蒸煮后才能作动物饲料，否则只能作肥料。

（三）桐籽

桐籽（Tung seed）是油桐的种子，主要产于中国西南部，美国和巴西等也有一定量的生产。油桐树的果实浑圆光滑，棕黑色，直径4～5cm，重20～30g，如图3－15所示。

图3－15　油桐果实和桐籽

坚硬的果皮厚3～4mm，主要由纤维素和木质素等组成，其内有种子（桐籽）3～7枚，每枚重3～4g。一般油桐种子占果实重的50%左右，种皮呈灰褐色，桐仁白色，每粒仁重约2g，占种子重的60%左右，仁含油35%～45%。

桐油含有75%～85%的α－桐酸，α－桐酸是一种特殊的共轭脂肪酸。

桐油的折射率特别高，其值为1.5185～1.5200，碘值165～170gI/100g，皂化值189～195mg KOH/g，硫氰值78～87g/100g。

纯桐油的凝固点在7℃以上，在室温下为透明液体，但是，由于受加工过程中硫、碘、硒等化合物的影响，α－桐酸（熔点49℃）容易转变成β－桐酸（熔点71℃），导致桐油在低温下凝固，极大地降低桐油的使用（干燥）性能。研究证明，只要将新鲜的桐油在200℃加热30min，就可以有效地避免这种现象的发生。

桐油又称为中国木油，是一种很好的干性油，不能食用，是制造油漆等的重要原料。具有附着力强、光泽性好、易干燥、抗腐蚀、防渗透、绝缘性好等多种特性，目前尚没有一种天然植物油脂能超过它的优良干燥性能。

桐油的纯度可以通过 Worstall's test（胶化实验）来鉴别。若鉴别桐油中是否掺有其他油脂，一般通过测定折射率、脂肪酸组成等变化就可以鉴定出来。另外，三氯化锑氯仿界面法适用于检出花生油、菜籽油或茶油等食用油中掺杂的桐油（0.5% 的掺杂即可检出），但不适于深色油，用于检出棉籽油、豆油中掺杂桐油时，颜色也不显著；亚硝酸钠法适于豆油、棉籽油及深色油中的桐油的检出。

桐籽饼粕中含有一定量的毒素（桐油中含量极微），试验发现，用蒸汽和酒精综合处理的桐籽饼粕，毒性明显降低，可以直接作为牲畜的饲料。

（四）紫苏籽

紫苏籽（Perilla seed）是紫苏的种子。紫苏是唇形科一年生草本植物，有苏麻、荏子等14种别称，在我国已有2000多年的栽培历史，十多个省广泛栽培，其中以西北、东北地区的产量最大，亩产70～100kg。据估计，我国紫苏生长面积约50万亩，年产种子4万t。俄罗斯、不丹、印度、缅甸、印度尼西亚、朝鲜半岛及日本等国家和地区也有分布和种植。紫苏籽如图3－16所示。

图3－16　紫苏籽

紫苏是我国卫生部首批颁布既是食品又是药品的60种物品之一，从其果实（或种子）提取的油称为紫苏油或苏子油，《齐民要术》和《天工开物》中均记载了紫苏制油技术，我国古代医学专著《神农本草》就将苏子油列为“延年益寿之上品”。

紫苏籽含油率为29.8%～47.0%，其中α－亚麻酸含量为51.1%～64.8%，是α－亚麻酸含量最高的植物油脂资源之一。其余主要脂肪酸依次为亚油酸、油酸、棕榈酸和硬脂酸。紫苏油皂化值189～197mg KOH/g，碘值175～194gI/100g，不皂化物0.6%～1.3%。

由于含有丰富的α－亚麻酸，以及亚油酸和一些不皂化的功能性脂质，紫苏油具有多种生理功能。但紫苏油传统上只作为优良的干性油，适用于制漆、油墨、涂料、肥皂、皮革、树脂黏合板、化妆品及高级润滑油等。近年，日本将紫苏油作为营养保健油，并添加于儿童食品中，美国将其列入抗癌食品计划，韩国的紫苏油在其食用油脂出口中居第三位，我国也有数种紫苏油进入保健品市场。

三、富含可食性动物油脂的陆地动物油脂资源

（一）牛脂

牛脂（Beeftallow）来自于牛的脂肪组织及体膘和骨头。牛油的脂肪酸组成都相当复杂，目前已证实有近200种。其主要脂肪酸有软脂酸、硬脂酸、油酸和亚油酸等，牛脂的特征指标见表3－17。

表 3－17 牛脂的特征指标

项 目		特 征 值
相对密度（40℃）		0.893～0.904
折射率 n^{40}		1.448～1.460
碘值（以I计）/（g/100g）		40～49
皂化值（以KOH计）/（mg/g）		190～202
不皂化物/%		<0.8
熔点/℃		45～48
脂肪酸组成/%		
月桂酸	$C_{12:0}$	<0.2
豆蔻酸	$C_{14:0}$	1.4～7.8
十四碳一烯酸	$C_{14:1}$	0.5～1.5
十五烷酸	$C_{15:0}$	0.5～1.0
棕榈酸	$C_{16:0}$	17.0～37.0
棕榈一烯酸	$C_{16:1}$	0.7～8.8
十七烷酸	$C_{17:0}$	0.5～2.0
十七碳一烯酸	$C_{17:1}$	<1.0
硬脂酸	$C_{18:0}$	6.0～40.0
油酸	$C_{18:1}$	26.0～50.0
反油酸	$C_{18:1t}$	3.4～6.2
亚油酸	$C_{18:2}$	0.5～5.0
反亚油酸	$C_{18:2t}$	0.6～1.7
亚麻酸	$C_{18:3}$	<2.5
花生酸	$C_{20:0}$	<0.5
花生一烯酸	$C_{20:1}$	<0.5
花生四烯酸	$C_{20:4}$	<0.5

牛油的脂肪酸组成同样受饲料、牛品种等诸多因素的影响。另外，在牛胃（包括羊等反刍动物）中有一种细菌 *Bulynvibric bibrosolvens*，该菌含有还原酶及移位酶，可使亚油酸加氢移位变型为9顺，11t－18:2、11t－18:1、18:0，也可使亚麻酸还原至15顺－18:1。同时，牛胃中还含有可以氢化油酸及亚油酸成为硬脂酸的酶，因此，牛油中含有较多的饱和酸。牛油中含有17%～18%（摩尔分数）的三饱和脂肪酸甘油酯和近40%二饱和脂肪酸甘油酯。

优质牛油是由牛体腔内的新鲜脂肪经低温湿法熬制而成，色泽浅黄，气味柔和，酸值低于0.4mgKOH/g，碘值36～40gI/100g，凝固点44～46℃，熔点约48℃。经过压榨或干法分提取得到液体牛油（熔点32～34℃、含大多数的胡萝卜素）和固体牛硬脂（凝固点50℃），液体牛油可用作深度煎炸的流动性牛油起酥油等，固体用作代可可脂、糖果和人造奶油。

牛脚油是从牛下脚熬制而成，是一种低熔点、常温下为液体的特种非食用脂肪，油酸含量高达48.3%～64.4%，亚油酸23%～121%，十六碳一烯酸3.1%～9.4%。牛脚油产量较少，一般用作皮革修饰辅助剂。

工业牛油或炼制牛油是通过低温熬制牛类动物的肠系膜脂肪得到的产品，这种产品的原料不包括碎肥膘肉脂（cutting fats），它的颜色从米白到淡黄，具有柔和风味。精炼牛油可以直接食用，有时也可以将牛油深度氢化到碘值小于3gI/100g，用作商品煎炸油或者作为生产甘油一酯的原料。氢化牛油的甲酯因为其中的硬脂酸含量高，也称为硬脂酸甲酯。牛油脂肪酸甲酯和猪油脂肪酸甲酯广泛用作润滑剂基料，同时在金属加工润滑剂配方中作为添加剂，应用在抛光、研磨、切割和拔丝等加工中。

食用牛油主要是通过蒸汽熬制工艺制得的，在这种工艺中，直接蒸汽喷射到装有脂肪组织的密封容器中，加压熬制可以缩短熬制时间。牛油是非常坚实的脂肪，除轻度氢化外，往往不需要进一步氢化即可用于食用目的。牛油的轻度氢化会延迟或者阻止三烯脂肪酸和四烯脂肪酸产生的不良风味物质。

牛油和植物油混合作为煎炸油，可使煎炸食品具有一种类似牛油的风味，而在植物油中煎炸的食品缺乏这种风味。研究发现在毛牛油和分提的流动性牛油起酥油中的许多挥发性脂肪酸在用牛油氢化植物混合油煎炸的土豆中存在。

（二）猪脂

猪脂（Lard）习惯称为猪油，是主要的陆地动物油脂之一。猪脂又可分为从猪的腹背部皮下组织提取的猪板油和从猪内脏等部分提取的猪杂油。相比而言，猪板油碘值高（63～71gI/100g），熔点低（27～30℃）；猪杂油的碘值低（50～60gI/100g），熔点高（35～40℃）。猪油的熔点受区域影响也很大，如美国生产的猪油（滑动熔点33℃）比欧洲国家生产的猪油（滑动熔点35℃）要软一些。

猪油可分为食用和工业用两类，主要成分是甘油三酯，还含有少量的磷脂、游离脂肪酸、胆固醇、色素等杂质。食用猪油的色泽洁白，游离脂肪酸含量低，脂肪酸酯的凝固点较高；而工业猪油的色泽较差，游离脂肪酸含量高，脂肪酸酯的凝固点低。

猪油的各项特征指标见表3－18。

表3－18　　猪油的特征指标

项目		特征值
相对密度（40℃）		0.896～0.904
折射率 n^{40}		1.458～1.462
碘值（以I计）/（g/100g）		45～70
皂化值（以KOH计）/（mg/g）		192～203
不皂化物/%		<1.0
熔点/℃		31.5～33.0
脂肪酸组成/%		
豆蔻酸	$C_{14:0}$	0.5～2.5
十四碳一烯酸	$C_{14:1}$	<0.2
十五烷酸	$C_{15:1}$	<0.1
棕榈酸	$C_{16:0}$	20.0～32.0

续表

项　目		特 征 值
棕榈一烯酸	$C_{16:1}$	1.7～5.0
十七烷酸	$C_{17:0}$	<0.5
十七碳一烯酸	$C_{17:1}$	<0.5
硬脂酸	$C_{18:0}$	5.0～24.0
油酸	$C_{18:1}$	36.0～62.0
亚油酸	$C_{18:2}$	3.0～16.0
亚麻酸	$C_{18:3}$	<1.5
花生酸	$C_{20:0}$	<1.0
花生一烯酸	$C_{20:1}$	<1.0
花生二烯酸	$C_{20:2}$	<1.0
花生四烯酸	$C_{20:4}$	<1.0

猪油脂肪酸组成也相当复杂，受猪饲料成分和猪油组织位置影响最大。例如猪脊背下层油脂的硬脂酸含量从11%到88%均有发现，与一般猪油明显不同。喂饲含大豆油的饲料使猪背部的脂肪含有较高的亚油酸含量。例如，下背部脂肪层含油酸26%，亚油酸10.7%，而肉脂含50.7%棕榈酸和10%亚油酸。

猪油的甘油三酯成分中占主导地位的 GSU_2 和 GU_3 使猪油较软，但是含量相当多的 GS_2U 和 GS_3 成分又扩大了猪油的熔点范围，因此，猪油是一种比较好的焙烤用油脂。另外，与其他的陆地动物油脂（包括牛油）相比，猪油的甘油三酯成分比较特殊，主要由 β－OPS、β－OPO、β－OPL 组成，72%（摩尔分数）的棕榈酸在2位，10%在1位，只有极其微量的在3位。其中不对称的 β－OPS 含量最高，是造成猪油结晶多为 β 型、起酥性较差的主要原因。通过酯交换可以改变猪油甘油三酯组成和固体脂肪指数随温度的变化曲线。随机酯交换可以改善猪油的晶型结构，使猪油晶体以 β' 型存在，但塑性仍然不是很理想，作为起酥油使用时仍然需要添加一定量的硬脂。定向酯交换增加 S_3 的含量，减少了 S_2U，从而扩大塑性范围，提高猪油的起酥性和酪化性。

猪油的生产有干法和湿法两种。干法是在120℃熬煮；湿法加水在105℃左右熬煮，湿法提取的油脂质量较干法好，因此称湿法猪油为优质蒸煮猪油（Prime Steam Lard）。

猪油具有特别的香味，一般不需要精制，经过精制的猪油称为精制猪油。

猪油中几乎不含有天然抗氧化剂，其抗氧化稳定性很差，AOM值仅为3～5h。所以猪油中常常需要添加抗氧化剂提高其氧化稳定性。另外，正是由于猪油中天然抗氧化剂的含量极微，猪油也常被作为研究抗氧化剂抗氧化效果的基质。

猪油在我国主要作为烹调油使用，猪油以其特有的香味和营养丰富、易消化吸收、能量高的特性，一直受到消费者的欢迎。然而，猪油中含有约100mg/100g的胆固醇，这在很大程度上影响了猪油的应用，因此猪油新品种的开发受到了重视。西方国家早期将猪油作为起酥油使用，但猪油制备的起酥油容易形成粗大的 β 晶型，其地位逐渐被氢化油脂所取代。

（三）羊脂

羊脂（Mutton fat）的熔点、脂肪酸及甘油三酯组成见表 3－19。

表 3－19　羊脂的熔点、脂肪酸及甘油三酯组成

油脂	熔点/℃	脂肪酸组成/%（摩尔分数）					甘油三酯组成/%（摩尔分数）			
		豆蔻酸 14:0	棕榈酸 16:0	硬脂酸 18:0	油酸 18:1	亚油酸 18:2	GS_3	GS_2U	GSU_2	GU_3
可可脂	32～36		23～24	34～35	39～40	2	25	77	16	4
羊脂	40～55	2～4	25～27	25～31	36～43	3～4	26	35	35	4

羊脂的脂肪酸组成不仅与物种和饲料有关，还与其他一些因素有关，如遗传、性别和气候等。一些研究表明：羊在较冷的饲养温度下，生成的软脂较软即具有较低的熔点和较高的碘值。

羊脂一般比牛脂略硬，碘值略低。山羊脂碘值在 32.4～38.6gI/100g。羊脂中令人不愉快的气味很难消除，因此也限制了其作为食用油脂的应用。

羊脂与可可脂所含的脂肪酸种类和各种脂肪酸的数量都非常接近。但两种油脂的物理性质却不同，从而影响到它们的用途。从表 3－19 中可以看出，羊脂与可可脂熔点不同，并非由脂肪酸的种类和数量所引起，而是这两种油脂中的甘油三酯组成不同的缘故。羊脂中含有大量的三饱和酸甘油三酯（GS_3，26%），而可可脂中的三饱和酸甘油三酯仅为羊脂的 1/10（2.5%）。另外，可可脂中主要含一不饱和、二饱和的对称性甘油三酯，组成简单，所以熔点低，塑性范围窄。

（四）乳脂

乳脂（Butter fat）是取自牛乳或羊乳中的无水或含水油脂产品。这类产品的成分十分复杂，甘油酯为主要成分，占 98% 以上（包括 TG、MG、DG），其余为游离脂肪酸、卵磷脂、脑磷脂、甾醇酯（胆固醇及胆固醇酯）、少量脂溶性维生素 A、维生素 D、维生素 E、色素（胡萝卜素）和风味物（乳酸、聚醛、酮）。

牛乳脂组成见表 3－20。

表 3－20　牛乳脂组成　单位:%

脂质	甘油一酯	甘油二酯	甘油三酯	游离脂肪酸	磷脂	甾醇及甾醇酯
含量	0.016～0.038	0.28～0.59	97～98	0.10～0.44	0.2～1.0	0.22～0.41

牛乳脂中已检出的脂肪酸有 500 多种，还有一些脂肪酸正待鉴别，其中主要的脂肪酸只有近 20 种，其余均是次要成分，它们只以微量或痕量存在。但凭 20 种主要脂肪酸就可组成 3375 种甘油三酯，由此可见牛乳脂肪组成的复杂性。

据报道，乳脂肪中十八碳一烯酸的含量很高，其中不仅包括油酸，还包括反式－11，12 异构酸，反式－11－十八碳烯酸，而十四碳一烯酸、十八碳二烯酸和多不饱和的二十碳和二十二碳酸的含量很少；已检出乳脂肪中有痕量的二羟基十八烷酸和羟基十六烷酸存在。乳脂的脂肪酸组成存在着十分明显的季节性变化。正常状态下夏季的乳脂的

碘值要比冬季的高出几个单位。另外，脂肪酸组成还与牛的品种和喂养的饲料等因素有关。

无水牛乳脂肪类产品有无水乳脂肪（AMF）、无水奶油、奶油及酥油（Ghee）等。含水类牛乳脂肪产品有黄油（Butter）、低脂奶油、稀奶油、掼奶油等。

最著名的黄油是从全脂鲜牛奶或稀奶油经离析、分离而得到的一种直径2～3μm带膜脂肪球的混合体，属于成分最复杂的一种油脂。

黄油的预期物性有：在0～10℃具有涂抹性；10～20℃具有乳油性和延展性，容易包装；15～25℃在生产区或焙烤房的温度下保型性；20～30℃糕点用乳脂肪在烘焙时必须保持具有可塑性；30～35℃具有良好的口熔性。

目前，对于黄油风味物已经进行了深入的研究，在不同型号的黄油中已检测出超过230种挥发性化合物。如：δ－癸内酯、δ－辛内酯、癸酸、十二碳酸、3－甲基吲哚、吲哚、丁酸、己酸、二甲基二硫化合物、丁二酮、顺－6－十二碳烯－γ－内酯、1－辛烯基－3－酮、反－2－壬烯基醛和顺－1，5－辛二烯基－3－酮等。

黄油可用来加工糖果、冰淇淋、焙烤产品（饼干、蛋糕、羊角酥、酥性糕点）、肉类、甲壳类水产、汤和调味汁类。

制成黄油是保存牛乳中脂肪组分的最古老方式之一。在公元前很久的年代里，黄油就早已作为人类的食物，黄油还应用于宗教祭祀、药品、化妆品之中。

（五）鸡脂

鸡脂（Chicken fat）即鸡油，主要来自肉鸡的脂肪组织，高温熬炼得到的食用鸡脂具有鸡肉的香味，其色泽浅黄透明，在烹调中通常起着增香亮色的作用。

鸡脂的加工常采用干法熬制，但湿法熬制更为先进，一般应用于规模较大的动物油脂厂，得到的产品质量较好，但投资较大。

鸡脂的碘值约为75～85gI/100g，熔点30～36℃。其脂肪酸主要有棕榈酸22%～30%，棕榈油酸7%～8%，硬脂酸5%～7%，油酸36%～40%，亚油酸16%～20%，亚麻酸2%左右。鸡油不饱和脂肪酸相对含量明显高于饱和脂肪酸含量，这与鸡脂肪通常呈半固态状的物理性质十分一致。

鸡脂的熔点较高，影响了其应用。为了适应食品对鸡脂的要求，可对鸡油进行分提，得到熔点较高的固体鸡油和熔点较低的液体鸡油，从而扩大鸡油的使用范围。经过分提后可以得到低熔点鸡油和高熔点鸡油，得率分别为60%和40%。高熔点鸡油的脂肪酸组成为：棕榈酸32.1%，棕榈油酸5.4%，硬脂酸8.9%，油酸38.7%，亚油酸12.6%；低熔点鸡油的脂肪酸组成为：棕榈酸24.4%，棕榈油酸6.5%，硬脂酸5.8%，油酸44.5%，亚油酸16.2%。

鸡油和分提鸡油可以作为猪油替代品用于各种焙烤食品中，也可作为人造奶油、起酥油的油脂原料。

四、富含可食性动物油脂的海产动物油脂资源

从海洋哺乳动物鲸类和海洋鱼类以及淡水鱼所获取的油脂，统称“鱼油”。海洋环境的特殊条件，鱼类食物链结构的不同，造成鱼油与陆地动物油脂存在较大的差别。

海产动物品种繁多，不仅总体含油率大有区别，从低的0.35%到高的14%，而且体内各部位的含油率也大不相同，一般以头部为最高，约为中、尾部的2倍。但鳕鱼肝含油率高达30%~70%。

鱼油最大的特点是：①不饱和脂肪酸总量高达60%~90%，组成复杂，碘值高（110~175gI/100g）、滑动点（凝固点）低，常温下大多呈液体油状态；②几乎所有鱼油都含有 $n-3$ 多不饱和脂肪酸。

一些鱼的含油率见表3-21。

表3-21　一些鱼的含油率　单位：%

种类	含油率	种类	含油率
鲤鱼	1.0~1.2	黄狗鱼	0.8~3.0
鲽鱼	0.3~3.4	银鲑	3.3~11.2
鲈鱼（太平洋）	3.0~6.0	白鱼（湖）	4.7~18.8
黄鲈鱼	0.8~1.2	鳕鱼（大西洋）	0.2~0.9
大马哈鱼	2.2~7.3	斜竹荚鱼	2.7~25
红鲑	7.8~13.7	白丁鱼（湖）	1.5~3.3
雪鲦（湖）	4.0~13	石鱼	1.2~4.3
黑线鱼	0.2~0.6	粉红鲑	3.2~11.6
白丁鱼（海洋）	4.6~8.8	鲚鱼	2~14

鱼油的基本组成包括甘油三酯、甘油二酯和甘油一酯、磷脂、甾醇、蜡脂和碳氢化合物。有一些种类的鱼油含二酰基甘油酯（烷氧基甘油二酯）。少量存在的脂溶性成分包括维生素、色素和有机汞污染物等。鱼肝油中维生素A、维生素D的含量颇高。

鱼油中含有属于 $n-3$ 多不饱和脂肪酸的EPA和DHA，其含量因鱼种、产地、季节、鱼龄、大小和组织器官不同而异。海洋鱼油中的 $n-3$ 多不饱和脂肪酸含量均较高，淡水鱼因食物链或饲料的关系一般含量较低；鱼眼窝、肝中 $n-3$ 多不饱和脂肪酸的含量最高，如鲣鱼眼窝油含DHA42.5%，EPA9.5%；大眼金枪鱼DHA30.6%，EPA7.8%。详见表3-22。

表3-22　主要海产鱼油的特征和主要脂肪酸组成

组成	鲸油类	步鱼油	沙丁鱼油	鲱鱼油	鳕鱼肝油	鲚鱼油
碘值（IV）/（gI/100g）	107~167	150~185	170~193	115~160	118~190	184
皂化值（KOH）/（mg/g）	185~198	192~199	188~199	179~194	182~191	
不皂化物/%	0.32~3.5	约1	0.1~1.25	0.5~1.7	0.9~1.4	约1
滑动凝固点/℃	17~25	22~28	22~23	约25	约10	
饱和脂肪酸/%	10~27.3	26.6~47.7	25.6~28.8	39.6~46.5	14.8~23.3	约39.51
不饱和酸/%	73.6~90	52.3~73.4	71.2~74.4	53.5~60.4	76.7~85.2	约60.49
$C_{14:0}$	4.2~8.3	7.2~12.1	6.6~7.6	3.2~7.6	2.8~3.5	12.4
$C_{15:0}$	0.2~1.0	0.4~2.3	0.6	0.4~1.3	0.3~0.5	0.46
$C_{16:0}$	4.3~12.1	15.3~25.6	15.5~17.0	13~27.2	10.4~14.6	20.5

续表

组成	鲸油类	步鱼油	沙丁鱼油	鲱鱼油	鳕鱼肝油	鲚鱼油
$C_{16:1}$	8.4~18	9.3~15.8	9.1~9.5	4.9~8.3	5~12.2	11.1
$C_{16:2}$		0.3~2.8				
$C_{16:3}$		0.9~3.5				
$C_{16:4}$		0.5~2.8				
$C_{17:0}$	0.4~0.8	0.2~3.0	约0.7	0.5~3.0	0.1~1	1.88
$C_{18:0}$	0.9~30	2.5~41	2.3~37	1.8~74	1.2~37	4.08
$C_{18:1}$	2.7~32.8	8.3~13.8	11.4~17.3	13.5~22	19.6~39	4.35
$C_{18:2}$	0.1~2	0.7~2.8	1.3~2.7	1~4.3	0.8~2.5	3.56
$C_{18:3}$	0.4~0.8	0.8~2.3	0.8~1.3	0.6~3.4	0.2~1	
$C_{18:4}$	0.5~0.7	1.7~4.0	2.0~2.9	1.8~2.8	0.7~2.6	
$C_{20:0(20:1)}$	约0.6	0.1~0.6	(3.2~8.1)	(1.2~1.5)	(8.8~14.6)	0.27 (2.1)
$C_{20:4}$	0.6~11.9	1.5~2.7	1.9~.25	0.4~3.4	1~2.1	0.5
$C_{20:5}$ (EPA)	0.9~4.1	11.1~16.3	9.6~16.8	4.6~10.2	5~9.3	10.7
$C_{22:1(22:4)}$	8.6~17.9	0.1~1.4	3.6~7.8	11.6~28	4.6~13.3	1.73 (2.19)
$C_{22:5}$	0.7~3.8	1.3~3.8	2.5~2.8	1~3.7	1~2	1.39
$C_{22:6}$ (DHA)	5.2~7.1	4.6~13.8	8.5~12.9	3.8~20.3	8.6~19	4.37
主要产地	南极、北极	美国、大西洋区域	太平洋区域	太平洋区域	太平洋区域	秘鲁、南非
维生素E含量/(μg/g)	220	70	40	140	银鳕鱼油630	金枪鱼160

鱼油贮存过程中，EPA和DHA易氧化生成挥发性醛和其他化合物，逐渐使鱼油发生回味。一般在鱼油中加入TBHQ能起到很好的抗氧化效果。

鱼油的提取方法根据原料和用途的不同而异，但绝大部分的鱼油来自于加工鱼粉的副产品，传统的鱼粉加工工艺为湿法工艺和干法工艺，在湿法工艺中，首先将原料鱼在80℃以上蒸煮30min，以破坏原料中组织细胞结构，使鱼油从鱼体中分离出来。其后，将蒸煮后原料鱼送到螺旋压榨机进行压榨，压榨可去除原料中50%的水分，并将部分鱼油随同榨出。此后，再用离心机将压榨废水进行分离，其轻相即为粗鱼油。粗鱼油的出率与鱼体大小、季节及捕捞海域有较大关系，一般为原料鱼重量的1%~5%；粗鱼油的品质除脂肪酸组成决定于鱼种外，其他指标主要决定于原料鱼的新鲜程度，用新鲜的原料鱼生产的粗鱼油的酸值一般在6mgKOH/g以下，具有正常的气味和色泽，而用腐败的原料鱼生产的粗鱼油的酸值在7~20mgKOH/g之间，有的甚至高达30mgKOH/g以上，色泽很深，气味难闻，主要原因是其中含有较多的腐败的鱼体蛋白，此种粗鱼油的精炼难度有所加大。干法鱼粉加工工艺减少了压榨工艺，所以也就没有鱼油被分离出来。

鱼油可以进一步加工满足各种用途的需要，如作为油漆，作为水产养殖用的饲料添加剂，以及作为医药用途。最近，主要的应用是用鱼油制备 $n-3$ 脂肪酸，作为口服补品，可减少心血管疾病。另外，未除去鱼油的鱼粉可作为家禽、猪、鱼、甲壳类、反刍类、毛皮类动物和宠物的饲料。加适当数量的高质量多不饱和脂肪酸的鱼油到饲料中，不会影响禽肉的风味，用鱼油饲养的家禽可成为人类 $n-3$ 脂肪酸的主要来源。

五、富含可食性油脂的微生物

油脂是微生物生命活动的代谢产物之一，油脂积累超过细胞总量20%的微生物称为产油微生物。微生物油脂（microbial oils）又称为单细胞油脂（single cell oil，简写SCO）。

和动植物一样，微生物中的油脂也以两种形式存在，一种是体脂形式，即作为细胞的结构组成部分而存在于细胞质中，在微生物中含量非常恒定，如微生物细胞膜上的磷脂；另一种是贮存脂形式，以脂滴或脂肪粒形式贮存于细胞质中。某些微生物如酵母、霉菌、微藻、细菌的细胞内能积累大量油脂，有的菌体干基内含油脂达70%以上。

用微生物生产油脂的优点：①微生物适应性强，生长繁殖迅速，生长周期短，代谢活力强，易于培养，便于用基因工程改良；②占地面积小，不受场地限制。同时，不像动植物那样受气候、季节变化限制，能连续大规模生产，所需劳动力低；③微生物生长所需原材料丰富，价格便宜，特别是可利用农副产品加工、食品加工和造纸业的废弃物，有利于利用废物，环境保护；④生物安全性好。

利用微生物生产油脂在技术上已经完全可行，关键要看经济上是否可行。微生物生产油脂成本取决于培养基的价格和发酵结束后从微生物细胞中提取油脂的费用。目前，对微生物油脂的研究主要集中在生产价值高的功能性油脂、特殊用途油脂，如γ-亚麻酸（GLA）、共轭亚油酸（CLA）、花生四烯酸（AA）、二十碳五烯酸（DHA）、二十二碳六烯酸（EPA）、类可可脂（CBE）等。微生物除了能合成脂肪酸、甘油三酯外，还能合成大量不同结构和性质的其他脂类化合物，如羟基脂肪酸、蜡酯、羟基链烷酸酯，及一些药用产品如甾体激素等。

目前用来生产油脂的微生物主要包括微藻、细菌、酵母和霉菌等。真核的微藻、酵母、霉菌能在它们体内合成与植物油脂相似的甘油三酯，原核的细菌则合成特殊的脂质，如蜡、聚酯、聚-β羟基丁酸等。

（一）微藻

微藻（Microalgae）种类繁多，主要有14类，从原核生物蓝绿藻（现称蓝细菌）到黄、绿、金黄、棕藻，硅藻也包括在内。微藻中的脂肪酸种类非常丰富，油脂含量有些超过70%，近年来，人们已将微藻用于多不饱和脂肪酸的开发。

螺旋藻（*Spirulina* spp）是最好的生产GLA的微藻资源，在真核类藻中也有GLA。小球藻 *Chlorella* spp 合成α-亚麻酸。

紫球藻（*Porphyridium cruentum*）中AA含量高达总脂肪酸的60%，在该藻的其他菌株中发现EPA含量也很高，因此该藻有可能用来同时生产AA和EPA。

小球藻（*Chlorella minutissima*）是第一个用来开发多不饱和脂肪酸的微藻，总脂肪酸中EPA占45%，但细胞中油脂含量仅为7%，且细胞量也低，因此该藻不能用于商业开发。三角褐指藻（*Phaeodactylum tricornutum*）的油脂含量为15%，EPA占总脂肪酸的35%。在室内光照条件下可连续生产EPA，并且它的EPA/AA比值特别高，使得EPA的分离比较容易。一种名为 *Nannochloropis oculata* 的微藻含油脂14%，EPA占总脂肪酸的45%。

美国Martek公司对异养微藻进行筛选，得到的微藻MK8805在优化条件下油脂占细胞干重的10%，DHA占总脂肪酸的30%。虽然含油量较低，但由于油脂中仅有DHA一种多不饱和脂肪酸，所以提取很容易。经分馏后，DHA浓度达到80%。绿光等鞭金藻（*Isochrysis galbana*）是另一个潜在的EPA和DHA生产菌，所产油脂经尿素络合分离，可得到92%～96%纯度的EPA和DHA。

总之，微藻是最具有潜力用于各种多不饱和脂肪酸生产的微生物，关键是寻找一种既高含油又含所需脂肪酸多的微藻。另外，在无菌、光照发酵罐中培养微藻的成本较高，目前只有少数微藻可在室外开放环境下商业化生产。微藻生产时，光照强度、温度、pH、盐度、营养成分对生长速率、产量、脂肪酸组成等影响较大。

（二）细菌

细菌（Bacterial）中含有一些其他生物中没有的特殊脂质成分，它与其耐盐、甲烷利用、耐热性能有关。这些脂质是由类异戊二烯衍生来的，而不是脂酰基团。而且，尽管也可与甘油相连，但它是通过醚键连接，而不是酯键连接。如在甲烷杆菌属（*Methanobacterium*）、甲烷球菌属（*Methanococcus*）、盐杆菌属（*Halobacterium*）等古细菌中有典型的乙醚酯。这些脂质在细胞中占5%，并以磷脂形式存在于细胞膜中，从而使其能在极端条件下生长。

细菌含甘油三酯量很少，细菌中最常见的贮存脂是聚β-羟基丁酸（PHB），其相对分子质量高，具有很好的热塑性。英国ICI公司已将PHB作为可降解塑料进行大规模工业化生产。生产菌株为真养产碱菌（*Alcaligenes eutrophus*），它能合成菌体量80%的PHB。现已有将PHB用于医药品缓释胶囊的研究。

海洋或淡水细菌异单胞菌属（*Altermonas*）、希瓦式菌属（*Shewanella*）、屈桡杆菌属（*Flexibacter*）和弧菌（*Vibro*）都能产多不饱和脂肪酸。腐败希瓦式菌（又称腐败交替单胞苗）（*Shewanella putretaciens*）是从鲭鱼肠道中分离的。以含蛋白胨和酵母膏的天然或人工海水作为培养基，在25℃、pH7下培养8h，胞内油脂中的EPA可达9mg/g干菌丝体。

从鱼和海洋动物中的24000种细菌中筛选出的一株与腐败希瓦式菌（*Shewanella putretaciens*）相似的菌株SCRC-2738，在普通发酵罐中于20℃下发酵12～18h，可产15g干菌体/L，含油脂10%～15%，EPA占总脂肪酸的40%。由于EPA存在于细胞磷脂中，需要对酯进行水解以得到脂肪酸，经超临界二氧化碳流体萃取后再经色谱分离，可得到含量为80%的EPA。

（三）酵母菌

酵母（Yeast）中脂肪酸分布和组成一般规律如下：①软脂酸在总脂肪酸中为15%～20%，在油脂酵母属（*Lipomyces*）中比例最高，超过30%，有时甚至超过60%；棕榈油酸在绝大多数酵母中所占比例很小（小于5%），但在酿酒酵母中含量可达43%～54%，在有孢汉逊式酵母属（*Hanseniaspora*）中棕榈油酸比例超过总脂肪酸的67%；②硬脂酸一般占总脂肪酸的5%左右；③油酸一般是酵母中最丰富的脂肪酸，在某些品种如裂殖酵母属中可达80%；④亚油酸在多数酵母中是第二丰富的脂肪酸，而油酸和亚油酸一般与磷脂细胞膜有关；⑤在酵母属、裂殖酵母属、类酵母属和有孢汉逊式酵母属（*Hanseniaspora*）中缺乏油酸及其他多不饱和脂肪酸；⑥α－亚麻酸比例一般小于10%，高于15%很少见；⑦中链脂肪酸（$C_{12:0}$和$C_{14:0}$）一般呈微量，不超过1%，但是在冬孢酵母属（*Leucosporidium*）中含量可达8%～12%；⑧少数酵母中存在少量$C_{20:0}$、$C_{22:0}$和$C_{24:0}$长链脂肪酸，但在多数酵母中是以痕量成分存在的；⑨长链多不饱和脂肪酸一般认为仅在少数酵母中存在，一种名为*Dipoduscopsis Uninucleata*的酵母中存在二高－γ－亚麻酸（DHGLA）及AA。

因此，酵母在脂肪酸的分布模式上相当单纯，绝大多数酵母仅有C_{16}和C_{18}脂肪酸，其中基本的饱和脂肪酸是软脂酸，基本的单不饱和脂肪酸是油酸，少数酵母中最多的单不饱和脂肪酸是棕榈油酸，多不饱和脂肪酸在酵母中也存在，油酸含量一般较丰富，但亚油酸含量很少，因此在选择酵母生产脂肪酸时需认真考虑。大多数酵母中总的油脂含量一般低于20%。

（四）霉菌

霉菌（Mould）中油脂含量超过25%的约有64种。很多霉菌油脂含量在20%～25%，其脂肪酸类型也比酵母丰富很多，开发潜力很大。虫霉属（*Entomophthora*）中C_{12}和C_{14}脂肪酸含量很丰富，麦角菌属（*Claviceps*）可生产羟基脂肪酸、蓖麻酸、12－羟基油酸。有些霉菌生产支链脂肪酸和短链C_4和C_6脂肪酸。霉菌脂肪酸与酵母脂肪酸的最大差别是霉菌能生产高比例的不饱和脂肪酸，包括$n-3$和$n-6$两类脂肪酸。因此霉菌主要用于生产附加值更高的不饱和脂肪酸，如GLA、DHGLA、AA、EPA和DHA等。

思考题

1. 请阐述各种油料油脂的特点。
2. 双低油菜指的是哪两种物质的“双低”？其含量分别是多少？
3. 大豆、菜籽、花生、棉籽中最主要的抗营养物质是什么？
4. 芝麻油为何很稳定？
5. 棕榈仁油与棕榈油是同一种油吗？
6. 富含可食性动物油脂的海产动物油脂资源有哪些？
7. 微生物生产油脂的优点有哪些？

第四章

油脂和脂肪酸的物理化学性质

第一节　油脂的定义和分类

油是不饱和高级脂肪酸甘油酯，脂肪是饱和高级脂肪酸甘油酯，统称为油脂，都是高级脂肪酸甘油酯。一般把常温下是液体的称作油，而把常温下是固体的称作脂肪。油脂的主要成分是各种高级脂肪酸的甘油三酯，结构如下：

$$\begin{array}{l} CH_2COOR_1 \\ | \\ CHCOOR_2 \\ | \\ CH_2COOR_3 \end{array}$$

无论是毛油还是精炼油都不同程度含有非甘油三酯成分。这些非甘油三酯物质统称为类脂物。类脂物在油脂中的含量与油脂种类和加工方法相关。

从上述意义上讲，天然油脂是各种甘油三酯和类脂物的混合物。

天然油脂的种类繁多，分类方式也很多，目前还没有统一的规定。常见的油脂分类方法有：以碘值分类，以油脂来源分类，以油脂的存在状态和脂肪酸组成分类，以构成油脂的脂肪酸类型分类四种。

1. 以碘值分类

含有不饱和脂肪酸的油脂涂成薄膜，曝露于空气中，会变稠进而变成坚韧的薄膜，这种现象叫油脂的干燥。例如桐油刷在木制品的表面上，逐渐形成一层干硬有光泽和弹性的薄膜。

常根据在空气中能否干燥和干燥快慢的情况，对油脂进行分类。碘值越高，油脂的不饱和度越大，越易干燥。碘值大于130gI/100g属干性油，干性油放在空气中，能够发生干燥现象；碘值100～130gI/100g属半干性油，半干性油不易干燥，但与氧化铅等促干剂一起加热，可以大大提高其干燥性能，这种油脂称为半干性油；碘值小于100gI/100g属不干性油，不干性油经氧化铅处理后也不具备干燥的性能。

常见的干性油如亚麻仁油、葵花籽油；半干性油如棉籽油、大豆油、芝麻油；不干性油如橄榄油、椰子油、蓖麻油等。

油脂的干燥过程是不饱和脂肪酸链上的碳碳双键氧化、聚合和缩合等化学反应过程，使油脂形成高分子化合物的过程。半干性油加入氧化铅的作用就是双键的氧化和使双键发生位移形成共轭体系，进一步聚合、缩合形成高分子化合物。影响干燥的因素有温度、光、催化剂、与空气接触面积、水分等。这些都是外因，最重要的是油脂本身的结构。为了加速油脂的干燥速度，满足多次涂层的要求，在油漆中常加一些金属氧化物，如氧化钴、氧化锰、氧化铅等，加速干燥，这些氧化物称为促干剂。

2. 以油脂来源分类

按照来源，油脂可分为植物油脂、动物油脂和微生物油脂。

植物油脂是植物种子、果肉、胚芽等细胞中所含的油脂；包括草本植物油脂、木本植物油脂（果仁油和果肉油）。植物油脂多数供食用，也广泛应用于制造硬化油、肥皂、甘油、油漆和润滑油等。

动物油脂是从动物体内取得的油脂；包括陆地动物和禽类油脂，如牛油、羊油、猪油等，一般是固体的，其主要成分是棕榈酸、硬脂酸的甘油三酯；海洋哺乳类动物和鱼类的油脂，如鲸油、鱼油等，一般是液体的，主要成分除肉豆蔻酸、棕榈酸、硬脂酸、油酸的甘油三酯外，还含有22～24个碳和4～6个双键的多不饱和酸的甘油三酯。

动物油脂主要供食用，如猪脂、牛脂、羊脂等。也广泛应用于制造硬化油、肥皂、甘油、润滑油和制革工业及药品。鱼油是制备涂料的原料，用熬制法取得。

陆地动物的油脂主要集中于脂肪组织和内脏中，例如猪脂、牛脂、羊脂等；也有以乳化状态存在于哺乳动物的乳内，例如奶油。还有少量存在于骨髓中，例如骨油。组成甘油三酯的脂肪酸主要是油酸、软脂酸和硬脂酸。陆地动物油脂的饱和酸含量一般比植物油脂多。鱼类的油脂大部分存在于肝脏内，例如鱼肝油等。海兽的油脂大部分存在于皮下，例如海豚油。

植物油脂与动物油脂分类的依据在于它们各自内含的甾醇种类的不同，在动物油脂中主要的甾醇是胆固醇，而在植物油脂中甾醇成分复杂，有麦角甾醇、豆甾醇等，不同的植物油中甾醇种类不同。

微生物油脂又称单细胞油脂，是由酵母、霉菌、细菌和藻类等微生物在一定条件下利用碳水化合物和普通油脂为碳源，在菌体内产生的油脂。微生物油脂的脂肪酸组成和一般植物油基本相同，但有些微生物油脂中多不饱和脂肪酸如亚麻酸、花生四烯酸（AA）、EPA、DHA等含量特别高，这些多不饱和脂肪酸在人体内具有重要的生理功能。因此，微生物生产的油脂比动植物油脂更符合人们对高营养油或某些特定脂肪酸油脂的需求。

3. 以油脂的存在状态分类

动植物油脂根据在室温下所处的状态不同，分为固态油脂、半固态油脂和液态油脂。

固态和半固态油脂是在室温下呈固态和半固态的脂肪，前者如可可脂、牛脂、羊脂等，后者如乳脂、猪脂、椰子油、棕榈油及其仁油等。

液态油脂是在室温下呈液态的油脂，液态油脂的脂肪酸组成以不饱和脂肪酸为主，有以油酸为主要脂肪酸的油脂，如橄榄油、茶油；有以油酸和亚油酸为主的油脂，如花生油、芝麻油、棉籽油及米糠油；有亚油酸含量较多的油脂，如玉米油、葵花油、红花油和豆油；有亚麻酸含量较多的油脂，如亚麻油和梓油；有含特种脂肪酸的油脂：以共轭酸为主的油脂，如桐油、奥的锡卡油；以芥酸为主的油脂，如传统菜油；以羟基酸为主的油脂，如蓖麻油；含二十碳以上多烯酸较多的油脂，如鱼油、鱼肝油。

这种分类方法的内涵较为模糊。实际上，只有在很低温度下，油脂才呈完全固体，只有在高于熔点以上，油脂才呈完全液态，而在室温下，大多数油脂是固体脂肪和液体油的混合物。

4. 以构成油脂的脂肪酸类型分类

Bailey 根据油脂中特征脂肪酸的类型，对油脂进行分类，共分为十大类。

（1）乳脂类　牛乳脂、人乳脂、羊乳脂、猪乳脂等。

（2）月桂酸型油脂类　椰子油、棕榈仁油等。

（3）植物脂类　可可脂、柏仁脂等。

（4）陆地动物脂类　猪脂、牛脂、羊脂等。

（5）海洋动物油类　鲸油、鳕鱼油、鲱鱼油、鱼肝油等。

（6）油酸亚油酸型油脂类　棉籽油、花生油、芝麻油、玉米油、红花油、橄榄油、棕榈油、葵花籽油等。

（7）亚麻酸型油脂类　亚麻油、苏籽油等。

（8）芥酸型油脂类　传统菜籽油、芥籽油等。

（9）共轭酸型油脂类　桐油、奥的锡卡油。

（10）羟基酸型油脂类　蓖麻油。

另外，还有单细胞油脂（微生物油脂）类：细菌油、酵母菌油、霉菌油和藻类油等。

第二节　脂肪酸的定义和分类

一、脂肪酸定义

脂肪酸最初是油脂水解而得到的，具有酸性，因此而得名。根据 IUPAC - IUB（国际理论和应用化学国际生物化学联合会）在 1976 年修改公布的命名法中，脂肪酸定义为天然油脂水解生成的脂肪族羧酸化合物的总称，属于脂肪族的一元羧酸（只有一个羧基和一个烃基）。

天然油脂中含有 800 种以上的脂肪酸，已经得到鉴别的有 500 种之多。天然油脂的脂肪酸组成不仅随植物和动物的种类有重要变化，而且在同样种类内也随季节、地理环境、饲料等的变化而变化。

天然脂肪酸绝大多数为偶数碳直链的，极少数为奇数碳链和具有支链的酸。脂肪酸碳链中不含双键为饱和脂肪酸，含有双键为不饱和脂肪酸，其中不饱和脂肪酸根据碳链中所含双键多少，分为一烯酸、二烯酸和二烯以上的多烯脂肪酸。二烯以上的不饱和酸有共轭与非共轭酸之分，非共轭酸是指碳链的双键被一个亚甲基隔开的脂肪酸（1，4 - 不饱和系统），而共轭酸是指在某些碳原子间交替的出现单键与双键的脂肪酸（1，3 - 不饱和系统）。

按天然脂肪酸的结构类型分：有饱和酸、不饱和酸及脂肪酸碳链上的氢原子被其他原子或原子团取代的脂肪酸。

二、饱和脂肪酸

天然油脂的饱和脂肪酸绝大多数都是偶数碳直链的，奇数碳链的极个别，含量也极少。饱和脂肪酸的通式用 $C_nH_{2n}O_2$ 表示，天然油脂中饱和脂肪酸从 C_2 ~ C_{30} 都存在。从四个碳至二十四个碳原子的存在于甘油酯中，二十四个碳原子以上的则主要存在于蜡中。

油脂中最常见的饱和酸是十六酸与十八酸，存在于所有的动植物油脂中；其次为十二酸、十四酸、二十酸，碳链少于十二酸的存在于牛乳脂肪与很少的植物种子油中。如辛酸、癸酸存在乳脂和棕榈仁油中存在。天然油脂中的主要饱和脂肪酸见表 4 - 1。

临床研究和动物实验表明，饱和脂肪酸是引起血清胆固醇和甘油三酯水平升高的一个饮食因素。如月桂酸（12∶0）、豆蔻酸（14∶0）、棕榈酸（16∶0）、花生酸（20∶0）以及二十碳以上的长碳链饱和脂肪酸等都会使人体血清胆固醇值升高。

表 4 - 1　天然油脂中的主要饱和脂肪酸

系统命名	俗名	速记表示	分子式	相对分子质量	熔点/℃	来源
正丁酸 Butanoic	酪酸 Butyric	$C_{4:0}$	$C_4H_8O_2$	88.10	-7.9	乳脂
正己酸 Hexanoic	低羊脂酸 Caproic	$C_{6:0}$	$C_6H_{12}O_2$	116.5	-3.4	乳脂
正辛酸 Octanoic	亚羊脂酸 Caprylic	$C_{8:0}$	$C_8H_{16}O_2$	144.21	16.7	乳脂、椰子油
正癸酸 Decanoic	羊脂酸 Capric	$C_{10:0}$	$C_{10}H_{20}O_2$	172.26	31.6	乳脂、椰子油
十二烷酸 Dodecanoic	月桂酸 Lauric	$C_{12:0}$	$C_{12}H_{24}O_2$	200.31	44.2	椰子油、棕榈仁油
十四烷酸 Tetradecanoic	豆蔻酸 Myristic	$C_{14:0}$	$C_{14}H_{28}O_2$	228.36	53.9	肉豆蔻种子油
十六烷酸 Hexadecanoic	棕榈酸 Palmitic	$C_{16:0}$	$C_{16}H_{32}O_2$	256.42	63.1	所有动、植物油
十八烷酸 Octadecanoic	硬脂酸 Stearic	$C_{18:0}$	$C_{18}H_{36}O_2$	284.47	69.6	所有动、植物油
二十烷酸 Eicosonoic	花生酸 Arachidic	$C_{20:0}$	$C_{20}H_{40}O_2$	312.52	75.3	花生油中含少量
二十二烷酸 Docosanoic	山嵛酸 Behenic	$C_{22:0}$	$C_{22}H_{44}O_2$	340.57	79.9	花生油、菜籽油中含有少量
二十四烷酸 Tetracosanoic	木焦油酸 Lignoceric	$C_{24:0}$	$C_{24}H_{48}O_2$	368.62	84.2	花生与豆科种子油含有少量
二十六烷酸 Hexacosenoic	蜡酸 Cerotic	$C_{26:0}$	$C_{26}H_{52}O_2$	396.68	87.7	巴西棕榈蜡、蜂蜡
二十八烷酸 Octacosanoic	褐煤酸 Montanic	$C_{28:0}$	$C_{28}H_{56}O_2$	424.73	90.0	褐煤蜡、蜂蜡
三十烷酸 Triacotanoic	蜂花酸 Melissic	$C_{30:0}$	$C_{30}H_{60}O_2$	452.78	93.6	巴西棕榈蜡、蜂蜡

三、不饱和脂肪酸

天然油脂中含有大量的不饱和脂肪酸，具有 1 个、2 个和 3 个双键的十八碳脂肪酸主要存在于陆地动、植物油脂中；含有 4 个或 4 个以上双键的 20 ~ 24 个碳原子的不饱和脂肪酸主要存在于海洋动物油脂中；个别油脂中也有高达 7 个双键的脂肪酸。天然油脂中存在的不饱和脂肪酸大多数都是偶数碳原子，所含双键多是顺式构型，二烯以上的不饱和脂肪酸除少数为共轭酸外，大部分是顺式结构的非共轭酸。双键位置多位于脂肪酸碳链的第 9 和第 10 个碳原子之间。

某些植物油以含有大量的某一种不饱和酸为其特征，如橄榄油中的油酸，罂粟子油中的亚油酸，亚麻籽油中的亚麻酸，桐油中的桐酸，芥籽油和菜籽油中的芥酸。

（一）一烯酸

一烯酸是脂肪酸碳链中含一个双键的脂肪酸，用通式 $C_nH_{2n-2}O_2$ 表示。这类酸在自然界分布很广，最有代表性的是油酸，几乎存在所有的天然动、植物油脂中。天然油脂中的油酸绝大多数为顺式酸，极少数为反式酸；反式酸一般不存在植物油中，仅存在于反刍动物脂肪中，但含量较少。其结构如图 4 – 1 所示。

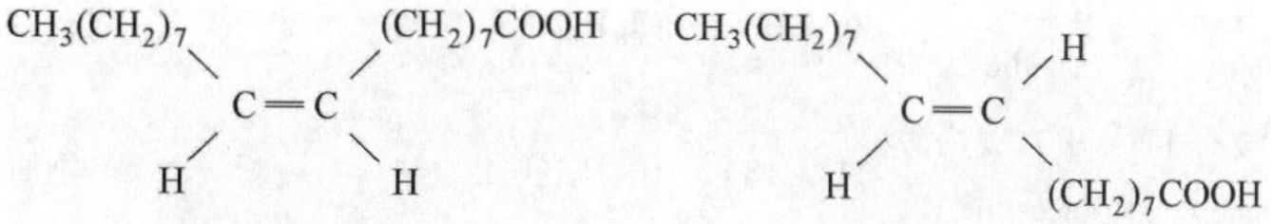

$CH_3(CH_2)_7$　　$(CH_2)_7COOH$
C═C
H　　H

顺–9–十八碳烯酸
(油酸)熔点13.4℃

$CH_3(CH_2)_7$　　H
C═C
H　　$(CH_2)_7COOH$

反–9–十八碳烯酸
(反油酸)熔点46.5℃

图 4 –1　顺、反式油酸结构

天然油脂中存在另外一种重要的一烯酸为顺 – 13 – 二十二碳一烯酸，俗名为芥酸。其结构为：

$$CH_3(CH_2)_7CH\overset{c}{=}CH(CH_2)_{11}COOH$$

芥酸是十字花科和 *Tropolaceae* 科种子油的主要成分，在菜籽油、芥籽油和桂竹香籽油中通常含 40% ~50%，在旱金莲种子中芥酸的含量高达 80%。

另外，还有顺 –9 – 十六碳一烯酸（9*c* – 16∶1）即棕榈油酸等一烯酸。

天然油脂中较常见的一烯酸见表 4 –2。

表 4 –2　　天然油脂中常见的一烯酸

系统命名	俗名	速记表示	分子式	熔点/℃	主要来源
顺 –4 – 十碳烯酸 cis –4 – Decenoic	4*c* – 十碳酸 Obtusilic	4*c* – 10∶1	$C_{10}H_{18}O_2$	—	*Lindera obtusiloba* 油脂
顺 –9 – 十碳烯酸 cis –9 – Decenoic	癸烯酸	9*c* – 10∶1	$C_{10}H_{18}O_2$	—	动物乳脂
顺 –4 – 十二碳烯酸 cis –4 – Dodecenoic	林德酸 Linderic	4*c* – 12∶1	$C_{12}H_{22}O_2$	1. 3	*Lindera obtusiloba* 油脂

续表

系统命名	俗名	速记表示	分子式	熔点/℃	主要来源
顺-9-十二碳烯酸 cis-9-Dodecanoic	月桂烯酸	9*c*-12:1	$C_{12}H_{22}O_2$	—	动物乳脂
顺-4-十四碳烯酸 cis-4-Teradecenoic	粗租酸 Tsuzuic	4*c*-14:1	$C_{14}H_{26}O_2$	18.5	*Litsea glauca* 油脂
顺-5-十四碳烯酸 cis-5-Tetradecenoic	抹香鲸酸 Physeteric	5*c*-14:1	$C_{14}H_{26}O_2$	—	抹香鲸油（14%）
顺-9-十四碳烯酸 cis-9-Tetradecenoic	肉豆蔻烯酸 Myristoleic	9*c*-14:1	$C_{14}H_{26}O_2$	—	动物乳脂、抹香鲸油及 *Pycnanthus kombo* 油脂（23%）
顺-9-十六碳烯酸 cis-4-Hexadecenoic	棕榈油酸 Palmtoleic	9*c*-16:1	$C_{16}H_{30}O_2$	—	动物乳脂、海洋动物油（60%~70%）、 种子油、美洲水貂、牛脂等
9-十七碳烯酸 Heptadecenoic	—	9-17:1	$C_{17}H_{32}O_2$	—	牛脂、加拿大麝香牛脂
顺-6-十八碳烯酸 cis-6-Octadecenoic	岩芹酸 Petroselinic	6*c*-18:1	$C_{18}H_{34}O_2$	30	伞形科植物、特别是香芹籽油（75%）
顺-9-十八碳烯酸 cis-9-Octadecenoic	油酸 Oleic	9*c*-18:1	$C_{18}H_{34}O_2$	14.16	橄榄油、山核桃油、各种动植物油脂
反-9-十八碳烯酸 trans-9-Octadecenoic	反油酸 Elaidic	9*t*-18:1	$C_{18}H_{34}O_2$	44	牛脂、多种动物脂
反-11-十八碳烯酸 trans-11-Octadecenoic	11*t*-十八碳烯酸 Vaccenic	11*t*-18:1	$C_{18}H_{34}O_2$	44	奶油、牛油
顺-5-二十碳烯酸 cis-5-Eicosenoic	—	5*c*-20:1	$C_{20}H_{38}O_2$	—	*Limnanthes* 属
顺-9-二十碳烯酸 cis-9-Eicosenoic	9*c*-二十碳烯酸 Gadoleic	9*c*-20:1	$C_{20}H_{38}O_2$	—	海洋动物油脂
顺-11-二十碳烯酸 cis-11-Eicosenoic		11*c*-20:1	$C_{20}H_{38}O_2$	—	霍霍巴蜡
顺-11-二十二碳烯酸 cis-11-Docosenoic	鲸蜡烯酸 Cetoleic	11*c*-22:1	$C_{22}H_{42}O_2$	—	海洋动物油脂
顺-13-二十二碳烯酸 cis-13-Docosenoic	芥酸 Erucic	13*c*-22:1	$C_{22}H_{42}O_2$	33.5	十字花科芥子属（40%）以上
顺-15-二十四碳一烯酸 cis-15-Tetracosenoic	鲨油酸 Selacholeic	15*c*-24:1	$C_{24}H_{46}O_2$	—	海洋动物油脂
顺-17-二十六碳烯酸 cis-17-Hexacosenoic	山梅酸 Ximenic	17*c*-26:1	$C_{26}H_{50}O_2$	—	*Ximenia americama* 油脂
顺-21-三十碳烯酸 cis-21-Triacotenoic	三十碳烯酸 Lumegueic	21*c*-30:1	$C_{30}H_{58}O_2$	—	*Ximenia americama* 油脂

单不饱和酸油酸与棕榈酸相比，降低血清总胆固醇和LDL胆固醇的效果与亚油酸等多烯酸相当。有报道称，高含油酸的花生油能抑制高胆固醇血症和动脉粥样硬化的形成。棕榈油酸尽管在乳脂中的含量极微，却能加强血管的代谢过程，防止患高血压后有中风危险的大鼠发生中风。

（二）二烯酸

二烯酸是脂肪酸碳链中含两个双键的脂肪酸，通式为 $C_nH_{2n-4}O_2$。

重要的二烯酸以 α－亚油酸为代表，普遍存在于半干性与干性种子油中，是保持人们健康必不可少的脂肪酸。α－亚油酸经臭氧化反应测知其双键位置分别在 C_9 与 C_{12} 处，红外光谱证实其构型为顺－9，顺－12，其结构如下：

$$
\begin{array}{l}
CH_3(CH_2)_4-C-H \\
\qquad\qquad\quad \| \\
H-C-H_2C-C-H \\
\quad\ \| \\
H-C-(CH_2)_7COOH
\end{array}
$$

α－亚油酸是人体必需脂肪酸，也是维持生命的重要物质。亚油酸能在体内转化成 γ－亚麻酸、DH－γ－亚麻酸（二十碳三烯酸）和花生四烯酸，然后合成前列腺素，其中前列腺素 PG－Ⅱ是抗血栓、治疗血管疾病、预防心肌梗死的有效成分。

近年来研究表明，人体亚油酸的摄入量在总能量中所占的比例超过 15% 时，其降总胆固醇效果就会下降，且易产生脂质过氧化物（LPO）而导致衰老。

二烯酸类脂肪酸还有：顺－2，顺－4－十碳二烯酸和 2，4－十二碳二烯酸等。天然油脂中重要的二烯酸见表 4－3。

表 4－3　　天然油脂中常见的二烯酸

系统命名	速记表示	分子式	熔点/℃	主要来源
2,4－己二烯酸 2,4－Hexadienoic	2,4－6:2	$C_6H_8O_2$	134.5	山梨籽油
反－2,顺－4－癸二烯酸 trans－2,cis－4－Decadienoic	2*t*,4*c*－10:2	$C_{10}H_{16}O_2$		大戟科乌桕籽仁油
顺－2,顺－4－十二碳二烯酸 cis－2,cis－4－Dodecdienoic	2*c*,4*c*－12:2	$C_{12}H_{20}O_2$		乌桕籽仁油
反－3,顺－9－十八碳二烯酸 trans－3,cis－9－Octadecadienoic	3*t*,9*c*－18:2	$C_{18}H_{32}O_2$		菊科种子油
反－5,顺－9－十八碳二烯酸 trans－5,cis－9－Octadecadienoic	5*t*,9*c*－18:2	$C_{18}H_{32}O_2$		*Ramuncalaceae* 科种子油
顺－5,顺－11－十八碳二烯酸 cis－5,cis－11－Octadecadienoic	5*c*,11*c*－18:2	$C_{18}H_{32}O_2$		*Ginkgoaceae* 坚果油
顺－9,反－12－十八碳二烯酸 cis－9,trans－12－Octadecadienoic	9*c*,12*t*－18:2	$C_{18}H_{32}O_2$		菊科种子油
顺－9,顺－12－十八碳二烯酸 cis－9,cis－12－Octadecadienoic	9*c*,12*c*－18:2	$C_{18}H_{32}O_2$	－5	存在于多种植物油如豆油、红花油、核桃油、葵花油中
顺－11,顺－14－二十碳二烯酸 cis－11,cis－14－Eicosadienoic	11*c*,14*c*－20:2	$C_{20}H_{36}O_2$		*Ephedraceae* 种子油
顺－5,顺－13－二十二碳二烯酸 cis－5,cis－13－Docosadienoic	5*c*,13*c*－22:2	$C_{22}H_{40}O_2$		*Limnanthaceac* 种子油

（三）三烯酸和多烯酸

包括含三个及三个以上双键的脂肪酸，其中有共轭酸和非共轭酸之分，常见的非共轭三烯酸有：顺－9，顺－12，顺－15－十八碳三烯酸，俗称 α－亚麻酸，其结构式如下：

$$CH_3CH_2CH\overset{c}{=}CHCH_2CH\overset{c}{=}CHCH_2CH\overset{c}{=}CH(CH_2)_7COOH$$

α-亚麻酸存在于许多植物油脂中，如亚麻籽油、苏籽油等中。α-亚麻酸是人体必需脂肪酸，能在体内经脱氢和碳链延长合成EPA、DHA等代谢产物。天然油脂中存在的另一种重要的非共轭三烯酸顺-6，顺-9，顺-12-十八碳三烯酸，俗称γ-亚麻酸，结构式如下：

$$CH_3(CH_2)_4CH\overset{c}{=}CHCH_2CH\overset{c}{=}CHCH_2CH\overset{c}{=}CH(CH_2)_4COOH$$

γ-亚麻酸仅存在于少数植物油脂中，如月见草油和微孔草籽油中含量在10%以上，在螺旋藻（Spirulina）所含类脂物中其总量可以达到20%~25%。γ-亚麻酸是α-亚油酸在体内代谢的中间产物，能在体内氧化酶的作用下，生成生物活性极高的前列腺素、凝血烷及白三烯等二十碳酸的衍生物，具有调节脉管阻塞、血栓、伤口愈合、炎症及过敏性皮炎等生理功能。

常见的共轭三烯酸有：顺-9，反-11，反-13-十八碳三烯酸，又称α-桐酸，一般存在于桐油中，其结构如下：

$$CH_3(CH_2)_3CH\overset{t}{=}CHCH\overset{t}{=}CHCH\overset{c}{=}CH(CH_2)_7COOH$$

另一种重要的共轭三烯酸是β-桐酸，其结构如下：

$$CH_3(CH_2)_3CH\overset{t}{=}CHCH\overset{t}{=}CHCH\overset{t}{=}CH(CH_2)_7COOH$$

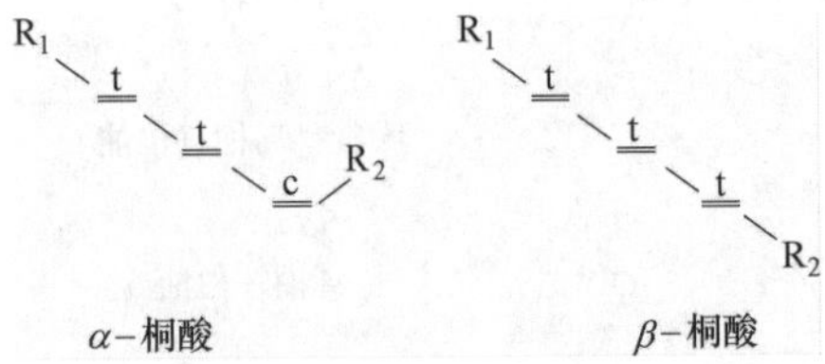

α-与β-桐酸的构型如图4-2所示。

α-桐酸（熔点49℃）在光及微量催化剂（硫、硒或碘）的作用下，很易转化为β-桐酸（熔点71℃）。共轭三烯酸还有顺-9，反-11，顺-13-十八碳三烯酸，即石榴酸，存在于石榴子油与蛇瓜子油中，是α-桐酸的异构体，熔点44℃，很容易异构化成β-桐酸。反-反共轭结构可发生二烯合成，石榴酸则无此反应。天然油脂中常见的三烯酸见表4-4。

图4-2 α-与β-桐酸的构型

表4-4 天然油脂中常见的三烯酸

系统命名	速记表示	俗名	分子式	熔点/℃	来源
6,10,14-十六碳三烯酸 6,10,14-Hexadecatrienoic	6,10,14-16:3	Hiragaonic	$C_{16}H_{26}O_2$		沙丁鱼油
顺-7,顺-10,顺-13-十六碳三烯酸 cis-7,cis-10,cis-13-Hexadecatrienoic	7c,10c,13c-16:3 16:3(n-3)		$C_{16}H_{26}O_2$		菠菜叶
顺-9,反-11,反-13-十八碳三烯酸 cis-9,trans-11,trans-13-Octadecatrienoic	9c,11t,13t-18:3	α-桐酸 α-Eleostearic	$C_{18}H_{30}O_2$	48~49	桐油、 巴西果油
顺-9,顺-12,顺-15-十八碳三烯酸 cis-9,cis-12,cis-15-Octadecatrienoic	9c,12c,15c-18:3 18:3(n-3)	α-亚麻酸 α-Linolenic	$C_{18}H_{30}O_2$	-10~-11.3	亚麻籽油、 苏籽油
顺-9,反-11,顺-13-十八碳三烯酸 cis-9,trans-11,cis-13-Octadecatrienoic	9c,11t,13c-18:3	石榴酸 Punicic	$C_{18}H_{30}O_2$	43.5	石榴籽油、 蛇瓜籽油

续表

系统命名	速记表示	俗名	分子式	熔点/℃	来源
顺-6,顺-9,顺-12-十八碳三烯酸 cis-6,cis-9,cis-12-Octadecatrienoic	6*c*,9*c*,12*c*-18:3 18:3(*n*-6)	γ-亚麻酸 γ-Linolenic	$C_{18}H_{30}O_2$		月见草油
顺-11,顺-14,顺-17-二十碳三烯酸 cis-11,cis-14,cis-17-Eicosatrienoic	11*c*,14*c*,17*c*-20:3 20:3(*n*-3)		$C_{20}H_{34}O_2$		*Ephedraceae* 种子油

含有4个或4个以上双键的多烯酸在植物油中存在很少，一般存在于海洋动物油脂中。常见的有以下几种：

①顺-5，顺-8，顺-11，顺-14-二十碳四烯酸，俗称花生四烯酸即20:4（*n*-6），结构式如下：

$$CH_3(CH_2)_4CH\overset{c}{=}CHCH_2CH\overset{c}{=}CHCH_2CH\overset{c}{=}CHCH_2CH\overset{c}{=}CH(CH_2)_3COOH$$

研究发现花生四烯酸主要存在于海洋鱼油中，但在陆地动物（猪、牛）肾上腺磷脂脂肪酸中的含量也高达15%以上，是合成人体前列腺素的重要前体物质。

②顺-5，顺-8，顺-11，顺-14，顺-17-二十碳五烯酸即20:5（*n*-3），英文缩写EPA，其结构式如下：

$$CH_3CH_2CH\overset{c}{=}CHCH_2CH\overset{c}{=}CHCH_2CH\overset{c}{=}CHCH_2CH\overset{c}{=}CHCH_2CH\overset{c}{=}CH(CH_2)_3COOH$$

EPA主要存在于鳕鱼肝油中，含量为1.4%~9.0%，其他海水、淡水鱼油及甲壳类动物油脂中也有存在；对于陆地动物油脂仅发现在牛肝磷脂中有少量存在。

③顺-4，顺-7，顺-10，顺-13，顺-16，顺-19-二十二碳六烯酸，即22:6（*n*-3），英文缩写DHA，其结构式如下：

$$CH_3CH_2CH\overset{c}{=}CHCH_2CH\overset{c}{=}CHCH_2CH\overset{c}{=}CHCH_2CH\overset{c}{=}CHCH_2CH\overset{c}{=}CHCH_2CH\overset{c}{=}CH(CH_2)_2COOH$$

DHA主要存在于日本沙丁鱼肝油、鳕鱼肝油及鲱鱼油中，其他鱼油中含量较少。

常见的天然油脂中的多烯酸见表4-5。

表4-5　　常见的天然油脂中的多烯酸

系统命名	俗名	速记表示	来源
四烯酸			
4,8,11,14-十六碳四烯酸 4,8,11,14-Hexadecatetraenoic		4,8,11,14-16:4	沙丁鱼油
6,9,12,15-十六碳四烯酸 6,9,12,15- Hexadecatetraenoic		6,9,12,15-16:4	比鲱鱼略小的沙丁鱼油 (Pilchard)
4,8,12,15-十八碳四烯酸 4,8,12,15-Octadecatetraenoic	Moroctic	4,8,12,15-18:4	鱼油
6,9,12,15-十八碳四烯酸 6,9,12,15- Octadecatetraenoic	Stearidonic	6,9,12,15-18:4 18:4(*n*-3)	*Boraginaceae* 种子油
9,11,13,15-十八碳四烯酸 9,11,13,15-Octadecatetraenoic	Parinaric	9,11,13,15-18:4	*Parinarium* 种子油
5,8,11,14-二十碳四烯酸 5,8,11,14- Eicosatetraenoic	花生四烯酸 Arachidonic	5*c*,8*c*,11*c*,14*c*-20:4 20:4(*n*-6)	沙丁鱼油

续表

系统命名	俗　名	速记表示	来　源
4,8,12,16－二十碳四烯酸 4,8,12,16－Eicosatetraenoic			鱼油
4,7,10,13－二十二碳四烯酸 4,7,10,13－Docosatetrenoic		4c,7c,10c,13c－22:4 22:4(n－9)	脑组织磷脂
7,10,13,16－二十二碳四烯酸 7,10,13,16－Eicosatetrenoic		7c,10c,13c,16c－22:4 22:4(n－6)	脑组织磷脂
8,12,16,19－二十二碳四烯酸 8,12,16,19－Eicosatetrenoic		8,12,16,19－22:4	鲨鱼肝油
五烯酸			
4,8,12,15,18－二十碳五烯酸 4,8,12,15,18－Ercosapentenoic		4,8,12,15,18－20:5	沙丁鱼油
4,8,12,15,19－二十二碳五烯酸 4,8,12,15,19－Docosapentenoic	Clupadonic	4,8,12,15,19－22:5	沙丁鱼油,小沙丁鱼油
六烯酸			
4,8,12,15,18,21－二十四碳六烯酸 4,8,12,15,18,21－Tetracosahexaenoic		4,8,12,15,18,21－24:6	沙丁鱼油(Pilchard)

（四）炔酸

存在于天然油脂中的炔酸的种类与数量都很少。但炔酸性质与烯酸颇有不同之处，炔酸不像烯酸，更不像二烯酸那样易受空气氧化。在一般情况下，炔键上只能加两原子卤素，要加四原子卤素很困难。在硫酸作用下，一分子水加到炔键上成酮酸。炔键在适当条件下，氧化成二酮酸，被臭氧氧化后，断裂成两个羟基。此反应可用于测定结构。常见的含炔键的脂肪酸见表4－6。

表4－6　常见的含炔键的脂肪酸

系统命名	俗　名	熔点/℃	来　源
6－十八碳炔酸 6－Octadeeynoic	塔利酸 Taririe	51.5	*Picramnia tariri* 种子油
9－十八碳炔酸	硬脂炔酸 Steraolic	48	香料种子油
顺－9－十八碳烯－12－炔酸 Cis－9－Octadecene－12－ynoic	Crepenylic		菊科种子油,*Asteraceae* 科 *crepis boctiter* 种子油
反－11－十八碳烯－9－炔酸 trans－11－Octadecene－9－ynoic	山梅炔酸	40～41	木樨科与檀香科种子油
17－十八碳烯－9,11－二炔酸 17－Octadecene－9,11－diynoic	依散酸 Isanic	39	依散(Isanic)种子油

（五）取代酸

天然油脂中含有取代酸的种类不是很多，常见有甲基取代、环取代、含氧酸、环氧酸等，一般含量极少。

典型的甲基取代酸有异酸和前异酸，研究发现：甲基取代酸仅存在于个别植物油脂中，在动物油脂中则普遍存在。

含氧酸包括羟基取代酸、酮基酸和环氧酸等。

其中天然油脂中最重要的羟基取代酸是蓖麻酸，即 12 - 羟基，顺 - 9 - 十八碳一烯酸，结构如下：

$$CH_3(CH_2)_5\underset{|}{\overset{OH}{}}CHCH_2CH\overset{c}{=}CH(CH_2)_7COOH$$

蓖麻酸主要存在于蓖麻油中，含量达 90% 左右。蓖麻油主要用途是作为润滑油、磺化油和液压油，可用于制造油漆、十一碳烯酸和庚醛等重要工业原料。某些种子油中，还发现有各种羟基酸，见表 4 - 7。

表 4 - 7　　含羟基的脂肪酸

系统命名	俗名	来源
12 - 羟基十二烷酸 12 - Hydroxydodecanoic	Sabinic	桧树叶蜡
2 - 羟基十四烷酸 2 - Hydroxytetradeconoic		羊毛脂
2 - 羟基十六烷酸 2 - Hydroxyhexadecanoic		羊毛脂
(+) - 11 - 羟基十六烷酸 (+) - 11 - Hydroxyhexadecanoic	Jalapinalic	十字花科种子
16 - 羟基十六烷酸 16 - Hydroxyhexadecanoic	Junipetic	松柏类叶蜡
16 - 羟基 - 7 - 十六碳烯酸 16 - Hydroxy - 7 - hexadecenoic	麝香梨酸 Ambrettolic	麝香酸浆果种子油
15,16 - 二羟基十六烷酸 15,16 - Dihydroxyhexadecanoic	Ustilic	*Ustilago ycae*
9,10,16 - 三羟基十六烷酸 9,10,16 - Trihydroxyhexadecanoic	紫胶桐酸 Alecvritic	紫虫胶
2 - 羟基十八烷酸 2 - Hydroxyoctadecanoic		羊毛脂
9,10 - 二羟基十八烷酸 9,10 - Dihydroxyoctadecanoic		蓖麻油
9 - 羟基 - 18 - 十八碳烯酸 9 - Hydroxy - 18 - Octadecenoic		夹竹桃科种子油
(+) - 12 - 羟基 - 9 - 十八碳烯酸 (+) - 12 - Hydroxy - 9 - Octadecenoic	蓖麻酸 Ricinoleic	蓖麻油
18 - 羟基 - 9,11,13 - 十八碳三烯酸 18 - Hydroxy - 9,11,13 - Octadecatrinoic	粗糠紫酸 Kamlolenic	大戟科 Kama 油
4 - 酮基 - 9,11,13 - 十八碳三烯酸 4 - Keto - 9,11,13 - Octadecatrinoic	巴西果酸 Licanic	巴西果油
22 - 羟基二十二烷酸 22 - Hydroxydocosanoic	软木酸 Phellonic	软木

续表

系统命名	俗　名	来　源
2－羟基二十四烷酸 2－Hydroxytetrecosanoic	Cerebronic	脑组织的脑苷酯
2－羟基－15－二十四烯酸 2－Hydroxy－15－tetracosenoic		脑组织的脑苷酯

酮基酸仅存在于少数天然油脂中。最有代表性的是酮酸，即4－酮基－十八碳－顺－9－反－11－反－13－三烯酸，即4－酮基酮酸，又称巴西果酸，有α－式与β－式两种异构体，α－式熔点74～75℃，β－式的熔点110～111℃。此外，还发现有9－酮基－十八碳－反－10－反－12－二烯酸及4－酮基－十八碳－顺－9－反－11－反－13－顺－15－四烯酸。

天然存在的环氧酸有60多种，如斑鸠菊油中含（－）12，13－环氧－顺－9－十八碳一烯酸，构型为12S，13R；秋葵（*Hibiscusesuntus*）及锦葵科的品种油中含有（＋）12，13－环氧－顺－9－十八碳一烯酸，构型为12S，13R等。

天然油脂中常见的环取代酸有环丙烷酸、环丙烯酸、环戊烯酸等。

第三节　油脂和脂肪酸的物理性质

一、膨胀性

室温下呈固态的油脂如猪油、牛油、奶油脂肪、椰子油、乌桕脂等是由液体油和固体脂两部分组成的混合物，只有在极低温度下才能转化为100%的固体。这种由液体油和固体脂均匀融合并经特定方法加工而成的脂肪称为塑性脂肪。塑性脂肪的显著特点是在一定的外力范围内，具有抗形变的能力，但是形变一旦发生，又不容易恢复原状。总之，形成塑性脂肪的条件是：①由固液两相组成；②固体充分地分散，使整体（固液两相）由共聚力保持成为一体；③固液两相比例适当。即固体粒子不能太多，避免形成刚性的交联结构，但也不能太少，否则没有固体粒子骨架的阻碍而造成整体到处流动。

塑性脂肪的塑性取决于固液两相的比例、固态甘油三酯的结构、结晶形态、晶粒大小、液体油的黏度以及加工方法工艺条件等因素。其中，固液两相的比例最为重要。因此可以通过测定塑性脂肪的膨胀特性而确定一定温度下的固体脂和液体油的比例，或者测定塑性脂肪中的固体脂肪含量，了解塑性脂肪的塑性特征。

（一）固体脂肪指数（SFI）的测定

纯固体脂和纯液体油随温度升高都会发生膨胀，比热容增大，但固体脂吸热转变为液体油的相变膨胀更多，比热容变化更大。其中，固相与液相在不发生变相的情况下每升高1℃时膨胀的体积称为热膨胀。固相的热膨胀很小，仅是液相的1/3。由于相变

（固相转变为液相）而发生的膨胀称熔化膨胀，熔化膨胀是液相热膨胀的千余倍。

利用此原理可以测定塑性脂肪的膨胀特性。直接测定某温度下塑性脂肪的熔化膨胀是不太可能的。而测定在60℃时塑性脂肪（全液态）的体积与在某温度下固液两态总体积之差值，间接得到的该温度下还未熔化固体的体积是可能的。这种测定某温度下残留固相的熔化膨胀的方法，称为固体脂肪指数法（SFI法）。SFI法是由美国化学家协会规定的测定塑性脂肪指数的方法，该法只适合于10℃时SFI≤50的油脂，不适用于可可脂等固体脂肪含量很高的油脂。SFI通常以mL/kg或μL/g表示。

典型塑性脂肪的膨胀曲线见图4－3。其中，*AB*为固相线，*FE*为液相线，*BF*为固液共存线。*AB*//*FE*，延长*AB*至*C*，延长*EF*至*G*，在任意温度*T*时得到*x*和*y*。*x*为该温度下的固体脂的膨胀数值，*y*为该温度下全熔化膨胀值。100*x*/*y*则是该温度下的固体脂的膨胀数值。根据塑性脂肪的膨胀曲线可以了解塑性大小。如果曲线*BF*变化平缓，说明塑性脂肪的塑性范围较宽；相反，若*BF*间变化陡峭，表示塑性范围窄。

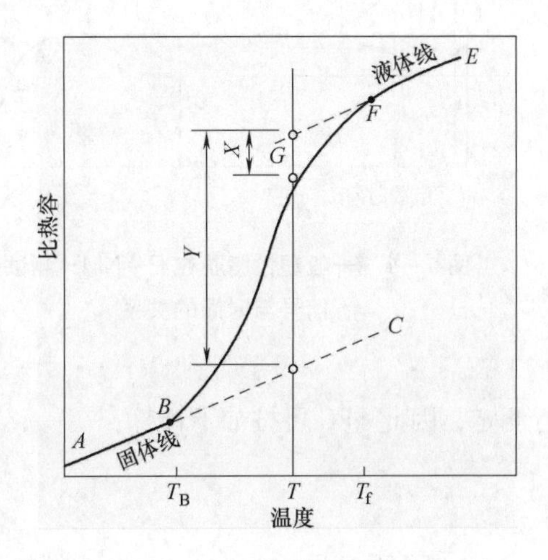

图4－3　典型塑性脂肪的膨胀曲线

几种常见油脂的SFI值见表4－8。

表4－8　常见油脂的SFI值

油脂	熔点/℃	SFI				
		10℃	21℃	27℃	33℃	38℃
乳脂	36	32	12	9	3	0
可可脂	29	62	48	8	0	0
椰子油	26	55	27	0	0	0
猪油	43	25	20	12	4	2
棕榈油	39	34	12	9	6	4
棕榈仁油	29	49	33	13	0	0
牛油	46	39	30	28	23	18

（二）脉冲核磁共振法测定固体脂肪含量（SFC）

膨胀法测定SFI是一种经验方法，且费时费力，SFi值只能测定塑性脂肪的膨胀情况，无法直接测定出塑性脂肪中的固体脂肪含量（solid fat content，SFC）。利用低分辨宽线核磁共振仪可以直接测定一定温度下塑性脂肪中的固体脂肪含量。低分辨宽线核磁共振仪有连续波核磁共振仪（CW－NMR）和脉冲核磁共振仪（P－NMR）两种，P－NMR具有精密度高、操作简便等优势。

固液两相的物理存在结构不同，反映在核磁共振信号上则表现出不同的弛豫时间。一般塑性脂肪在P－NMR测试中信号与时间的关系如图4－4所示。

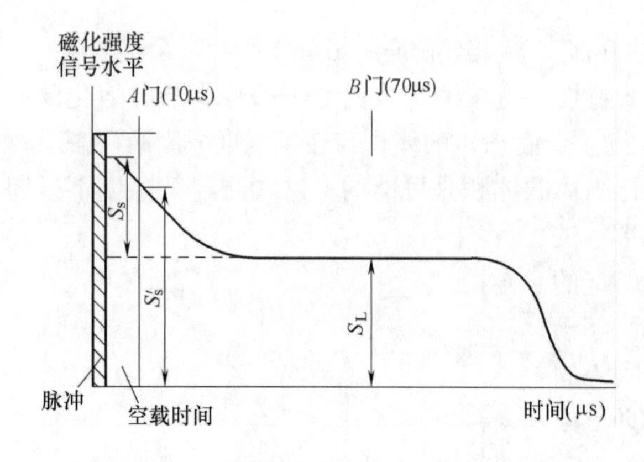

图 4-4　一般塑性脂肪在 P-NMR 测试中信号与时间的关系

图中 S_s 为固体粒子信号，至 70μs 后即变为液体油脂的信导（S_L），因此固体脂肪的含量可由下式计算：

$$\text{SFC}（\%）=\frac{S_s}{S_s+S_L}\times 100\%$$

由于固体粒子的自旋—自旋弛豫时间很短，仪器无法记录下来，因此 S_s 无法测定，仪器能够记录的是大约 10μs 以后的信号，这一段时间叫空载时间（dead time），一般仪器的空载时间为 7～10μs。S_s 和 S'_s 的关系可用校正因子 f 联系起来，f 主要由仪器和油脂特征所决定，可通过标准样品进行测定，因此 SFC 可按如下计算：

$$\text{SFC}（\%）=\frac{fS'_s}{fS'_s+S_L}\times 100\%$$

二、同质多晶

同一种物质在不同的结晶条件下所具有不同的晶体形态，称为同质多晶现象。不同形态的结晶体称为同质多晶体。同质多晶体间的熔点、密度、膨胀等性质都不同，脂肪酸和甘油三酯都具有同质多晶体。纯度、温度、冷却速率、晶核的存在以及溶剂的类型等因素都会影响多晶的行为。脂肪酸组成和甘油三酯分子的位置分布也很重要。

（一）长碳链脂肪酸结晶

自 X 射线衍射测出长链脂肪酸晶体是一层一层平行分布的，因为存在氢键一层的羧基对着另一层的羧基，一层的甲基对着另一层的甲基，轮流重复地堆砌起来。两个甲基之间缺乏结合力，所以易于滑动，这就是脂肪酸和油脂呈油滑感的原因。脂肪酸晶体是长柱形，脂肪酸晶胞单元如图 4-5 所示，长柱形晶体中的每一棱上有两分子脂肪酸，羧基对着羧基成对地连接起来，四个棱上共有四对，在柱的中心也有一对这样的分子，

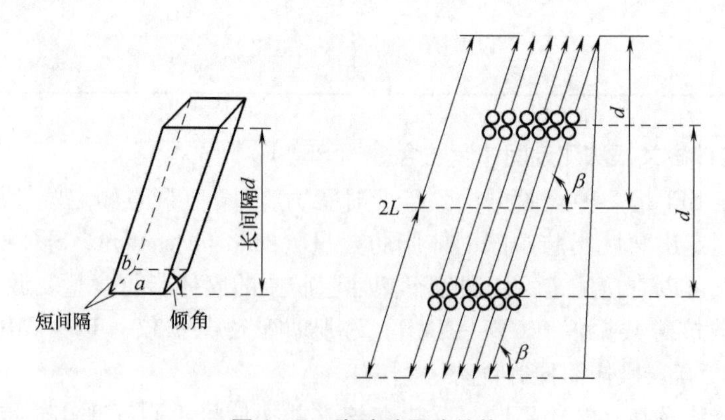

图 4-5　脂肪酸晶胞结构

棱上的一对与中心一对共四个分子组成一个单位称晶胞。其他三个棱上的三对与其他三个有关的中心的三对，则属于另外三个晶胞。垂直的晶体所含能量最大，也最不稳定，晶体也有倾斜的。在垂直的情况下，长的一边 c 是长间隔，两个相等的短的边是短间隔，在倾斜的情况下，所含能量低，较稳定，短间隔 a 与 b 不相等。长的一边 c 与 ab 平面成夹角 β，称为倾角。倾角越小越稳定，这时，长间隔 $d = c\sin\beta$。

脂肪酸晶胞参数见表 4－9。

表 4－9　　脂肪酸晶胞参数

脂肪酸	间隔/nm		c	$<\beta$	$c\cdot\sin\beta$	横截面积/nm^2
	a	b				
豆蔻酸	0.976	0.498	36.90	48°6′	27.60	0.365
软脂酸	0.941	0.500	45.90	50°5′	35.60	0.362
硬脂酸	0.555	0.738	48.84	63°38′	43.76	0.365

注：1Å＝01nm。

饱和偶碳数脂肪酸与奇碳数脂肪酸同质多晶体的数目不同，自 C12 开始偶碳数脂肪酸一般都有两种，也有一些有三种晶型，这三种晶型长间隔最大（也是倾斜最大）的称为 A 型，小一些的为 B 型，最小的为 C 型，所有偶碳数长链脂肪酸，都有 B 和 C 两种晶体，具有 A 型的仅为十四酸、十六酸与十八酸，大于十八酸的尚未发现。自苯、甲苯等非极性溶剂中结晶的是 B 型，自乙醇、乙酸等极性溶剂中结晶的是 C 型，从冷却熔化的脂肪酸得到的也是 C 型，加热 A 型或 B 型到达 C 型的熔点以下 10℃或 15℃，A 型和 B 型都不可逆地转变为 C 型，A 型与 B 型都不及 C 型稳定，C 型长间隔最短，倾角最小，最稳定。奇碳酸除去有 A′、B′、C′三种晶型外，还存在第四种晶型 D′。

长链脂肪酸甲酯，凡是偶碳数酸的都不存在同质多晶现象，奇碳数酸的发现有两种晶型。

（二）甘油三酯的同质多晶

甘油三酯典型地呈现出三种主要晶型 α，β'和 β，如图 4－6 所示。

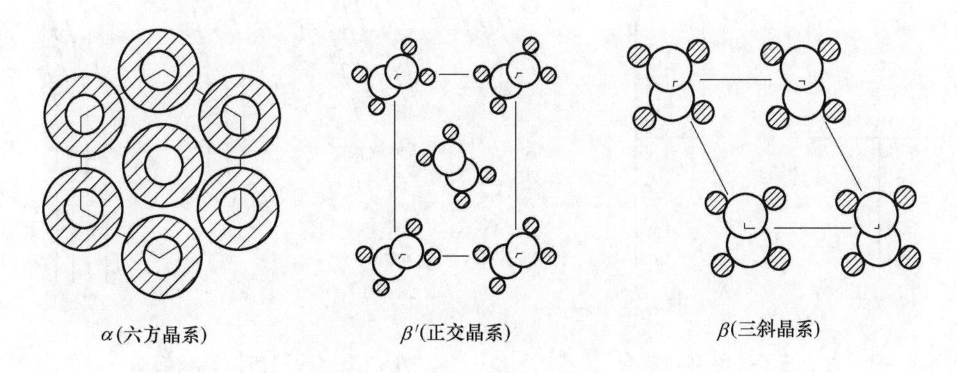

α(六方晶系)　　β'(正交晶系)　　β(三斜晶系)

图 4－6　甘油三酯的主要晶型

在快速冷却熔融甘油三酯时会产生一种非晶体，称之为玻璃质。

甘油三酯的同质多晶特性见表4-10。

表4-10　甘油三酯的同质多晶特性

	α	β′	β
X射线衍射分析	六方晶 音叉 酰基与甘油基平面成90° 直链 最长长间距 随机排列 最松散堆积	正交晶 音叉 酰基倾斜与甘油基平面成68°~70° 斜链 中间长间距 介于α、β之间 松散堆积	三斜晶 椅型 酰基倾斜与甘油基平面成59° 斜链 最短长间距 最有序排列 最紧密堆积
显微镜分析	小板状 5μm	细针状 1μm	长针状 25~50μm
红外线分析	720cm^{-1}单线态（单态）	719和727cm^{-1}双重态	717cm^{-1}单线态
热分析	热力学最不稳定 熔点最低	热力学不稳定 介于α、β之间	热力学最稳定 熔点最高
颜色分析	半透明	介于α、β之间	不透明

甘油三酯的脂肪酸排布可呈音叉式或椅式，如图4-7所示。

X射线衍射测定结果发现，甘油三酯晶体中分子的排列与脂肪酸不同。链长结构形成了沿着长链轴向晶胞簇（lamella）结构内一系列的酰链重复单元，在固体相中不同类型甘油三酯的混合相行为中起了决定性作用。当甘油三酯三个脂肪酸分子化学性质相同或者非常相似时易形成二倍链长（double chain length，DCL）结构，与此类似，当甘油三酯中一个或者两个脂肪酸分子与其他脂肪酸分子化学性质截然不同时，则易形成三倍链长（triple chain length，TCL）结构。已有报道在含有不对称脂肪酸的甘油三酯脂肪中发现了四层（quatro-layer）和六层（hexa-layer）链长结构，如图4-8所示。

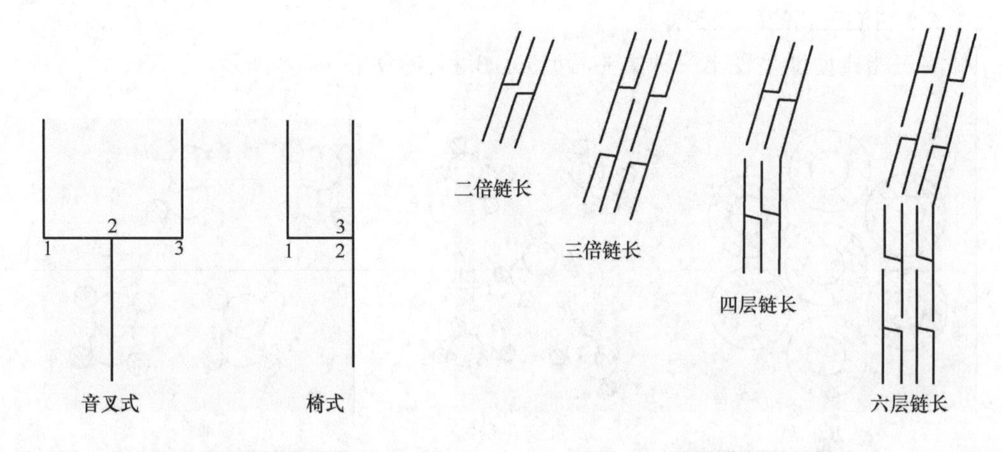

图4-7　甘油三酯脂肪酸排布

图4-8　四种典型链长结构

α晶体是一种仅在熔点以下形成的密度很低、高不稳定性且随时可能转化为更稳定的β′晶体的晶体，它需要低温才能稳定，β′的熔点通常介于α和β之间。例如三硬脂酸甘油酯的三种晶型（α、β'、β）的熔点分别为54.7℃、64.0℃、73.3℃。然而，有些情况下β'的熔点比β更高。在正常情况下，熔融的脂冷却时首先形成的是α晶型体，它常常只是昙花一现，因为当靠近α晶型体熔点时，它将迅速转变成较为稳定的β'晶型体。这种转变也许只需几秒钟，也许需几个小时。在适宜的条件下β'晶型体将转变成最稳定的β晶型体。这种转化也许只需数小时，也许需要数个月，如图4-9所示。

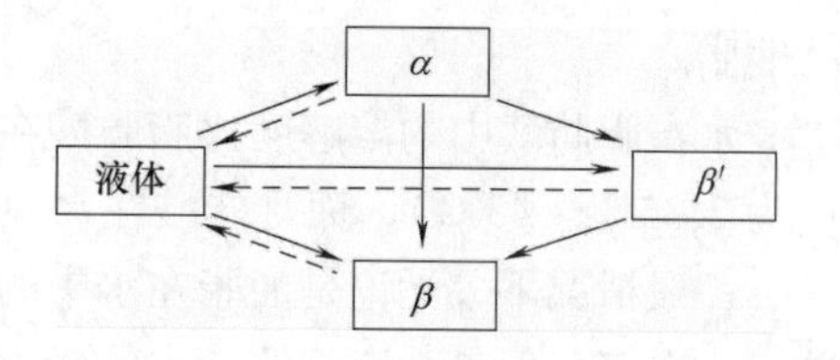

图4-9 晶型之间的转化

（三）油脂同质多晶的影响因素

1. 甘油三酯结构对同质多晶影响

实际加工过程中所发生的油脂同质多晶现象十分复杂，主要是因为甘油三酯的结构复杂性导致，上面已经对脂肪酸结晶行为进行了介绍，不同脂肪酸结晶行为不同。对于油脂甘油三酯来说，其脂肪酸组成分为单一脂肪酸组成和混合脂肪酸组成，对单一脂肪酸组成来说，组成甘油三酯的脂肪酸可能是不同链长、不同饱和度或者不同双键位置的脂肪酸，而对于混合脂肪酸组成的甘油三酯来说则更为复杂，其组成可能是不同碳链长度、不同饱和度、双键位置不同、顺反结构不同的脂肪酸组分，再加上不同脂肪酸在甘油三个位置上的不同排列，构成了甘油三酯结构的复杂性，从而也构成了甘油三酯同质多晶行为的复杂性。

影响甘油三酯同质多晶行为的甘油三酯分子间作用有：①烷烃链间作用，导致的脂肪链排布变化；②甘油骨架通过甘油基团偶极偶极作用；③甲基端叠加，这种作用在不同链长结构排布时发挥了重要作用；④烯烃相互作用，是含有不饱和脂肪酸的甘油三酯同质多晶主导作用。

2. 油脂的来源

不同来源的油脂形成晶型的倾向不同，棉籽油、棕榈油、菜籽油、牛脂、改性猪油易于形成β'型；豆油、花生油、玉米油、橄榄油等易于形成β型。

3. 油脂的加工工艺

熔融状态的油脂冷却时的温度和速度将对油脂的晶型产生显著的影响，油脂从熔融状态逐渐冷却时首先形成α型，当将α型缓慢加热融化再逐渐冷却后就会形成β'型，进一步将β'型缓慢加热融化后逐渐冷却则形成β型。

三、溶解度

物质在某温度时所能溶解于100g某溶剂中的最大质量（g），称为该物质在此温度下在这种溶剂中的溶解度。溶解度随温度的变化而不同，一般以20℃为标准。

（一）脂肪酸和油脂在水中的溶解度

短碳链脂肪酸较易溶解于水，甲酸和乙酸可与水无限混溶；随着脂肪酸碳链的增长其溶解度降低，C_{12}以上的脂肪酸在水中溶解度很小；C_6~C_{10}脂肪酸少量溶解于水，根据此特征可以分离高级和低级脂肪酸，也可以定性或定量地鉴别含有较多短碳链脂肪酸的油脂。

水在脂肪酸中的溶解度比脂肪酸在水中的溶解度大的多，例如水在月桂酸中的溶解度为2.35%（43℃），而月桂酸在水中的溶解度仅为0.0075%（45℃）。

一般情况下，无论是油脂在水中的溶解度或者是水在油脂中的溶解度都比相应的脂肪酸小得多，但是油脂溶解于水的能力大于水溶于油脂的能力。随着温度的升高，脂肪酸、油脂与水的相互溶解能力均有所提高。水在油脂中溶解度的增加与温度的升高有近乎直线的关系，温度越高，溶解度越大；但是200℃以后油脂迅速水解。含中碳链脂肪酸较多的椰子油和含羟基酸很多的蓖麻油比棉籽油、豆油等能溶解较多的水。

（二）脂肪酸和油脂在有机溶剂中的溶解度

脂肪酸是长碳链的化合物，容易溶解于非极性溶剂中，同时脂肪酸具有极性羟基，所以也易溶于极性溶剂中。脂肪酸在溶剂特别是有机溶剂中的溶解度随碳链的增长而降低，随不饱和度的增大而增大。

在超过油脂的熔点时，油脂可以与大多数有机溶剂混溶，一般来说，大部分油脂易溶于非极性溶剂中（含有大量蓖麻酸的蓖麻油易溶解于极性溶剂如乙醇中），只有在高温下才能较多地溶解于极性溶剂中。油脂与有机溶剂的溶解有以下两种情况：一种是溶剂与油脂完全混溶，当降温到一定程度时，油脂以晶体形式析出，这一类溶剂称为脂肪溶剂；另一种情况是某些极性较强的有机溶剂在高温时可以和油脂完全混溶，当温度降低至某一值时，溶液变浑浊而分为两相，一相是溶剂中含有少量油脂，另一相是油脂中含有少量溶剂，这一类溶剂称为部分混溶溶剂。

不饱和脂肪酸在一般脂肪溶剂中，溶解度都很大。低温时，在一般溶剂中，亚油酸的溶解度比油酸大，油酸又比多两个碳原子的二十碳一烯酸大，而后者又比饱和的豆蔻酸大。因此，对一般脂肪酸的溶解度影响最深的首先是饱和程度，其次才是碳链长度。

（三）气体在油脂中的溶解度

油脂中都能溶解一定量的气体，在所有气体里面，氧气和氢气在油脂中的溶解情况是最需要关心的，氧气在油脂中的溶解对油脂氧化稳定性产生影响，而氢气在油脂的溶解关系到油脂的氢化过程。

不同温度下氧气和氮气在油脂中的溶解度见表4－11。

表4－11　　氧气和氮气在油脂中的溶解度

温度/℃	氧气/（mg/kg，10^5Pa）	氮气/（mg/kg，10^5Pa）
0	170	80
25	180	85
50	185	90
75	190	95
100	200	105
125	*	110
150	*	115

注：*由于油脂氧化作用，100℃以上氧气的溶解度仅供参考。

四、熔点

物质从固态转变为液态时的温度称为该物质的熔点，反之，从液态转变为固态时的温度称为凝固点。纯物质的熔点和凝固点相同，对于不纯的物质来说两者则不同。因此，可以通过熔点来判断和辨别纯物质的所属。对于油脂来说，其熔点特性由脂肪酸组成决定，而油脂的脂肪酸组成具有复杂性和特殊性，同时油脂还具有同质多晶现象，这都使油脂的熔点具有一定的复杂性，其熔点与凝固点也有一定差距。

（一）脂肪酸的熔点

脂肪酸的熔点具有一定的规律性。

（1）直链饱和一元羧酸的熔点随碳原子数目的增加而呈锯齿状升高，偶数碳原子的正构饱和脂肪酸的熔点在一条曲线上，奇数碳原子的在另一条曲线上，随着碳数的增加，两条曲线逐渐接近。每一个奇数碳原子脂肪酸的熔点，小于与它最接近的两个偶数碳原子脂肪酸的熔点（图 4－10），如十七酸的熔点 61.3℃，既低于十八酸的 69.6℃，也低于十六酸的 62.7℃。

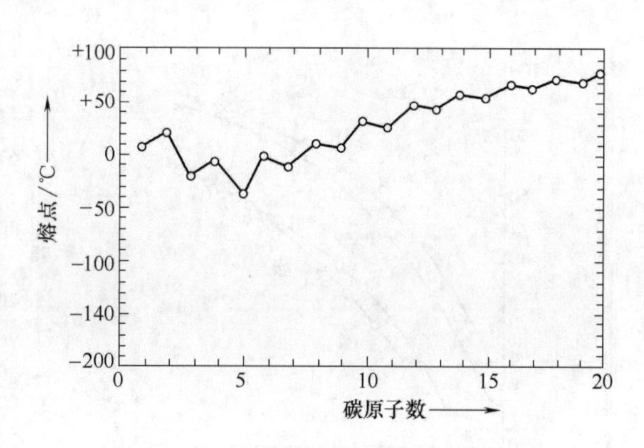

图 4－10　直链饱和一元酸的熔点曲线

（2）引入一个双键到碳链中降低熔点，双键越向碳链中部移动，熔点降低越大，顺式双键产生的这种影响大于反式。双键增加熔点更下降，但共轭双键不在此列，炔酸的熔点与其相当的反式烯酸相近。以 C_{18} 各酸为例，双键位置对脂肪酸的熔点的影响见表 4－12。

表 4－12　双键位置对脂肪酸熔点的影响　单位：℃

双键位置	Δ9	Δ9，11	Δ9，12	Δ9，11，13	Δ9，12，15
全顺式	13.4～16.3	—	−5	—	−11
全反式	43.7	54	28～29	71～72	29～30
炔酸	48	46～46.5	42～43	—	—

顺反双键对脂肪酸熔点的影响如图 4－11 所示。

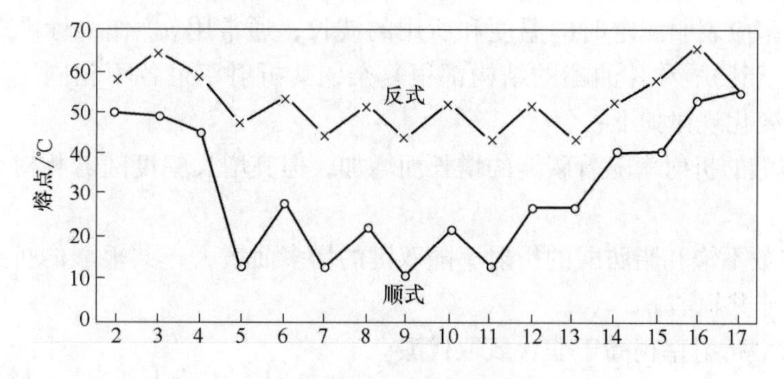

图 4－11　顺反双键对脂肪酸熔点的影响

（3）羟基引入脂肪酸碳链则熔点升高，引入甲基熔点降低，同样的取代基引入越多，效应越大，甲基越近碳链中部，熔点降低越多。

（二）甘油酯的熔点

酸和酯熔点相比，同碳数的酸熔点要高于酯（图4－12），甘油酯中以甘油一酯熔点最高，甘油二酯次之，甘油三酯最低（图4－13）。甘油三酯具有同质多晶现象，其晶型不同，熔点不同（不同晶型熔点规律参照本章同质多晶部分）。

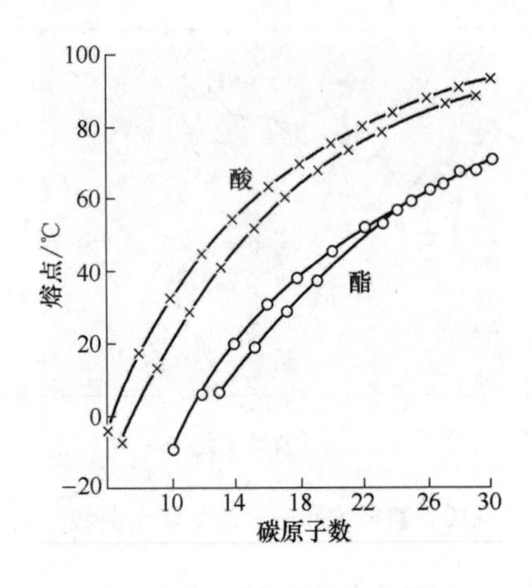

图4－12　酸与酯熔点曲线图

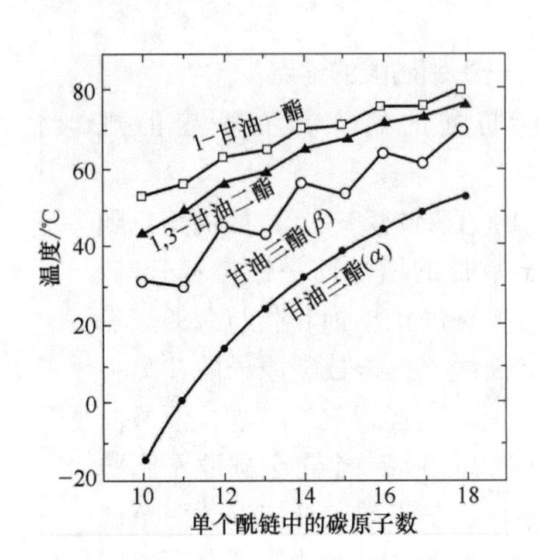

图4－13　不同甘油酯熔点曲线

天然油脂是多种脂肪酸甘油三酯组成的复杂混合物，所以没有确定的熔点，而仅有一个熔化的温度范围，不同来源的油脂其熔点具有各自特点，对大部分油脂来说，只有在很低温度下才能完全变成固体。

五、折射率

光在真空中的速度和光在某介质中的速度之比称为该介质的折射率，又称折射率。由于光在空气中的速度与光在真空中的速度相近，因此，一般用在空气中测定的折射率替代在真空中测定的折射率。

折射率与所用光线的波长有关，波长愈长，折射率愈小。通常用波长为589. 3nm钠黄光为标准。另外，折射率与温度成反比，一般油脂折射率的平均调节系数为0. 00038，因此表示折射率应表明测定时的温度和所用的波长，通常用 n_D^{20} 作为标准（D 指光波长是589. 3nm）。脂肪酸和甘油酯的结构都很复杂，其折射率也各不相同。脂肪酸、甘油酯的折射率的变化规律如下：

（1）脂肪酸的折射率随着碳链的增长而增加，但其增长幅度随着相对分子质量的增加而逐渐减少。

（2）同碳数不饱和脂肪酸的折射率随双键的增多而增大，共轭酸的折射率大于同碳数同双键数的非共轭酸。

（3）含氧酸折射率稍高于非含氧取代酸。

（4）同酸甘油酯的折射率比其组成酸高。

（5）甘油一酯的折射率高于相应的同酸甘油三酯。

（6）含有两种酸的甘油三酯其对称型的折射率高于非对称型的折射率。通过测定脂肪酸和甘油酯折射率的大小，可以预测其分子构成情况；也可以通过测定油脂的折射率来了解该油脂部分性质。另外，折射率的测定也可以作为油脂掺伪鉴别的一种辅助手段。

六、红外光谱

对脂肪酸而言，顺式双键在红外光谱区只有不明显的较小吸收。而反式双键则在 $970cm^{-1}$ 处有很显著的吸收，并且多烯酸吸收峰强度与所含反式双键的数目成正比。因此，红外光谱法可以用于测定反式脂肪酸含量。

红外光谱对反式双键结构的吸收很明显，但是对顺式双键特别是对称分子内所具有的顺式双键无特征吸收。然而拉曼光谱对顺式双键在 $1656cm^{-1}$、反式双键在 $1670cm^{-1}$ 处以及炔键在 $2332cm^{-1}$ 和 $2297cm^{-1}$ 处均有显著吸收，可用于不饱和链结构的测定。

甘油三酯中的 C═O 基团的拉伸振动在 $1745cm^{-1}$ 处有明显的吸收峰，而且不管所含脂肪酸的碳链长度及不饱和度如何，各甘油三酯的吸收峰位置一致，并与其浓度成正比。因此，在 $1745cm^{-1}$ 处的吸收峰可作为测定甘油三酯总量的依据。

七、烟点、 闪点、 燃烧点

油脂烟点（Smoke point）是指油脂试样在避免通风的情况下加热，当出现稀薄连续的蓝烟时的温度。油脂烟点的高低与构成油脂的脂肪酸组分有很大的关系。一般由短碳链或不饱和度大的脂肪酸组成的油脂比由长碳链或饱和酸组成的油脂烟点低得多。游离脂肪酸、甘油一酯、磷脂和其他受热易挥发的类脂物含量多的油脂，其烟点相对较低。烟点的高低是精炼油脂深度的一个重要指标。

在严格规定的条件下加热油脂，油脂所发出的可燃气体与周围空气气体混合，达到一定浓度时可被火星点燃（一闪即灭）时的最低温度，即称为油脂的闪点（flash point）。闪点是保证安全的指标，油品预热时温度不许达到闪点，一般不超过闪点的2/3。

闪点的高低主要与油脂的分子组成及油面上压力有关，一般植物油的闪点不低于225～240℃，脂肪酸的闪点要低于其油脂的闪点100～150℃，但是，当油脂中混有轻组分或发生水解时，油脂的闪点就大大降低。

在严格规定的条件下加热油脂，当油面上油气与空气的混合物浓度增大时，遇到明火可形成连续燃烧（待续时间不小于5s）的最低温度称为燃点（Fire point）。

植物油脂的燃点通常比闪点高20～60℃。

闪点、燃点是表征易燃可燃液体火灾危险性的一项重要参数。从防火角度考虑，希望油品的闪点、燃点高些，两者的差值大些。而从燃烧角度考虑，则希望闪点、燃点低些，两者的差值也尽量小些。

第四节　油脂的化学性质

一、油脂的水解和酯交换反应

（一）水解反应

酯与水反应生成酸和醇的反应称水解反应，是酯化反应的逆反应。

油脂水解是分阶段进行的反应。脂肪酸基团从甘油三酯中的置换是一次一个，从三个减到两个再至一个，反应分三步进行，第一步甘油三酯脱去一个酰基生成甘油二酯，第二步甘油二酯脱去一个酰基为甘油一酯，第三步甘油一酯再脱酰基生成甘油和脂肪酸，反应过程如下：

$$\begin{array}{l} CH_2OCOR \\ | \\ CHOCOR \\ | \\ CH_2OCOR \end{array} + H_2O \rightleftharpoons \begin{array}{l} CH_2OCOR \\ | \\ CHOCOR \\ | \\ CH_2OH \end{array} + \begin{array}{l} CH_2OCOR \\ | \\ CHOH \\ | \\ CH_2OCOR \end{array} + RCOOH$$

$$H_2O \Big\Downarrow$$

$$\begin{array}{l} CH_2OH \\ | \\ CHOH \\ | \\ CH_2OH \end{array} + 3RCOOH \underset{H_2O}{\rightleftharpoons} \begin{array}{l} CH_2OH \\ | \\ CHOH \\ | \\ CH_2OCOR \end{array} + 2RCOOH$$

水解反应的特点是第一步水解反应速度缓慢，第二步反应速度很快，而第三步反应速度又降低。这是由于初级水解反应时，水在油脂中溶解度较低，以及反应后期甘油一酯与生成物脂肪酸及甘油之间达到平衡所致。

水解反应是可逆的，反应常在高温高压或催化剂存在下进行，水、温度、催化剂和油脂本身的特点等都对水解过程产生重要影响。常用的方法有三种：一种是酸、碱催化常压水解法，一种是高压逆流水解法，另一种则为酶促水解法。常用的催化剂有无机酸、碱、Twitchell类型的磺酸盐与金属氧化物（ZnO，MgO），以及从动植物体提取的脂肪酶。

碱催化的水解反应称皂化反应。当用氢氧化钠溶液与油脂作用时，生成脂肪酸钠盐与甘油，水解反应迅速，水解过程中几乎没有甘油二酯或甘油一酯存在，其反应过程如下：

$$\begin{array}{l} CH_2OCOR \\ | \\ CHOCOR \\ | \\ CH_2OCOR \end{array} + 3NaOH \longrightarrow \begin{array}{l} CH_2OH \\ | \\ CHOH \\ | \\ CH_2OH \end{array} + 3RCOONa$$

$$RCOONa + HCl \longrightarrow RCOOH + NaCl$$

酸催化的水解反应是可逆的，而皂化反应是不可逆的。皂化反应可以看作是分两步进行的：第一步，油脂与水起水解反应，生成脂肪酸和甘油，氢氧化钠供给了氢氧根离子，起着催化剂的作用。第二步，氢氧化钠和脂肪酸起中和反应，生成脂肪酸钠盐，从而将脂肪酸不断从反应体系中除去，促使反应更加完全。所以皂化反应是先水解再皂化。工业上常利用此反应制脂肪酸盐（肥皂）与甘油，脂肪酸盐再加入无机酸亦可制取脂肪酸。

（二）酯交换反应

一种酯和另一种酸、醇或酯反应，并伴随酯基交换生成新的酯叫酯交换反应。包括酸解、醇解和酯酯交换反应。

1. 酸解

油脂或酯在催化剂存在下，与脂肪酸作用，酯中酰基与脂肪酸酰基互换，即为酸解反应。

$$R_1C(=O)—OR_2 + RC(=O)OH \rightleftharpoons R_1C(=O)OH + RC(=O)OR_2$$

将油脂与游离脂肪酸进行酸解，可改变油脂的脂肪酸和甘油酯的组成。由于酸解的温度较高、反应速度慢、副反应多，因此使用比醇解及酯酯交换少。用酶催化酸解，可克服以上缺点，受到高度重视。利用定向脂肪酶进行酸解可得到价值高的油脂代用品。

2. 醇解

中性油或脂肪酸一元醇酯与另一种醇反应，交换酰基，生成新的酯称为醇解。醇解也是可逆的，可用酸或碱性催化剂。

$$R''OH + RC(=O)—OR' \rightleftharpoons RC(=O)—OR'' + R'OH$$

酸催化的醇解机制：

$$R—C(=O)OR' \overset{H^+}{\rightleftharpoons} R—\overset{+}{C}(OH)OR' \overset{MeOH}{\rightleftharpoons} R—C(\overset{+}{H}OMe)(OH)OR' \overset{-R'OH}{\rightleftharpoons} R—\overset{+}{C}(OMe)OH \overset{-H^+}{\rightleftharpoons} R—C(OMe)=O$$

碱催化的醇解机制：

$$R—C(=O)OR' \overset{MeO^-}{\rightleftharpoons} R—C(OMe)(OR')—O^- \rightleftharpoons R—C(OMe)=O + R'O^- \overset{MeOH}{\rightleftharpoons} R'OH + MeO^-$$

用硫酸或无水盐酸需要较高温度与较长时间，而碱催化剂有甲醇钠、NaOH、KOH、无水碳酸钾，其中甲醇钠的效果最好，用量0.5%，温度60℃，时间2h，但对含多烯酸的油脂醇解，不应在60℃以上进行，以免双键转移。

油脂与甘油醇解，可用来工业化生产甘油一酯或甘油二酯。用甲酯或甘油三酯在某些溶剂中或用微乳化法与蔗糖反应来生产蔗糖酯。

3. 酯酯交换反应

（1）酯酯交换反应机制　一种酯与另一种酯发生酰基交换生成两种新的酯的反应称酯酯交换反应。酯交换可以在同一甘油三酯分子内部的脂肪酸间（分子内酯交换）进行，也可在不同甘油三酯之间（分子间酯交换）进行。

在高温（250℃或更高）的情况下，酯酯交换反应无需催化剂就可进行，此时如采用KOH或者NaOH作为催化剂，反应更快；低温条件下需在酸、碱或金属催化剂作用下进行，一般采用甲醇钠（$NaOCH_3$）作为催化剂。

化学酯交换机制有两种：羰基加合机制和烯醇中间体机制。目前采用烯醇中间体机制居多。该机制认为，化学法酯酯交换分活化或诱导期和交换期两步进行，金属催化剂通常起“前催化剂”作用，在最初的反应阶段，它与甘油三酯作用，首先产生烯醇负离子，烯醇负离子才是真正的催化剂，它与甘油三酯酰位作用形成β-酮基酯中间体，最后完成酯酯交换过程。

催化剂导致甘油三酯α-质子失去而形成带离域电荷的烯醇离子的过程如图4-14所示。

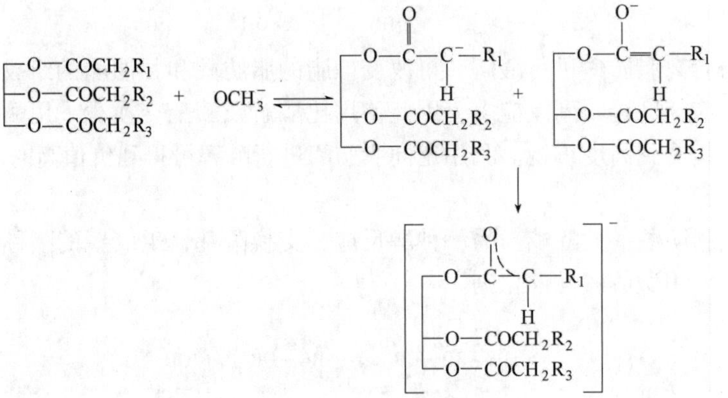

图4-14　烯醇阴离子的形成

分子内酯酯交换过程如图4-15所示。

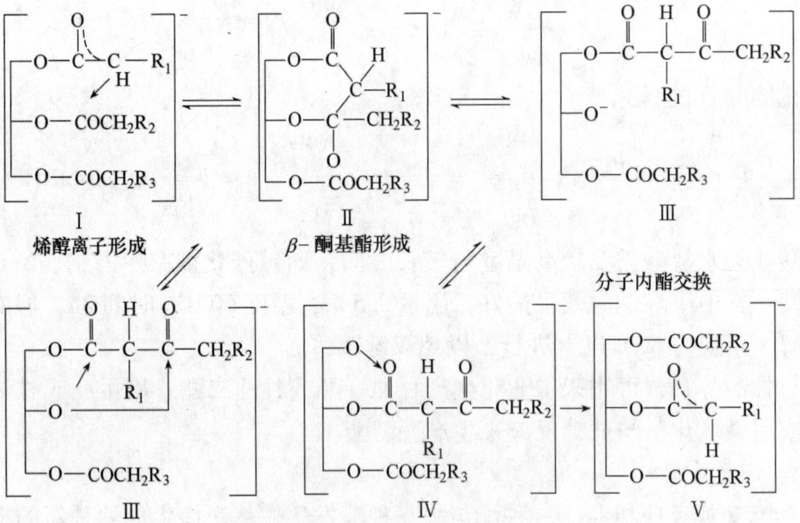

图4-15　分子内酯酯交换过程

在烯醇离子产生的基础上，分子间酯酯交换反应如图 4－16 所示。

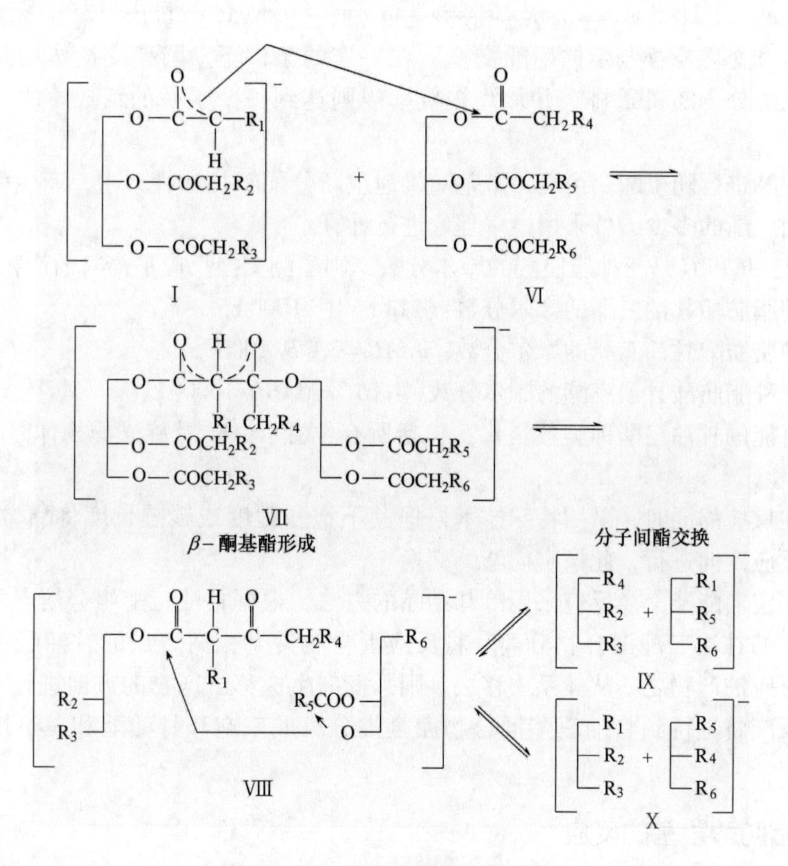

图 4－16　分子间酯酯交换过程

以甘油三酯 SOL 为例，其分子内和分子间酯酯交换反应如图 4－17 所示。

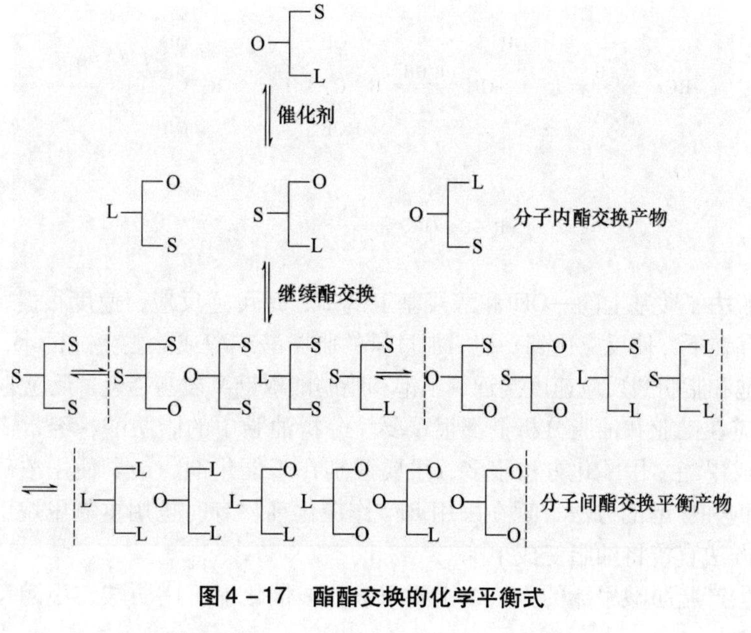

催化剂

分子内酯交换产物

继续酯交换

分子间酯交换平衡产物

图 4－17　酯酯交换的化学平衡式

上述化学平衡也可简化为：

$$\mathrm{SSS} \rightleftharpoons (\mathrm{SUS} \rightleftharpoons \mathrm{SSU}) \rightleftharpoons (\mathrm{SUU} \rightleftharpoons \mathrm{USU}) \rightleftharpoons \mathrm{UUU}$$

（2）随机酯酯交换与定向酯酯交换　在一定的条件下，酯酯交换作用是随机进行的，甘油三酯分子随机重排，并最终按概率规则达到一个平衡的组成。此谓随机酯酯交换。

甘油三酯进行随机酯交换后，酰基随机地重新分配于甘油骨架中，产生多种甘油三酯，各甘油三酯的多少，可采用概率理论进行计算。

如果 A、B 和 C 是三种脂肪酸的摩尔分数，则酯酯交换反应平衡时的产物为：

含同种脂肪酸甘油三酯的摩尔分数：$\%AAA = A^3/10000$；

含两种脂肪酸甘油三酯的摩尔分数：$\%AAB = 3A^2B/10000$；

含有三种脂肪酸甘油三酯的摩尔分数：$\%ABC = 6ABC/10000$。

所有可能的甘油三酯种类数是 n^3，包括所有位置、立体及旋光异构体。n 是脂肪酸种类数。

如果在反应的同时，采用特殊技术根据其不饱和程度或碳链长度将酯类进行分离，就可以使反应定向进行，此谓定向酯酯交换。

一般，定向酯酯交换反应采用冷却结晶的方法，根据甘油三酯组分熔点的不同，将反应体系中的甘油三酯混合物分离。将反应混合物冷却，高熔点的甘油酯将会结晶析出。若将反应的产物之一从体系中移去，则平衡向生成移去产物的方向进行。从理论上讲，这种反应将进行到甘油三酯混合物完全被分离成三饱和甘油酯和三不饱和甘油酯为止。

二、脂肪酸羧基的反应

（一）酯化反应

脂肪酸是油脂的水解产物，可与一元醇在酸性催化剂存在下酯化。酯化反应是水解的逆反应，其反应机制如下：

$$\mathrm{RC(=O)OH} \xrightleftharpoons{H^+} \mathrm{R{-}C(={\overset{+}{O}}H){-}OH} \xrightleftharpoons{R'OH} \mathrm{R{-}C(OH)(H\overset{+}{O}R'){-}OH} \rightleftharpoons \mathrm{R{-}C(OH)(OR'){-}\overset{+}{O}H_2} \xrightleftharpoons{-H_2O}$$

$$\mathrm{R{-}C(={\overset{+}{O}}H){-}OR'} \underset{H^+}{\overset{-H^+}{\rightleftharpoons}} \mathrm{RC(=O)OR'}$$

反应中脱去了羧基上的—OH 和醇羟基上的 H，是可逆反应，速度很慢，常在高温及酸性催化剂存在下，使反应达到平衡。加过量的脂肪酸或醇或除去生成的水，则反应可趋于完全。各饱和脂肪酸反应速度接近，不饱和脂肪酸双键离羧基越近，反应速度越慢。

酯化反应在工业和油脂分析上都很重要。分析油脂中的脂肪酸，经常需将脂肪酸与甲醇反应生成甲酯。甲酯化方法很多，主要区别在于催化剂。最早使用浓硫酸，以后使用 HCl 气体饱和甲醇的方法，现在采用 BF_3 作催化剂，有时也用重氮甲烷甲酯化，也可以采用醇解方法直接将油脂变成甲酯。

工业上生产脂肪酸甲酯的方法，主要用浓硫酸催化廉价脂肪酸与甲醇反应，也有用油脂与甲醇醇解制备甲酯。

（二）成盐反应

脂肪酸的其他金属盐称金属皂。脂肪酸可与氢氢化钠、氢氧化钾、氧化物及碳酸盐反应生成皂类：

$$RCOOH + NaOH \longrightarrow RCOONa + H_2O$$

$$2RCOOH + K_2CO_3 \longrightarrow RCOOK + H_2O + CO_2$$

此反应也是皂化反应。钠皂即肥皂，香皂中也有部分钾皂，它们均是水溶性皂类。脂肪酸直接与锌、镁、铅等的相应化合物反应较为困难，但可在高温下慢慢完成。通常制备重金属皂类采用钠皂或钾皂与金属盐进行复分解反应。

（三）羧基还原反应

（1）催化加氢还原法　脂肪酸的羧基在高温及适当金属催化剂存在时可氢化还原成醇羟基，生成脂肪醇。

$$RCOOH + 2H_2 \longrightarrow RCH_2OH + H_2O$$

甲酯或甘油酯也可氢化还原成脂肪醇。

$$RCOOCH_3 \xrightarrow{2H_2} RCH_2OH + CH_3OH$$

特别是用催化剂催化氢化时，碳链上的双键同时会氢化。如需保留双键而选择性氢化羧基，可用铜、镉的氧化物或皂作催化剂，则选择羧基氢化，这样双键基本不被氢化。例如在250℃下，以氧化铜或氧化镉的混合物作催化剂进行氢化，可将亚麻籽油还原，得到99%不饱和醇且双键不受影响。

（2）氢化铝锂法　实验室中最方便的还原脂肪酸为醇的方法是采用氢化铝锂为催化剂，反应不必加热，在无水乙醚中还原，碳链上双键不受影响，产率可高达80% ~ 90%，并能还原酯、酰卤、酸酐等化合物为脂肪醇。

$$RCOOH \xrightarrow[\text{无水乙醚}]{LiAlH_4} RCH_2OH$$

（四）生成酰氯

脂肪酸与三氯化磷、五氯化磷、氯化亚砜等试剂反应生成酰氯化合物。

$$3RCOOH + PCl_3 \longrightarrow 3RCOCl + H_3PO_3$$

$$RCOOH + PCl_5 \longrightarrow RCOCl + POCl_3 + HCl$$

$$RCOOH + SOCl_2 \longrightarrow RCOCl + SO_2 + HCl$$

$$RCOOH + (COCl)_2 \longrightarrow RCOCl + CO_2 + CO + HCl$$

只有使用三氯化磷的方法才具有工业价值。酰氯化合物主要用作酰基化反应的活性中间体，很少用作化工原料。

（五）生成酰胺

脂肪酸与氨或胺类在高温下很容易反应生成脂肪酸铵，脂肪酸铵脱水成酰胺：

$$RCOOH + NH_3 \longrightarrow RCOONH_4 \longrightarrow RCONH_2 + H_2O$$

$$RCOOH + R'NH_2 \longrightarrow RCONHR' + H_2O$$

酰胺在较高温度下可脱水生成腈：

$$RCONH_2 \longrightarrow RCN + H_2O$$

脂肪酸酯或甘油酯的胺解或氨解也可生成脂肪酰胺：

$$RCOOR' + NH_3 \longrightarrow RCONH_2 + R'OH$$

$$RCOOR' + R''NH_2 \longrightarrow RCONHR'' + R'OH$$

长链脂肪酸酰胺在表面活性剂中应用很广。如乙醇胺或二乙醇胺与长链脂肪酸反应生成脂肪酸单乙醇酰胺或二乙醇酰胺，产物主要用作块状皂的添加剂及高泡洗涤剂中。

（六）生成酸酐

脂肪酸受热脱水可生成脂肪酸酐，但单纯加热脱水得率不高，采用脱水催化剂如磷酸及其盐类与脂肪酸共同加热反应，可提高得率。

$$2RCOOH \xrightarrow{\triangle} (RCO)_2O + H_2O$$

长链脂肪酸在高温下很容易分解，脱羧生成烃和酮类。若制备长链酸酐最好的方法是采用脱水剂，如乙酐或乙酰氯与脂肪酸加热反应。

（七）生成过氧酸

脂肪酸与过氧化氢（30% ~38%）在酸（H_2SO_4）催化下可生成过氧酸。

$$RCOOH + H_2O_2 \xrightarrow{H^+} RCOOOH + H_2O$$

过氧酸是常用的氧化剂之一，工业上常用过氧乙酸。

过氧酸分子内存在氢键：

$$R—C(=O\cdots\cdots H)—O—O—H \text{（环状：C=O 与 O—H 之间形成氢键）}$$

它不同于羧酸的双分子缔合，所以酸性只相当于脂肪酸的 1/1000。C_1 ~ C_5 过氧酸是液体，很容易分解，只能即用即制。长碳链过氧酸在室温下是固体，很稳定，易保存，但受热易失去活性氧或脱羧生成醇，加热至高温则可着火或爆炸。

（八）烷氧基化反应

脂肪酸与环氧乙烷直接反应，速度很慢，常用碱如 KOH、Na_2CO_3、CH_3COONa 等催化进行烷氧基化反应，反应很复杂，产物有脂肪酸聚乙二醇酯，还有脂肪酸聚乙二醇二酯存在。

$$RCOOH + nCH_2\overset{O}{—}CH_2 \xrightarrow[0.5\%\,Na_2CO_3]{180℃} RCO(CH_2CH_2O)_nOH$$

单酯和二酯都是重要的非离子型表面活性剂。

（九）热解反应

$$2RCOOH \xrightarrow[\triangle]{300 \sim 400℃} R—\overset{O}{\overset{\|}{C}}—R + CO_2 + H_2O$$

脂肪酸隔绝空气加热到300～400℃会发生分解，饱和酸生成酮类，有对称的也有不对称的酮，$R_2 = H$ 时则可得到醛类。不饱和酸则生成短碳链的烯烃等物质。

一种古老的制备二羟酮的方法是热解脂肪酸铬盐或钡盐：

$$R_1-C(=O)-O^- + {}^-O-C(=O)-R_2 + Ba^{2+} \xrightarrow{\triangle} BaCO_3 + R_1-C(=O)-R_2$$

当有游离碱存在时，脂肪酸钙盐或钡盐可生成烃类。

三、羧基 α－H 的反应

（一）α－卤代酸的生成

羧基 α－H 在少量磷存在下可被卤素取代生成 α－卤代酸。如被溴取代得到 α－溴代脂肪酸：

$$RCH_2COOH \xrightarrow[P]{Br_2} RCH(Br)COOH + HBr$$

α－溴代脂肪酸很容易被亲核试剂如 CN^-、OH^-、I^- 等离子及 NH_3 取代，生成相应的 α－取代物：

$$R-CH(Br)-COOH \xrightarrow{I^{\ominus}} RCH(I)COOH$$

$$R-CH(Br)-COOH \xrightarrow{OH^{\ominus}} RCH(OH)COO^- \xrightarrow{H^+} RCH(OH)COOH$$

$$R-CH(Br)-COOH \xrightarrow[\text{过量}]{NH_3} RCH(NH_2)COONH_4 \xrightarrow{H^+} R-CH(NH_2)COOH$$

$$R-CH(Br)-COOH \xrightarrow{CN^{\ominus}} R-CH(CN)COOH \xrightarrow{H_3O^+} RCH(COOH)COOH$$

（二）α－阴离子的生成

脂肪酸的 α－H 具有一定的弱酸性。在强碱的存在下可生成 α－阴离子 RCH^-COO^- 或 RCH^-COOR。

$$RCH_2COOH \xrightarrow[\text{（Ⅱ）THF，（Ⅲ）HMPA（六甲基磷酰胺）}]{\text{（Ⅰ）}i-Pr_2NLi\text{（二异丙基氨基锂）}} R\bar{C}HCOO^- \rightleftharpoons R-CH(Li)COOLi \text{（锂盐）}$$

α－阴离子有羰基式及烯醇式，两者有下列平衡：

$$R\bar{C}HC(=O)O^- \rightleftharpoons RCH=C(O^-)O^-$$

在红外光谱1655～1678cm^{-1}处有吸收谱带，因此，从 α－阴离子可制取更多的 α－取代化合物，如与甲酸酯作用还原为醛，与卤代烷作用生成 α－烃基脂肪酸等。

（三）α-磺化脂肪酸的生成

饱和脂肪酸与 SO_3 反应生成混合酸酐，然后分子重排，磺酸基取代 α-H，而生成 α-磺化脂肪酸（简称 α-磺酸），反应过程如下：

$$R-CH_2C(=O)OH \xrightarrow{SO_3} RCH_2C(=O)-OSO_2OH$$

$$RCH(H)-C(=O)-O-SO_2(OH) \longrightarrow R-CH(H)-C(=O)\cdots O-SO_2(OH) \longrightarrow RCH(SO_3OH)-COOH$$

浓硫酸、氯磺酸、三氯化硫都可作为磺化剂，但以 SO_3 为最好，得率高，产品颜色也好。

反应生成的 α-磺化脂肪酸还可与碱、醇进一步反应，生成 α-磺化脂肪酸盐或酯。

四、脂肪酸碳链上双键的反应

脂肪酸碳链上的双键十分活泼，可与多种试剂发生加成、氧化、磺化、异构化及聚合反应。

（一）加成反应

1. 氢的加成

在高温、高压及催化剂如镍、铂或钯存在情况下，氢气可加到不饱和脂肪酸的双键上，成为饱和酸或者减少不饱和程度，此反应常称氢加成反应。其反应如下：

$$-CH=CH- + H_2 \underset{高温，高压}{\overset{Ni}{\rightleftharpoons}} -CH_2-CH_2-$$

油脂也可以进行氢加成，减少不饱和度，成为半固体脂肪或固体脂肪。氢化油脂具有升高熔点、消除气味及降低色泽并能基本上保留油脂原有的营养成分等特点。氢化反应十分复杂，有关油脂氢化机制及用途将在油脂改性之氢化部分详述。

2. 卤素的加成

卤素加成不饱和键，是碳正离子或环正离子历程，易于加成，无需光热，宜在极性溶剂中进行。其反应以反式加成为主。过程如下：

$$R(H)C=C(H)R' \xrightarrow{Br_2} [Br^{\delta+}-Br^{\delta-}\ \pi\text{络合物}] \longrightarrow [\text{溴鎓离子}\ Br^{+}] \xrightarrow{Br^-} H(R)C(Br)-C(Br)(H)R' + (Br)(H)C(R)-C(H)(Br)R'$$

卤素与双键的加成反应速度：$Cl_2 > Br_2 > I_2$，Cl_2 太活泼，易发生取代反应，I_2 最慢，难以加成。一般使用 Br_2、ICl 或 IBr 试剂。卤素加到多烯酸碳链上是有秩序的，首先加成离羧基远的双键，然后逐次加到离羧基较近的双键上，最后加到离羧基最近的 α-烯键上。

共轭多烯酸与卤素加成由于空间位阻较大只能加成（$n-1$）个双键；剩余一个双键难以饱和，唯有在加强条件下才能饱和。炔酸也只能加成一分子卤素，第二分子卤素必须在加强条件下才能加成。

由于卤素（Br_2、I_2、IBr）加成在特定条件可定量完成，因此在分析上常用溴值和碘值衡量油脂的不饱和程度，每100g油脂所能加成碘的克数称为碘值（IV）。碘值为重要的油脂化学常数。应注意的是由于共轭酸加成不能完全，所得碘值与实际不饱和度相差甚远。

3. 硫氰的加成

硫氰（$(SCN)_2$）与卤素一样在极性溶剂中与双键加成是离子型加成：

$$\text{—CH=CH—} + (SCN)_2\ [\overset{\delta+}{S}CN - \overset{\delta-}{S}CN] \xrightarrow[\text{低温}]{\text{避光}} \text{—}\underset{\substack{|\\SCN}}{CH}\text{—}\underset{\substack{|\\SCN}}{CH}\text{—}$$

反应十分复杂，根据Silbat L S等人测定，其可能的反应如下：

$$\text{—CH=CH—} + (SCN)_2 \xrightarrow{CH_3COOH} \underset{①}{\text{—}\underset{\substack{|\\SCN}}{CH}\text{—}\underset{\substack{|\\SCN}}{CH}\text{—}} + \underset{②}{\text{—}\underset{\substack{|\\SCN}}{CH}\text{—}\underset{\substack{|\\SCN}}{CH}\text{—}} + \underset{③}{\text{—}\underset{\substack{|\\SCN}}{CH}\text{—}\underset{\substack{|\\OCOCH_3}}{CH}\text{—}} + \underset{④}{\text{—}\underset{\substack{|\\SCN}}{CH}\text{—}\underset{\substack{|\\Br}}{CH}\text{—}}$$

以①式为主，约占65%；②式约占12%（—NCS称为异硫氰基）；③式约占11%（—$OCOCH_3$称乙酰基）；④式约为8%，含有一个溴原子，其中Br是制备硫氰时的残留物。

硫氰的加成与卤素类似，有选择性。硫氰可定量加到油酸的双键上，由于空间阻碍，亚油酸只能加成一个双键，亚麻酸只能加成两个双键。而三共轭酸仅能加成1个双键。利用这种选择性，以硫氰值（吸收的硫氰相当于碘的量的质量分数）与碘价相结合可用来推算已知饱和酸含量的油脂中油酸、亚油酸、亚麻酸的含量或已知不含亚麻酸时测定油酸、亚油酸和饱和酸的含量。现因气相色谱及其他方法已广泛采用，目前已极少使用硫氰值测定脂肪酸组成。

4. 硫酸的加成

不饱和脂肪酸的双键与硫酸在低温下加成生成硫酸酯：

$$\text{—}CH_2\text{=CH—} + HOSO_2OH \xrightarrow{\text{低温}} \text{—}CH_2\text{—}\underset{\substack{|\\OSO_2OH}}{CH}\text{—}$$

在高温下则成为磺酸酯（硫原子直接与碳原子连接）：

$$\text{—CH=CH—} + HOSO_2OH \xrightarrow{\text{高温}} \text{—}\underset{\substack{|\\OH}}{CH}\text{—}\underset{\substack{|\\SO_2OH}}{CH}\text{—}$$

具羟基的不饱和脂肪酸，在一般情况下，羟基易与硫酸脱水成为硫酸酯，而保留双键。如蓖麻酸与硫酸的加成反应：

$$\text{—}\underset{\substack{|\\OH}}{\overset{12}{CH}}\text{—}CH_2\text{—CH=}\overset{9}{CH}\text{—} + HO\text{—}SO_2\text{—}OH \xrightarrow{-H_2O} \text{—}\underset{\substack{|\\OSO_2OH}}{\overset{12}{CH}}\text{—}CH_2\text{—CH=}\overset{9}{OH}\text{—}$$

用发烟硫酸、三氧化硫、氯磺酸等也可起硫酸化或磺酸化反应。磺酸酯不易水解，硫酸酯易水解生成羟基，无论是硫酸酯还是磺酸酯都是表面活性剂。

5. 一氧化碳的加成

一氧化碳在脂肪酸双键上的反应，至少有三种加成方法。

（1）醛化

$$-CH=CH- + CO + H_2 \xrightarrow{Co_2(CO)_8} \underset{\displaystyle CHO}{\underset{|}{CH}}-CH_2- \begin{cases} \xrightarrow{[O]} -\underset{\displaystyle COOH}{\underset{|}{CH}}-CH_2- \\ \xrightarrow{H_2} -\underset{\displaystyle CH_2OH}{\underset{|}{CH}}-CH_2- \end{cases}$$

（2）Koch 反应

$$-CH=CH- + CO + ROH \xrightarrow{H_2SO_4} -\underset{\displaystyle COOR}{\underset{|}{CH}}-CH_2-$$

（R = H 或烷基）

（3）Reppe 反应

$$-CH=CH- + CO + ROH \xrightarrow{Ni(CO)_4} -\underset{\displaystyle COOR}{\underset{|}{CH}}-CH_2-$$

（R = H 或烷基）

三种反应的产物通常均为多种位置异构体的混合物。

近年来很重视开发用 $PdCl_2/(C_6H_5)_3P$ 作催化剂，在 28.47MPa 和 120 ~ 160℃时，以 CO 和水加成大豆油、红花籽油及其脂肪酸或其酯类来生产二羧酸或三羧酸，作为化工原料。

6. 二烯合成

具有反 - 反共轭双键结构的脂肪酸，均能与亲二烯酸酐或丙烯酸等进行二烯合成反应（Diels - Alder 反应）。

$$RCH_2CH\overset{t}{=}CHCH\overset{t}{=}CHR' + \begin{matrix} CH=CH \\ | \quad\quad | \\ C \quad\quad C \\ O \quad O \quad O \end{matrix} \longrightarrow \begin{matrix} RCH_2-CH \quad C=O \\ O \\ R'-CH \quad C=O \end{matrix}$$

反应可用于测定反 - 反二烯结构，如确定 α - 桐酸与 β - 桐酸的结构。也可用于测定二烯值（100g 油脂所能消耗顺丁烯二酸酐换算成碘的克数）作为共轭酸的定量分析方法。在涂料工业中，常利用 Deils - Alder 反应合成二聚酸及顺丁烯二酸酐改性油（马来油）。

7. 硫化物的加成

（1）硫化氢加成在温度 - 70 ~ 25℃以及 BF_3 催化剂催化下，硫化氢可与油酸甲酯、亚油酸甲酯或甘油三酯发生亲核加成反应。如油酸甲酯与过量的硫化氢加成得到 9（10） - 巯基硬脂酸甲酯，如：

$$CH_3(CH_2)_7CH=CH(CH_2)_7COOCH_3 \xrightarrow[BF_3,\ -70℃]{H_2S} \begin{cases} CH_3(CH_2)_7CH_2-\underset{\displaystyle SH}{\underset{|}{CH}}-(CH_2)_7COOCH_3 \quad \text{(9 - 巯基硬脂酸甲酯)} \\ CH_3(CH_2)_7\underset{\displaystyle SH}{\underset{|}{CH}}-(CH_2)_8COOCH_3 \quad \text{(10 - 巯基硬脂酸甲酯)} \end{cases}$$

亲核加成反应机制如下：

$$R-CH=CH-R' \xrightarrow[-70℃]{BF_3} R-\overset{+}{CH}-\underset{\displaystyle B^-F_3}{\underset{|}{CH}}-R' \xrightleftharpoons{H_2S} R-\overset{\displaystyle H-\overset{+}{S}H}{\overset{|}{CH}}-\underset{\displaystyle B^-F_3}{\underset{|}{CH}}-R'$$

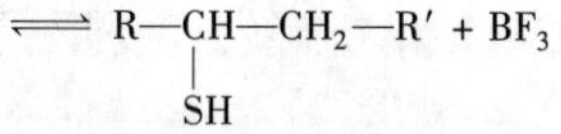

$$\rightleftharpoons R-\underset{\displaystyle SH}{\underset{|}{CH}}-CH_2-R' + BF_3$$

亚油酸甲酯在同样的条件下加成则环化为噻吩衍生物，得到几乎等量的8－（2－己基噻烷－5－基）辛酸酯和9－（2－戊基噻烷－5－基）壬酸酯，如：

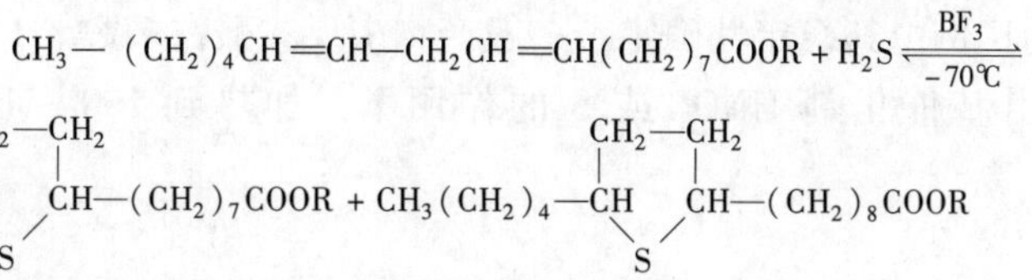

$$CH_3-(CH_2)_4CH=CH-CH_2CH=CH(CH_2)_7COOR + H_2S \underset{-70℃}{\overset{BF_3}{\rightleftharpoons}}$$

$$CH_3(CH_2)_5-\overset{CH_2-CH_2}{CH\quad CH}-(CH_2)_7COOR + CH_3(CH_2)_4-\overset{CH_2-CH_2}{CH\quad CH}-(CH_2)_8COOR$$
（两环中 CH 与 CH 之间经 S 相连成环）

亚麻酸或亚麻酸甲酯与硫化氢反应，产物为硫醇、硫化物和环硫衍生物。工业上利用此反应可生产许多制品，如润滑剂、合成橡胶、浮选促集剂等产品。

（2）二氯化硫加成　二氯化硫与油酸甲酯加成可得到β，β'－二氯硫醚（Ⅰ），β，β'－二氯硫醚被过氧化氢氧化生成相应的β，β'－二氯亚砜（Ⅱ）和β，β'－二氯砜（Ⅲ），如：

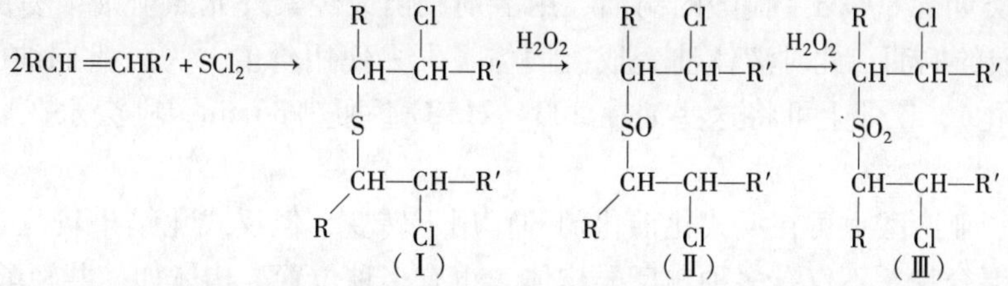

$$2RCH=CHR' + SCl_2 \longrightarrow \begin{matrix} R\quad Cl \\ CH-CH-R' \\ | \\ S \\ | \\ CH-CH-R' \\ R\quad Cl \end{matrix} \xrightarrow{H_2O_2} \begin{matrix} R\quad Cl \\ CH-CH-R' \\ | \\ SO \\ | \\ CH-CH-R' \\ R\quad Cl \end{matrix} \xrightarrow{H_2O_2} \begin{matrix} R\quad Cl \\ CH-CH-R' \\ | \\ SO_2 \\ | \\ CH-CH-R' \\ R\quad Cl \end{matrix}$$

（Ⅰ）　（Ⅱ）　（Ⅲ）

亚油酸酯反应很复杂，得到黑色的多聚物。β，β'－二氯硫醚作为含有不稳定氯化物的反应中间体能与许多亲核试剂反应，生成一系列具有潜在用途的含硫脂肪衍生物。如：

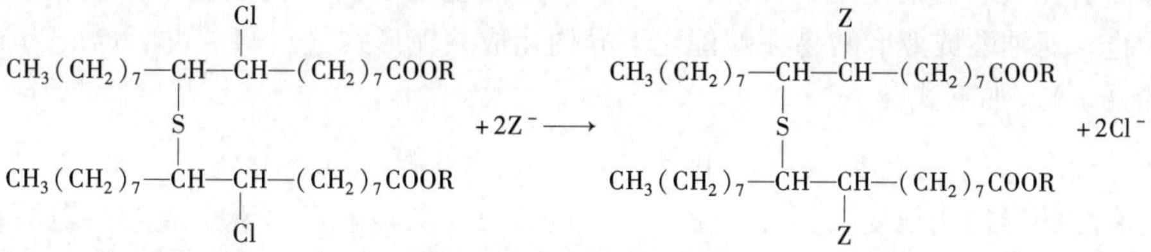

$$\begin{matrix} CH_3(CH_2)_7-CH-\overset{Cl}{CH}-(CH_2)_7COOR \\ | \\ S \\ | \\ CH_3(CH_2)_7-CH-\underset{Cl}{CH}-(CH_2)_7COOR \end{matrix} + 2Z^- \longrightarrow \begin{matrix} CH_3(CH_2)_7-CH-\overset{Z}{CH}-(CH_2)_7COOR \\ | \\ S \\ | \\ CH_3(CH_2)_7-CH-\underset{Z}{CH}-(CH_2)_7COOR \end{matrix} + 2Cl^-$$

其中，Z为OH、NH_2、RNH及其他亲核试剂。

（二）异构化反应

1. 顺、反异构

天然油脂所含脂肪酸的双键绝大多数为顺式结构，但在某些反式化催化剂的作用下，顺式可转变为反式异构体，此反应称反式化反应。

反式化反应催化剂有离子型和自由基型两类。离子型催化剂如酸性土（Filtrol），以M^+表示，M^+与双键反应形成离子中间体，可旋转，随后脱去M^+恢复双键时，则产物有顺式与反式。过程如下：

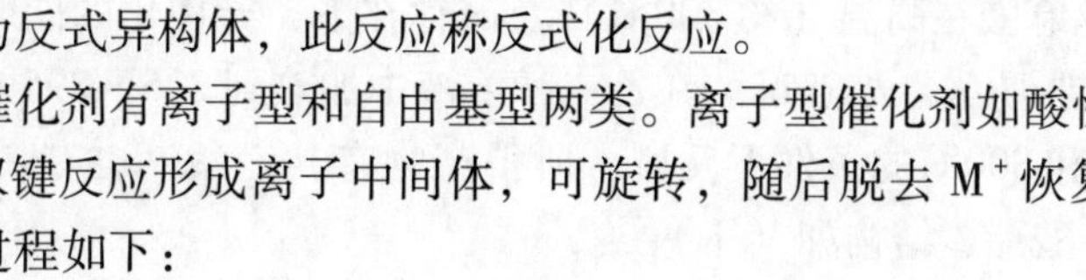

$$\begin{matrix} R \quad\quad R' \\ C=C \\ H \quad\quad H \end{matrix} + M^+ \rightleftharpoons \left[R-\overset{M}{\underset{H}{C}}-\overset{+}{\underset{H}{C}}-R' \right] \rightleftharpoons R-\underset{H}{C}=\overset{H}{C}-R' + M^+$$

自由基型催化剂如I_2、HNO_2、S、Se等，首先生成催化剂自由基X·，X·与双键产生自由基中间体，脱去X·时C－X单键旋转，得反式与顺式构型：

$$\begin{matrix} R & & R' \\ & C{=}C & \\ H & & H \end{matrix} + X\cdot \rightleftharpoons \left[R{-}CH \overset{X\cdot}{\triangle} CH{-}R' \right] \rightleftharpoons R{-}\overset{H}{\overset{|}{C}}{=}\underset{H}{\underset{|}{C}}{-}R' + X\cdot$$

顺式和反式的比例由其稳定性确定，一般产物中反式酸占多数。

如油酸在自由基催化剂 HNO_2 或 S 的作用下，加热到 100 ~ 120℃可生成反油酸，即：

$$CH_3(CH_2)_7\underset{H}{\underset{|}{C}}{=}\underset{H}{\underset{|}{C}}(CH_2)_7COOH \xrightleftharpoons[100\sim120℃]{HNO_2} CH_3(CH_2)_7\overset{H}{\overset{|}{C}}{=}\underset{H}{\underset{|}{C}}(CH_2)_7COOH$$

顺油酸　熔点15℃　　　　　　　　反油酸　熔点44℃

反应是可逆的，平衡趋向反式。顺油酸与反油酸的比例为1∶3，而且反式化后产物的双键位置不变。反油酸熔点为44℃，顺油酸熔点为15℃。

共轭酸类如含80% α－桐酸的桐油，用溶剂浸出或经紫外光照射则很易反式化为高熔点 β－桐酸的桐油，此时液体油变成凝固体，失去使用价值。为防止桐油的 β－化转变（或称陈化），工业上可将这些油在200 ~ 215℃下加热30min，则会永久防止反式异构体的产生。

亚油酸、亚麻酸也可在反式化催化剂的作用下转变，但反式化结果较复杂，生成多种异构体的混合物，不仅有多种顺反异构体，也有多种位置异构体如二共轭酸类生成。

2. 共轭化与环化

（1）共轭化　不饱和脂肪酸在碱异构化试剂的作用下，双键易移动离开原来的位置。如油酸在氢氧化钠作用下加热到200℃，双键会逐步向羧基端移动，直至生成 α－烯酸为止。亚油酸或亚麻酸易在碱催化下异构化成共轭形式（1，4－戊二烯成为1，3－丁二烯系统）。如下式：

$$亚油酸：9c，12c-18:2 \xrightarrow{OH^-} 9c，11t-18:2 或 10t，12c-18:2$$

亚麻酸的异构化很复杂，可转变为二共轭酸或三共轭酸。由于生成的共轭酸在紫外光范围内有吸收峰，所以碱异构化是测定不饱和脂肪酸含量的重要方法。

在涂料工业，常用含大量亚油酸、亚麻酸的油脂，如豆油、红花籽油、亚麻籽油等经碱催化异构化转变为含共轭酸的油脂，以利于涂料干燥。所用碱异构化试剂有KOH、NaOH、醇钠等，但以叔丁醇钾最有效。溶剂为二元醇或二甲基酰胺，加热到200 ~ 215℃，反应4h，共轭化率可达62%以上。

（2）环化　亚麻酸在高温（约300℃）及碱存在下，异构化的同时，还可发生自环化反应，生成环状脂肪酸。如亚麻酸在乙二醇溶液中加热到225 ~ 295℃或在氢氧化钠水溶液中于8.5MPa和300℃的条件下反应，所得产物有共轭酸，也有一定量的1，2－双取代环已二烯脂肪酸酯，结构如（Ⅰ）：

$$\text{(环己二烯)}\begin{cases}(CH_2)_3CH_3\\(CH_2)_7COOR'\end{cases}$$

（Ⅰ）

如在二氧化碳保护下，加热到275℃保持12h也可得到单环化合物（Ⅱ）：

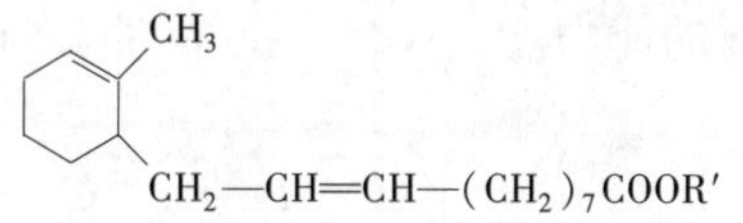

CH_3 取代环己烯—$CH_2—CH═CH—(CH_2)_7COOR'$

（Ⅱ）

环状化合物有毒，因此加热到220℃以上的亚麻籽油不能食用，烹调时一般不要超过此温度。反应生成的含双键的单环脂肪酸，可用于制造醇酸树脂，比天然脂肪酸优越，干燥时间短、硬度好，抗化学试剂能力强。

（三）聚合反应

多双键脂肪酸的分子间容易聚合，聚合有两种形式，一为高温缺氧的聚合称为热聚合，另一为氧化聚合。前者以碳的结合为主，后者既有碳碳的结合，也有碳氧结合。

1. 热聚合

多不饱和脂肪酸在高温下一个分子的成环反应也是聚合的一种。两分子及多分子的热聚合一般先经过 Diels - Alder 共轭化及反式化后，产生反 - 反共轭二烯结构，然后与另一分子的1，4 - 戊二烯结构之间进行成环聚合反应。例如亚油酸经共轭后的热聚合成环反应过程如下：

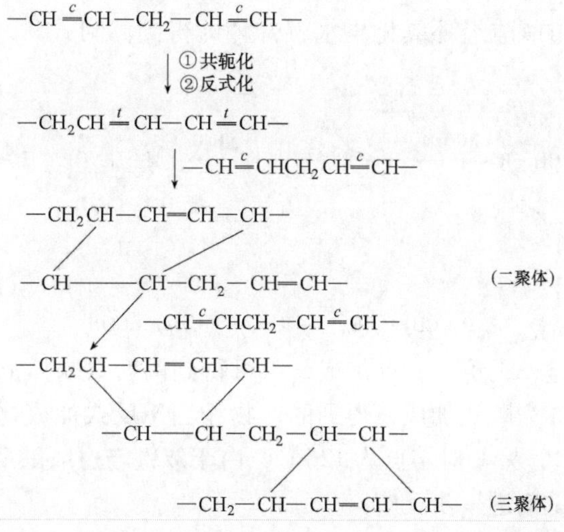

$$—CH\overset{c}{=}CH—CH_2—CH\overset{c}{=}CH—$$

↓ ①共轭化 ②反式化

$$—CH_2CH\overset{t}{=}CH—CH\overset{t}{=}CH—$$

↓ $—CH\overset{c}{=}CHCH_2CH\overset{c}{=}CH—$

$$—CH_2CH—CH═CH—CH—$$

$$—CH——CH—CH_2—CH═CH—$$ （二聚体）

$$—CH\overset{c}{=}CHCH_2—CH\overset{c}{=}CH—$$

$$—CH_2CH—CH═CH—CH—$$

$$—CH——CH—CH_2—CH—CH—$$

$$—CH_2—CH—CH═CH—CH—$$ （三聚体）

油脂的热聚合反应中，多数为二聚体，少数为三聚体，未发现四聚体存在。

2. 氧化聚合

空气自动氧化不饱和脂肪酸酯产生氢过氧化物，氢过氧化物分解产生游离基，游离基间的互相结合是氧化聚合的主要来源：

$$RH + O_2 \longrightarrow ROOH$$

$$ROOH \longrightarrow RO\cdot + \cdot OH$$

$$2ROOH \longrightarrow RO\cdot + ROO\cdot + H_2O$$

$$ROO\cdot + RH \longrightarrow ROOH + R\cdot$$

$$R\cdot + R\cdot \longrightarrow R—R$$ （碳碳结合）

$$ROO\cdot + ROO\cdot \longrightarrow ROOR + O_2$$ （碳氧结合）

油脂氧化的聚合物也是有毒的，对食用不利。但在油漆涂料中，氧化聚合则是有利的。氧化聚合物聚集而成为具有弹性的膜状，并且逐渐凝聚为固体，这种固状物与物体黏结，可使物体具有防水防腐的能力。

（四）化学试剂氧化

油脂及脂肪酸碳链上双键的化学试剂氧化可用于研究脂肪酸的结构类型及制取化合物之用，但反应十分复杂。

1. 过氧酸氧化

不饱和脂肪酸的双键在过氧酸的氧化下成为环氧化合物。常用的过氧酸有过氧甲酸、过氧乙酸、过氧苯甲酸等。

$$-CH=CH- \xrightarrow{CH_3-\overset{\overset{O}{\|}}{C}-OOH} -\overbrace{CH-CH}^{O}- + CH_3-\overset{\overset{O}{\|}}{C}-OH$$

生成的环氧化合物很不稳定，在较强的氧化条件下即开环生成羟基化合物：

$$-\overbrace{CH-CH}^{O}- \xrightarrow[\text{转化}]{CH_3-\overset{\overset{O}{\|}}{C}-OH} -\underset{\underset{OH}{|}}{CH}-\overset{\overset{OOC-CH_3}{|}}{CH}- \xrightarrow[H^+]{H_2O} -\underset{\underset{OH}{|}}{CH}-\overset{\overset{OH}{|}}{CH}- + CH_3COOH$$

双键与过氧酸的环氧化是顺式加成反应，但在酸性溶液中水解开环由于一个单键中心发生转化，因此生成物相当于反式加成。主要产物二羟酸是苏阿式，而很少是赤藓式对映体。例如油酸与过氧酸经环氧化再水解开环即得到苏阿式9，10－二羟基硬脂酸对映体，熔点为95℃。

$$R-CH=CH-R' \xrightarrow{RCO_3H} R-\overbrace{CH-CH}^{O}-R' \xrightarrow[H^+]{H_2O} \begin{array}{c} R \\ | \\ H-C-OH \\ | \\ HO-C-H \\ | \\ R' \end{array} \quad \begin{array}{c} R \\ | \\ HO-C-H \\ | \\ H-C-OH \\ | \\ R' \end{array}$$

苏阿式（羟基在链两侧）

$R=CH_3（CH_2）—R'=—（CH_2）_7COOH$

亚油酸有两个双键，无论顺、反加成，都可得到两对对映体的四羟基硬脂酸。如亚油酸用过氧酸环氧化亦为顺式加成，得到的产物相当于反式加成物，即两对苏阿式对映体。一对熔点为148℃，另一对熔点为126℃，由于双键与过氧酸反应生成的环氧化合物性质活泼，可与有关试剂进一步反应：

$$-\overbrace{CH-CH}^{O}- \left\{ \begin{array}{ll} \xrightarrow[H^+]{H_2O} -\underset{\underset{OH}{|}}{CH}-\underset{\underset{OH}{|}}{CH}- & \\ \xrightarrow{ROH} -\underset{\underset{OH}{|}}{CH}-\underset{\underset{OR}{|}}{CH}- & \\ \xrightarrow{RCOOH} -\underset{\underset{OCOR}{|}}{CH}-\underset{\underset{OH}{|}}{CH}- & \\ \xrightarrow{NaI} -CH=CH- & \text{顺式消除} \\ \xrightarrow{CH_3I} -CH=CH- & \text{反式消除} \\ \xrightarrow{HIO_3} -CHO+OHC- & \end{array} \right.$$

环氧化合物类如环氧大豆油是聚氯乙烯树脂的重要增型剂和稳定剂。

2. $KMnO_4$ 氧化

高锰酸钾氧化双键的产物与反应条件有关。如在室温下用略带碱性的1% $KMnO_4$ 的水溶液氧化油酸的双键，可得到连二羟基化合物。反应过程为油酸与高锰酸根先形成一个环状中间体，此反应是顺式加成，而后水解得赤藓式9，10－二羟基硬脂酸，这是一对外消旋体，熔点132℃。

$$\text{HRC}=\text{CHR}' \xrightarrow{K^+MnO_4^-} \text{环状锰酸酯中间体} \xrightarrow[H_2O]{OH^-} \text{H-C(R)(OH)-C(R')(OH)-H}$$

赤藓式（羟基在链同侧）

$R=CH_3(CH_2)_7—R'=—(CH_2)_7COOH_3$

此条件下亚油酸的 $KMnO_4$ 氧化，可得到两对赤藓式的外消旋体，一对熔点为174℃，另一对熔点为164℃。

过氧酸或 $KMnO_4$ 与双键的氧化水解均可得到连羟基化合物，连羟基化合物是赤藓式还是苏阿式对映体，与双键构型（顺式或反式）及氧化加成的方式有关，一般规律是：

Von Rudloff 创立的 $KMnO_4$ 氧化反应，即使用1∶39的高锰酸钾与高碘酸钠（$KMnO_4$－$NaIO_4$）氧化剂能使原双键的两个碳原子的 δ 键断裂，为此可从得到的断裂产物测得原双键在碳链上的位置。其反应如下：

$$R_1CH{=}CHR_2 \xrightarrow{KMnO_4} \begin{cases} R_1CH(OH)CH(OH)R_2 \\ R_1CH(OH)C(=O)—R_2 \\ \xrightarrow{KMnO_4} R_1C(=O)CH(OH)R_2 \end{cases} \xrightarrow{NaIO_4} \begin{cases} R_1CH(=O) + R_2CH(=O) \\ R_1—CH(=O) + R_2COOH \\ R_1COOH + R_2CH(=O) \end{cases} \xrightarrow{KMnO_4} R_1C(=O)—OH + R_2C(=O)—OH$$

此时的 $KMnO_4$ 如催化剂，过量的 $NaIO_4$ 可使 $KMnO_4$ 再生。

3. 臭氧氧化

臭氧氧化烯酸与 Von Rudloff 反应一样，在双键处断裂，此反应也可用于测定双键位置及工业生产上。臭氧化反应首先生成分子臭氧化物（Ⅰ），分子臭氧化物分解后得到一个醛与两性离子（Ⅱ），两性离子与醛重排后得到臭氧化合物（Ⅲ），反应历程如下：

$$R_1—CH{=}CH—R_2 \xrightarrow{O_3} \underset{(\text{I})}{R_1—CH(O—O—O)CH—R_2} \rightarrow R_1CHO + \underset{(\text{II})}{R_2\overset{+}{C}HOO^-} \rightarrow \underset{(\text{III})}{R_1—CH(O)(O—O)CH—R_2}$$

臭氧化合物在不同的反应条件下断裂成不同的产物，可还原成醇、醛、酸及氨等产物。

$$R_1-\underset{\underset{O\text{———}O}{|}}{CH}\overset{O}{\diagup\diagdown}\underset{|}{CHR_2}\longrightarrow\begin{cases}\xrightarrow{LiAlH_4}R_1CH_2OH+R_2CH_2OH\\ \xrightarrow{Zn+H^+}R_1-CHO+R_2CHO\\ \xrightarrow{Raney-Ni,NH_3}R_1CH_2NH_2+R_2CH_2NH_2\\ \xrightarrow{R'CO_3H}R_1COOH+R_2COOH\\ \xrightarrow[H^+]{H_2O}R_1CHO+R_2COOH+R_1COOH+R_2CHO\\ \xrightarrow[H_2/Pd]{CH_3OH}R_1CH(OCH_3)_2+R_2CH(OCH_3)_2\end{cases}$$

最早用水直接分解，得到醛与酸的混合物；用强还原条件如使用氢化铝锂得两分子醇，弱还原条件如用酸与锌得两分子醛；在氧化情况下水解得两分子酸；用 Raney 镍在氨存在下则得到两分子胺。

以上断裂反应，对测定烯酸双键位置很有用。工业上也曾用臭氧化油配制壬酸和壬二酸，芥酸氧化制壬酸和十三碳二元酸，作为合成尼龙的原料。

思考题

1. 油脂如何分类？
2. 试述常见的饱和脂肪酸、单不饱和脂肪酸、多不饱和脂肪酸。
3. 影响塑性脂肪塑性的因素有哪些？如何测定固脂含量？
4. 什么是脂肪酸和甘油三酯的同质多晶现象？影响同质多晶的因素有哪些？
5. 油脂的溶解度有哪些规律？
6. 脂肪酸的熔点有哪些规律？
7. 油脂的水解反应和皂化反应有何区别？
8. 酯交换反应如何分类？
9. 脂肪酸羧基上的反应有哪些？
10. 脂肪酸羧基 $\alpha-H$ 反应有哪些？
11. 脂肪酸碳链上双键的反应有哪些？

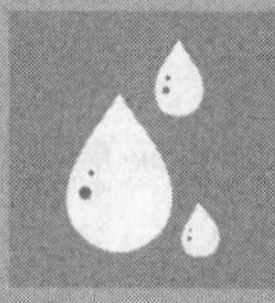

第五章

油脂空气氧化

第一节　概述

油脂空气氧化首先产生氢过氧化物，产生的途径有多种，可分为：自动氧化、光氧化、酶促氧化。自动氧化是活化的含烯底物（如不饱和油脂）与基态氧发生游离基反应。光氧化是不饱和双键与单线态氧发生的直接反应。酶促氧化则是由脂氧酶参与的氧化反应。氧化方法不同，所参与的氧化机制不同，油脂氢过氧化物可继续氧化（其他双键）生成二级氧化产物，可以直接聚合形成多聚物，可以脱水形成酮基酸酯，二级氧化产物也可分解产生一系列小分子化合物。

根据光谱线命名规则规定，没有未成对电子的分子称为单线态，有一个未成对电子的分子称为双线态，有两个未成对电子的分子称为三线态。根据此规则，基态氧分子为三线态（图5－1），激发态氧分子为单线态（图5－2），游离基氧含有一个未成对电子亦即为双线态，三线态氧可成为游离基状态，而单线态氧没有此特性，所以基态氧可参与游离基反应，而激活态氧不能进行游离基反应。

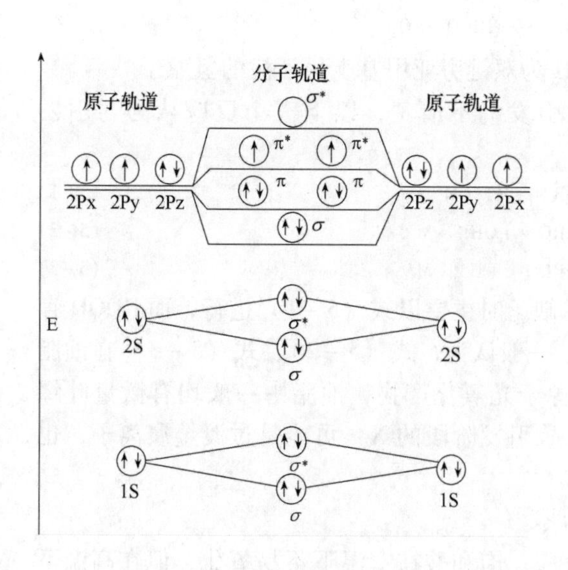

图5－1　三线态氧分子轨道

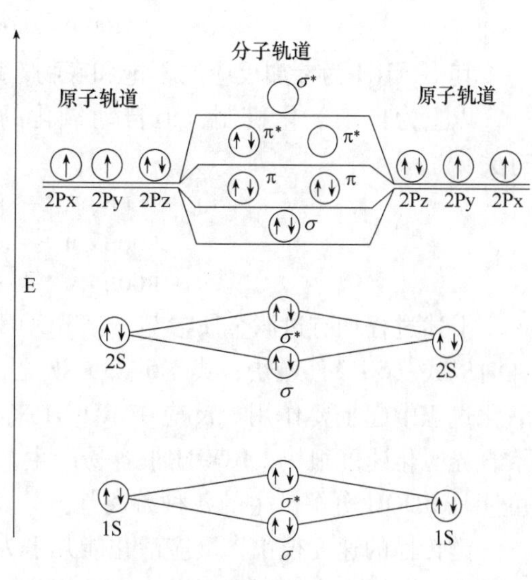

图5－2　单线态氧分子轨道

单线态氧分子的产生有多种途径，有化学方法、光化学方法、酶法和物理法，对油脂而言，主要是以光化学方法为主。油脂中含有叶绿素和脱镁叶绿素，此类物质吸收紫外线，能量从基态变为单线激发态。单线激发态存活期很短，能迅速放出能量回到基态，或变成能量较低的三线激发态。三线激发态与基态氧（$^3O_2$）反应发生能量转移，产生单线态氧（$^1O_2$），具有此类性质的物质称之为光敏剂。

空气氧化对油脂影响很大，分解产生的醛、酮、酸等小分子，有强烈的刺激味，影响口味，不适宜食用，该味常称之哈味。氧化产生的聚合物很难被动物吸收，常积累在体内造成伤害，故防止油脂氧化很重要。

第二节　自动氧化

自动氧化是一个自催化过程，是一个游离基链反应，分引发、传播和终止三个阶段。

（1）引发　烷基自由基的形成。

$$RH \xrightarrow{X^*} R^* + H^*$$

（2）传播　烷基自由基和过氧自由基的链反应。

$$R\cdot + O_2 \longrightarrow ROO\cdot$$

$$ROO\cdot + R_1H \longrightarrow ROOH + R_1\cdot$$

（3）终止　非自由基产物的形成。

$$R\cdot + R\cdot \longrightarrow RR$$

$$ROO\cdot + ROO\cdot \longrightarrow ROOR + O_2$$

$$RO\cdot + R\cdot \longrightarrow ROR$$

$$ROO\cdot + R\cdot \longrightarrow ROOR$$

$$2RO\cdot + 2ROO\cdot \longrightarrow 2ROOR + O_2$$

其中，RH 为参加反应的不饱和底物，H 为双键旁亚甲基上最活泼的氢原子。

以上为自动氧化机制，但自动氧化的引发仍不清楚，以下三个反应认为与引发有关：

$$RH + M^{3+} \longrightarrow R\cdot + H^+ + M^{2+} \tag{5-1}$$

$$ROOH + M^{2+} \longrightarrow RO\cdot + OH^- + M^{3+} \tag{5-2}$$

$$ROOH + M^{3+} \longrightarrow ROO\cdot + H^+ + M^{2+} \tag{5-3}$$

上述过程均有过渡金属参与。当 ROOH 缺乏时主要以式（5-1）进行，而 ROOH 存在时以式（5-2）最快，式（5-3）次之，一般认为，式（5-2）、式（5-3）在油脂氧化过程中起主要作用。反应中 ROOH 来源于光氧化产物，油脂中一般均有微量叶绿素，光氧化速度很快，ROOH 很容易产生，故引发阶段的 X·可能是过渡金属离子，也可能是 ROOH 分解产生的各种游离基。

链传播的速度很快，反应活化能几乎为零。

不饱和键在室温下即可发生自动氧化反应。饱和酸在室温下不易氧化，但在高温下也能反应。以下以单一脂肪为例进行比较。

（1）油酸酯　采用各种色谱手段可以从油酸酯的氧化产物中分出四种位置异构体：

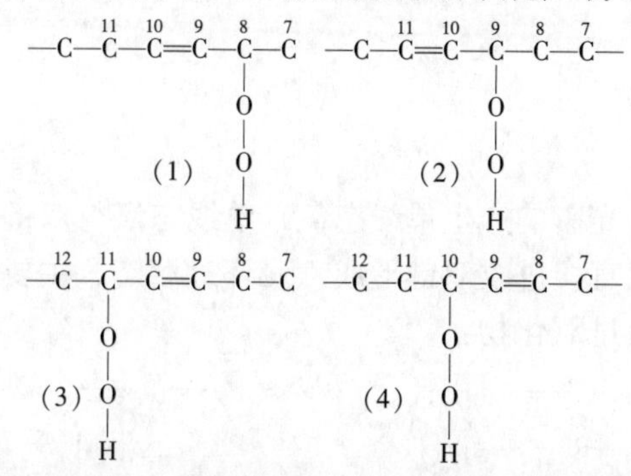

采用色谱分离并以 MS 鉴定发现油酸酯反应产物中四种异构体含量基本相同：8 - OOHΔ^{9}（26% ~27%），9 - OOHΔ^{10}（22% ~24%），10 - OOHΔ^{8}（22% ~23%），11 - OOHΔ^{9}（26% ~28%），油酸酯亚甲基直接脱氢产生的 8 位和 11 位异构体要比共振产生 9 位和 10 位异构体多一些。在反应中由于质子离域化作用，顺式双键更容易形成稳定的反式构型，形成过氧基时反式双键也比顺式空间障碍小，更容易进行。因此，产物中反式异构体占 70% 左右，而顺式仅为 30% 左右。

（2）亚油酸酯　亚油酸酯的自动氧化速度是油酸酯的 10 ~40 倍，因为双键中间的亚甲基非常活泼，更容易形成游离基。因此，在油脂中油酸和亚油酸共存时，亚油酸可诱导油酸的氧化。

$$-\underset{\text{OOH}}{\overset{13}{\text{CH}}}-\text{CH}=\overset{11}{\text{CH}}-\text{CH}=\overset{9}{\text{CH}}- \qquad -\text{CH}=\overset{12}{\text{CH}}-\text{CH}=\overset{10}{\text{CH}}-\underset{\text{OOH}}{\overset{9}{\text{CH}}}-$$

亚油酸酯的氧化产物为等量的 9 - OOH$\Delta^{10,12}$和 13 - OOH$\Delta^{9,11}$，到目前为止也没有检测出 11 - OOH$\Delta^{9,12}$的存在。

（3）亚麻酸酯　亚麻酸酯比亚油酸酯的氧化快 2 ~4 倍，原因是其两个非常活泼的亚甲基存在：

$$-\overset{16}{\text{C}}=\overset{15}{\text{C}}-\overset{14}{\text{C}}-\overset{13}{\text{C}}=\overset{12}{\text{C}}-\overset{11}{\text{C}}=\overset{10}{\text{C}}-\underset{\text{OOH}}{\overset{9}{\text{C}}}- \quad (1) \qquad -\overset{16}{\text{C}}=\overset{15}{\text{C}}-\overset{14}{\text{C}}=\overset{13}{\text{C}}-\underset{\text{OOH}}{\overset{12}{\text{C}}}-\overset{11}{\text{C}}-\overset{10}{\text{C}}=\overset{9}{\text{C}}- \quad (2)$$

$$-\overset{16}{\text{C}}=\overset{15}{\text{C}}-\overset{14}{\text{C}}-\underset{\text{OOH}}{\overset{13}{\text{C}}}-\overset{12}{\text{C}}=\overset{11}{\text{C}}-\overset{10}{\text{C}}=\overset{9}{\text{C}}- \quad (3) \qquad -\underset{\text{OOH}}{\overset{16}{\text{C}}}-\overset{15}{\text{C}}=\overset{14}{\text{C}}-\overset{13}{\text{C}}=\overset{12}{\text{C}}-\overset{11}{\text{C}}-\overset{10}{\text{C}}=\overset{9}{\text{C}}- \quad (4)$$

亚麻酸酯氢过氧化物有四种异构体：9 - OOH$\Delta^{10t,12c,15c}$，12 - OOH$\Delta^{9c,13t,15c}$，13 - OOH$\Delta^{9c,11t,15c}$，16 - OOH$\Delta^{9c,12c,14t}$，异构体中有三个双键，未共轭的一个双键均为顺式，而共轭的两个双键均为顺反结构。结果表明：9 位和 16 位异构体占 80%，而 12 位和 13 位异构体占 20% 左右，因为 9 位和 16 位的空间阻碍小，反应容易进行。

第三节　光氧化

基态氧受光敏剂和日光影响产生单线态氧，单线态氧与双键发生一步协同反应而不是游离基反应。单线态氧直接进攻双键形成六元环过渡态，主要按照两种方式形成过渡态，双键发生位移形成氢过氧化物：

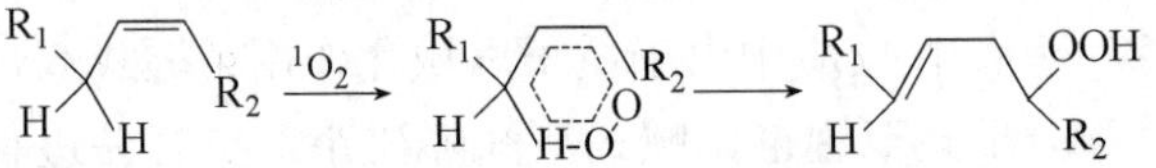

在单线态氧引发的氧化反应过程中，亚油酸酯和亚麻酸酯光氧化均产生两种非共轭氢过氧化物异构体，而自动氧化则不存在。非共轭氢过氧化物发生异构化反应产生共轭氢过氧化物：

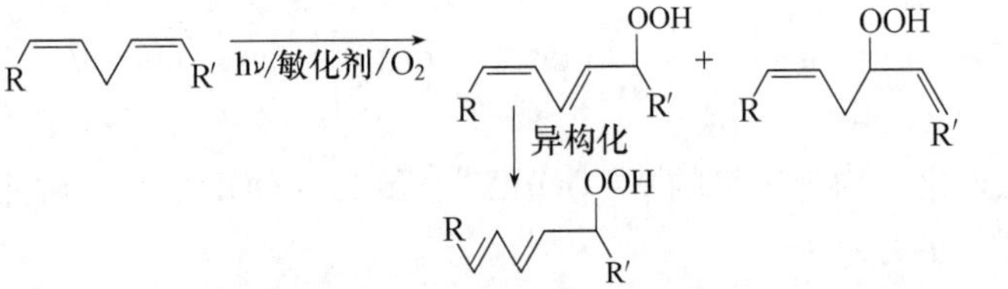

hν/敏化剂/O_2　　异构化

光氧化速度极快，一旦单线态氧产生，反应速度比自动氧化速度高千倍。在光氧化过程中，单线态氧进攻任一不饱和碳原子使双键发生位移。因此，光氧化产生的氢过氧化物位置异构体与自动氧化不同，有几个不饱和碳原子，就产生几个位置异构体：

油酸酯：$9-OOH\Delta^{10}$和$10-OOH\Delta^{8}$

亚油酸酯：$9-OOH\Delta^{10,12}$，$10-OOH\Delta^{8,12}$，$12-OOH\Delta^{9,13}$，$13-OOH\Delta^{9,11}$

亚麻酸酯：$9-OOH\Delta^{10,12,15}$，$10-OOH\Delta^{8,12,15}$，$12-OOH\Delta^{9,13,15}$，$13-OOH\Delta^{9,11,15}$，$15-OOH\Delta^{9,12,16}$，$12-OOH\Delta^{9,12,14}$

在自动氧化中，油酸酯、亚油酸酯、亚麻酸酯的氧化速度之比值为1∶12∶25，而光氧化速度的比值为1.0∶1.7∶2.3。

第四节　酶促氧化

有酶参与的氧化反应称为酶促氧化。有关氧化油脂的酶有两种；一种是脂肪氧化酶，简称脂氧酶；另一种是加速分解已氧化成氢过氧化物的脂肪氢过氧化酶。酶氧化会破坏必需脂肪酸，所产生的自由基破坏其他化合物包括维生素和蛋白质，使豆类产生不良风味等。

自然界普遍存在着脂氧酶，主要存在于植物体内，脂氧酶中含有一个铁原子，有三种形态，一种是无色酶，一种是黄色酶，一种是紫色酶。三种酶在需氧反应和厌氧反应中均能发生氧化反应，需氧氧化反应首先是自 C_{11} 位上脱去一个氢原子，如果脱去的是 11S 的氢原子，则氧进入 C_{13} 位。如果脱去的是 11R 氢原子，则氧进入 C_9 位。这类物质可使氧气与油脂发生反应产生氢过氧化物。

脂氧酶有选择性，只能对含有顺五碳双烯结构的多不饱和脂肪酸进行氧化，对一烯酸（如油酸）和共轭酸不起氧化作用，因此反应产物常表现一定的立体构型，具有旋光性。这与自动氧化和光氧化均不同，如图 5－3 所示。

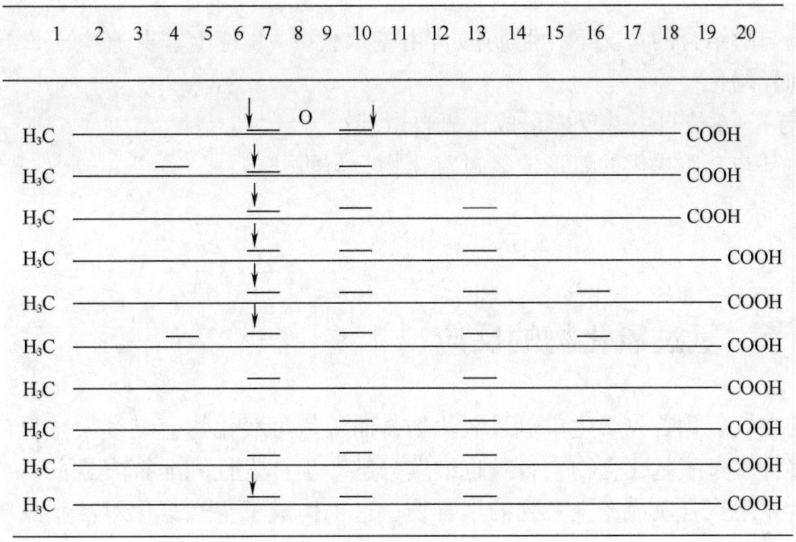

图 5－3　大豆脂氧酶催化反应的位置专一性

酶促氧化反应机制如图 5－4 所示。

对图中所示各步解释如下：

①酶与脂肪酸形成立体专一性的复合物；

②酶从脂肪酸 $n-8$ 位上夺取一个电子或者氢原子形成该位上的自由基；

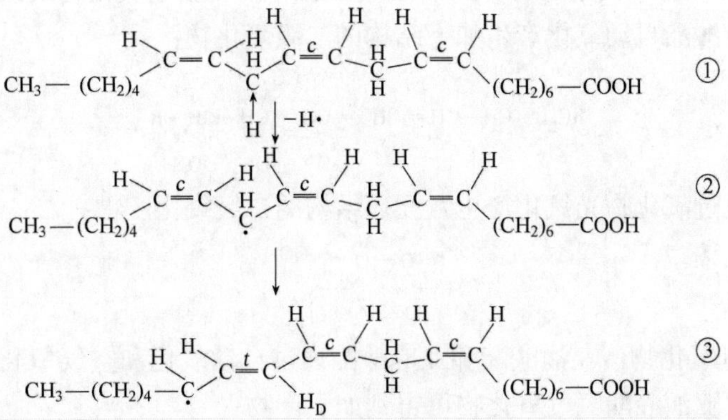

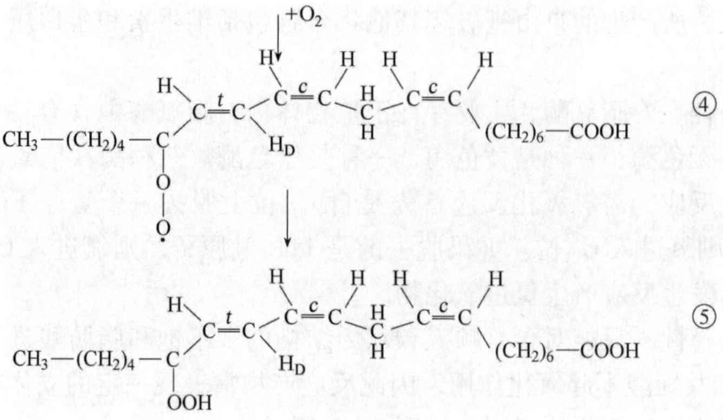

$$+O_2$$

$$CH_3-(CH_2)_4-\underset{\substack{|\\O\\|\\O\cdot}}{C}H-CH\overset{t}{=}CH-\overset{H_D}{C}H-CH\overset{c}{=}CH-CH_2-CH\overset{c}{=}CH-(CH_2)_6-COOH \quad ④$$

$$CH_3-(CH_2)_4-\underset{\substack{|\\OOH}}{C}H-CH\overset{t}{=}CH-\overset{H_D}{C}H-CH\overset{c}{=}CH-CH_2-CH\overset{c}{=}CH-(CH_2)_6-COOH \quad ⑤$$

图 5-4　酶促氧化反应机制

③在仍与酶结合的情况下，脂肪酸自由基取代 $n-8$ 位上非共享电子，导致双键发生共轭化和异构化；

④O_2 与 $n-6$ 位自由基反应形成过氧自由基；

⑤自由基与介质提供的氢形成氢过氧化物，与酶分离。

第五节　氢过氧化物的反应

油脂的空气氧化首先产生单氢过氧化物，而单氢过氧化物会继续发生反应，继续氧化会产生多种多过氧基化合物，自身也继续分解产生挥发性和非挥发性的醇、醛、酮等物质，或者发生聚合反应产生系列的聚合物，这也构成了空气氧化对油脂品质和营养影响的主要因素。

一、二级氧化产物

单氢过氧化物仍有双键可继续氧化生成多过氧基化合物。自动氧化、光氧化和酶促氧化均能参与二级氧化反应。由于底物不同、反应机理不同，产生的二级氧化产物也完全不同，产物非常复杂。

（1）氢过氧基环二氧化合物　亚油酸酯和亚麻酸酯氢过氧化物继续氧化均可以产生此类物质。亚麻酸酯自动氧化产生如下结构的二级氧化物：

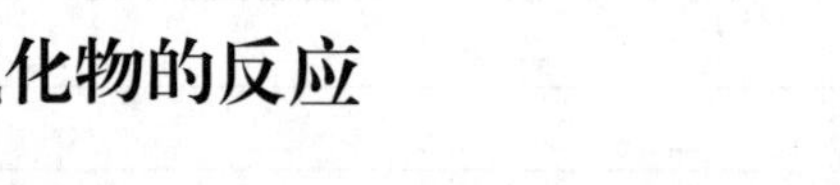

$$RCH=CH-CH=CH-\underset{\substack{|\\O}}{C}H-CH_2-\underset{\substack{|\\O}}{C}H-\underset{\substack{|\\OOH}}{C}H-R'$$

（两个 O 相连：O—O）

亚油酸酯氢过氧化物光氧化产生六元环结构的二级氧化产物：

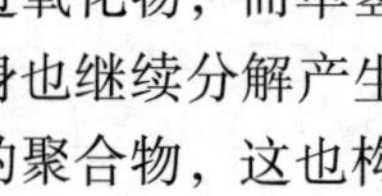

R—（六元环：O—O，环内 CH=CH）—CH(OOH)—R′

（2）二氢过氧化物　亚油酸酯和亚麻酸酯通过自动氧化和空气氧化均可得到二氢过氧化物，光氧化亚油酸酯氢过氧化物可得到如下产物：

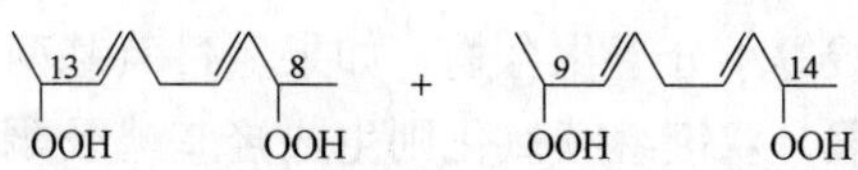

亚麻酸酯氢过氧化物发生自动氧化可得：

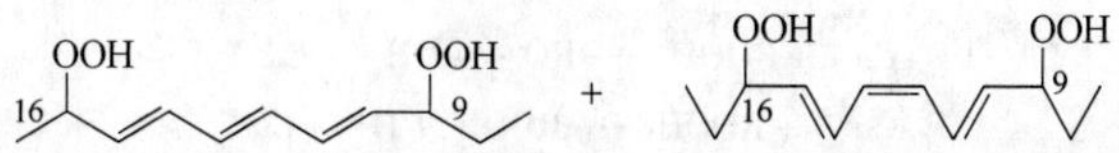

（3）氢过氧基二环二氧化物　亚麻酸酯氢过氧化物氧化可得到如下产物：

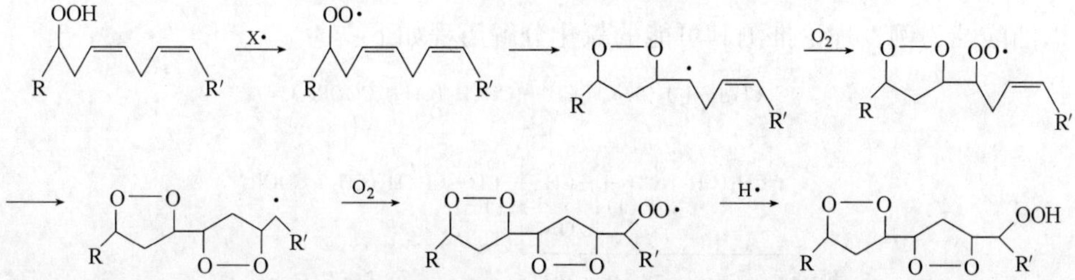

（4）氢过氧基二环过氧化物　酶促氧化花生四烯酸产生前列腺素即参与二环过氧化物的生成，α－亚麻酸酯空气氧化可得：

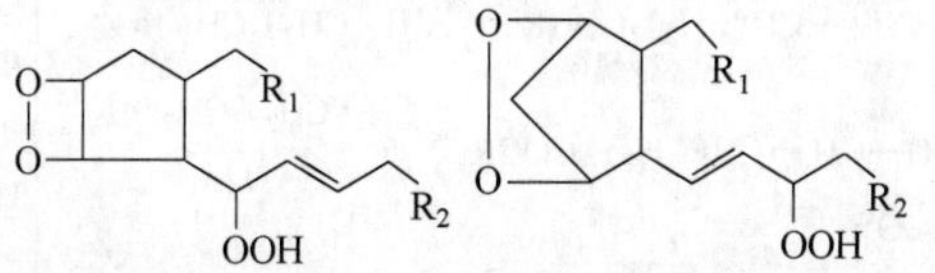

此类物质不稳定易变成羟基。

（5）环氧基酯和酮基酯　单氢过氧化物发生1，2－环化作用产生环氧基酯，而脱水则产生酮基酯。

二、氢过氧化物分解

（1）单氢过氧化物分解　氢过氧化物和环过氧化物很不稳定，极易产生小分子化合物，温度越高，分解加剧。

氢过氧化物的分解主要发生在氢过氧基两端的单键上（A和B）。由于—OOH的影响，A键和B键减弱，断裂形成游离基，后发生系列反应，总体反应历程为：

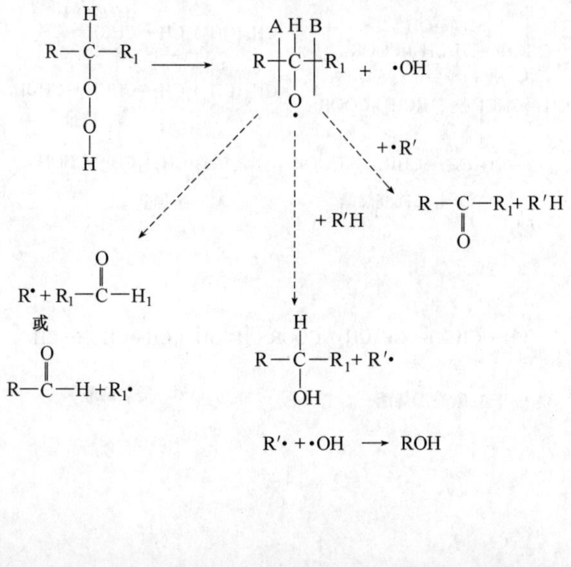

$R'\cdot + \cdot OH \longrightarrow ROH$

由此产生了醇、醛、酸等小分子化合物，如果氢过氧基两端还有双键存在则可能产生烯烃、烯醇、烯醛、烯酸，双键继续氧化则生成羟基醛及酮基醛等多基团小分子和酮类、酯类化合物等，应当指出，在氢过氧化物分解过程中，金属离子也起了非常重要的作用：

$$Cu^{+} + ROOH \longrightarrow RO\cdot + OH^{-} + Cu^{2+}$$

$$Cu^{2+} + ROOH \longrightarrow ROO\cdot + H^{+} + Cu^{+}$$

$$2ROOH \longrightarrow RO\cdot + ROO\cdot + \underbrace{H^{+} + OH^{-}}_{H_2O}$$

以油酸酯为例，理论推测其可能的氧化分解历程如下：

$CH_3(CH_2)_5CH_2CH_2CH=CHCH_2(CH_2)_6COOR$

↓ O_2，H·

$CH_3(CH_2)_5\overset{12}{C}H_2$ —(Ⅱ)— $\overset{11}{C}H(O\text{-}OH)$ —(Ⅰ)— $\overset{10}{C}H=CHCH_2(CH_2)_5COOR$

① 式断裂（$C_{10}\sim C_{11}$）

$CH_3(CH_2)_6CHO$ + { $\dot{C}H=CH(CH_2)_7COOR + \dot{O}H$ ↓H·或·OH $CH_2=CH(CH_2)_7COOR$（Δ^9 癸烯酯）或 $HO-CH=CH(CH_2)_7COOR$ ↓重排 $OHCCH_2(CH_2)_7COOR$（癸醛酯）}

$CH_3(CH_2)_6CHO$ ↓O_2 $CH_3(CH_2)6COOH$ 辛酸

② 式断裂（$C_{11}\sim C_{12}$）

{ $CH_3(CH_2)_5\dot{C}H_2 + \dot{O}H$ ↓H·或 OH $CH_3(CH_2)_5CH_3$ 庚烷 或 $CH_3(CH_2)_5CH_2OH$ ↓O_2 $CH_3(CH_2)_5CHO$（庚醛）} + $OHCCH=CH(CH_2)_7COOR$ Δ^9－十一碳醛烯酯

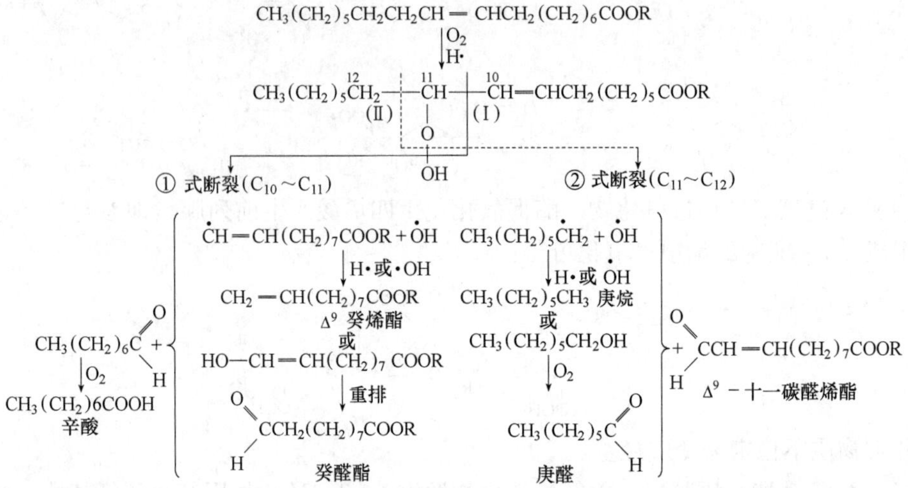

以亚油酸酯为例，理论推测其可能的氧化分解历程如下：

$CH_3(CH_2)_3\overset{14}{C}H_2\overset{13}{C}H=\overset{12}{C}H\overset{11}{C}H_2\overset{10}{C}H=\overset{9}{C}H\overset{8}{C}H_2(CH_2)_6COOR$

↓ O_2 H·

①C_{13}－氢过氧化物

$CH_3(CH_2)_3CH_2$ —(Ⅱ)— $\overset{13}{C}H(O\text{-}OH)$ —(Ⅰ)— $CH=CH-CH=CHCH_2(CH_2)_6COOR$

②C_9－氢过氧化物

$CH_3(CH_2)_3\overset{14}{C}H_2\overset{13}{C}H=\overset{12}{C}H\overset{11}{C}H=\overset{10}{C}H$ —(Ⅰ)— $\overset{9}{C}H(O\text{-}OH)$ —(Ⅱ)— $\overset{8}{C}H_2-(CH_2)_5COOR$

（Ⅰ）式分裂（$C_{13}\sim C_{12}$）

$CH_3(CH_2)_4CHO$（己醛）+ { $\dot{C}H=CHCH=CH(CH_2)_7COOR + \cdot OH$ ↓·H或·OH $CH_2=CHCH=CH(CH_2)_7COOR$（$\Delta^{9,11}$－十二碳二烯酯）或 $HO-CH=CHCH=CH(CH_2)_7COOR$ ⇅重排 $OHC-CH_2CH=CH(CH_2)_7COOR$（$\Delta^9$－十二碳醛烯酯）}

（Ⅰ）式分裂（$C_9\sim C_{10}$）

{ $CH_3(CH_2)_4CH=CHCH=\dot{C}H + \dot{O}H$ ↓H·或$\dot{O}H$ $CH_3(CH_2)_4CH=CHCH=CH_2$（$\Delta^{1,3}$－壬二烯）或 $CH_3(CH_2)_4CH=CHCH=CHOH$ ⇅重排 $CH_3(CH_2)_4CH=CHCH_2CHO$（Δ^3－壬烯醛）} + $OHC(CH_2)_7COOR$ 壬醛酯

（Ⅱ）式分裂（$C_{13}\sim C_{14}$）

{ $CH_3(CH_2)_3\dot{C}H_2 + \dot{O}H$ ↓·H或·OH $CH_3(CH_2)_3CH_3$ 戊烷 或 $CH_3(CH_2)_3CH_2OH$ ↓O_2 $CH_3(CH_2)_3CHO$ 戊醛 } + $OHC-CH=CHCH=CH(CH_2)_7COOR$ $\Delta^{9,11}$－十三碳醛二烯酯

（Ⅱ）式分裂（$C_9\sim C_8$）

$CH_3(OH_2)_4CH=CHCH=CHCHO$ $\Delta^{2,4}$－癸二烯醛 + { $\dot{C}H_2(CH_2)_6COOR + \dot{O}H$ ↓H·或$\dot{O}H$ $CH_3(CH_2)_6COOR$ 辛酸酯 或 $CH_2(OH)(CH_2)_6COOR$ ↓O_2 $OHC(CH_2)_6COOR$ 辛酸酯 }

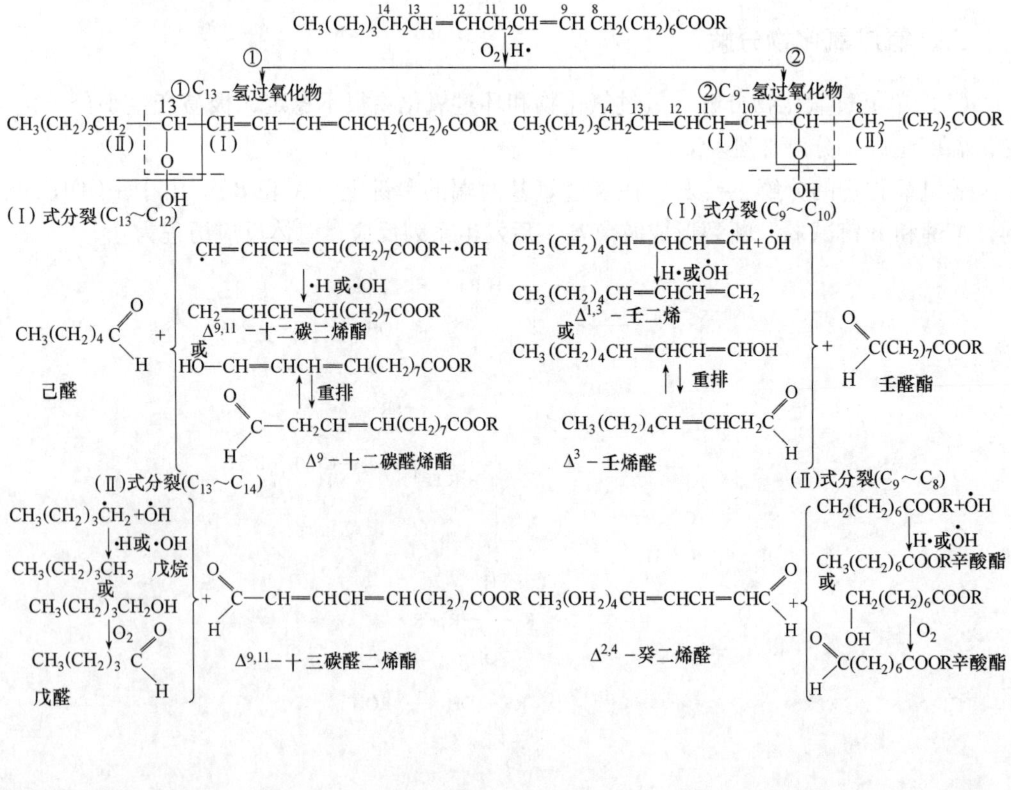

（2）二级氧化产物的分解　二级氧化产物也可以分解产生小分子，例如氢过氧基环二氧亚油酸甲酯热分解生成戊烷、己醛、2－庚烯醛、9－氧基－壬酸甲酯、10－氧基－8－癸烯酸甲酯、3－烯－2－辛酮、辛酸甲酯等。因此油脂的氧化分解是一个很复杂的问题，有待于进一步论证。

三、氧化聚合

氢过氧化物分解的游离基间相互结合是氧化聚合的主要来源，见油脂化学性质章节之聚合反应。

氧化聚合反应中既形成 O—O 结合的二聚物，也形成 C—O 和 C—C 结合的二聚物。这些聚合物对油脂的食用有不利影响，但也可以利用氧化聚合的性质生产对人们有用的产品，例如通过强化外部条件促进油脂氧化聚合生产油漆、涂料、塑料和橡胶等制品。

第六节　油脂氧化程度和油脂稳定性的评价

一、油脂氧化程度的评价

1. 过氧化值（PV）

油脂的过氧化值是指 1000g 油脂中所含氢过氧化物的毫摩尔数，其大小与油脂中的氢过氧化物的多少有直接的关系。这是由于油脂受空气氧化后氢过氧化物逐渐增多，而氢过氧化物中的过氧原子十分活泼，很容易氧化 I^-，定量地游离出 I_2，并用硫代硫酸钠（$Na_2S_2O_3$）标准溶液滴定。其反应机理如下：

$$-\underset{\displaystyle |\atop \displaystyle OOH}{CH}-CH=CH- \;+\; 2KI \xrightarrow{H^+} -\underset{\displaystyle |\atop \displaystyle OH}{CH}-CH=CH- \;+\; K_2O + I_2$$

$$I_2 + 2Na_2S_2O_3 \longrightarrow 2NaI + Na_2S_4O_6$$

根据该反应原理可以在油脂氧化的一定范围内来评价其氧化程度，如果油脂空气氧化加深，氢过氧化物发生分解，此时过氧化值不能准确地衡量油脂的氧化程度。

2. 氧化产物的颜色反应

油脂氧化产物的颜色反应是指油脂氧化分解生成的小分子物质与有关试剂生成有色物质，通过观察或检测颜色的深浅来判定油脂氧化的程度。

（1）茴香胺值（Anisidine Value，Anv）　醛类化合物与茴香胺（对甲氧基苯胺）缩合呈现黄色，并且在波长 350nm 处有最大吸收。其反应如下：

$$R-C(=O)H + H_2N-C_6H_4-OCH_3 \longrightarrow R-C(H)=N-C_6H_4-OCH_3 + H_2O$$

（2）间苯三酚反应　羰基与间苯三酚在酸性乙醚溶液中缩合呈现粉红色反应，即：

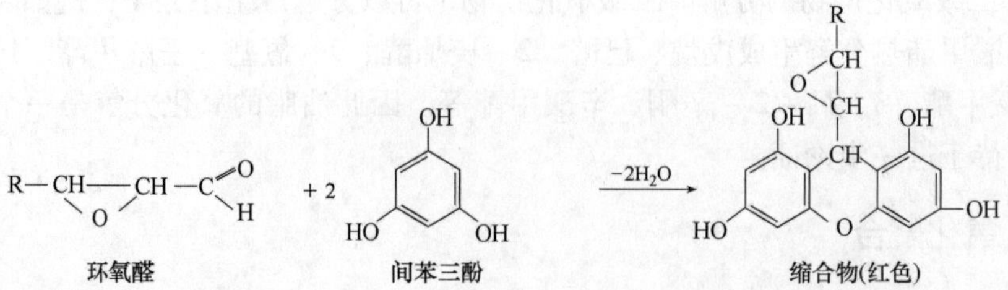

环氧醛　　间苯三酚　　缩合物(红色)

（3）2，4－二硝基苯肼反应　2，4－二硝基苯肼与醛缩合呈现红色反应，即：

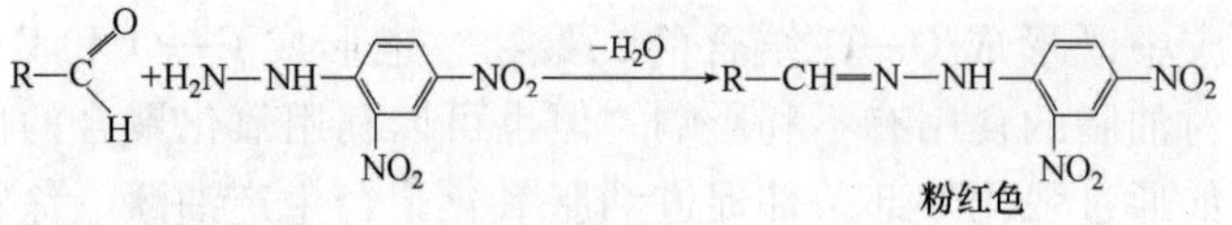

粉红色

如在碱性试剂中则显葡萄色：

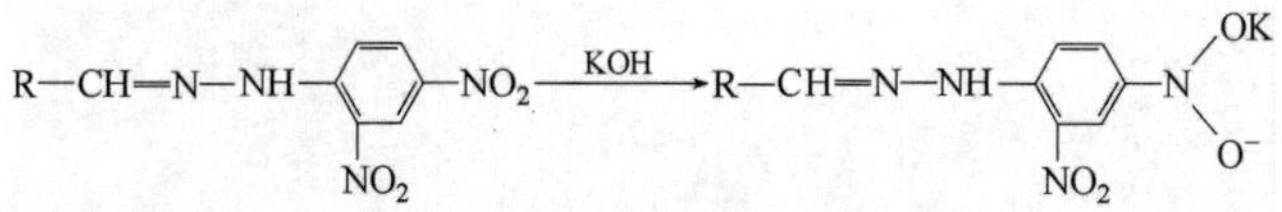

饱和醛在波长300nm处有最大吸收，但易褪色。不饱和醛在460nm处有最大吸收，一般羰基值为0.2时，即表示油脂已经开始酸败。

（4）2－硫代巴比妥酸试验　2－硫代巴比妥酸与醛缩合生成红色或黄色的缩合物。反应为：

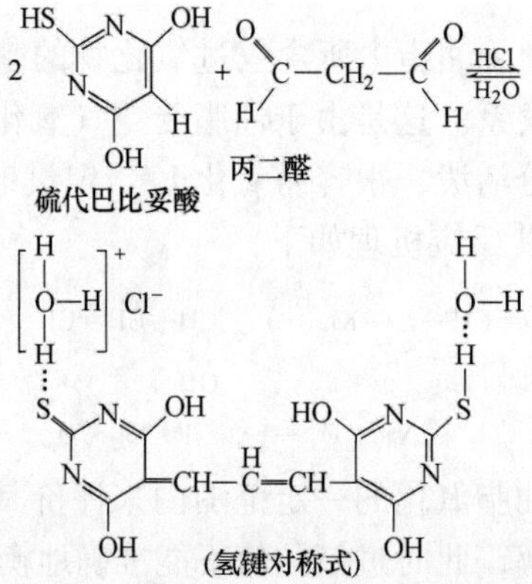

硫代巴比妥酸　　丙二醛

（氢键对称式）

2－硫代巴比妥酸除与Δ^2－一烯醛及丙二醛反应生成红色物质外，与其他醛类生成黄色物质。其中红色反应物在532nm处有最大吸收率，黄色反应物在450nm处有最大吸收率，根据2－硫代巴比妥酸值（TBA）的大小可以判定油脂是否酸败以及酸败的程度。

（5）酮值的测定　酮类物质与水杨醛缩合生成特殊的红色物质。即：

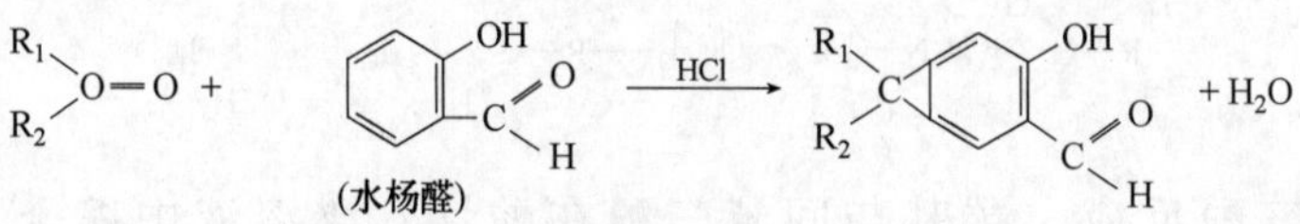

（水杨醛）

该反应非常灵敏，可以检测2mg/kg的酮类物质。

3. 色谱法检测油脂中挥发性的小分子或氢过氧化物的含量

气相色谱直接分离测定油脂中醛、烃等挥发性的小分子含量，用以判断油脂酸败的程度。此方法可以选择戊烷、己醛、戊醛等单一成分测定其含量，也可以测定总挥发物的含量。该测定值与感官评价有良好的对应关系。另外，也可利用 GC - MS 或高效液相色谱直接测定油脂中氢过氧化物的含量。

4. 感官风味评价

感官风味评价是一种直观的评价方法，受主观因素和外部条件影响较大，很难准确评定。但是，感官评价与普通消费者对油脂风味的接受程度更为符合。其准确的评定方法为：由专家取样，并将样品盛放在相同规格的容器内，品味前将其在一定的温度下保持一定时间，然后由专家随机品味（有些专爱喜欢由淡到浓品味）并打分。品味指标采用 10 分制或 9 分制，分数越高，油脂质量越好，酸败程度越小。

二、油脂稳定性的评价方法

油脂稳定性的评价一般要通过加速氧化的方法进行。加速氧化的方法有：升高温度，光线照射，高能辐射，添加金属，连续通入空气等。下面介绍几种常见的油脂稳定度的测定方法。

1. Schall 烘箱法

将一定量的油脂（50g 或 100g）置于干燥清洁的烧杯中，杯口盖上表面皿后放入 63℃恒温箱内，每隔一定的时间感官评价其风味，记录直到产生臭味的时间（小时或天数）。时间越长，油脂稳定度越高。这种方法称为 Schall 烘箱法。

2. 活性氧法

活性氧法简称 AOM（Active Oxygen Method），又称 Swift test。将 20g 油脂置于一定体积（ϕ25mm × 200mm）的试管中，在 97.8℃下连续通入 2.33mL/s 的干燥洁净空气，测定油脂过氧化值达到 50mmol/kg 的时间（h）。AOM 值愈大，油脂的稳定程度愈高。

3. 电导法

目前经常使用的 Rancimat 测定法是在 AOM 的基础上改进的自动测定油脂稳定度的仪器。主要将出气管通入有 Zn - Cu 电极的水管内，然后测定水的电导率。以电导率和时间作图分析或者计算达到诱导期终点的时间。

评价油脂稳定度的方法还有氧弹法、DSC、介电常数等方法。

三、货架寿命的预测

油脂的货架寿命是指在通常储藏条件下，油脂开始劣变的时间。

一般利用烘箱法、AOM 或 Rancimat 法测定油脂在几种不同温度下其过氧化值（PV）达到 5mmol/kg（诱导期）的时间，利用外推法计算出室温（25℃）下 PV 达到 5mmol/kg 的时间，此值即为该油脂的货架寿命。也可以利用 GC 测定几种不同温度下油脂中的正己醛达到某一定值（如 0.08mg/kg）时的时间，并利用外推法同样估算出该油脂的货架寿命。此两种方法是目前预测油脂货架寿命的最佳方法。

图 5 - 5 是对葵花籽油、鱼油货架寿命的预测图。

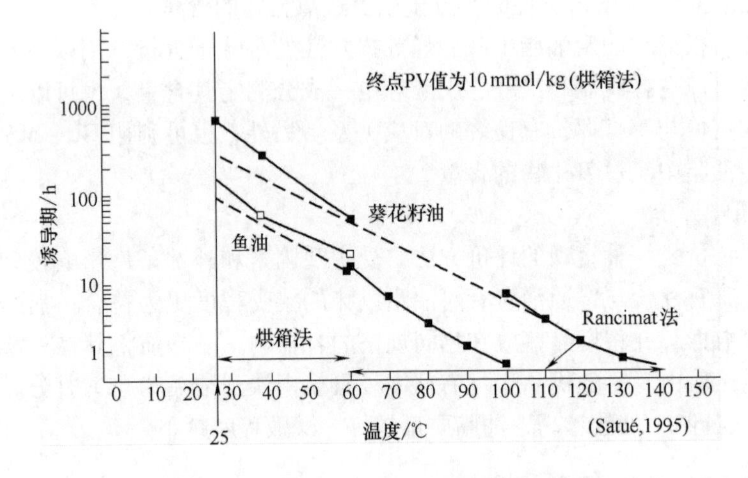

图5－5 葵花籽油、鱼油的货架寿命预测图

四、氧化对油脂品质的影响

1. 油脂酸败

油脂经氧化或水解而产生的小分子醛、酮、酸等物质，除极少数具有类似芳香味外，绝大多数都具有刺激性气味，不同的气味混合在一起形成哈喇味，这种现象称为油脂酸败。油脂酸败分为氧化酸败和水解酸败。氧化酸败是由于油脂氧化所致；水解酸败则是由乳脂、椰子油等低分子脂肪酸油脂经水解产生的可挥发性脂肪酸所具有刺激性气味造成的。

很多醛、酮、酸、内酯等小分子都有一定的气味，有的难闻，有的好闻，有的较弱，有的较强。各种油脂组成的脂肪酸不同，达到酸败时的过氧化值也不相同。猪油 PV 为 20mmol/kg，橄榄油为 50 ~ 60mmol/kg，而豆油、葵花籽油、玉米油等为 125 ~ 150mmol/kg 时才有酸败气味。

油脂酸败一般过氧化值升高，碘值降低，酸值增加，羟值也显著增加。为防止油脂氧化，一般要采用避光、热，去除叶绿素等光敏物质，减少金属离子、改进贮存、加抗氧剂和增效剂、降低水分含量、除去油中亲水杂质和可能存在的脂肪酸及有关微生物对防止水解酸败也很有效。

2. 油脂回味

精炼脱臭后的油脂放置很短的一段时间，在过氧化值很低时就产生一种不好闻的气味，这种现象称为油脂回味。

经研究发现含有亚油酸和亚麻酸较多的油脂例如豆油、亚麻籽油、菜籽油和海产动物油容易产生这种现象。油脂的回味和酸败味略有不同，并且不同的油脂有不同的回味。豆油回味由淡到浓被称为“豆味”、“青草味”、“油漆味”及“鱼腥味”，氢化豆油有“稻草味”。有关油脂的回味机理还不十分清楚，有人认为可能的原因是由于亚油酸和亚麻酸酸化生成呋喃类化合物所造成的。亚麻酸氧化生成戊烷基呋喃类化合物的历程如图 5 －6 所示。

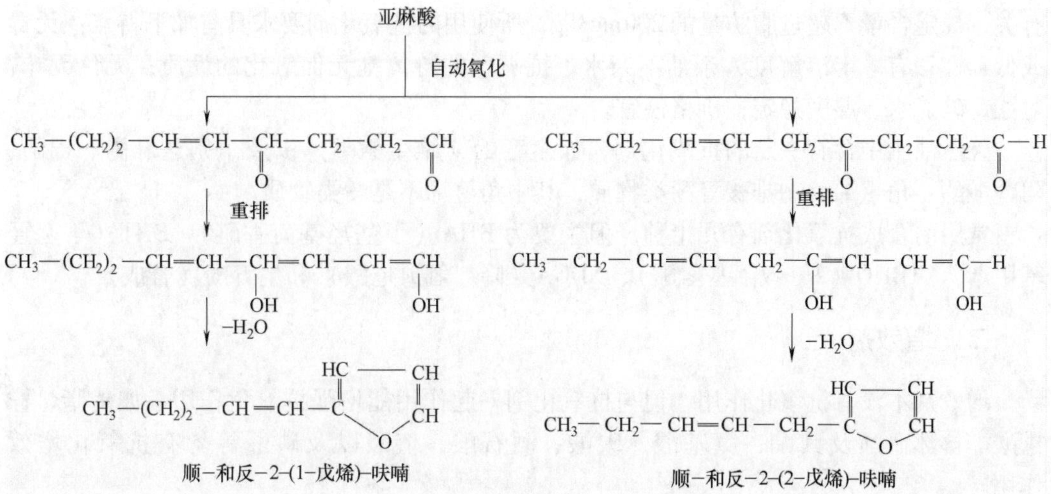

亚麻酸

自动氧化

$CH_3-(CH_2)_2-CH=CH-CH(=O)-CH_2-CH_2-CH(=O)$　　　$CH_3-CH_2-CH=CH-CH_2-C(=O)-CH_2-CH_2-C(=O)-H$

重排　　　重排

$CH_3-(CH_2)_2-CH=CH-C(OH)=CH-CH=CH(OH)$　　　$CH_3-CH_2-CH=CH-CH_2-C(OH)=CH-CH=C(OH)-H$

$-H_2O$　　　$-H_2O$

顺-和反-2-(1-戊烯)-呋喃　　　顺-和反-2-(2-戊烯)-呋喃

图5-6　亚麻酸氧化生成戊烷基呋喃类化合物的历程

第七节　油脂抗氧化剂、增效剂、淬灭剂

一、抗氧化剂

影响油脂氧化的因素有很多，大致可分为促氧化和抗氧化两大部分。对油脂起促氧化作用的如空气、光照、温度、水分、色素、金属离子及酶等，对油脂起抗氧化作用的有抗氧化剂、增效剂、淬灭剂等。

如果一种化合物能够在氧化引发阶段阻止烷基自由基的形成，或者在链传播阶段中断自由基链的传播，这种化合物就能够阻止脂质氧化的发生或减慢氧化反应速度。这种在少量存在下（0.02%以下）延缓油脂自动氧化的物质称抗氧化剂（AH）。

抗氧化剂为自由基提供氢，抗氧化剂自由基与脂质自由基形成复合物，抗氧化剂自由基也被称为自由基受体。抗氧化剂抗氧化过程实际是抗氧化剂优先与自由基发生如下反应：

$$R\cdot + AH \longrightarrow RH + A\cdot$$

$$RO\cdot + AH \longrightarrow ROH + A\cdot$$

$$ROO\cdot + AH \longrightarrow ROOH + A\cdot$$

$$R\cdot + A\cdot \longrightarrow RA$$

$$RO\cdot + A\cdot \longrightarrow ROA$$

$$ROO\cdot + A\cdot \longrightarrow ROOA$$

$$\text{抗氧化剂} + O_2 \longrightarrow \text{抗氧化剂氧化物}$$

目前食品中使用的抗氧化剂主要有单羟基和多羟基酚类化合物，这些化合物给出氢的活化能很低，生成的抗氧化剂自由基不会引发其他自由基反应，而且由于其本身的稳定性也不会加速氧化反应的过程。抗氧化剂自由基能够与脂质自由基反应形成稳定的复合物。

食用油脂中的抗氧化剂的要求：根据食品添加剂法规，肉类制品监控法规和家禽制品监控法规规定，食品中使用的抗氧化剂的量（单一的或混合抗氧化剂）与其所含脂肪有关，规定含量不超过脂肪量的200mg/kg，所使用的抗氧化剂要求具有如下特点：无毒或低毒性；有一定溶解度，亲油不亲水；抗氧剂的游离基无促氧化的性质；无色无味，对酸、碱、水、温度稳定；价格便宜。

天然油脂中含有一定的抗氧化剂，如生育酚（维生素E）以及个别芝麻酚、棉酚、阿魏酸酯、角鲨烯、咖啡酸等酚类物质，其中角鲨烯不是酚类物质。

常用的合成抗氧化剂有几十种，但主要为BHA（丁基羟基茴香醚）、BHT（丁基羟基甲苯）、TBHQ（2-叔丁基氢醌）、NDGA（降二氢愈疮酸）和生育酚（合成）。

二、增效剂

增效剂本没有抗氧化作用，但与抗氧化剂一起作用能增强抗氧化作用，如磷脂、柠檬酸、抗坏血酸及其酯、氨基酸、碳酸、酒石酸、植酸以及磷酸等均有抗氧化增效作用。

增效剂的作用机理目前仍不完全肯定，但比较重要的一点是钝化金属离子。金属离子通过反应式（5-1）、式（5-2）、式（5-3）促进氢过氧化物加速分解形成过氧自由基和烷氧自由基，而加速油脂氧化的过程。除此之外，有些金属离子还可以激活氧气，形成单线态氧：

$$Fe^{2+} + O_2 \longrightarrow Fe^{3+} + O_2^- \longrightarrow {}^1O_2$$

增效剂和金属发生络合作用形成螯合物，使其失活或活性降低。

增效剂还能与抗氧化剂游离基反应，而使抗氧化剂还原：

$$A\cdot + HI \longrightarrow AH + I\cdot$$

其中，HI为增效剂；I·为增效剂游离基。

三、淬灭剂

单线态氧能将脂类化合物氧化成氢过氧化物，是油脂氧化的原因之一。淬灭剂即是能够将单线态氧（激发态）转变为三线态（基态）氧的物质。

天然油脂中存在着淬灭剂，类胡萝卜素是非常有效的淬灭剂，在低氧压力下能将单线态氧（激发态）转变为三线态（基态）氧，消除了单线态氧的存在，从而起到抗氧化作用，类胡萝卜素的淬灭过程主要参与能量的转移，即激发态能量转移到类胡萝卜素上，类胡萝卜素从基态变成激发态，激发态的类胡萝卜素可直接变成基态。

$${}^1O_2 + \beta\text{-胡萝卜素} \longrightarrow \beta\text{-胡萝卜素} + {}^3O_2$$

思考题

1. 何谓油脂的空气氧化？
2. 试述油脂自动氧化、光氧化、酶促氧化的机理。
3. 氢过氧化物如何进一步发生反应？
4. 油脂氧化程度和油脂稳定度如何评价？
5. 氧化对油脂品质有何影响？
6. 什么是油脂抗氧化剂、增效剂、淬灭剂？

第六章

油脂制取与精炼

第一节　动物油脂制取

屠宰动物时切割分离得到的脂肪组织，可以用来提取动物油脂。相对于植物油脂制取而言，动物油脂的制取比较简单。

动物脂肪组织通常含脂70% ~90%，其余为蛋白质为主的结缔组织和水分。其中猪板油含脂92% ~95%，牛脂肪组织含脂65% ~85%，而猪骨、牛骨含脂10% ~15%，小鱼含脂10% ~20%。

多脂的动物原料在熬油前只需较少的预处理。用来制造优质蒸煮猪脂的脂肪组织，一般不予清洗，也很少修整；用来生产中性低温脂（如优质牛脂或中性猪脂）的脂肪原料，在熬油前应从动物躯体中取出，仔细分割并清洗。一般来说，动物组织常被分成不同等级，这样，一方面可避免质量不同的原料混合，另一方面也因为某些部分，如那些含大骨头的原料，需要经过切割、破碎等更剧烈的处理。

动物油料适合用熬制法加工制油。熬制法类似于蒸煮技术，其本质是一种热处理过程。它主要分为干法熬制和湿法熬制。前者不加水或直接蒸汽，将脂肪组织放入一个带有蒸汽夹套的卧式容器中加热，使脂肪细胞破裂，释放出油，过滤除去残留物。该法可以在常压、减压和加压条件下进行。湿法熬制通常将直接蒸汽喷射到装有脂肪组织的密封容器中进行加热处理，该法温度比干法的低，仅仅使猪脂熔化，而蛋白质不至于变性，所得产品色泽浅，风味柔和。

如果脂肪组织处理和熬制得当，得到的油脂不需要经过处理就可以食用，如果油中游离脂肪酸或蛋白质含量过高，那么需要进一步精炼。动物脂肪常用于生产食品专用油脂，为了改善其特性，常需要进一步的脱色、脱臭、脱胆固醇、氢化、酯交换或者结晶分提。

第二节　植物油料的预处理

一、概述

油料制油时，从原料到提取油脂之前的所有的准备工作统称为预处理，其目的是除去杂质并将其制成具有一定结构性能的物料，以符合不同取油工艺的要求。

预处理主要包括净化、制坯两大步骤。

取油工艺多种多样，为了制得高品质的油脂，首先应尽可能除去杂质，这一过程即为净化。油料净化包括贮存、清理、脱绒、剥壳去皮及分离等工序。制坯包括破碎、烘干、软化、轧坯、膨化成型或蒸炒成型等工序。

油料预处理对油脂生产的重要性，不仅在于改善油料的结构性能而直接影响到出油率以及设备处理能力和能耗等，还在于对油料中各种成分产生作用而影响产品和副产品的质量。

油料预处理工艺按照制油方式可分成：压榨制油要求的预处理和浸出制油要求的预处理。前者要求确保蛋白质变性、凝聚油脂，坯料有良好弹性以承受机械压力，因此油料必须经蒸炒工序，使料坯受到强化湿热处理。而浸出制油时，要求入浸料坯结构性好、坯薄、油路短、粉末度低并具有合适的温度、水分，从而有利于溶剂渗透和蛋白质的低变性利用，因此可用轧坯、干燥、膨化成型等取代蒸炒工序。

传统的油料预处理工艺经过多年的生产实践，已经比较成熟，其优点是工艺流程简单、设备投资较少，不足之处是生坯中油料细胞破坏程度小，粉末度大，坯片质地细密紧实，浸出过程中渗透及滴干速度慢，浸出速率低，湿粕含溶高，浸出溶剂比大，混合油浓度较低。由此带来蒸发系统负荷增加、毛油质量差等问题。因此，油脂行业多年来一直在探索新的预处理工艺，而且不断有所突破。

新的油料预处理技术追求工艺的简化和效率的大幅度提高，同时更加重视预处理物料的结构性能和品质，并将其与最终产品的质量（如毛油和粕的品质）、精炼效能以及综合利用等联系起来。今后的预处理设备要适应油脂工业大规模化发展的需要，在不断提高设备质量的前提下，研制出产量大、消耗低的预处理设备，尤其是一些关键设备如组合清理与分级装置、轧坯机、预榨机、脱皮机、膨化成型机等，并采用微机自控操作，保证预处理生产前后工段的衔接，实现现代化的管理方式。

总之，随着油脂工业的不断发展，油料预处理在整个制油工艺中具有越来越重要的地位。

二、储藏

良好的储藏能达到如下的目的：促进种子成熟，防止劣变；改善加工工艺品质；提供品质均匀一致的原料或中间产品，维持生产稳定性。

决定油料贮存期长短的关键指标是水分含量，水分含量为12%时，大豆贮存期仅为

6～9个月，为10%时，则可长达4年。油料收获时水分含量高，有时甚至高达20%以上，一般要求把油料含水量干燥至临界水分以下才能入仓，这是因为水分是决定油籽呼吸强度的最主要因素。一般情况下，随着水分含量的增加，油籽呼吸强度升高。在一定温度下，水分升高到一定数值时，呼吸强度就急剧加强，形成一个明显的转折点，此点的油籽含水量称为临界水分。油料的临界水分也被定义为油料在空气相对湿度为75%时的平衡水分。将油料水分降低到"临界水分"以下进行储藏时，油料处于休眠状态，呼吸作用微弱，微生物及其他害虫的活动也受到最大限制，油料储藏的稳定性将大大提高。

油籽的安全水分一般均低于其临界水分。油籽中脂肪氧化时，能产生大量热和水，储藏时发热温度往往高于粮食，因此油籽的储藏安全水分要比一般粮食低得多，而且含油量越高，安全水分越低。如大豆为10%～13%，棉籽为10%～11%，菜籽为9%～10%，花生仁为8%～9%，葵花籽为7%～8.5%，芝麻为5%～8%。

油籽储藏的基本方法有干燥储藏、低温储藏、通风储藏，特殊的储藏技术有密闭储藏、气调储藏等。主要采用干燥储藏方法，在油厂常用的储藏干燥设备为塔式热风干燥机。

以降低油料或粕中的水分含量，保证其安全储藏为目的而进行的干燥称为储藏干燥。油料贮存中保持适当低的温度和防止虫鼠都是非常重要的。油料贮存不当是引起精炼损失和增加精炼成本的一个重要因素。

三、清理

油料清理，即除去油料中所含杂质的工序。

油料中所含杂质可分为泥土、沙石、灰尘及金属等无机杂质、茎叶、绳索、皮壳及其他种子等有机杂质和不成熟粒、异种油料、规定筛目以下的破损油料、病虫害粒等含油杂质，共三大类，其含量一般在1%～6%，这些杂质对制油极为不利，必须及时进行清理。

在清理工段，除一般要求设置的清理筛、去石机、磁选器、打麦机等设备外，现在也要求配备两级除尘系统，使原料中的有机杂质、并肩泥（石）、磁性物质、灰杂等彻底去除，提高后序工段的生产率，降低设备磨损。由于近年来原料普遍存在水分高、含杂多等质量问题，给后续工段带来很多困难，因此清选工序显得比以往更加重要。

清理后的油料，不但要求限制其中的杂质含量，同时还要规定清理所得下脚料中油料的含量。净料中杂质限量：对花生仁为0.1%，对大豆、棉籽、油菜籽、芝麻为0.5%；下脚料中油料限量：对大豆、棉籽、花生仁为0.5%，对油菜籽、芝麻为1.5%。

清理方法主要有以下几种。

1. 筛选法

筛选是利用油料与杂质之间粒度（宽度、厚度、长度）和相对密度等差异，借助筛孔分离杂质的方法。

常用的筛选设备有固定筛、振动筛和旋转筛等。它们的主要工作部分是筛面，根据油料和杂质颗粒形状及大小合理地选用筛孔。因其设备简单，只需更换筛面，即可适应不同的油料。

筛选同时也是一个自动分级过程。因此，组合筛选分级装置常常是清理工序的首选。

2. 风选法

风选是利用油料与杂质之间悬浮速度和相对密度的差别，借助风力除杂的方法。风选的主要目的是清除轻杂质和灰尘，同时还能除去部分石子和土块等较重的杂质，此法常用于棉籽和葵花籽等油料的清理。风选也可用于油料剥壳、去皮后的仁和皮壳的分离。风力分选器可分为吹式和吸式两种。

3. 筛选风选联合法

采用一种筛选和风选相结合的联合清理设备，如吸风平筛，除了能利用平筛进行筛选外，还能利用风力清除油料中的灰尘、皮壳、茎叶碎屑、棉绒等轻杂质和部分重杂质。

经脱绒后的棉籽，在装卸和运输过程中都会混进一定数量的无机和有机杂质，常采用筛选加风选的方法加以脱除。棉籽是常见油籽中最难清理的油料。

除了筛选－风选联合法，在实际生产中，常常采用多种组合清理方法进行油料的清理除杂，如筛选加风力除尘、筛选加磁选等。有些清理方法本身就包含几种清理原理。

4. 磁选法

磁选是利用磁力清除油料中磁性金属杂质的方法。

油料在收获、清选及输送过程中，难免混入一些铁钉、螺帽、螺栓等磁性金属杂质。虽然这些杂质在油料中含量很少，可是它们的危害很大，容易造成机械设备的损坏，严重的会导致安全事故，必须除去。

油厂常用的磁选装置根据磁性获得方法的不同，可分为永久磁铁装置和电磁除铁装置两种。

5. 水选法

水选法利用水与油料直接接触，以洗去附着在油料表面的泥灰，并由于密度不同的原料在水中浮力不同，可同时将油料中的石子、沙粒、金属等重杂质除去，而并肩泥则可在水的浸润作用下松散成细粒，被水冲洗掉。采用水洗还可以有效地防止灰尘飞扬。

6. 密度去石法

密度去石法是利用油料与石子的密度及在空气中的悬浮速度差别来进行分选的方法，利用具有一定运动特性的倾斜筛面和穿过筛面的气流的联合作用达到分级去石的目的。该法特别适合并肩石的清选。

设备分为吸式密度去石机和吹式密度去石机。前者工作时去石机内为负压，可有效地防止灰尘外扬，且单机产量大，但需要单独配置吸风除尘系统。后者自身配有风机，结构简单，产量小，仅用于小型油脂加工厂。

7. 撞击法

有些杂质形状、大小及密度与油料种子相等或相近，其含量也较大，如菜籽和大豆中的并肩泥，用筛选和风选设备均不能将其有效地清除，必须采用特殊的方法和设备方可。

撞击法利用并肩泥和油料的机械性能的不同，并肩泥结构松散而油料富有韧性的特点，先将含并肩泥的油料在碾磨或撞击作用下将并肩泥粉碎，然后将泥灰通过筛选除去。磨泥和打泥所用的设备，目前在油厂使用的有铁辊筒碾米机、立式圆打筛、打麦机、胶辊砻谷机、圆盘剥壳机等设备。

四、剥壳去皮与仁壳（皮）分离

大部分油籽都可带壳（皮）或去壳（皮）制油。

通常将含壳（皮）大于20%的油籽，如棉籽、葵花籽、油茶籽、大麻籽、红花籽、油桐籽等称为带壳（皮）油籽，制油前需要去壳（皮）。含量低于20%的大豆、菜籽、芝麻，除要求提高粕中蛋白含量，或其他特殊目的如脱毒、改善饼粕的适口性及营养价值等之外，一般无须去皮。从油料加工的发展趋势来看，大豆、菜籽、芝麻等的去皮处理会备受重视。

另外，棉籽去壳前，首先需用脱绒机对轧花出来的毛棉籽脱绒，使棉籽带绒在3%以下，这是植物油厂在制取棉籽油工艺过程中一道重要的清理工序。

制油时，壳（皮）会吸油而损失油，因此剥壳去皮能提高出油率；剥壳去皮也能提高油及饼粕的质量，减少设备的磨损，提高单机处理量；剥壳去皮可使皮壳资源得到充分的利用。

剥壳去皮工艺和设备的选择取决于油籽壳（皮）的特性，如厚薄、脆韧、形状、大小、壳（皮）仁之间的附着情况等。可分别采用搓碾、剪切、撞击、挤压等方法。常用剥壳去皮设备有圆盘剥壳机（搓碾法）、刀板剥壳机（剪切法）、齿辊剥壳机（剪切法）、刀笼剥壳机（剪切法）、离心剥壳机（撞击法）、轧辊剥壳机（挤压法）、胶辊砻谷机（扯撕法）。

整个剥壳去皮工艺应包括剥壳（皮）和仁壳（皮）分离两个过程。油料壳（皮）破碎以后，还要进行仁壳（皮）分离，分离的方法主要是筛选和风选。大多数剥壳去皮设备本身就带有筛选和风选系统，联合完成剥壳去皮和分离过程。

一般来说，制油时油料中含壳（皮）愈少愈好，但脱壳（皮）率与其粉末度显著相关，随着脱壳（皮）率的增加，粉末度亦随之加大，这样势必影响壳（皮）仁分离的效果，使壳（皮）中含仁太多而导致油的损失。因此，剥壳（皮）制油时，破壳（皮）率、壳（皮）中含仁、仁中含壳（皮）三者应综合考虑，最高的出油率是从仁壳（皮）分离程度的最佳平衡中取得的。而且在某些高含油油料的压榨法制油中，仁中含一定量的壳（皮）也是需要的。如果旨在制取植物蛋白，则必须尽可能地除去壳（皮），原则上剥壳率可根据粕中蛋白含量的要求来决定。

1. 大豆脱皮工艺

在生产低温食用豆粕和高蛋白饲料豆粕的制油工艺中，大豆脱皮目的是提高豆粕中的蛋白质含量和减少豆粕的纤维素含量。在常规的生产高温饲用豆粕的大豆预处理工艺中，大豆脱皮目的是增加浸出设备的处理量，降低豆粕的残油量，减少生产过程中的能量消耗和提高浸出毛油的质量。

大豆脱皮工艺有冷脱皮和热脱皮两种。传统的大豆冷脱皮工艺是：

大豆→清理→分级→烘干→缓苏→破碎→脱皮→软化→轧坯→浸出

以上工艺中，清理过程与传统工艺一致，在分级工段，要求将原料中的碎粒、未成熟粒及霉变粒尽可能分离出来，烘干一般采用热风烘干塔，热风温度为100～120℃，物料温度控制在70℃以下。烘干后的大豆经过48～72h的缓苏后进行破碎脱皮。也有的厂家将大豆烘干后即送入流化床冷却，然后破碎脱皮。生产上通常首先调节大豆水分，然后利用搓碾、挤压、剪切和撞击的方法，使大豆破碎成若干瓣，籽仁外边的种皮也同时被破碎并从籽仁上脱落，然后用风选或筛选的方法将仁、皮分离。

2. 菜籽脱皮工艺

油菜籽的种皮约占全籽的15%，籽皮中含有的粗纤维高达30%以上，另外，油菜籽中植酸、色素、单宁、皂素、芥子碱等主要或大部分都存在于种皮中。因此，菜籽带皮直接制油，除加深毛油色泽、增加精炼困难外，油菜籽种皮会影响菜籽饼粕的外观、适口性及菜籽饼粕的进一步利用。油菜籽脱皮可以有效地除去其中所含的抗营养因子，使菜籽饼粕蛋白质含量提高到45%左右，饼粕质量得到很大提高，使脱皮菜籽饼粕成为可与大豆饼粕相媲美的优质蛋白资源。

油菜籽的种皮较薄，与籽仁的结合附着力也较强，特别是当油籽含水量较高时，种皮韧性增大，使脱皮难以进行，即使籽仁在外力的作用下破碎后，种皮也可能仍然附着在破碎的仁粒上。因此，油籽含水量高低是去皮工艺中非常关键的因素。在生产中通常是首先将菜籽水分调整为7%～8%，然后利用离心撞击的方法使菜籽破裂脱皮，然后再利用筛选和风选的方法将皮仁分离。控制菜籽脱皮率为80%～85%，粉末度为2%～3%，可以达到仁中含皮<2%、皮中含仁或籽≤2%的皮仁分离效果。

国外对油菜籽的脱皮技术有较多研究，目前已经进入推广应用阶段。

脱皮可采用齿盘式、离心撞击式、高速气流碾削式和齿辊式等设备。一种撞击式菜籽脱皮机是将菜籽在适当干燥后，在高速旋转离心力或在压缩空气作用下高速撞击破碎脱皮，种皮破裂，利用筛选和风选进行皮仁的分离。另一种是综合利用剪切、挤压、搓碾等多种作用同时进行脱皮的菜籽脱皮设备。整套菜籽脱皮生产线由脱皮机、仁皮分离机、风机、旋风分离器、分选筛及输送设备等组成。

在我国推广菜籽脱皮工艺的关键是找到皮壳的利用途径。

五、破碎

在提取油脂前，油料必须先被制成适合于取油的料坯。料坯的制备通常包括油料的破碎、软化和轧坯等工序。

用机械的方法，将油料粒度变小的工序称破碎。破碎常用于大豆、花生仁、油棕仁、椰子干、油桐籽和油茶籽等颗粒较大的油料或预榨饼，小油籽如菜籽、芝麻不必破碎。

破碎的目的，对于大粒油料而言，是改变其粒度大小利于轧坯；其次是油料破碎后表面积增大，利于软化时温度和水分的传递，软化效果好。对于较大的预榨饼来说，破碎使饼块大小适中，为浸出或第二次压榨创造良好的出油条件。但是破碎过度对于后续工序特别是挤压操作是不利的。

油料破碎有撞击、剪切、挤压及碾磨等几种方法。破碎设备的种类较多，常用的有牙板破碎机、辊式破碎机、齿辊破碎机和锤式破碎机等。

六、软化

软化即调理、调质，是调节油料的水分和温度，使其变软，增加塑性的工序，主要应用于含油量低或含水分低的油料。软化的温度一般在60℃左右。为使轧坯效果达到要求，对于含油量较低的大豆，含水分较少的油菜籽以及棉籽等油料，软化是不可缺少的。大豆含油量较低，质地较硬，如果再加上含水分少，温度又不高，未经软化就进行轧坯，势必会产生很多粉末，对浸出非常不利；对含水分低的油菜籽（尤其是陈油菜籽），未经软化就进行轧坯，也难以达到要求。但是，对于含油量水分含量较高的油料，是否软化就应慎重考虑。例如花生仁一般不予软化；新收获的油菜籽，当水分含量高于8%时，一般也不予软化，否则，轧坯时易粘辊面而造成操作困难。

广义而言，油料的调质是调整油料的加工性质，即对油料和半成品的水分和温度进行调节，这种湿热处理几乎贯穿于预处理的每一过程，关系整个制油工艺的成败，处理得当，可大幅提高制油效率和产品质量。湿热处理由调湿（干燥或增湿）调温两方面相结合组成，在不同的场合有不同的要求，但是有着共同的本质。

常用的软化设备有层式软化锅和滚筒软化锅。层式软化锅的结构如层式蒸炒锅，滚筒软化锅的结构类似于滚筒干燥器。

七、轧坯

轧坯亦称压片、轧片，是与软化工序紧密相连的。它是利用机械的作用，将油料由粒状压成薄片的过程，轧坯时，油料不但在外形尺寸上发生变化，同时在油料内部也有一系列的物理化学和生物化学变化。轧坯的目的在于破坏油料的细胞组织，形成薄片增大表面积，有利于蒸炒时凝聚油脂，缩短出油距离，提高取油速度。

对轧坯的基本要求是料坯要薄，面均匀，粉末少，不漏油，手捏发软，松手散开，料坯的厚度一般在0.3～0.4mm，粉末度控制在筛孔1mm的筛下物不超过10%～15%。轧完坯后再对料坯进行加热，使其入浸水分控制在7%左右，粉末度控制在10%以下。控制粉末度在轧坯中是十分重要的。

当棉坯厚度增至0.4mm以上，即使增大溶剂量，也难以达到较低的残油率。因此，必须采用压力大的液压轧坯机，使坯片厚度控制在0.25～0.30mm，且坯片坚实。这样既不会增加坯片的粉末度，又有利于溶剂的浸出。

轧坯机是预处理的关键设备之一，常用的有卧式和立式两类，新型的有液压轧坯机等。

轧坯对毛油品质和后续精炼过程有很大的影响。优质大豆原料本身的非水化磷脂含量并不高，但如果料坯在浸出以前贮存时间过长，或在浸出制油过程中温度、水分较高，则磷脂酶将α磷脂部分转化为β磷脂和非水化磷脂。为此提出了ALCON工艺，即在浸出以前将轧成的坯料在很短时间内迅速升温，进行湿热处理，以钝化磷脂酶的活性，阻止磷脂酶催化转化水化磷脂为非水化磷脂，从而降低毛油中非水化磷脂的含量，易于脱胶。由于磷脂酶的活性在40～70℃活性最大，而这个范围正好是大豆轧坯和浸出的温度范围，因此对豆坯进行湿热处理时，要尽可能避开这个温度范围，在短时间内使温度上升到100℃，使水分含量增加到15%，在此条件下维持15～20min，就可以抑制磷脂酶的活性。所以，ALCON是将水化磷脂保护起来再进行油脂浸出的预处理方法。

八、生产干燥

为调整油料或坯料的水分含量，以保证制油工艺效果所进行的干燥称为生产干燥。

直接浸出和冷榨取油往往不进行蒸炒，只对轧坯料进行生坯干燥或挤压膨化等生产干燥处理。

生坯干燥的目的，是为了满足溶剂浸出取油时对入浸料坯水分的要求。在制油生产中，大豆生坯的干燥最为常见，通常，大豆轧坯的适宜水分为11% ~13%，而大豆生坯的适宜入浸水分约为8% ~10%，为满足浸出工艺的要求，就要对大豆生坯进行干燥。对生坯干燥的要求是，干燥效率高，但不对生坯产生粉碎作用。

油料干燥的主要方法是热力干燥。按照热能传给湿物料的方式不同，干燥方法可分为对流干燥、传导干燥、辐射干燥、介电干燥及由上述任何两种方式结合的联合干燥。油厂普遍采用对流干燥和传导干燥，前者又称热风干燥，一般采用高温热空气为干燥介质，有时也采用烟道气和空气的混合气体，气体干燥介质既是载热体，又是载湿体；后者又叫接触干燥，通过金属等界面间接传递热量给需干燥的物料，热源可以是水蒸气、热水、燃气、热空气等。

油厂常用的生产干燥设备有回转式干燥机、振动流化床干燥机、平板干燥机和网带式气流干燥机。生坯干燥设备多采用平板干燥机和气流干燥输送机。

远红外干燥和微波处理技术是新型的油料干燥技术，具有速度快、时间短、不受物料形态限制、加热均匀、热效率高、产品质量易保证等特点，且具有一定湿热杀菌作用，可解决常规热处理时因钝化抗营养因子而引起的蛋白变性等问题。因此，对某些具有特殊要求的原料，可采用远红外干燥或微波加热与气流干燥相结合的方式进行处理。

九、制坯

（一）蒸炒制坯

油料蒸炒是指生坯经过加水湿润、加热、蒸坯和炒坯等处理，使之发生一定的物理化学变化，并使其内部的结构改变，转变成熟坯的过程。蒸炒工序本质上是一种湿热处理过程。

蒸炒是制油工艺过程中重要的工序之一。蒸炒可以借助水分和温度的作用，使油料内部的结构发生很大变化，包括使油料细胞受到进一步的破坏，蛋白质发生凝固变性，磷脂吸水膨胀和棉酚的离析与结合等，调整料坯的弹性和可塑性，压榨时能承受较大挤出压力，油脂聚集，油脂黏度和表面张力降低，钝化解酯酶，这些变化不仅有利于油脂从油料中比较容易地分离出来，而且有利于毛油质量的提高。所以，蒸炒效果的好坏，对整个制油生产过程的顺利进行、出油率的高低以及油品、饼粕的质量都有直接影响。

蒸炒产生的副作用包括：油脂易在高温下氧化变质，色素及类脂物易溶于油中而使油色变深，杂质增加，蛋白质变性而功能性降低，棉酚结合等，不利于综合利用。

蒸炒方法主要有湿润蒸炒，高水分蒸坯和加热蒸炒。一般采用湿润蒸炒，它基本上可分为润湿、蒸坯和炒坯三个过程，其设备有层式蒸炒锅等。油料料坯经5层蒸炒锅处理后，出料的水分在5% ~7%，出料温度在110℃左右。榨油机上的蒸炒锅称为辅助蒸炒锅。其炒坯后油料的水分和温度，通常就称为入榨水分和入榨温度。主要油料料坯的入榨水分在3%左右，入榨温度在125℃左右。在机榨香麻油、浓香花生油制取中，芝麻、花生仁的均匀焙炒宜采用热风炒籽法，经热风炒籽机烘炒的芝麻粒色泽均匀，表面疏松，且温度高、入榨水分低，出油率可达46%以上，这种连续化、全封闭生产方法改变了我国长期利用平底炒锅焙炒芝麻的状况。

目前预处理车间的加热系统，如软化、蒸炒等均采用蒸汽加热，热损失较大。为了适应环保及节能的需要，有些厂家尝试采用导热油加热，已取得实效。导热油由于其热损失小、无腐蚀、运行稳定，近年来已在油脂精炼车间普遍使用，从节约能源和提高热效率的角度出发，预处理车间的加热系统采用导热油也是可行的。但从蒸炒的机理来说，利用导热油加热必须注意克服“有炒无蒸”的缺陷。

（二）挤压膨化制坯

油料挤压膨化技术是一种适合多种油料的成型制坯工艺，它是利用挤压膨化设备将生坯制成膨化状颗粒物料的过程。挤压膨化工艺克服了传统蒸炒工艺中物料受热温度高、时间长等问题，有利于油厂扩大规模，降低成本，提高产品质量，是油脂行业重点推广的实用新技术之一。

膨化的原理是：物料在膨化机内被螺旋轴向前推进，同时，由于强烈的挤压作用，物料的密度不断增大，由于物料与螺旋轴及机膛内壁的摩擦发热和直接蒸汽的加入，使物料受到充分混合、加热、加压、胶合、糊化的作用而产生组织结构的变化。物料到达出料端时，压力突然由高压转变为常压，水分迅速汽化，物料即形成具有无数个微小孔道的多孔物质。刚从挤压膨化机出来的料粒显得松软易碎，但在稍冷却后即变得有足够硬度，在输送过程中不会粉碎。

更换模板，改变模板上槽孔的大小及数量，可以改变挤压机机膛内的压力及膨化料粒直径。

对于低含油原料，其工艺流程为：

原料→清理→破碎→软化→轧坯→挤压膨化→浸出

对高含油原料，可在膨化机的出料端安装一段有缝榨膛，在挤压后期预先挤出部分油脂，从挤压膨化机排出的含油量较低的预榨膨化料再去浸出取油，以减少后续取油的负荷。

在这种工艺中，软化温度可由传统的70℃左右降至50℃，轧坯时坯片厚度可由0.3mm增至0.5mm，此两项可使软化锅和轧坯机的产量提高25%～50%。以大豆为例，其膨化后颗粒容重较大豆生坯增大50%左右。由于多孔性及油料细胞的彻底破坏，浸出时溶剂的渗透性大大改善，浸出速率提高，浸出器处理量可提高40%左右。采用膨化物料浸出时，渗透性及滴干性好，充分降低了湿粕的含溶量，其含溶量仅为生坯直接浸出时的60%左右；浸出溶剂也较生坯浸出大为降低，约为0.65∶1，混合油浓度增大，可达到30%以上；溶剂损耗以及蒸汽消耗明显降低。

膨化过程中的湿热作用钝化了酶类物质，浸出毛油中非水化磷脂减少，提高了毛油质量。同时，粕的质量和油脚中磷脂的含量提高。对于米糠，挤压膨化可以替代蒸炒工序，达到灭酶要求。

湿式膨化机容易实现机内自动清理，产量大、动力消耗低、制油后饼粕质量好，因此被广泛应用于油料预处理工段。近年来，该工艺在国外得到了迅速推广和应用，20世纪70年代仅仅对中低含油原料进行处理，目前已成功应用于各种油料作物，美国约70%的油厂采用膨化预处理技术。美国安德森公司目前已经推出了1500t/d的大型膨化机，国内研究进展也很快，国产膨化机已经在油厂得到推广应用。

（三）凝聚造粒制坯

菜籽经清理、轧坯处理后，经过凝聚机结团造粒烘干，可进行一次性浸出，是一种菜籽制油新技术。凝聚机造粒过程采用适当的水热处理使料坯形成多孔状颗粒，可进一步破坏油料细胞，有利于油料与溶剂的接触和溶剂渗透，加快油脂的提取，降低粕中残留溶剂。凝聚造粒制坯有利于降低种子中各种酶的活性和油中的磷脂含量。

十、酶法预处理

油料预处理、制坯工序主要作用是为了尽量破坏油籽细胞，取得最佳出油条件。传统工艺的预处理过程，采用的是机械和湿热处理方法。机械处理对油籽细胞破坏程度有限，而湿热处理则又会使蛋白质剧烈变性，影响其进一步的利用价值。酶制剂预处理油料新工艺有望克服传统工艺的局限。

油料中的油脂通常以脂蛋白、脂多糖等脂类复合体的形式存在，采用能降解植物细胞壁或油脂复合体的酶制剂处理油料，可在机械作用的基础上进一步破坏细胞，“打开”细胞壁，使油脂的释放更为完全。该工艺适合于多种油料，特别是高含油油料。不仅有利于提取油脂，而且由于作用条件温和，可有效保护油脂、蛋白质以及胶质等可利用成分。采用高水分酶法预处理所得的料浆，可用离心法分离油、粕，简化工艺，提高设备处理能力；将低水分酶法预处理与传统直接浸出工艺相结合，有利于高油分油料制油。酶法工艺的能耗相对较低，废水中BOD与COD值下降35%～75%。

酶法预处理所使用的酶有纤维素酶、半纤维素酶、果胶酶、蛋白酶、淀粉酶等。

第三节　压榨法制油

一、概述

利用机械外力的挤压作用，将榨料中油脂提取出来的方法称为机械压榨制油法，有静态水压法、螺旋挤压法、偏心轮回转挤压法等，其中主要是螺旋挤压法。这些方法的基本原理是相同的，都是以巴斯噶氏的水力学原理为依据，即“在密闭系统中，凡加于液体的压力，都能够以不变的压强传递到该系统的任何部分”。油料在外压作用下，体积缩小，密度加大，原料内外表面的空隙随压力加大而缩小，直至其表面的游离油也受到压力，呈液态油脂在压力下从高压处向低压处流动，形成压榨排油。但是压榨制油，不能将油料细胞内组织结构油制取出来。

压榨法动力消耗大，出油率低，且油饼利用受到蛋白质变性的限制。但其工艺简单灵活，适应性强，广泛应用于小批量、多品种或特殊油料的加工，也可作为浸出工艺的预榨油过程。

螺旋挤压榨油机是由动力传动，利用螺旋轴在榨笼中连续旋转，对料坯进行压榨取油的榨油机械。螺旋轴连续旋转产生的推进作用，把进入榨膛的料坯向前推进，由于榨螺轴上螺旋导程逐渐变短或螺纹深度逐渐变浅，使榨膛内部的空余体积逐渐变小，形成榨膛压力，将榨料中的油脂挤压出来，油脂从榨笼缝隙中流出，料渣被挤压成薄饼而从榨轴末端排出。

螺旋榨机的结构直接影响到油脂生产的数量和质量，而尤以螺旋轴和榨笼之间的空间结构影响最大。干饼残油率是榨机的重要性能指标，一般增大压缩比及延长压榨时间，可以降低干饼残油率。

各种类型的螺旋榨油机在结构上都包括进料装置、榨膛（榨笼与螺旋轴）、调饼机构等。我国螺旋榨油机的型号是按榨膛内径命名的，目前国产的螺旋榨油机有 ZX×10 型（95 型）、ZX×18 型（200A－3 型）、ZX×24 型（202－3 型）、ZX－28 型榨油机，但处理量偏小，适合中小型油厂，国产预榨机有 ZY28 型（150t/d）、ZY×32 型和 YZ390 型（300t/d）。国际上著名的榨油机生产商有美国的安德森、德国的克虏伯、英国的罗斯唐斯等，大型的榨油机的单机处理量达 600t/d 左右，可满足制油工业规模化发展的需要。榨油机的大型化、高效率、多功能性促进了制油工艺的不断更新和完善。

二、油脂压榨工艺过程

压榨法取油包括预处理和压榨处理，共有七道工序，工艺流程如下：

油料→清理→剥壳→制坯（破碎→轧坯→成型→蒸炒）→压榨→毛油

压榨法适用于中高含油油料，主要压榨方法有以下几种。

1. 一次压榨法

一次压榨即将蒸炒处理得到的熟坯或整粒油籽，经一道压榨达到规定残油率指标的工艺。

一次压榨的突出优点是投资小，适宜多种油料。但对预处理和压榨的要求严格，如低水分、高温和高压、长时间等，运转条件过于苛刻，动力消耗大，机械磨损过甚，对油饼质量有较大影响。大型油厂一般不采用一次压榨工艺。

一般要求一次压榨饼的残油为 4%～7%，饼厚 6～8mm，水分 3%；对于糠饼，要求饼厚 4～5mm，水分 4.5%。

2. 二次压榨法

二次压榨即预榨饼破碎后再一次轧坯、蒸炒、压榨至残油达标的工艺。

对于含油量较高又不适合预榨浸出的油籽，如芝麻，可采取二次压榨法。

3. 预榨法

对于含油量较高的油籽，如菜籽，为了尽量将油脂取出来，预榨浸出工艺是首选的经济有效的生产工艺。预榨的目的是提取部分油脂，同时可进一步破坏油脂细胞但又不使蛋白质变性过度，形成易渗透的料坯，为后道浸出工序提高出油率创造条件。

与一次压榨相比，预榨的要求放宽，可采用高水分低温入榨，在低压、大容量条件下运转，可提高设备的利用率。预榨过程可预先提取 60%～75% 的油脂，压榨饼中残油一般为 12%～20%，饼厚度 12mm，饼水分为 6%，作为入浸坯料。

4. 冷榨法

冷榨是指整粒油籽或料坯不经热处理或在低于65℃的加热（软化）条件下，进行一次性压榨取油的方法。

冷榨通常也需要制坯，但生坯一般不经热处理，饼中蛋白质变性程度低，油品质好，只需稍加精炼或可直接出售，高品质的冷榨饼则是提取植物蛋白的优良原料。但冷榨对入榨料的水分要求高，压榨机动力消耗和机械磨损很大，生产效率不高。除非有特殊的需要外，从工厂经济效益考虑，一般而言，冷榨不适合于含油量低于25%的油料。棉籽虽然含油量较高，但由于棉酚的原因，不宜采用冷榨。冷榨尤其对原料的卫生要求很高，需严格控制原料的采购、储藏、清理过程，并实施清洁生产。

冷榨饼中残油在20%左右，可以二次压榨或浸出。

高品质的橄榄油是由一种独特的冷榨法制取的。采摘的新鲜橄榄果一般在24h内即要进行加工，气温较低时可以不超过72h。橄榄果经过枝叶挑拣和水洗后碾压成橄榄糊，放入液压机压榨取得橄榄原汁，再经离心机进行油水分离取得初榨橄榄油，经过滤后灌装。这种油如果达到特级初榨油的理化和感官指标，将是营养成分最高和品质最好的原生初榨橄榄油。整个生产过程中温度不能超过27℃，也不添加任何有机溶剂。

在食品崇尚绿色、天然、安全的今天，冷榨制油法将获得新的生命力。

三、压榨的主要影响因素

在压榨方式和榨油机结构确定的情况下，影响螺旋榨油机压榨取油效果的主要因素如下。

1. 榨料的结构性质

榨料的结构性质指榨料的机械结构和内外结构两方面，如榨料的弹性和可塑性、蛋白质变性程度、粉末度、空隙率、含油率等，主要取决于预处理的好坏以及油料本身的成分。熟坯水分和温度的配合就决定了熟坯的弹性和塑性，因而影响榨膛压力的大小，并最终影响取油深度，用冷的不加热的榨油机压榨，不可能得到成型的硬压榨饼而榨出最大数量的油脂。因此压榨前的蒸炒操作决定了榨料的结构和机械性质。对榨料结构的要求是榨料颗粒大小适当并一致，榨料内外结构的一致性好，榨料中完整细胞的数量愈少愈好，榨料体积质量在不影响内外结构的前提下愈大愈好。要求榨料中油脂黏度与表面张力尽量要低，具有合适的可塑性。

2. 压榨条件

压榨条件有榨膛压力、压榨时间、温度变化、饼厚度、排油阻力等。为了尽量榨出油脂，压榨过程必须满足下列条件。

（1）榨料通道中油脂的液压愈大愈好　压榨时传导于油脂的压力愈大，油脂的液压也就愈大。施于榨料上的压力只有一部分传给油脂，其余部分则用来克服粒子中的变形阻力。要使克服凝胶骨架阻力的压力所占比重降低，必须改善榨料的结构和机械性质。

榨膛中空余体积缩小的比值称为压缩比，榨料在压榨前后容积的比值称作实际压缩比，压缩比大，榨膛压力就大，就容易挤出油脂。压榨时，压力大小与榨料实际压缩比之间呈指数或幂函数关系。螺旋榨油机的压缩比在5~15倍，而榨料实际受压后体积缩小的比值相应要小得多。

榨油机的榨油过程分为三个阶段。前段低压预榨，料坯变形，开始出油；中段高压加速出油；后段稳压沥干，防止料坯回吸油脂。压榨过程要求先轻后重、轻压勤压、流油不断。

各种压榨机的压力有一定限度，故不能无限制地加大压力以提高压榨效率。在生产上对压榨机采取加大压力的办法是缩小饼的直径，从而增大单位面积的受压力。但饼面积过小又必然影响到榨油机的生产能力。因此，含油量较低的原料一般不采用压榨法制油，而多采用溶剂浸出法制油。

（2）榨料中流油毛细管的直径愈大愈好，数量愈多愈好　在压榨过程中，压力必须逐步地提高，突然提高压力会使榨料过快地压紧，使油脂的流出条件变坏。并且在压榨的第一阶段中，由于迅速提高压力而使油脂急速分离，榨料中的细小粒子被急速的油流带走，增加了压榨毛油中含渣量。

榨料的多孔性是直接影响排油速度的重要因素。要求榨料的多孔性在压榨过程中，随着变形仍能保持到终了，以保证油脂流出至最小值。

（3）流油毛细管的长度愈短愈好　流油毛细管长度愈短，即榨料层厚度愈薄，流油的暴露表面愈大，则排油速度愈快。

（4）压榨时间在一定限度内要尽量长些　压榨过程中应有足够的时间，保证榨料内油脂的充分排出，但是时间太长，则因流油通道变狭甚至闭塞而奏效甚微。螺旋榨油机压榨时间为1~5min。

（5）受压油脂的黏度愈低愈好　黏度愈低，油脂在榨料内运动的阻力愈小，愈有利于出油。正常压榨过程中，压榨的温度是依靠由蒸锅所供给熟坯的温度来维持的。通常，熟坯与榨笼及螺旋轴表面因摩擦产生的热量和熟坯翻动时榨料粒子之间因内摩擦产生的热量可补偿榨机金属体的热损失；同时用以保持榨膛里压榨所需的适宜温度，使压榨过程中油脂保持低黏度。

但是，螺旋榨油机压榨时，榨料与榨笼和螺旋轴表面发生的外摩擦及榨料粒子之间所产生的内摩擦易造成过度高温，导致榨机工作指标的恶化，必要时需要降温。压榨温度控制在100~135℃为佳。

若某一油料通过正常的预处理，使坯料具有一定的含水量、破碎程度和结构，则榨膛压力、压榨时间、温度和入榨料含油量与出油量的关系式如下：

$$w = kw_0 \frac{\sqrt{p} \times \sqrt[6]{t}}{\sqrt{\left(\frac{\eta}{\rho}\right)^z}}$$

式中　w——饼干基残油率，%

w_0——入榨料干基含油率，%

p——榨膛压力，kg/cm^2

t——压榨时间，h

η/ρ——动力黏度，$10^{-4}m^2/s$

z——黏度指数

k——压榨常数

第四节　浸出法制油

一、概述

油料的浸出，可视为固－液萃取，它是利用溶剂对油料中不同物质具有不同溶解度的性质，将物料中有关成分加以分离的过程。当油料浸出在静止条件下进行时，油脂以分子的形式进行转移，属分子扩散。但浸出过程中大多是在溶剂与料粒之间有相对运动的情况下进行的，因此，除有分子扩散外，还有与溶剂流动相关的对流扩散过程。

分子扩散的推动力是浓度差，油料与溶剂一旦接触，油料中的油脂分子借助于本身存在的热运动，从油料中渗透出来，再扩散到溶剂里去组成一种溶液（混合液）。同时，溶剂分子同样渗透到油料中去，与油脂组成混合液。

对流扩散中，物质溶液以较小的体积形式进行转移，是依靠外来能量作用（如液位差或泵造成的压力）进行的。

油脂浸出的过程可划分为三个阶段：

（1）油脂从料坯内部到它外表面的分子扩散；

（2）通过介面层的分子扩散；

（3）油脂从介面层到混合油主流体的对流扩散。

在浸出时，油料用溶剂处理，其中易溶解的成分（主要是油脂）就溶于溶剂。选择理想的溶剂，可以提高浸出效果，改善油和粕质量，降低成本及能耗，确保安全。虽然理想的溶剂不易找到，但应力求符合以下基本条件：

（1）能在低温或高温下以任何比例溶解油脂；

（2）溶剂应具有选择性，只考虑取油时，溶剂除油脂外不会溶解磷脂、色素、游离脂肪酸等其他成分，需利用蛋白质时，所用的溶剂应能浸出棉酚、黄曲霉素、生物碱等其他成分；

（3）化学性质稳定，不与油饼及设备材料发生反应；

（4）易从粕和油中回收；

（5）溶剂纯度要高，沸点范围要窄；

（6）在水中的溶解度要小；

（7）溶剂本身无毒性，呈中性，无恶臭，以确保卫生要求和防止污染；

（8）不易燃易爆；

（9）来源广，价格低，适合大生产的要求。

工业上目前普遍采用的是已烷类溶剂，即轻汽油（6 号溶剂），我国又称植物油抽提溶剂。己烷类溶剂能与绝大多数油脂在常温下以任何比例相溶，毒性低，对设备的腐蚀性低，缺点是仍易爆易燃，须注意生产安全。

己烷类溶剂实质上是由各种己烷异构体组成的混合物，商业上一般以正己烷为主要成分，也有分别以环己烷、异己烷（甲基戊烷）为主要成分的。相比于正己烷，后者的毒性更低，法规管理较宽松，未被列入美国《清洁空气法》（CAA）、《有害产品法》（HPA）等联邦法规的限制名单，美国约四分之一植物油厂已采用环己烷、异己烷类溶剂替代正己烷类溶剂进行浸出，这是浸出溶剂今后的发展方向。

其他溶剂不如己烷类溶剂常用。如卤代烷类，有二氯甲烷、二氯乙烷、三氯乙烯、四氯化碳等，其中二氯甲烷由于沸点低（约40℃），能溶解黄曲霉毒素、棉酚、蜡酯等，因而具有提油去毒之功能，但成本高；其他卤代化合物需要注意毒性问题。芳香族烃类，以苯为主，能浸出棉酚，但浸出毛油色泽深，价格高且有毒性。醇类，以乙醇、甲醇、异丙醇等为主，为极性较强的溶剂，浸出物中含有较多的磷脂和皂化物。其他还有丙酮、丁酮、石油醚、二硫化碳、糠醛和糠酮等。

浸出法制油的优点是出油率可高达99%，干粕残油率低至0.5%~1.5%，同时能制得低变性的粕，能实现连续化、自动化生产，劳动强度低，生产效率高，相对动力消耗低。

浸出法制油的缺点是萃取得到的油成分复杂，毛油质量较差。采用的溶剂易燃易爆，有一定毒性，对安全性要求较高。

浸出生产能否顺利进行，与所选择的工艺流程关系密切，它直接影响到油厂的产品质量、生产成本、生产能力和操作条件等。因此，应该采用既先进又经济合理的工艺流程。选择工艺流程的主要依据是：

（1）原料的品种和性质　根据原料品种的不同，采用不同的工艺流程，如棉籽在诸种油料中最具复杂性和多变性，而大豆相对容易浸出。

根据原料含油率的不同，确定是否采用一次浸出或预榨浸出。油菜籽、棉籽仁都属于高含油原料，故应采用预榨浸出工艺。而大豆的含油量较低，则采用一次浸出工艺。

（2）产品和副产品的要求　对产品和副产品的要求不同，工艺条件也应随之改变，如同样是加工大豆，大豆粕如要用来提取蛋白产品，就要求进行脱皮处理并降低油料处理的温度，以减少粗纤维的含量，相对提高蛋白质含量和品质。

（3）生产能力　尽可能高的出油率应与工艺的经济性协调一致。生产能力大的油厂，有条件选择较复杂的工艺和较先进的设备；生产能力小的油厂，可选择比较简单的工艺和设备。如日处理能力50t以上的浸出车间可考虑采用石蜡油尾气吸收装置和冷冻尾气回收溶剂装置。

二、油脂浸出工艺过程

油脂浸出基本过程如图6-1所示。

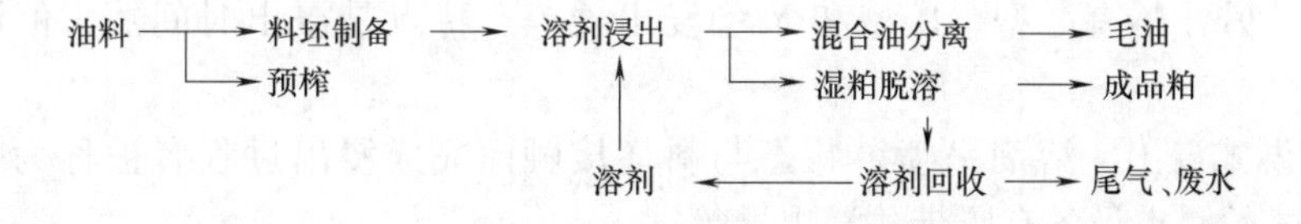

图6-1　油脂浸出工艺过程

把料坯（或预榨饼）浸于选定的溶剂中，经过对油料的接触（浸泡或喷淋），使油脂溶解在溶剂内，形成混合油，然后将混合油与固体残渣（粕）分离，得到混合油和湿粕。

混合油进行蒸发、汽提，使溶剂汽化变成蒸气与油分离，获得浸出毛油。溶剂蒸气则经过冷凝、冷却回收后继续使用。

湿粕经脱溶烘干处理后即得干粕，脱溶烘干过程中挥发出的溶剂蒸气仍经冷凝、冷却回收使用。

油脂浸出都以分阶段逆流浸出理论为基础，如图6－2所示。

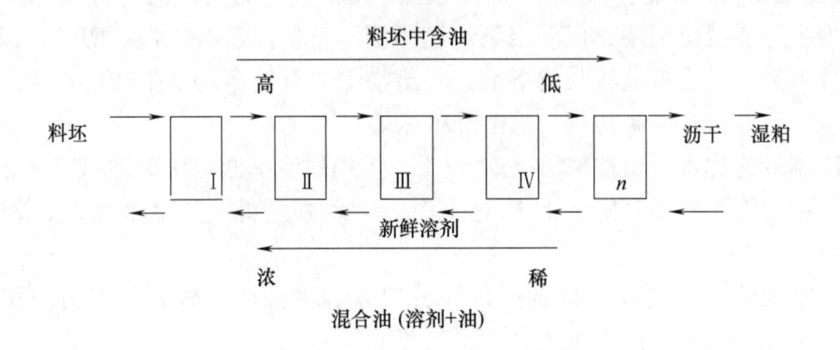

图6－2　油脂逆流浸出模式

理论上，浸出应该是个连续的过程，但实际生产中为节省溶剂和提高出油率，料坯与溶剂（或混合油）的接触往往分成若干次数（阶段），每一阶段溶剂或稀混合油与料坯经过一次接触溶解油脂后达到平衡，再经一次分离（或沥干）。每次接触只能提取一部分油脂。因此油料的含油率要降到所需要求时，须有足够的阶段数，这一数值可通过计算而得。实践中，浸出阶段数为3～6次即可使干粕残油至1%以下。

浸出毛油质量指标是：色泽、气味、滋味正常，水分及挥发物≤0.5%，杂质≤0.5%，酸值根据原料质量而定，不高于规定要求。对粕的要求是残油率1%以下（粉状料2%以下），水分12%以下，引爆试验合格。

油脂浸出工艺可按操作方式、溶剂对油料的接触方式、生产方法等进行分类。

1. 按操作方式分

（1）间歇式浸出　入料出粕、溶剂的注入和浓混合油的抽出等工艺操作，都是分批、间断、周期性进行的浸出过程。

（2）连续式浸出　入料出粕、溶剂的注入和浓混合油的抽出等工艺操作，都是连续不断进行的浸出过程。

2. 按溶剂对油料的接触方式分

（1）浸泡式浸出　料坯浸泡在溶剂中完成浸出过程的称浸泡式浸出。浸泡式浸出设备有罐组式，另外还有弓型、U型和Y型浸出器等。特点是浸出时间短，但混合油浓度稀。

（2）喷淋式浸出　溶剂呈喷淋状态与料坯接触而完成浸出过程者被称为喷淋式浸出，属喷淋式的浸出设备有履带式浸出器等。

（3）混合式浸出　这是一种喷淋与浸泡相结合的浸出方式，兼顾二者的优点。属于混合式的浸出设备有平转式浸出器和环形浸出器等。

3. 按生产方法分

（1）直接浸出　也称一次浸出，是将油料经预处理后直接进行浸出制油的工艺，适合于加工含油量较低的油料。具有工艺路线短、能耗低、粕质量好等特点。含油量较高的油料可在一次浸出的基础上再次浸出，即二次浸出。植物油料采用直接浸出技术和大型浸出设备是油脂行业共同追逐的目标。

（2）预榨浸出　油料经预榨取出部分油脂，再将含油较高的饼进行浸出的工艺过程。预榨浸出适用于含油量较高的油料，可提高设备生产能力，降低成本，预榨油质量较好。预榨浸出实际上是一种介于一次压榨和直接浸出之间的折中方法。

浸出系统的重要设备是浸出器，其形式很多，间歇式浸出器即浸出罐，连续式浸出器按照它们的结构形式命名，有平转式浸出器、环形浸出器、卫星式浸出器、履带式浸出器、弓型浸出器、U 型浸出器、Y 型浸出器等，浸出器的结构和工作原理以平转式浸出器为例，它是一种喷淋浸泡和过滤相结合的浸出装置，罐组式浸出器沿着圆周方向连在一起，油料在里面受到溶剂和混合油的多次逆流萃取，成为脱油的粕，溶剂将油分浸出，成为混合油，与粕分开。目前，浸出器的设计理念越来越趋向一致，不论是何种类型的浸出器，其运行条件上均大体相同，一般，浸出时间为 45min，浸出温度 60℃，滴干时间 15min，残油率可达到 1.0% 以下。高效、大容量、适应性强、喷淋与浸泡相结合是浸出器的发展方向。

三、浸出的主要影响因素

（一）料坯的结构与性质

扩散途径第 I 阶段，即从料坯内部到它表面的分子扩散决定了整个浸出过程的效率。所以料坯结构与性质对加快油脂在料坯内的分子扩散，对提高浸出效果是非常重要的。料坯的结构是指坯厚（或颗粒度）、粉末度以及料坯内部的空隙度等，它影响到溶剂对油脂的溶解作用和渗透作用。

油籽的入浸要求是油籽细胞破坏程度越彻底越好，坯料应薄而结实，粉末度小而空隙多，料坯水分低。料坯中水分高，内部空隙被水充满，影响溶剂的渗透，料易结团，会产生“搭桥”现象。从料坯的结构与性质来看，适合入浸的油料顺序是：膨化料粒 > 预榨饼 > 生坯 > 油料碎块 > 油料粒籽。

对于直接浸出工艺，料坯厚度为 0.3mm 以下，水分 10% 以下；预榨浸出工艺，饼块最大对角线不超过 15mm，粉末度（30 目以下）5% 以下，水分 5% 以下。

（二）浸出温度

浸出温度与料坯的温度有关，料坯入浸温度应适当高一些，油脂黏度小，易流动，浸出效果好。在不超过溶剂沸点的条件下，尽量提高料坯入浸温度，一般在 45 ~ 55℃。

浸出温度主要取决于溶剂温度的调节，尤其一次浸出，需将溶剂温度预热至近沸点。当预榨浸出时，由于饼温度较高，溶剂温度可以低点。

提高浸出温度，使溶剂气体具有较高的压力，有利降低粕中残油。但浸出温度越高，浸出器的正压就越大，溶剂气体跑冒就越多。因此，保持微负压操作对于降低溶剂消耗，改善生产条件有非常积极的作用。正常生产时，浸出器的微负压应保持在 50 ~ 5000a 之间，负压太大反而增加溶剂损耗。

（三）溶剂用量

溶剂用量通常用“溶剂比”来衡量，是指单位时间内所用溶剂与被浸出物料质量的比值。它直接影响到浸出混合油的浓度、浸出速度以及残油率等指标。通常浸泡浸出的溶剂比高一些，在（0.8∶1）~（1.6∶1）之间，采用喷淋式浸出的溶剂比例为（0.3∶1）~（1∶1）之间；多阶段混合式浸出为（0.5∶1）~（0.8∶1），高油分一次浸出时高达（1.5∶1）~（2.5∶1）。单位时间内供给的溶剂愈多，料坯内外的浓度差愈大，但是溶剂的用量只能提高到一定的限度，否则会造成最终混合油浓度的下降。

料坯先用较浓混合油来浸出，再用稀混合油浸出，最后用新鲜溶剂冲洗。混合油浓度越高，其黏度相应增大，会降低浸出速率。入浸料坯含油18%以上者，混合油浓度不小于20%；入浸料坯含油大于10%者，混合油浓度不小于15%；入浸料坯含油在5%~10%者，混合油浓度不小于10%。

（四）浸出和滴干时间

浸出时间越长，浸出越彻底，但影响产量，过分延长浸出时间意义不大。浸出分两个阶段：第一阶段，溶剂首先溶解被破坏细胞中的油脂，提取80%的油量，需要10~20min；第二阶段，溶剂渗透到未被破坏细胞中的油脂，浸取剩余的油脂，但是其进程缓慢，需要很长时间，最后的浸出物中中性脂减少，磷脂等杂质增加。因此实际生产中必须考虑合理的浸出时间，以达到合理的残油率。不同浸出设备所需的浸出时间是不相同的，低料层的浸出设备，所需浸出时间较短，料层较厚，将加大溶剂对其渗透的阻力，降低浸出效果，一般装料量到盛料格的70%。而生坯的浸出时间要较预榨饼的浸出器时间长。

油脂浸出设备设计人员对油脂浸出的实验数据与实际装置的数据进行了比较，发现实际装置的效率远比实验室的效率要好得多。同时，使用比设计标准大50%左右的浸出器，使浸出时间适当延长，可生产出更多的油分，获得更好的经济效益，其效益足以补偿浸出器设备所增加的投资差额。

滴干时间影响到湿粕含溶，浸出后，可以延长沥干时间降低湿粕含溶，但粕对溶剂具有吸附力，湿粕含溶量的减低是有限度的，滴干时间掌握在15~20min，一般含溶量为15%~30%，也可以通过在沥干段进行适度的真空吸滤来降低湿粕的含溶量。

四、湿粕的脱溶烘干

从浸出器内排出的湿粕含有25%~40%溶剂，需要回收，同时，湿粕中部分水分需要除去。加热可除去粕中溶剂和水分，使干粕残溶量降至500~1000mg/kg，水分降到9%~13%的安全水分以下。这种借热能从湿粕中除去溶剂、水分的方法，也称为蒸烘。

脱溶机（Desolventizer）与烤粕机（Toaster）合为一体即为蒸烘机（DT）。蒸烘机不仅要脱除湿粕中溶剂，同时还需控制粕的质量。油厂一方面要尽可能达到最低溶剂损失的经济技术指标，同时还必须满足顾客对商品饼粕越来越高的要求，这些又均与浸出粕的脱溶剂技术相关联。

不同用途和不同要求的成品粕，在油脂生产工艺尤其是湿粕处理工序中需要采用不同的工艺条件。饲用粕可采用高温脱溶工艺，以使其从充分熟化并钝化其中的抗营养物质；食用粕需采用低温脱溶工艺，以保证蛋白质的质量。另外，从饼粕质量而言，特别是大豆粕因含有影响家畜发育的抗营养因子，烤粕的作用更是至关重要，加热不足，不能破坏抗营养因子；加热过度，则降低蛋白质的消化率。因此，油厂对豆粕的质量控制日益重视。现今，在评定豆粕质量时，要求必须同时测定尿酶与蛋白质溶解度这两个指标，前者用以鉴定加热程度是否足以破坏豆粕中大部分抗营养因子，而后者则可指示豆粕加热过度的严重程度。

因此，如何在15~20min的烤粕时间内，保持适当的蒸汽流，尽可能地降低粕中的残留溶剂，并且获得最佳的豆粕质量，是油厂十分关注的，也是蒸烘机设计人员必须直面的问题。

脱溶与烤粕分成两个阶段。脱溶阶段主要用0.13~0.2MPa的直接蒸汽穿过料层，使溶剂挥发。直接蒸汽既可传热给溶剂，又能带着溶剂一起蒸发，还能降低溶剂的分压。脱溶时可将粕中某些有害成分脱除或抑制，如能钝化大豆粕中的尿素酶，使菜籽粕中的芥子苷分解成气体排出，使葵花籽粕中的聚酚类物质分解等。由于通直接蒸汽加热溶剂的同时，也会部分凝结成水停留在粕中，使粕中含水量升高，这是因为蒸汽加热的特点是利用潜热，一旦传热后蒸汽即凝结成水，故湿粕含溶量、蒸汽传热量和凝结水量三者有正相关性。须经第二阶段烘干去水，常采取0.5MPa的间接蒸汽加热，使粕中水分达到安全水分以下，还可以吹冷风强化脱水效果。

采用多效蒸发及真空薄层水蒸气蒸馏技术，回收混合油中的溶剂，可以达到非常高的水平，但湿粕中溶剂的回收要困难得多，这也是目前浸出油厂溶剂消耗居高不下的主要原因之一。溶剂消耗不仅直接影响油厂生产成本，同时也污染环境，是油厂必须直面的问题。

脱溶效率可以脱溶速率来表示。脱溶速度即是指一定量的湿粕单位时间内挥发掉的溶剂量。根据研究及大量的生产实践发现，脱溶速度受到脱溶方式、料坯成分和结构性质、溶剂种类和含量、浸出条件、脱溶工艺条件等多种因素影响。而采取适当的预脱溶措施可以大大降低直接蒸汽用量，降低粕中水分。所谓预脱溶即在汽提脱溶前用机械或热力的方法，预先蒸发或脱除部分溶剂。闪蒸预脱溶可使汽提脱溶前的粕中溶剂降低至5%~8%。粕在蒸脱层的停留时间，高温粕不小于30min，蒸脱机气相温度为74~80℃；蒸脱机粕出口温度，高温粕不小于105℃，低温粕不大于80℃。带冷却层的蒸脱机（DTDC）粕出口温度不超过环境温度10℃。

从蒸烘机顶部冲出的溶剂气体和水蒸气的混合物会产生气流，其中难免夹带有少量粕末。这些粕末若不除去，会对回收系统带来污垢，甚至堵塞管道，致使冷凝器无法进行操作，故在进入冷凝器前必须进行粕末分离。目前国内常采用干式捕粕器和湿式捕粕器。

蒸烘机的设计和选择不但取决于所处理的物料，而且与二次蒸汽的利用有关。按溶剂的脱除形式，将蒸脱设备分为两类。

1. 湿粕在搅拌状态下的脱溶设备

这类设备即各种型式的层式蒸脱机，包括层式脱溶机、高料层蒸烘机、DT多层式、DTDC等。蒸脱溶剂所需的热量来自于夹套中间接蒸汽及喷入粕中的直接蒸汽冷凝所放出的潜热。它的优点是，在蒸脱过程中，湿粕获得了很好的湿热作用和自蒸作用，脱溶充分、彻底，钝化抗营养因子的效果可靠，产品质量容易控制。

2. 湿粕在悬浮状态下的脱溶设备

这类设备主要是各种型式的低温脱溶装置，其次是卧式脱溶机。低温脱溶一般指粕温低于80℃的脱溶工艺，目前，较为成熟的低温脱溶工艺有双筒卧式脱溶工艺和闪蒸管式脱溶工艺两种。双筒卧式脱溶工艺的特点是湿粕在两级脱溶机内停留时间长（10～15min），粕中残溶和粕中水分均低，缺点是粕中蛋白有一定程度变性，蛋白质得率相对低；闪蒸管式脱溶工艺利用高速（约20m/s）流动的过热溶剂蒸气，其温度为135～160℃，将湿粕吹入旋风分离器进行加热闪蒸脱溶，湿粕中溶剂被急速蒸脱。脱溶时间极短，在2s左右，无水蒸气作用，只有1%～2%的蛋白质变性，缺点是粕中残溶和水分仍较高。此法常作为预脱溶措施，预脱溶后的粕绝大部分溶剂已脱除，然后粕料进入真空卧式脱臭器，进一步脱除残溶，得到低温粕。所得饼粕蛋白质分散指数（PDI）可达80%以上。

卧式脱溶机是在半悬浮状态下的脱溶，所需热量主要靠夹套中间接蒸汽供给，仅在脱溶的后阶段，才采用少量直接蒸汽以脱除残留溶剂。它的缺点是湿热作用很小，成品粕的熟化效果差。

五、混合油处理

混合油是从浸出器出来的由溶剂、油脂和油脂伴随物组成的混合液，油脂浓度一般为10%～40%。同时悬浮有04%～10%的固体粕末。混合油必须经过一定处理，使其中的溶剂和粕末分离出来，得到较纯净的浸出毛油。

混合油处理的工艺过程是：

混合油过滤沉降→混合油贮罐→第一蒸发器→第二蒸发器→汽提塔→浸出毛油

首先，混合油进行过滤沉降等预处理过程以尽量除去杂质，为蒸发创造条件。然后利用油脂与溶剂的沸点不同，将混合油加热蒸发，使绝大部分溶剂气化而与油脂分离；蒸发设备多选用长管蒸发器，也称升膜式蒸发器，其特点是加热管道长，一般3～4m，混合油经预热后由下部进入加热管内，迅速沸腾，产生大量蒸气泡并迅速上升。混合油也被上升的蒸气泡带动并拉曳为一层液膜沿管壁上升，溶剂在此过程中不断蒸发。由于在薄膜状态下进行传热，故蒸发效率较高，且操作容易，混合油在蒸发器内加热时间较短，对混合油质量影响小。混合油经第一长管蒸发器蒸发和分离后，浓度提高到70%～80%，再经第二长管蒸发器蒸发和分离后，使其浓度提高到90%～95%。混合油经蒸发后的出口浓度可通过间接蒸汽压力来加以调节。

通过蒸发，混合油的浓度大大提高。然而，溶剂的沸点也急剧升高，如果继续以保持沸腾的状态蒸发剩余油，油温势必将大幅升高，这将严重影响毛油质量，如使毛油的色泽加深或固定，不易脱去，油脂氧化加快甚至分解。同时，混合油作为一种油脂与溶剂组成的溶液，也会产生共沸现象，此时无论继续进行常压或减压蒸发，欲使混合油中剩余的溶剂进一步除去相当困难。为此，混合油中溶剂的去除被分成两个阶段，即第一阶段先进行蒸发，使混合油浓度达到95%左右，再进行第二阶段汽提，使油在较低的温度下（110℃）继续保持沸腾状态而蒸发除去残余的溶剂。

汽提即水蒸气蒸馏，其原理是：混合油与水不相溶，向沸点很高的浓混合油内通入一定压力的直接蒸汽，同时在设备的夹套内通入间接蒸汽加热，使通入混合油的直接蒸汽不致冷凝。直接蒸汽降低了溶剂的沸点和气相分压，蒸汽与溶剂蒸气压之和与外压平衡时，溶剂即沸腾，这样，混合油内少量溶剂在较低的温度下可能完全被汽提出来。未凝结的直接蒸汽夹带蒸馏出的溶剂，一起进入冷凝器进行冷凝回收。

汽提设备有管式汽提塔、层碟式汽提塔、斜板式汽提塔、填料式汽提塔。混合油汽提的效果可通过测定浸出毛油中的残留溶剂量来确定，要求浸出毛油的残留溶剂量在500mg/kg以下。通常，将汽提塔出口毛油中的溶剂气味作为判定毛油残留溶剂量的标准，当溶剂含量低于500mg/kg，毛油就嗅不到溶剂气味。生产上有时也根据浸出毛油的闪点来确定溶剂脱除是否彻底，一些国家规定浸出毛油的闪点为220℃。

由于混合油蒸发和汽提是油脂浸出生产中的一个重要环节，它对浸出毛油质量和浸出生产中的蒸汽消耗起决定作用。因此，在有效脱除混合油中溶剂的前提下，最大程度地减少蒸汽消耗量是混合油处理工序中日益重视的问题。其中混合油负压蒸发和汽提工艺已获得广泛应用，其热源是利用蒸烘等工序中的二次蒸汽，在负压条件下使混合油中的溶剂蒸发，可降低溶剂蒸发的温度。负压蒸发工艺一则提高油脂质量，二则利用二次蒸汽来加热混合油，达到节能的目的。负压蒸发工艺可以是全负压蒸发，即一蒸、二蒸、汽提都是在负压状态下进行；也可以一蒸和汽提采用负压蒸发，二蒸常压蒸发。

六、溶剂回收

浸出法制油各工序各设备中产生的溶剂都要尽量回收。溶剂回收的意义不仅在于降低消耗、降低成本，更重要的是保证安全生产和减少环境污染。

（一）溶剂蒸气的冷凝和冷却

通过冷凝器冷凝回收在混合油蒸发等过程所产生的溶剂蒸气。

冷却是指当热流体放出热量时，其温度降低而不发生物态变化的过程。所谓冷凝是指当热流体放出热量时，从气相转变为液相的过程。冷却与冷凝工序在浸出生产中很重要，它直接影响到溶剂的消耗量。

单一的溶剂蒸气在固定冷凝温度下放出其本身的蒸发潜热，而由气态变成液态。当蒸气刚刚冷凝完毕，就开始了冷凝液的冷却过程。因此，在冷凝器中进行的是冷凝和冷却两个过程。事实上这两个过程也不可能截然分开。两种互不相溶的蒸气混合物水蒸气和溶剂蒸气，由于它们各自的冷凝点不同，因而在冷凝过程中，随温度的下降所得冷凝液的组成也不同。但在冷凝器中它们仍然经历冷凝、冷却两个过程。

冷凝回收常采用溶剂蒸气或混合蒸气通过冷凝设备的换热壁面与冷却介质进行间接热交换而被冷凝、冷却，目前常用的冷凝器有列管式冷凝器、喷淋式冷凝器和板式冷凝器。采用余热利用、负压蒸发、预脱溶蒸脱等先进工艺，可以大大节省冷凝面积。

由第一、第二蒸发器出来的溶剂蒸气因其中不含水，经冷凝器冷却后直接流入循环溶剂罐。

（二）溶剂和水分离

回收在汽提混合油和湿粕中溶剂时形成的溶剂水混合液中的溶剂，溶剂蒸气和水蒸气的混合气体经冷凝后所形成的溶剂－水混合液，可根据其密度差以及沸点不同来进行分离。

来自蒸烘机或汽提塔的混合蒸气进入冷凝器，冷凝后，其中含有较多的水，冷凝液实质是溶剂与水的混合物，利用溶剂与水互相不溶解且比水轻的特性，使溶剂和水分离，分离出的溶剂流入循环溶剂罐得到回收，而水进入水封池，再排入下水道。这种分离设备称之为“溶剂－水分离器”，目前使用得较多的是分水箱。

（三）废水中溶剂的回收

通过废水蒸煮罐回收排放废水中溶剂。

在正常情况下，分水器排出的废水经水封池处理，但当水中夹杂有大量粕屑时，对呈乳化状态的一部分废水，应送入废水蒸煮罐，用蒸汽加热到92～98℃，使其中所含的微量溶剂蒸发，再经冷凝器回收，废水进入水封池。

（四）自由气体中溶剂的回收

对上述溶剂回收过程中所产生的溶剂气体空气混合气体（自由气体）中的溶剂及其排放尾气中残留溶剂的回收，可利用冷凝和石蜡油吸收等方法。

虽然浸出车间的所有设备都是密封的，但是空气难免进入油脂浸出系统，系统中空气的来源不外乎五个方面，即料坯空隙带入、物料进出口吸入、系统负压吸入、设备泄漏、蒸汽和水带入。这部分空气因不能冷凝成液体，故称之为“自由气体”或尾气。根据生产资料表明，正常生产时的尾气排放量在2.0m^3/t左右。自由气体进入整个浸出设备系统与溶剂蒸气和少量的水蒸气混合，长期积聚会增大系统内的压力而影响生产的顺利进行。因此，要从系统中及时排出自由气体。这部分空气从有关设备中引出时，总会夹带部分饱和状态的溶剂蒸气。因此，在排出前必须设法回收其中所含的溶剂。

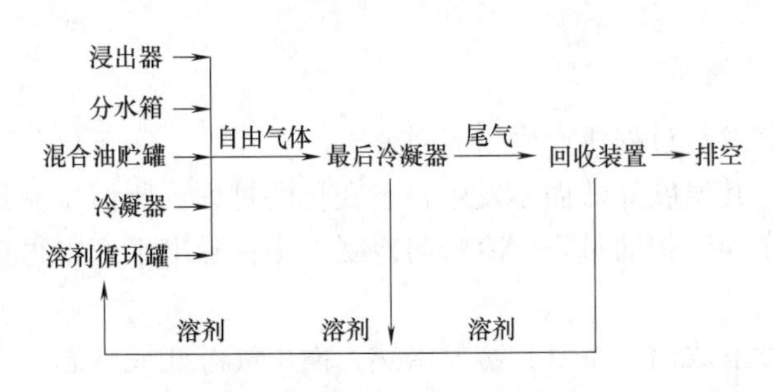

图6－3　自由气体中溶剂的回收

自由气体中溶剂的回收工艺流程如图6－3所示。

来自浸出器、分水箱、混合油贮罐、冷凝器、溶剂循环罐的自由气体全部汇集于体积较大的空气平衡罐，再进入最后冷凝器。某些油厂把空气平衡罐与最后冷凝器合二为一。自由图6自由气体中溶剂的回收气体中所含的溶剂被部分冷凝回收后，尚有未凝结的气体，仍含有少量溶剂，应尽量予以回收后再将废气排空。

尾气温度越高，排量越多，夹带的溶剂也越多。因此在生产中应控制尾气温度和排量，并采用回收装置。目前，回收的方法有冷冻法、吸收法（石蜡油或植物油）、吸附法（活性炭）三种，回收率由低至高。其中石蜡油吸收法回收率可达95%，可实现卫生标准排放（40g/m^3），吸收塔较多的是采用填料式。

整个溶剂回收过程如图6－4所示。

在油脂浸出工艺中溶剂是循环使用的，但由于多种原因会造成溶剂在循环使用中产生损耗。引起溶剂损耗形成的主要方面有：设备的跑冒滴漏、毛油中残留、成品粕中残留、废水排走、排空尾气残留等。根据溶剂损耗的特征，可分为不可避免和可避免两类。在良好的生产条件下，不可避免的溶剂消耗为0.3~1.5kg/t料，其中粕中残溶所占比例最大。可避免的溶剂消耗主要是设备的跑冒滴漏，这也是造成浸出车间溶剂消耗高的主要原因。

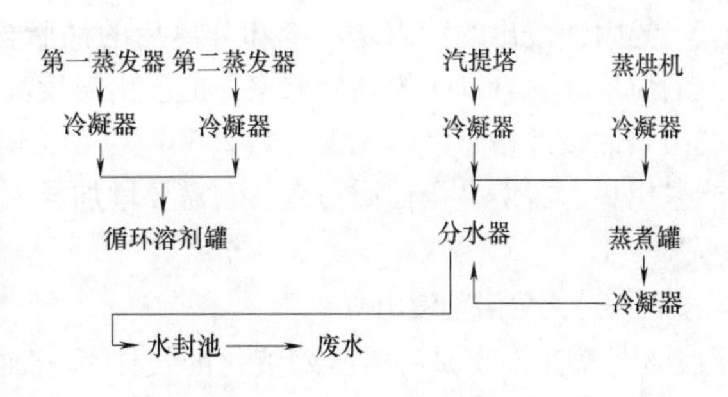

图6-4 浸出车间的溶剂回收

从溶剂回收方面而言，油脂溶剂浸出后，混合油中的溶剂采用多效蒸发及真空下薄层水蒸气蒸馏技术可以达到非常高的水平，但去除与回收湿粕中溶剂则要困难得多，而这也是浸出油厂有时溶剂消耗居高不下的主要原因之一。

溶剂消耗直接影响油厂的生产成本，同时随着人们环保意识的日益增强，降低或消除溶剂排放量的要求也不断提高。

七、植物油浸出技术新进展

（一）混合溶剂浸出

混合溶剂浸出是将不同极性的溶剂混合在一起，在油脂浸出过程中各自完成不同组分的萃取工艺。采用混合溶剂浸出可达到多种目的，如用于棉籽加工，既可提油，又可浸出棉籽中的棉酚，达到脱毒目的。

比较成熟的有己烷、丙酮和水的混合溶剂，己烷和乙醇混合溶剂，以及己烷和甲醇混合溶剂。

应用混合溶剂进行浸出，在生产实践中遇到的问题主要是由于形成共沸物，溶剂分离和回收困难，溶剂消耗大，成本高；混合溶剂的组成比例随着浸出过程进行而变化；浸出毛油中含有较大量的非油物质和色素，致使油品质量下降。

（二）异丙醇浸出

用异丙醇、水共沸液浸出，共沸液中异丙醇含量为91%，温度只需高于沸点1~2℃，浸出过程与一般工艺相同，浸出后，降低混合油温度，即可分为轻、重二相，得到纯度较高的油相和溶解了游离脂肪酸、磷脂、糖类等胶体物质的醇相。

用异丙醇共沸液对大豆坯进行逆流浸出，浸出后的混合油经过滤到冷却分离器内，冷却到10~30℃以下，进行分层。上层轻液为异丙醇液，溶解了大部分磷脂、糖类、游离脂肪酸等以及18%~25%油脂。而重相油的成分单纯，甚至不用水化即为精油。由于采用静置分层，所以会有含异丙醇及其溶解物的中间层存在。

浸出后的湿粕含溶剂较多，可以先通过一道挤压或预脱溶装置，脱除一部分稀混合油以后再进入蒸脱机与溶剂回收系统。

异丙醇浸出的特点是：冷却分离后的油脂含异丙醇量很少，汽提脱溶简单、节能，毛油质量高，有利于提高精炼率，但浸出温度高，温度和水分对浸出效率影响大，共沸浸出条件较严格，溶剂比大（1∶2.5）～（1∶3.0），湿粕含溶高，须经挤压预脱溶后才能采用热力脱溶，蛋白质易变性，需要增加异丙醇蒸馏回收系统和湿粕挤压装置。

（三）4号溶剂浸出

4号溶剂浸出是将能压缩液化的气体用于油料的浸出过程，4号溶剂主要成分为丙烷和丁烷，其在常压下沸点分别为－42.2℃和－0.5℃。在常温及压力大于0.3MPa时，一定比例丁烷和丙烷组成的4号溶剂呈液态，可用于浸出油脂。

4号溶剂浸出过程在加压的状态下进行，溶剂以液态的形式溶解油脂。混合油和湿粕含溶在减压下自然挥发，且溶剂蒸发是吸热过程，只要给予一定量的热能，就能将粕和油中的溶剂彻底蒸发，冷凝后循环使用。本技术最大优势是常温浸出，低温脱溶，且脱溶方法简单，在40～50℃或减压条件下即可回收溶剂，粕中蛋白质几乎不变性，浸出油中的生物活性物质很少破坏，同时油中的非脂肪物含量降低，有利粕和油的进一步开发利用。另外，可实现内部热交换过程，生产中大大节能。4号溶剂来源广，价格与6号溶剂大致相当，目前，国内已先后建成多家4号溶剂常温浸出植物油厂。缺点是工作压力高（1.6MPa），所需相关设备均为压力容器，设备成本高，安全性差。

（四）超临界流体萃取

超临界流体是指某种气体在其临界压力、临界温度以上区域形成液体状态，它既具有液体能溶解物质的性质，又具有气体容易扩散挥发的特性。因此超临界流体萃取兼有常规萃取和蒸馏两种工艺的综合效果。

植物油的超临界流体萃取是利用超临界流体的特性及油脂料中各种成分在这一特定流体中蒸汽压和溶解度的差异来萃取油脂，然后采用升温、降压或吸附等手段将溶剂与所萃取的油脂组分分离的过程。

常见的超临界CO_2流体是典型的非极性流体，它几乎不溶解磷脂和游离脂肪酸，而选择性地溶解油脂，对油脂的溶解能力和正己烷相当，因此，该工艺得到的毛油纯度高，磷脂含量仅为浸出法的0.2%～6%，色泽浅，不必脱胶也无需化学精炼，即可达到食用级要求。

另外，超临界工艺在高压低温下（约40℃）进行萃取，粕风味好，蛋白质变性低，有利于油料蛋白的利用。CO_2无毒，无环境和产品污染问题，不燃烧，生产安全可靠；工艺简单，设备少。缺点是系统及设备需耐高压和高密封性，浸出效率比一般有机溶剂低，干基残油率略高（约2%），且尚难以连续化生产，只适用于制取附加值很高的特种油脂。

（五）膨化浸出

目前，油料的直接浸出技术仅限于低含油油料的加工，在中高含油油料方面没有突破性的进展，这一技术难题有望随着膨化技术的发展而得到解决。

膨化技术在国外已广泛地应用于大豆、棉籽的加工，其最显著的优点是节能，与生坯直接浸出相比，在浸出设备生产能力相同时，膨化浸出的产量可提高40%左右，动力消耗大为降低，且粕中残油也很容易降低。

近年来，菜籽的脱皮挤压膨化制油工艺研究已取得重大进展，其基本工艺为：

菜籽→清杂→调质干燥→脱皮分离→轧坯→调质→挤压膨化→浸出

油菜籽经清理、烘干、冷却、脱皮和皮仁分离后，获得含皮2%左右的籽仁，籽仁经轧坯、调质处理后挤压膨化，预先榨出籽仁中40%左右的油脂，得到膨化系数1∶1.69、体积质量480~495kg/m^2、水分3.5%~4%、残油率27%~28%（干基）的多孔状结构膨化颗粒料，进入浸出器浸出，得到毛油。

挤压膨化预先榨出的毛油酸值（AV）低，约2mg KOH/g油，色泽浅（罗维朋比色计254mm槽：Y35，R10），经水化处理，即可得四级菜油。浸出成品粕中残油率可达1.5%以下，粗蛋白含量高达45%~48%（干基），粕色泽浅，抗营养因子含量降低，营养价值提高。

（六）物理场强化浸出

微波场、超声场、电场强化浸出过程可有效地提高浸出率，缩短浸出时间，提高生产效率，甚至还能提高产品的品质，减少环境污染，成为近年来油脂浸出研究的热点之一。

微波是一种一定频率范围的电磁波，具有波动性、高频性、热特性和非热特性四大特性。微波作用于含极性分子的物质，可以产生热效应而使温度迅速升高，从而使扩散系数增大，微波还可以对固体表面的液膜产生一定的微观“扰动”，使其变薄，减少了扩散过程中受到的阻力；另外，微波对细胞膜能产生一定的生物效应，使细胞内部温度突然升高，压力增大。当压力超过细胞壁的承受能力时，细胞壁破裂，从而有效地打破细胞壁，使位于细胞内部的油脂释放出来，传递转移到溶剂周围被溶剂溶解。因而，用微波场辅助浸出可强化油脂的浸出过程。

超声波是一种含有能量的弹性机械波。超声场对浸出分离的强化作用主要来源于超声空化。超声的机械效应和热效应也会有一定的贡献。超声空化是指液体中的微小泡核在低频高强超声波作用下被激活，表现为泡核的振荡、生长、收缩及崩溃等一系列动力学过程，空化泡崩溃的极短时间内在空化泡周围产生高温高压，并伴有强烈的冲击波和微射流产生。超声空化引起了湍动效应、微扰效应、界面效应和聚能效应，其中湍动效应使边界层减薄，增大传质速率；微扰效应强化了微孔扩散；界面效应增大了传质表面积；聚能效应活化了分离物质分子；从而从整体上强化浸出分离过程的传质速率和效果。目前超声技术用于大规模生产还较少，用于超声浸出的设备还不成熟。

电场强化浸出过程是一项新的高效分离技术，也是静电技术与化工分离交叉的学科前沿。电场强化植物油浸出尚处于实验研究阶段。从电流体力学的角度来说，电场强化用于萃取主要通过三种途径：

（1）产生小尺寸的振荡液滴，增大传质比表面；

（2）促使小尺寸液滴内部产生内循环，强化分散相滴内传质系数；

（3）分散相通过连续相时由于静电加速作用提高了界面剪应力，因而增强了连续相的膜传质系数。

第五节　水剂法制油

一、概述

水剂法是利用油料中非油成分对油和水亲和力的差异，同时利用油、水密度不同，而将油脂与蛋白质等杂质分离的方法。

水是油的不良溶剂，常温常压下水油互不相溶，但这正构成水剂法制油的基础。可见用水作溶剂是以水溶解、胶凝蛋白质等亲水性物质，并不是直接萃取油脂。

水剂法包括水代法、水浸法、水酶法，一般适用于高含油的油料。

水代法适用于芝麻等高含油油料的制油，该法将热水加到浆状物料中，使蛋白质等亲水物质充分吸水膨胀，并借助其密度上的差异，振荡分离油脂。水浸法利用水或稀碱液能溶解和提取油料中可溶性蛋白质、糖类等，继而调节 pH，达到蛋白质的等电点后，进行沉降分离，得到蛋白质和乳化油，后者破乳分离制取油脂，水浸法以温度低区别于水代法，浸出水温一般仅为 60～65℃，加水量高，固液比为（1∶6）～（1∶15），且以提取蛋白质为主要目的，水浸法在我国仅处于研究和试生产阶段，主要问题是乳化严重而油浆分离困难，电耗大。水酶法以机械和酶解相结合为手段降解植物细胞壁，使油脂在温和条件下得以释放，因此与传统方法相比，油品具有较好的品质，而且由于酶解在水相中进行，磷脂进入水相中，因而获得的油脂不需进行脱胶。

现将两种主要的水剂法制油方法，即水代法、水酶法的主要工艺特点介绍如下。

二、水代法

水代法制取小磨麻油是我国特有的一种制油方法，历史悠久，其工艺过程是：

芝麻→清理→水洗→炒籽→扬烟→吹净→磨籽→兑浆搅油→振荡分油→小磨麻油
↓
麻渣

炒籽的作用一方面是破坏油料细胞结构，使分散的微小油滴聚集，另一方面使制得的芝麻油具有特殊的香味。炒籽时掌握火候、时间和温度很重要。开始时由于芝麻含水量大，宜急火炒料，当炒熟程度达 70% 时，要降低火力并随时检查，一般使温度达到 200℃左右为宜。熟芝麻以手捻开呈红色或黄褐色即可。炒料时要勤翻勤搅，防止焦煳和生熟不匀。

磨籽要求愈细愈好，油料经磨细后成为料酱，由于含油量较高，料酱呈固体粒子在液态油中的粗分散体系，其中固体粒子为分散相，油是连续相，在兑浆搅油时水分容易渗入料酱内部，吸水均匀，油被大量取代。

兑浆搅油是水代法取油的关键。料酱中的固体粒子主要是蛋白质、碳水化合物等高分子化合物，亲水性远强于其亲油性，故而对水的结合能力很强。固体粒子吸水后，一方面由于吸水膨胀，体积增大；另一方面加水后由于固体表面分子对水产生强力的吸引作用，使得原来被油脂占据的固体表面一部分被水所代替，随着固体粒子吸水量的增加，油对固体表面结合力逐步减小，油与固体表面逐渐分离。然而，实际上固体表面不可能完全被水分子所代替，因而，油也不可能完全被取出。

兑浆时的加水量是重要环节。料酱加水量的依据，是使其中固体粒子达到最大的吸水量，从而能最大限度地发挥以水代油的作用。根据试验结果，加水量以芝麻中非油物质含量的2倍为最适宜，约为芝麻浆重量的83%。水要分批加入，水温90℃以上，同时搅拌均匀。

最后，振荡分油的作用是使渣酱内部产生挤压与振荡，以助裹在渣酱内部的油滴聚集上浮。振荡分油期间应保持适当温度，以降低油的黏度，便于分离。

水代法制油特点：油脂香味浓，尤其是小磨麻油具有特殊的芳香味；设备简单，省电，投资少，见效快；出油效率较高，小磨麻油得油率可达96%左右；但耗劳力，效率低，只能小批量生产，加工成本较高，粕中含水分高，容易变质。

三、水酶法

在适当物理破碎的基础上，选用蛋白酶，或选用降解植物细胞壁的酶与降解蛋白质的蛋白酶协同作用于高含油油料。影响水酶法预处理制油工艺的主要因素有：料坯破碎度、酶种类和用量、酶作用条件（温度、时间、pH和料液比）及分离方法等。

水酶法工艺简单，耗能少，又能对提油后残渣中的蛋白质加以进一步利用。酶法制油工艺应用于高油分油料时，可采用离心分离提取油脂，取代传统的预榨浸出或溶剂浸出工艺，安全可行，但出油率稍低，残渣提取蛋白质能耗也较大。若结合油料蛋白的开发，水酶法在经济上有合理性。需要解决的问题是：酶的选择，酶用量的降低，乳液的有效分离。

第六节　油脂精炼

一、概述

油脂精炼是指对毛油（又称原油）进行精制。

毛油是指经浸出、压榨或水剂法工序从油料中提取的未经精炼的植物油脂。毛油不能直接用于人类食用，只能作为成品油的原料。

毛油的主要成分是混甘油三酯的混合物，或称中性油。毛油中还含有除中性油外的物质，统称杂质，按照其原始分散状态，大致可分为机械杂质、脂溶性杂质和水溶性杂质三大类，如图6-5所示。

我国2003年的食用植物油产品标准增加了原油类别，使原油贸易有章可循，同时也防止将原油直接投放市场，严重危害消费者身体健康。原油“质量指标”中共设气味、滋味，水分及挥发物，不溶性杂质，酸值，过氧化值，溶剂残留量6个项目。

毛油中杂质的存在，不仅影响油脂的食用价值和安全储藏，而且给油脂加工带来困

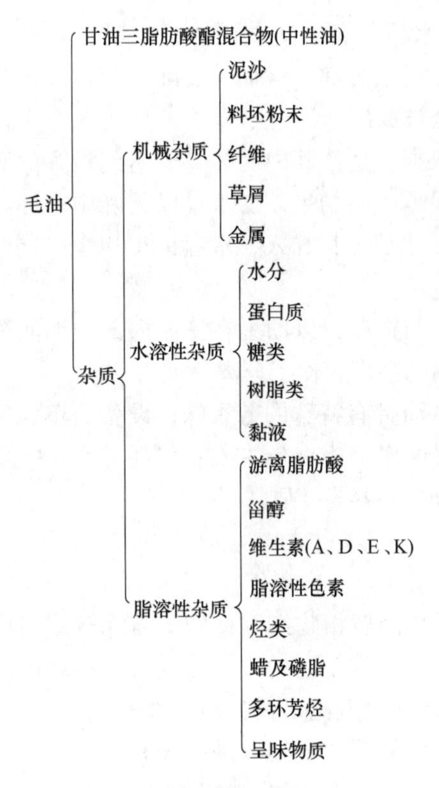

图6-5　毛油组成

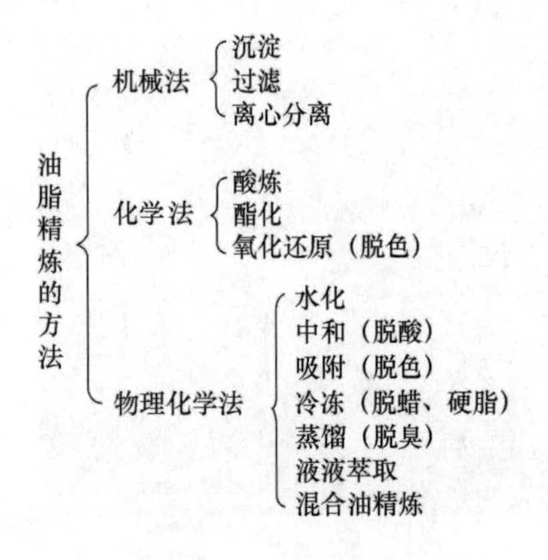

图6-6　油脂精炼方法

难，应予以除去。但精炼的目的，又非将油中所有的杂质全部除去，而是将其中对食用、储藏、工业生产等有害无益的杂质除去，如棉酚、蛋白质、磷脂、水分等，而有益的物质，如生育酚等，则要保留甚至予以添加。因此，根据毛油混合物中各种物质性质上的差异，根据不同的要求和用途，采取一定的工艺措施，将不需要的、有害的杂质从油脂中除去，保证油脂的色泽、透明度、滋味、稳定性、脂肪酸组成以及营养成分符合一定的质量标准，就是油脂精炼的主要目的。同时，最大限度地从油中分离出有价值的伴随物也是精炼的任务。

毛油杂质可根据其特点，利用机械、化学和物理化学三种方法脱除，如图6-6所示。

这些精炼方法往往不能截然分开，一种精炼方法会同时产生另一种精炼作用，例如碱炼旨在中和游离脂肪酸，是典型的化学精炼法，然而，中和反应产生的皂脚能选择性吸附部分色素、蜡脂、黏液和蛋白质等，并一起从油中分离出来，可见，碱炼时伴有物理化学过程。油脂精炼是比较复杂而具有灵活性的工作，精炼的深度取决于毛油质量和成品油的等级，必须根据油脂精炼的目的，兼顾技术条件和经济效益，选择合适的精炼方法。

精炼内容是随着工艺设备的进步和市场的要求而发展的，目前，植物油行业上完整的精炼工艺包括去除机械杂质、脱胶、脱酸、脱色、脱臭、冬化脱蜡脱硬脂等过程。并非所有油品都需要经历完整的精炼过程，通常，奶油、猪油、橄榄油、可可脂、芝麻油、茶油、浓香花生油等不需精炼。精炼油也称成品油，一般而言，精炼油的用途或是作为贮存用油，或是作为食用成品油，或是作为工业用油。食用成品油是指经过精炼加工达到了食用标准的油脂产品。根据新国家标准，食用植物油分为压榨油和浸出油两类，压榨油是指用机械挤压方法提取的原油加工的成品油；浸出油是指用符合卫生要求的溶剂，用浸出方法提取的原油加工的成品油。

现行国家标准将成品油分成4个质量等级，即一级、二级、三级、四级，分别相当于旧标准中的色拉油、高级烹调油、一级油、二级油。成品油的“质量指标”中共设12个项目，包括色泽，气味、滋味，透明度，水分及挥发物，不溶性杂质，酸值，过氧化值，加热试验，含皂量，烟点，冷冻试验和溶剂残留量。

二、机械杂质的去除

毛油中的机械杂质包括饼粉、壳屑与砂土等固体物，可以采取沉淀、过滤或离心分离等方法加以去除。尽可能去除毛油机械杂质，特别是粕末，对于后续脱磷脂工序以及磷脂的品质是非常重要的。毛油去除机械杂质的操作，也可与油料压榨或浸出时粗毛油的过滤沉降预处理工序合并进行，并予以强化，一步完成。浸出粗混合油预处理时，其体积比毛油大大增加，但混合油黏度很低，因此预处理时过滤或离心分离设备的尺寸、规格并不需特别放大。去机械杂质的方法有如下几种。

1. 沉淀

利用油和杂质的不同密度，借助重力的作用，达到二者的自然分离。沉淀设备有油池、油槽等容器。沉淀法的特点是设备简单，操作方便，但其所需的时间很长（有时要10多天），又因水和磷脂等胶体杂质不能完全除去，油脂易产生氧化、水解而增大酸值，影响油脂质量，也不能满足大规模生产的要求，所以，这种纯粹的沉淀法在生产实践中已很少采用。

2. 过滤

将毛油在一定压力（或负压）和温度下，通过带有毛细孔的介质（滤布），使杂质截留在介质上，让净油通过而达到分离。过滤设备有箱式压滤机、板框过滤机、振动排渣过滤机水平滤叶过滤机以及立式叶片过滤机等。

3. 离心分离

离心分离是利用离心力分离悬浮杂质的一种方法。特点是分离效果好、易生产连续化、处理能力大且滤渣中含油少，但设备成本较高。卧式螺旋卸料沉降式离心机用以分离机榨毛油中的悬浮杂质，有较好的工艺效果。

三、脱胶

（一）水化法

脱胶常采用水化法，即用一定数量的热水或稀碱、盐及其他电解质溶液，加入毛油中，使水溶性杂质凝聚沉淀而与油脂分离。水溶性杂质以磷脂为主，沉淀出来的胶质称油脚。

磷脂的分子结构中，既含有疏水基团，又含有亲水基团。磷脂的亲水游离羟基与疏水内酯盐结构如图6－7所示。

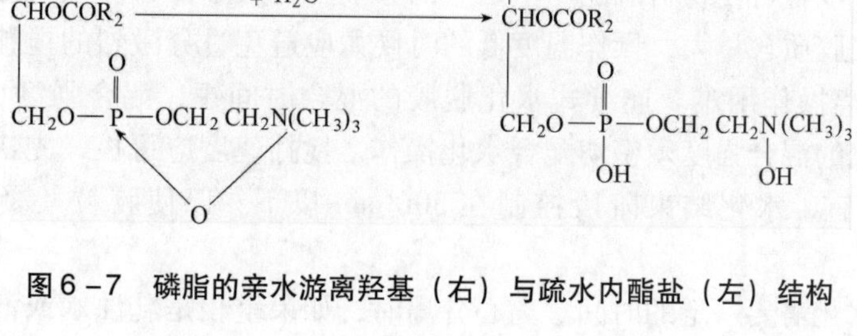

CH_2OCOR_1 | $CHOCOR_2$ | $CH_2O—P(=O)—OCH_2CH_2N(CH_3)_3$（P 与 N 之间以 O 相连） $\xrightarrow{+H_2O}$ CH_2OCOR_1 | $CHOCOR_2$ | $CH_2O—P(=O)(OH)—OCH_2CH_2N(CH_3)_3OH$

图6－7 磷脂的亲水游离羟基（右）与疏水内酯盐（左）结构

当毛油中不含水分或含水分极少时，它以内酯盐形式溶解分散于油中；油中含水量增加时，磷脂吸水变为游离羟基式，极性增大，呈现出强的双亲性并在水油界面上定向排列，磷脂达到一定浓度时，形成胶态集合体（胶束），进一步形成整体亲水性的双（多）分子层；磷脂极性基的强烈亲水性可吸引水分子插入双（多）分子层之间，产生膨胀，随着吸水量的增加，磷脂膨胀加剧，相互凝结成密度比油脂大得多的胶粒而从油中沉淀析出。

磷脂有水化磷脂（HP）和非水化磷脂（NHP）。水化磷脂含有较强的极性基团，与水接触时形成水合物，且在水中析出。非水化磷脂主要是磷脂酸和溶血磷脂的钙镁盐类，亲水性差。非水化磷脂的含量主要与毛油种类和品质有关。

不同磷脂的水化速率有差别，如果从磷脂的乳化性质来理解，则卵磷脂（PC）由于易形成水包油（O/W）的乳化液，具有最大的水化速率，而其他磷脂易形成油包水（W/O）的抗乳化结构，水化速率降低。

水化法操作简单，但只能除去水化磷脂，一般的水化和碱炼过程能去除80%～90%左右的磷脂，还含有10%左右的非亲水性磷脂，需采取另外方法脱除。在毛油中加入一定量的无机酸或有机酸，可使非水化磷脂转化为水化磷脂而亲水，达到容易沉淀和分离的目的。

毛油种类和品质是影响水化脱胶的首要因素。一般木本油脂较易脱胶，而大豆油、花生油、葵花籽油、棉籽油等较难一些，亚麻籽油、菜籽油更难一些。对于变质、未成熟油料或蒸炒不好的油料制得的毛油，不易脱胶。

水是磷脂水化的必要条件，水化时适量的水才能使磷脂逐渐吸水膨胀，并相互絮凝形成稳定的胶粒。水量不足，磷脂水化不完全，胶粒絮凝不好；水量过多，则有可能产生局部的水/油或油/水乳化现象，难以分离。

水化加水量通常是胶质含量和操作温度的函数。工业生产中，间歇式为胶质含量的3～5倍；连续式为油量的1%～3%。在胶质含量一定时，操作温度高，胶体质点布朗运动剧烈，诱导极化度大，故凝聚需要的水量大；反之，需要的水量少。

毛油胶粒凝聚的过程是可逆的。毛油中胶体分散相开始凝聚时的温度称为凝聚临界温度，已凝聚的胶质可在高于凝聚临界温度下重新分散。临界温度与胶粒粒度有关，胶粒吸水越多，凝聚临界温度也就越高。因此水化温度与加水量相关，加水量大，宜高温，加水量小，宜低温。一般操作温度与临界温度相对应并稍高于临界温度。

具体操作中，适宜的加水量可通过小样试验来确定。先确定工艺操作温度，然后根据油中胶质含量计算加水，最后再根据分散相水化凝聚情况，调整操作的最终温度。但终温要严格控制在水的沸点以下。

借助于机械混合可使物料既能产生足够的分散度，又不使其形成稳定的油/水或水/油乳化状态。当胶质含量大，操作温度低的时候尤应避免过分激烈的搅拌，防止形成油/水乳化，使分离操作困难。连续式水化脱胶的混合时间短，混合强度可以适当高些。间歇式水化脱胶的混合强度须密切配合水化操作，搅拌速度应可控，先快后慢，开始以60～70r/min为宜，水化结束阶段控制在30r/min以下，以使胶粒絮凝良好，有利于分离。

胶质完成水化需要一定的时间。离心分离时，如果重相是乳浊水或油脚呈稀松颗粒状、色黄并拌有明水、脱胶油280℃加热试验不合格时，即表明水化时间不足。反之，当分离出的油脚呈褐色粘胶时，则表明水化时间适宜。

根据胶体凝聚的原理，通过添加食盐或明矾、硅酸钠、磷酸、柠檬酸、酸酐、磷酸三钠、氢氧化钠等电解质稀溶液可改变胶体分散相的水合度，促使凝聚。特别是当普通水水化脱不净胶质、胶粒絮凝不好或操作中发生乳化现象时，可添加0.05%～0.3%电解质。电解质在脱胶过程中的主要作用是：

（1）中和胶体的表面电荷，消除或降低ξ电位或水合度，促使胶质凝聚。

（2）磷酸和柠檬酸等促使β磷脂等非亲水性磷脂转变成亲水性磷脂。

（3）明矾水解出的氢氧化铝以及生成的脂肪酸铝具有较强的吸附能力，吸附油中胶质色素等杂质。

（4）磷酸、柠檬酸螯合并脱除与胶体结合在一起的微量金属离子，有利于精炼油气味、滋味和氧化稳定性的提高。

（5）促使胶粒絮凝紧密，降低絮团含油量，加速沉降速度，提高水化得率与生产率。

水化法按生产的连贯性又可分为间歇式、半连续式和连续式。间歇式水化按操作温度及加水方式不同分为高温、中温、低温及直接蒸汽水化方法，它们的基本工艺程序包括加水（或加直接蒸汽）水化、沉降分离、水化油干燥和油脚处理等。

半连续式水化的特点是前道水化用罐炼，而后道沉降分离采用连续离心分离。而连续式水化是一种先进的脱胶工艺，包括预热、油水混合、油脚分离及油的干燥均为连续操作。水化脱胶的主要设备有水化器、分离器及干燥器等。

一般，水化脱胶油中含磷脂<0.15%～0.45%，杂质<0.15%，水分<0.2%，可基本达到四级油标准。

（二）酸炼脱胶

粗油中加入一定量的无机酸，使胶溶性杂质变性分离的一种脱胶方法称之为酸炼脱胶。一般采用硫酸和磷酸进行脱胶，前者又分浓硫酸法和稀硫酸法两种工艺。由于硫酸对磷脂、蛋白质及黏液质等能产生强烈的作用，因此主要用于工业用油的加工，常常被用来精炼含有大量蛋白质、黏液质的粗油，例如生产生物柴油的菜籽油、脂肪酸裂解前用油、精炼米糠油、蚕蛹油及劣质鱼油等。

与普通水化法相比，磷酸脱胶具有油耗少、油色浅、能与金属离子螯合并解离非水化磷脂的优点，脱磷效果可达到30mg/kg。操作中添加一定量85%磷酸，在60～80℃温度条件下充分搅拌，然后送入离心机进行分离、脱胶。对于棕榈油等胶质含量较少的特殊油种仅用酸炼脱胶就可达到要求，这种方法又称干法脱胶。

（三）新脱胶工艺

随着油脂加工技术的发展，脱胶目标并不仅仅停留在如何最大限度地脱除胶质上，而是在此前提下，把降低消耗、减少在脱胶过程中对油脂、磷脂的损害作为更高的目标。而物理精炼技术的推广应用，使脱胶技术显得尤其重要，它直接影响蒸馏脱酸的效果。为了与物理精炼工艺相匹配，脱胶常与脱色结合起来，中间无需碱炼。

胶质中最主要的是磷脂，水化磷脂是比较容易除掉的，而非水化磷脂用直接水化法难以除去。为此，各种新脱胶法应运而生，鲁奇（LUGI）公司的 ALCON 预处理工艺甚至从油料预处理开始着手解决这个问题。脱除非水化磷脂有以下几种新方法。

1. 酶法脱胶

酶法脱胶的原理是利用磷脂酶 A_2 或者磷脂酶 A_1 把油脂中的非水化磷脂转化成为溶血磷脂而成为水化磷脂，再用水化除去，如图 6－8 所示。

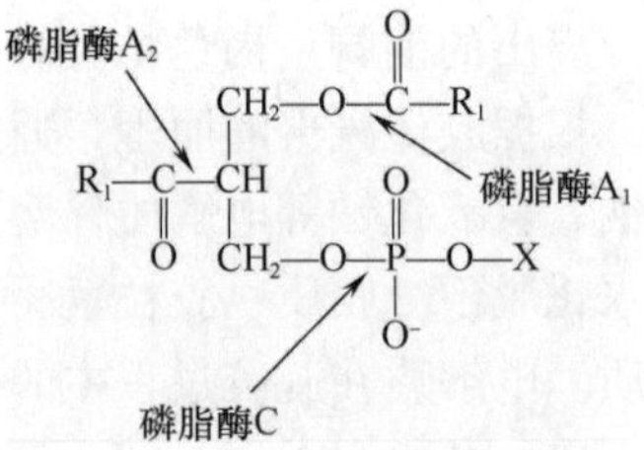

图 6－8　磷脂酶的作用示意图

目前可提供的有 3 种商品化磷脂酶 A，Lecitase 10L 具有磷脂酶 A_2 特异性，Lecitase NOVO、Lecitase Ultra 具有磷脂酶 A_1 特异性。

为了减轻负荷，酶脱胶法要求待脱胶油中含磷量控制在 100～250mg/kg（含磷脂 0.3%～0.75%），含 Fe＜2mg/kg，含游离脂肪酸＜3%。待脱胶油加热至 80℃左右，加入柠檬酸溶液（或磷酸溶液）以络合金属离子，然后加入碱溶液形成缓冲溶液并控制 pH 在 5～6，降低温度至 45～55℃，加入磷脂酶溶液，经高速混合后在反应釜里滞留数小时，具体时间根据油脂品种和磷脂含量调整，待非水化磷脂转化为水化磷脂后，再次加热至 80℃左右灭酶，用离心机分离磷脂和油。脱胶油中含磷一般低于 10mg/kg，可满足物理精炼的要求。

磷脂酶 A 脱胶时会使油中的游离脂肪酸含量有所上升，磷脂酶 C 则无此之虞。故也可以利用磷脂酶 C 开发脱胶工艺，或设计磷脂酶 C 与磷脂酶 A 相耦合的脱胶工艺。

酶法脱胶工艺将生物技术与油脂精炼工艺相结合，目前在生产上已得到应用。

2. 特殊脱胶法

Alfa Laval 公司 1985 年提出特殊脱胶法，即酸调节碱中和凝聚工艺，其原理是：磷脂酸、溶血磷脂的钙镁盐类等非水化磷脂在酸性、碱性条件下都可以转化为水化磷脂，然后水化得以与油脂分离。

在 70～80℃条件下，加入毛油量 0.5% 的 50% 柠檬酸和醋酸钠（或稀碱）混合液，使磷脂发生水化，然后离心分离，脱磷效果可达到 15mg/kg 以下。

3. 超级/联合脱胶法

这是一种低温脱胶工艺，常与“长混碱炼”工艺相结合使用，形成联合脱胶工艺。过滤毛油加热到 70℃，加入油重 0.05%～0.2% 的 85% 食用级磷酸或柠檬酸，搅拌 20min 左右，使非水化磷脂转化。再将油冷却到 25℃，然后加入 5 倍于磷脂量的水反应 2h 进行水化脱胶，或加入油重 1%～3%、浓度为 2%～3% 的 NaOH 溶液，絮凝反应 1～1.5h 使磷脂水化和絮凝。通过这样缓慢低温处理，有利于形成“液态结晶”磷脂，并吸附其他杂质，甚至脱去部分蜡酯，油脚分离容易得到的脱胶油的质量较好，符合物理精炼的要求。超级脱胶工艺脱胶彻底，后续脱色时，白土用量只需一般工艺的一半，可减少脱臭器内壁污染，已经获得广泛应用。

4. 硅法脱胶

硅法脱胶是美国最新应用的一种脱胶技术，适合于物理精炼的预处理脱胶脱色，唯材料成本较高。该法关键是使用新型硅材料，如“TriSyl 硅”，这种人造的非结晶硅胶体对油中极性组分如磷脂、肥皂等吸附力很高，既可以单独作为吸附脱胶剂使用，或与白土一起使用，加强白土的吸附效果，同时保护白土免受皂脚和磷脂的影响。

待加工油脂中含皂量的增加可提高 TriSyl 硅对磷脂的吸附能力。利用这一点，在实际生产中可省去水洗工序，只要油中含有足够的水分（0.2% ~0.4%），皂脚和其他极性杂质一起可同时被 TriSyl 硅除去。

5. 膜法脱胶

磷脂和甘油酯的相对分子质量相近，但磷脂在非极性溶剂中会形成相对分子质量达2万~5万的胶束，胶束的外形尺寸在18~200nm，远远大于甘油酯分子尺寸（15nm），因此，膜法可在混合油中将磷脂与甘油酯分离。磷脂胶束还容易包络糖和蛋白质及微量金属离子，将它们与磷脂一起脱除，一般脱磷效果可达到15mg/kg以下。

四、脱酸

（一）碱炼脱酸

脱酸是整个精炼过程中最关键的阶段，游离脂肪酸的存在会导致油脂酸值提高，对成品油的最终质量影响很大。所以欲提高油脂的质量，需脱除游离脂肪酸。

碱炼法是用碱中和游离脂肪酸，生成脂肪酸盐和水，并与中性油分离。碱炼同时，可除去部分其他杂质。所用的碱有多种，如石灰、纯碱和烧碱等。国内应用最广泛的是烧碱，烧碱可将游离脂肪酸降至0.01% ~0.03%，形成的沉淀称皂脚。国外也有用泡化碱、氨等弱碱，虽只能将游离脂肪酸降至一定限度，但有望解决污染问题，如氨在中和反应后可以用蒸馏法回收。

碱溶液主要与毛油中的游离脂肪酸发生中和反应。反应式如下：

$$RCOOH + NaOH \longrightarrow RCOONa + H_2O$$

同时发生中性油皂化、水解等副反应，如皂化：

$$RCOOR + NaOH \longrightarrow RCOONa + ROH$$

除了以上反应外，还有某些物理化学作用：

（1）皂脚在油中成为不易溶解的胶状物而沉淀，依靠其极强的吸附能力，相当数量的蛋白质、色素等杂质被其吸附而一起沉淀，甚至机械杂质也不例外；

（2）碱炼能皂化部分磷脂，对于酸值较高而含磷量较少的毛油，可用一步碱炼法同时脱磷和脱酸；

（3）毛棉油中所含的游离棉酚可与烧碱反应，变成酚盐，被皂脚吸附沉淀。

在油厂，通常对炼耗的关心要比精炼程度更甚，因为脱酸工序是精炼过程中导致中性油损失最高的一步，炼耗通常是被脱出 FFA 量的1~3倍。在碱炼操作中，除脱去FFA、磷脂、色素等杂质的过程会产生一部分必需的炼耗外，碱炼所生成的中性油损耗是需要严格控制的，但碱炼是一个典型的胶体化学反应，由于以下原因，中性油的乳化损耗是不可避免的：

（1）钠皂与中性油之间的胶溶性；

（2）中性油受钠皂和水化处理后残留磷脂的乳化作用；

（3）皂脚凝聚成絮状时对中性油的吸附。

如果磷脂含量和酸值过高，会造成过度乳化作用，增加乳化损耗。

另外，在中和游离脂肪酸的同时，中性油也可能被皂化，形成皂化损耗。碱炼所生成的中性油损耗可以选择合适的技术与条件加以降低，以提高精炼率。

碱炼时用于中和游离脂肪酸的碱量称理论碱，理论碱量可通过测定油脂酸值（AV，mgKOH/g 油）或游离脂肪酸含量（FFA,%）来确定，即：

$$理论碱量（kg/t油）=0713 \times AV$$

碱炼时，耗用的总碱量是理论碱和超量碱之和，超量碱是为了满足工艺要求而额外添加的碱。对于间歇式碱炼工艺，超量碱一般为油量的0.05%~0.25%，质量劣变的粗油可控制在0.5%以内。对于连续式工艺，超量碱则以占理论碱的10%~50%，油、碱接触时间长的工艺应偏低选取。

碱液的浓度根据油的酸值、色泽、杂质等和加工方式，通过计算和经验来确定。其中粗油的酸值是决定碱液浓度的最主要的依据。粗油酸值高的应选用浓碱，酸值低的选用淡碱，一般为10~30°Bé。

碱炼时的操作温度与粗油品质、碱炼工艺及用碱浓度等往往是相互关联的，碱炼温度包括碱炼的初温、终温和升温速度等三方面。在高温下，中性油被皂化的几率增加，因此，碱炼工艺特别是间歇式碱炼由于接触时间较长，一般希望在较低的温度下进行。连续式碱炼由于油碱接触时间短，为了满足分离的要求，可采用较高的温度，但此时必须避免油与空气的接触，以防止油的氧化。

碱炼时间根据中性油皂化损失和综合脱杂效果的平衡而确定。当其他操作条件相同时，油、碱接触时间愈长，中性油被皂化的几率愈大。但是适当延长碱炼时间，有利于其他杂质的脱除，提高综合脱杂效果。

混合与搅拌是影响碱炼的另一因素，油和碱液分属两相，密度显著不同，混合和搅拌促使其充分接触，防止碱液局部过浓，使中和反应完全。连续式碱炼因采用离心分离，所以可以较快混合。间歇式碱炼时，搅拌要变速，中和时快，升温时慢，做到既增加皂粒碰撞而凝聚的机会，又不打碎皂粒，直至油和皂粒显著分离。碱炼后水洗时也有类似问题。

碱炼后常用水洗涤油相，以除去残留于油中的皂脚、微量碱和其他水溶性物质，皂脚需作酸化处理，以回收脂肪酸。这些过程会产生大量的废水，必须用最经济和有效的手段加以处理，如采用逆流水洗法，可增加洗涤效果并节水。碱炼时的非冷却用水排放量大约为0.4~0.6m^3/t油，其主要指标见表6-1，应通过处理才能达标排放。

表6-1　碱炼废水质量　　单位：mg/L

pH	固体悬浮物（SS）	化学耗氧量（COD_{cr}）	生化耗氧量（BOD_5）	含油量
8~10	2000~5000	5000~10000	8000~15000	500~1000

碱炼方法按设备来分，有间歇式和连续式两种，前者又可分低温浓碱法和高温淡碱法两种操作方法。对于小型油厂，一般采用的是间歇低温法。连续式即生产过程连续化的碱炼工艺，所用的主要设备是高速离心机，常用的有管式和碟式离心机，所以又称离心机连续碱炼工艺。此法中由于油和碱液快速混合，使碱液和游离脂肪酸在短时间内中和，因而减少了碱液和中性油接触的时间，由于油和碱液能够均匀接触，因此可减少超量碱的用量，同时由于离心机的离心作用，皂脚迅速与中性油分离，皂脚夹带的中性油很少。与间歇式碱炼比较，连续式可降低大约30%的中性油损耗，一般适合于大批量、

规模化生产。连续式工艺分以下两种：

（1）长混碱炼工艺　长混技术是油脂与碱液在低温（20～40℃）下长时间（3～10min）接触的碱炼过程，碱炼后迅速升温至65～90℃，通过脱皂离心机进行油皂分离。常用于加工品质高、游离脂肪酸含量低的油品，并与低温脱胶工艺组成联合工艺，在油与碱液混合进行碱炼前，于油中加入一定量的磷酸进行调质，以便除去油中的非水化磷脂。

（2）短混碱炼工艺　适合于游离脂肪酸含量高的油脂，加入较高浓度的碱液和较高的超碱量，使油脂在高温下与碱液短时间的混合（1～15s）与反应，可避免因油碱长时间接触而造成中性油脂的过多皂化。对于质量很差的毛油，可利用短混碱炼工艺进行二次复炼，这样可以生产出质量较好、中性油损失少的精炼油。此法也适宜易乳化油脂的脱酸。另外，对非水化磷脂含量较高的油脂脱磷也有较好的效果。

（二）物理精炼

油脂物理精炼即蒸馏脱酸。

油中游离脂肪酸和其他挥发物在保持汽液平衡时，遵循道尔顿分压定律和拉乌尔定律，根据甘油三酯与游离脂肪酸挥发度差异显著的特点，在较高真空（残压600Pa以下）和较高温度下（240～260℃）进行水蒸气蒸馏，可达到脱除油中游离脂肪酸和其他挥发性物质的目的。较高真空度的目的，一是为了减少蒸汽用量，更主要是防止油脂高温氧化和水解。

在蒸馏脱酸的同时，也伴随有脱溶（对浸出油而言）、脱臭、脱毒（有机氯及一些环状碳氢化合物等有毒物质）和部分脱色的综合效果，其程度与汽提程度是成正比例的。

油脂的物理精炼适合于处理低胶质、高酸值油脂的脱酸，如米糠油和棕榈油等；胶质含量较低的棕榈仁油和椰子油为不干性油类，特别适宜物理精炼脱酸。现在，物理精炼已能应用于低酸值油脂如大豆油等。

油脂的物理精炼整体工艺包括两个部分，即毛油的预处理和蒸馏脱酸。

预处理包括毛油的除杂、脱胶、脱色三个工序。由于蒸馏脱酸需在高温条件下作用较长时间，因而在蒸馏前必须对油脂进行严格的预处理，脱除其中的磷脂、蛋白、糖类、微量金属以及过敏性色素等，以提高油脂在处理过程中的稳定性，避免蒸馏塔壁出现结垢和油脂颜色的加深。根据一般经验，非亲水磷脂≤0.1%，含铁量≤2mg/kg的油脂，可通过干式脱胶方法处理；非亲水磷脂≤0.5%，含铁量≤2mg/kg的油脂，需进行特别湿法脱胶。通过预处理，使毛油成为符合蒸馏脱酸工艺条件的预处理油，这是进行物理精炼的前提，如果预处理不好，会使蒸馏脱酸无法进行或得不到合格的成品油。

蒸馏脱酸主要包括油的加热、冷却、蒸馏和脂肪酸回收等工序。

物理精炼不用碱液中和，中性油损失少，精炼率高。另外，从蒸馏塔出来的脂肪酸蒸汽经冷凝可直接获得浓度为90%的高质量脂肪酸，避免了化学碱炼工序中产生皂脚以及后续的皂脚酸化处理问题，减少了环境污染，同时物理精炼起部分脱臭作用，成品油风味好。脱酸和脱臭可利用同一台设备，节省投资。

国内外大型工厂精炼大豆油、菜籽油等高含磷脂的油脂，普遍采用了低温长混式的化学精炼或是超级脱胶式的物理精炼，前者采用低温的脱胶、中和工序，使游离脂肪酸与碱长时间混合、接触，中和成钠皂，从而以皂脚形式分离出来；后者对超级脱胶油进行蒸馏，以馏出物形式脱除脂肪酸。化学精炼与物理精炼的优劣一直存在争议，事实上要根据特定工艺条件、特定原料而定。从实际生产控制的稳定性、适应性上，化学精炼往往优于物理精炼，物理精炼只有在限定的原料指标范围内才容易实现，且较难控制。不易脱胶脱色的植物油，考虑到预处理的成本，不宜物理精炼，棉籽油必须采用碱炼法。对于高酸值油脂，比较经济可行的是二次碱炼法，或采取物理精炼与化学精炼相结合的方法，即先用蒸馏法将脂肪酸含量降低到2%，然后用常规碱炼法使产品合格。

（三）塔式炼油法

一般的碱炼法是碱液分散在油相以中和游离脂肪酸，即油包水（W/O）型。塔式炼油法，又称泽尼斯炼油法，则与一般的碱炼方法有明显区别；它是使毛油分散通过呈连续相的稀碱液层，使游离脂肪酸在碱液中被中和的一种工艺。

泽尼斯碱炼中和过程，油珠为分散相，碱液呈连续相，构成了O/W型反应体系。在此体系中，碱液的总摩尔数相对于游离脂肪酸要高得多，因而中和反应快而完全。由于油相密度低于碱液相的密度，粗油经分布器形成油线柱进入碱液层时，会在浮力作用下穿越碱液层而上升。在上升过程中，油柱因表面张力而逐渐转呈油珠，油线柱和油珠中的游离脂肪酸与碱液在相界面中和，形成的皂膜不断如蝉脱壳似的离开油珠，从而使酸碱接触界面始终不存在皂膜的影响，减少了油脂的胶溶几率，提高了中和反应速度。此外，O/W型体系中的稀碱液，对皂膜的溶解能力强，碱性皂液对色素的相对吸附表面积远大于常规中和皂脚，稀碱液对中性油脂的皂化缓和，所有这些特点便构成了塔式泽尼斯碱炼工艺的理论基础。

完整的塔式炼油法主要由脱胶、脱酸、脱色和皂液处理等工序组成。

泽尼斯碱炼在泽尼斯中和塔中进行。影响泽尼斯碱炼的主要因素包括碱液浓度、中和温度、粗油品质等，碱液浓度影响中和反应速率和对色素的脱除能力，通常选用的碱液浓度为1%~3%，当碱液有效浓度低于0.4%~0.5%时，即应更换新鲜碱液。

碱泽尼斯炼油法接触时间短而效果好，能达到游离脂肪酸≤0.05%，精炼率93%~99%，而且不使用离心机，设备简单投资不大。缺点是需定期更换碱液，只适合于低酸值油品的脱酸。

（四）海尔奥本法

1963年发明的海尔奥本法是一种利用表面活性剂进行碱炼的方法，在碱炼时加入的海尔奥本溶液（二甲基苯磺酸钠异构体混合物），可选择性溶解脂肪酸和皂，减少皂脚包容油的损失。游离脂肪酸和皂脚溶解于海尔奥本溶液，生成很稀的皂脚，既容易与中性油分离，也不易造成乳化现象，因此在碱炼时可通过增加搅拌速度来减少用碱量，减低皂化损失和乳化损失。海尔奥本精炼法适合于酸值高的毛油，能简便地连续分解皂脚，皂脚质量高，海尔奥本溶液可回收而循环用于生产，排出的废水中性，环境污染小。目前已用于工业化生产。

（五）混合油精炼

狭义的混合油精炼，是将混合油通过添加预榨油或者购进的毛油，或者部分蒸发，调整到一定的浓度进行碱炼，然后采用高速离心机来分离混合油和皂脚。

广义的混合油精炼，是对混合油在不蒸发溶剂的情况下进行一系列脱胶、脱酸、脱色处理，然后进行蒸发汽提，进一步加工获取精制油，也称作混合油全精炼技术。

混合油碱炼时，溶剂分子包围在甘油分子的烃基周围，而排阻碱液与甘油三酯分子酰氧基的接触，从而避免了中性油的皂化。而游离脂肪酸的烃基被溶剂分子包围，但是其羧基比甘油分子酰氧基的空间阻碍要小得多，因此，羧基能插入碱液发生中和反应。由于混合油黏度小，所得皂脚与混合油的密度差别很大，皂脚很易从混合油中分离出来，而且夹带中性油少。

混合油碱炼时，混合油适宜的浓度一般为40%～65%，浓度过稀，与碱液难以混合，游离脂肪酸的浓度过小而大大降低中和反应的速度。浓度过高，失去了混合油碱炼的优势。混合油碱炼按操作的连贯性可分为间歇式和连续式两类。连续式混合油精炼工艺分沉降分离和离心分离两类。

磷脂和脂肪酸的分子均存在着亲水的极性基团，遇到水后，磷脂的极性基团会吸水形成胶粒，胶粒相互之间吸引，越来越大，达到临界值就沉降下来，脂肪酸的亲水羧基，易与碱液反应成为钠皂，因此在混合油状态下脱胶和脱酸是容易进行的。溶剂的存在，一方面大大降低了毛油的黏度和密度，使得脱胶、脱酸产生的不溶于溶剂的油脚和皂脚容易沉降下来，另一方面，油的浓度被稀释，油脚和皂脚夹带的中性油减少。

需要注意的是，混合油也稀释了磷脂和脂肪酸的浓度，二者与反应物的接触几率有所减少，故需要采取一些特别的措施，增强它们之间的接触。

以毛油为原料进行脱胶得到的脱胶油色泽深，浓缩磷脂质量差，同时，脱胶油即使只含有微量磷脂，在150℃以上油色即加深，不宜进一步脱臭。因而，在混合油阶段进行水化脱胶，使得油和其中的磷脂免于蒸发和汽提的高温处理，可在较低的温度下得到浓缩磷脂与脱胶油，保证了油和磷脂的色泽与质量。

碱炼产生的新鲜皂脚具有良好的吸附能力，它能吸附相当数量的色素、蛋白质、磷脂及其他杂质，但是残余的微量色素和皂粒就要依靠白土的深度吸附脱色加以除去。有研究表明在己烷存在时，用少量白土脱色就可取得较浅色的油，混合油越稀，脱色效率越高，其原因在于混合油具有良好的渗透性，能与白土的活性表面充分接触，而常规脱色为了达到这一点，是靠提高油温和真空度来实现的。从大量废白土中回收中性油的例子看到，非极性溶剂（如己烷）能萃取白土中的中性油，但不能萃取其中色素，从而证明白土吸附色素的能力远大于色素溶解油脂和己烷的能力，用白土吸附出混合油中的色素是可行的。

某些油脂含有高熔点蜡和固脂，一般利用冬化降温结晶去除。如在混合油状态下进行冬化，可以保证低温下油脂有较低的黏度，蜡和固体脂很容易结晶析出且被分离。

以上一系列工序基本上除去了混合油中绝大部分杂质，接着就可以连续升温进行溶剂蒸发和汽提脱臭，无需担心高温会产生油脂伴随物的变化而影响成品油质量。

混合油精炼的优点可归纳如下：

（1）加工容易　在混合油状态下，油脂的黏度大大降低（如含40%己烷的棉籽混合油，38℃时黏度仅是棉籽油的1/42），这使得一般油脂加工中常用的过滤、分离、沉降等单元操作变得相对容易，可减少油脂在设备中的停留时间，提高设备的处理量，同时也避免了毛油加工中依靠提高温度来降低黏度的操作。

（2）节省能耗　混合油精炼的大多数工序是在较低温下进行的，节省了能耗，也减少了换热器的数量。

（3）精炼率高　由于溶剂的稀释作用，油脂的皂化几率大大降低，皂脚夹带油的问题基本消除。油品未经脱色便成浅色，混合油精炼无需水洗。

（4）下脚处理简单　混合油精炼过程中产生的下脚（油脚、皂脚和废白土等）可及时混入饼粕中，无需另行处理，可以实现零污染。

（5）提高蒸发效率　由于混合油在进一步蒸脱溶剂前，已基本上全部脱除了油脂伴随物，避免了蒸发器的结垢，提高了蒸发效率。

（6）方便与其他精炼工序结合　如碱炼混合油直接脱色，脱溶后即为成品油；或直接冬化，再回收溶剂，可同时取得固体脂、蜡和精炼油。

混合油精炼的缺点是溶剂易燃易爆，所用设备必须防爆，且处理量相对庞大。

目前，广义的混合油精炼，即混合油全精炼技术还处在研究阶段，离工业化应用尚有距离。在混合油全精炼工序中，混合油脱色是唯一没有见诸工业应用报道的。由于混合油碱炼产生的皂脚吸附除去了相当部分的色素，剩余的色素是很少的；同时，混合油脱色前油品没有经过高温，色素基本上都呈天然状态，很容易被吸附除去。另外，根据报道，某些极性溶剂（如丙酮等）能析出白土中的色素，这就为用吸附柱进行混合油吸附脱色提供了可能。总之，借鉴混合油碱炼、溶剂冬化等现有成熟的炼油技术，并考虑工艺的整体性、连续性，加以适当调整，发展混合油全精炼技术是现实可行的。

（六）其他脱酸炼油法

1. 酯化法

酯化脱酸利用游离脂肪酸与甘油或甘油一酯的酯化合成反应，达到降低高酸值油脂中游离脂肪酸含量的目的，酯化脱酸法可大大提高油脂产出率，降低油脂炼耗。根据酯化时使用的催化剂的不同，可分为化学法和酶法（生物精炼）。

化学法是采用苯磺酸、对甲苯磺酸、$AlCl_3 \cdot 6H_2O$、$SnCl_2$、$ZnCl_2$ 等催化酯化反应。该方法在一定的过量甘油存在下进行，要求反应体系必须具备高真空、高温（100℃以上），同时还要保证高酸值油脂、催化剂与适当过量的甘油三者的充分接触。根据化学反应平衡原理，应及时移去反应过程中产生的水蒸气并冷凝甘油蒸气，以提高转化率并避免在酯化的同时发生水蒸气蒸馏而使甘油损失。

化学法易产生副反应，由于反应在高温下进行，在酯化前必须对毛油进行严格的脱胶、脱色处理，否则会加深成品油的色泽并难以脱除。考虑到预处理成本，酯化法一般仅适合于处理高游离脂肪酸含量（15%～25%）的毛油，而且此种毛油（如米糠毛油、橄榄饼油）的价格与相应的精炼油之间有相当大的差别。

采用脂肪酶作催化剂，则可克服以上问题。脂肪酶在一定条件下能催化游离脂肪酸与甘油间的酯化反应，从而把油中大部分游离脂肪酸转变成中性油，既降低酸值，又增加中性油的量。经过脂肪酶脱酸处理的油，还会残余一些游离脂肪酸，可再经碱炼方法除去，从而获得与传统精炼方法一样质量的食用油。

用酶催化酯化脱酸专一性强，副产物很少，大大减少废水废渣的产生，其工业应用的主要制约因素是脂肪酶价格太高。从炼耗和油品质量来考虑，生物精炼与常规的碱炼、脱色、脱臭工艺结合，或与物理精炼工艺结合，是处理高酸值毛油的一种潜在技术。

2. 溶剂萃取法

对于非常高酸值的毛油，用一般的碱炼工艺进行脱酸，几乎与制皂无异，且损耗很大。由于对这种毛油的预处理费用很大，物理精炼法也不宜采用。

甘油酯与游离脂肪酸在己烷、乙醇、甲醇、异丙醇等有机溶剂中的溶解度显著不同，因此，可用有机溶剂有效萃取高酸值毛油中的游离脂肪酸。

实际工业生产上所用溶剂为己烷、异丙醇、碱水，基本配方是：油∶己烷为（1∶3）~（1∶4），异丙醇浓度65%，碱浓度28°Bé，醇、碱用量随油中FFA高低而定。结果分成两相，一相为己烷、油脂和微量醇，另一相为异丙醇和水，其中溶解了皂和微量己烷，通过防爆分离机分离回收溶剂。

超临界CO_2流体可看作是一种特殊的溶剂，利用FFA与甘油三酯在超临界CO_2流体中溶解性能的差异，通过对萃取温度和压力的有效控制，可选择性地脱除毛油中的FFA。

3. 分子蒸馏法

分子蒸馏法脱酸是一种特殊的蒸馏脱酸技术。

水蒸气蒸馏法脱酸的缺点是需在高温下处理较长时间（80~110min），使油的食用品质降低，油脂中一些有效成分如维生素E、甾醇等会随水蒸气汽提逸出而损失，且若嫌成品油色太深，再脱色就很困难。分子蒸馏在低绝对压强（10Pa左右）、低料温（100℃上下）条件下进行，可避免上述不利现象的出现，并获得较高得率的轻馏分（脂肪酸）和重馏分（油脂），中性油基本没有损失，为目前化学碱炼或物理蒸馏等工艺所不能达到。

4. 膜滤法

根据甘油酯与FFA分子质量大小的差异，可利用膜分离技术对油脂中的FFA进行有效分离。油中FFA首先用甲醇浸出脱酸，研究表明，含17% FFA的毛米糠油用甲醇（甲醇∶油=1∶1）进行二次萃取，毛米糠油中FFA浓度降低至0.33%。相分离得到浓缩FFA的甲醇相，采用二级工业膜体系，可回收其中97.8% FFA。该工艺不需碱，不产生皂脚和废水。

膜法脱酸技术的工业化还存在一些困难，一方面，脂质分子质量都很小，若用纳滤和反渗透，过滤速度低，膜又容易被污染，出现膜堵塞，另外，适合于亲油性介质的膜很少，许多有机膜在油中膨胀不能形成多孔结构，过滤速度相当缓慢。预计随着材料学和膜技术的发展，膜分离法脱酸的优势会显现出来。

五、吸附脱色

吸附法脱色，是将某些对色素具有强选择性吸附能力的物质加入待脱色油中，在一定条件下进行吸附，除去油中的色素及其他杂质。

植物油脂都带有一定的颜色，这是因为其中含有色素所致。植物油中的色素成分复杂，主要包括叶绿素、胡萝卜素、黄酮色素、花色素，以及某些无色物质如糖类、蛋白质、生育酚的分解产物和氧化产物等。另外在棉籽油中含有有毒的棕红色棉酚。

油脂精炼的其他工序如脱胶、碱炼、脱臭等都伴随着油脂色泽降低，由此相对可以减少脱色工段脱去大量色素的必要性。例如，碱炼可脱除有毒棉酚色素，在脱臭的高温（200℃以上）过程中，热敏性的胡萝卜色素分解成挥发性产物，氢化可使共轭的胡萝卜素还原。对于某些油，如棕榈油和大豆油，脱色工序对油品色泽的降低程度并不起主要作用。一般来说，脱色工序的主要目的是为了脱除油脂中的色素，特别是对于生产高档油脂如色拉油、化妆品用油、浅色油漆、浅色肥皂及人造奶油用的油脂，颜色要浅，不采用专门的脱色工序处理，不容易达到令人满意的效果。对于氢化油的后脱色，脱色过程的主要目的则是为了除去微量的金属催化剂。同样重要的是，脱色工序在降低色素的同时，还降低油中氧化产物、磷脂、皂类和微量金属、农残等物质，从而起到改善油品风味和提高油品氧化稳定性的作用。脱色也有利于后道脱臭工序操作。

油脂脱色的方法有吸附法、化学法（氧化还原法）等。化学法脱色时，色素被氧化或还原为一种无色或浅色的产物，这些产物仍留在油中，另外，化学脱色的同时，油脂本身容易发生化学反应，因此，食用油脂几乎从来不采用单纯的化学法脱色，而广泛采用吸附法脱色。

物质在固体表面上或孔隙容积内积聚的现象被称为吸附。吸附又被分为物理吸附和化学吸附两种。物理吸附可以比作凝聚现象，而化学吸附过程则可以看成为相界面上发生的化学反应。物理吸附中，吸附剂与色素之间的引力是很弱的，某些极性溶剂如丙酮等容易将色素从吸附剂解脱出来。而化学吸附中，相互作用的成分间发生电子重新分配，并形成化学键。化学吸附一般发生在活性位上，存在固定的吸附现象，已被吸附分子不能沿表面移动。这是两种吸附的根本区别。

对吸附剂的要求是吸附力强，选择性好，吸油率低，与油脂不发生化学反应，无特殊气味和滋味，价格低，来源丰富。目前用于油脂工业的有膨润土、活性炭、凹凸棒土、沸石等。活性白土的主要成分即为膨润土，是应用最广泛的吸附剂，它是天然白土的酸处理产物，通过酸处理可大大增加白土的空隙体积和比表面积，从而增加它的吸附性。

一定温度下，在吸附达到平衡时，Freundlich 等温吸附方程可将吸附剂量 m、被吸附物量 x 和被吸附物在油中的残留浓度 c 相关联：

$$x/m = Kc^n$$

式中，K、n 是常数，K 是吸附剂脱色力的量度，而 n 表明吸附剂最有效脱色的范围。

从公式可知，对于一定量的吸附剂，被吸附物在油中的残留浓度 c 越高，则被吸附物量 x 越大。因此，在浅色油中已经与色素达到平衡的吸附剂，在深色油中仍然有脱色能力，可继续在深色油中吸附浓度高的色素组分，而达到新的平衡。可见，在脱色工艺中采用预脱色－复脱色的逆流操作，可以得到较好的效果。

由吸附等温式还可看出，一定量的吸附剂分批添入油中，较一次全量投入油中的脱色效果为好。

压滤脱色时，相对于穿滤于吸附剂层中的色素而言，吸附剂的有效浓度是很高的，而且接近于逆流脱色，因此，压滤脱色具有附加的脱色效果，压滤过程中，油脂可进一步脱色，在实际工业生产中所需要的吸附剂量往往比实验室小试用量为少。

关于白土脱色机理，一般认为，白土脱色过程除有物理吸附外，还有化学吸附和热氧化作用，白土对色素物质等的吸附主要是物理吸附过程，但是白土对油品氧化性能的影响却是一个化学过程。

白土表面带有的电荷使其具有一定的离子交换能力和催化氧化活性，其活性大小用白土活性度来表示。白土催化活性对油脂脱色有利的一面：部分色素因氧化而褪色；不利的一面：氧化可产生新的色素或使色素固定化（白土对固定化色素无吸附作用），以及油脂中非共轭脂肪酸有可能发生共轭化，影响成品油的稳定性。脱色形成的白土味就是由于白土的催化作用使得油脂的不饱和双键断裂形成低烟点的小分子醛、酮类等二级氧化产物而产生的，一般来说，白土的活性度越高，其催化能力越强，脱色油品的白土味越大。

吸附脱色分常压及真空两种操作类型。真空操作条件下热氧化副反应甚微，因此，活性度较高的吸附剂及不饱和程度高的油脂适宜在减压状态下脱色，而活性度较低的吸附剂以及饱和度较高的油脂在常压下脱色，能获得较高的脱色效率。

影响脱色的因素有油脂品种和质量、吸附剂品种和用量、操作温度、时间、混合程度、真空度以及采用何种脱色工艺等。

油脂脱色的目的，并非理论性地脱尽所有色素，而在于获得油脂色泽的改善和为油脂脱臭提供合格的原料油品。因此，工艺条件的选择和色度指标的确定，需根据原料和油脂产品的质量要求，以力求在最低的损耗和破坏的前提下，获得油色在最大程度上的改善为度。从这个角度看，提高待脱色油质量，合理选择吸附剂，在脱色过程中进行减压操作以避免高温下氧气的介入，以及良好的混合使吸附剂与色素充分而均匀接触，并尽量缩短达到吸附平衡时间等，都是在工艺条件选择中所期望的。在先进的连续真空脱色工艺中，吸附剂用量一般在1%以下，有的低达0.2%～0.5%。残压为5～8kPa，操作温度为80～100℃，停留时间控制在20min以内，过滤温度不超过70℃。

吸附脱色工艺分间歇式和连续式。间歇式脱色即油脂分批与吸附剂作用，通过一次吸附平衡而完成脱色过程的工艺；而连续式脱色工艺则是在油脂连续流动的状态下，与定量比配的吸附剂连续地完成吸附平衡的工艺，包括常规连续脱色和管道式连续脱色工艺。主要设备有脱色罐（塔）、吸附剂定量器及压滤设备。

白土对油有滞留作用，通常，废白土量为油脂处理量的1%～5%，其中滞留10%～50%的油，这部分油脂占脱色成本的大部分，应予以回收，通用的方法有蒸汽压榨法、溶剂浸取法和水相分离法等，从废白土中回收的油脂应及时处理，以防止油脂品质劣变。回收油只可作为工业和配合饲料的原料，处理后的废土可以活化再生利用。

六、脱臭

纯粹的甘油三酯无色、无味，但各种天然油脂都具有自己特殊的风味。通常将油脂中所带的各种气味统称为臭味，除去油脂中臭味的工艺过程就称为油脂的脱臭。

引起油脂臭味的主要组分有低分子的醛、酮、烃、低分子游离脂肪酸、甘油酯的氧化物等，这些气味有些是天然的，如大豆油的腥味，菜油中的硫化物。有些是在制油和加工中新生的，如肥皂味、焦煳味、残留溶剂味、白土味、氢化臭等。油脂中除了游离脂肪酸外，其余的臭味组分含量很少，仅0.1%左右，但有些在几个 μg/kg 即可被觉察，影响油脂的风味质量。

气味物质与游离脂肪酸之间存在着一定关系。当降低游离脂肪酸的含量时，能相应地降低油中一部分臭味组分。当游离脂肪酸达0.1%时，油仍有气味，当游离脂肪酸降至0.01%～0.03%（过氧化值为0）时，气味即被消除，可见脱臭与脱酸是正相关的。一般，脱臭比脱酸需要更多的蒸汽，每吨酸值为3mgKOH/g 的油在260℃，400Pa 条件下脱酸，需蒸汽15kg，而脱臭需蒸汽8～10kg。

脱臭后，油脂的烟点提高，色泽降低。

臭味物质的共同点是与甘油三酯在挥发度有很大差异，在工业脱臭温度（250℃）下，脂肪酸的蒸汽压为26～2.6kPa，是甘油三酯的蒸气压的千万倍。因此用水蒸气蒸馏的方法可达到脱除臭味组分的目的，即在高真空、高温下，将水蒸气（或惰性气体）通过含有呈味组分的油脂，油脂中臭味物质比甘油三酯挥发度低得多，在气－液表面接触时，水蒸气（或惰性气体）被挥发出来的臭味组分所饱和，并按其分压比率逸出而除去。

根据 Raoult 定律和 Dalton 分压定律，可以得到下列公式：

间歇式脱臭：$$\ln(V_1/V_2) = EP_vAS/PO = KP_vS/PO$$

连续式脱臭：$$V_1/V_2 = 1 + KP_vS/PO$$

蒸发效率：$$E = 1 - e^{-k'\gamma T}$$

式中 P_v——臭味组分的蒸汽分压，Pa

P——系统总压力，Pa

S——脱臭水蒸气的摩尔数，kmol

O——待脱臭油中性油脂的摩尔数，kmol

V_1——脱臭前臭味组分摩尔数，kmol

V_2——脱臭后臭味组分摩尔数，kmol

A——活动系数

K——校正系数

k'——臭味扩散系数

γ——水气泡表面积，m^2

T——汽、油接触时间，h

由上式可见，臭味组分浓度 V_2 与温度成反比。在一定压力下，随操作温度的提高，P_v 增大，则臭味组分的最终浓度 V_2 降低；与 P 成正比。压力 P 降低，则 V_2 也相应降低；与 S/O 成反比。随着 S/O 比值的增大，V_2 降低。

如果固定脱臭程度，即将 V_2 定为脱臭油的质量指标。若温度恒定，那么，压力与水蒸气用量 P/S 之比也恒定，则由以上公式可知：压力 P 接近真空，则汽提水蒸气用量 S 必定很低，这就是为什么汽提脱臭必须尽可能处于最大真空度下作业的理论根据。

汽提效率 E 是挥发性臭味组分在水蒸气中达到饱和程度的度量，脱臭时，直接蒸汽气泡穿过油层，臭味组分挥发进入蒸汽气泡，其进入量对时间的导数即为汽提效率。它与脱臭罐（塔）的结构有关，当水蒸气与油脂有较长的接触时间 T 和最大的接触面积 F 时，E 值接近于1，对于结构合理的间歇式脱臭罐，E 值一般在0.7～0.9；半连续脱臭塔则为0.99。

脱臭是一个传质过程，汽化主要发生在液体自由表面上，因此，脱臭器必须要有暴露液体部分表面的条件，并使油液滴与体积比它大得多的蒸汽进行接触，为此，必须让蒸汽尽可能均匀地分散并通过液体，油液滴应尽可能迅速地循环。在传统的间歇式和浅盘型脱臭器中，理想的方式是通过容器底部分布管或喷射泵向240℃高温油层喷入低压饱和水蒸气（130℃，2×10^5～3×10^5Pa），由于热油的作用，喷入水汽气泡表面积迅速扩展从而使油剧烈翻动，同时气泡通过表面时爆裂产生飞溅（Splash）的效果，可由设置于非常靠近自由液体表面的挡板或喷射器帽来增强飞溅的效果。采用这种方法循环油，使油脂有比较大的自由表面，充分汽化臭味成分。水蒸气还提供动能来破坏液膜，因为液膜阻止臭味组分在表面上的汽化。

在具薄膜系统的脱臭塔中，油脂进入填料装置中靠重力形成薄层状或由强制循环和喷雾形成薄层状，增大了油脂自由表面与体积的比率。此时，混合和搅拌只需要极少的汽提水蒸气，并且，水蒸气以真正逆流的形式与油脂接触。

以上汽提公式也直接指明了影响脱臭效果的主要因素和脱臭操作应采取的主要技术措施，即：尽可能高的待脱臭油和蒸汽质量、产生足够脱臭压差之高温、低至极限的操作压力、必需量的汽提蒸汽和良好的喷射效果（汽液接触方式），以及有效的脱臭时间等。温度的升高和脱臭时间的延长以不引起油脂的蒸出和水解、热聚合和色泽加深为度。

在脱臭之前，根据油脂品种和品质，一般需经过脱胶、脱酸和吸附脱色处理，游离脂肪酸含量较高的油脂，可将物理精炼脱酸与脱臭操作合并进行。脱臭操作经历油脂析气、加热、蒸馏、真空冷却过滤等四个步骤。其中汽提脱臭是油脂脱臭的核心工序。油脂和汽提蒸汽进入脱臭塔前需要进行油脂析气、汽水分离等脱氧操作保证待脱臭油和蒸汽质量，以避免油脂氧化；脱臭油特别是风味敏感的油脂如大豆油应该立即真空冷却过滤，以防止因为热反应而产生所谓返味、返色、返酸现象。汽提出的挥发性组分如游离脂肪酸和维生素E等，具有很高的利用价值，可用脂肪酸捕集器加以回收。

待脱臭油中的气味组分一般不超过油重的0.1%，然而，脱臭损耗常高于待脱臭油中的挥发性物质的含量，脱臭损耗主要来自于蒸馏损耗和飞溅损耗。在先进的设备及合理的操作条件下，对于游离脂肪酸小于0.1%的油脂，在0.4kPa、230～270℃下，其最小脱臭损耗一般为0.2%～0.4%，再加上原料油中FFA含量的1.05～1.2倍。

脱臭油的质量过去主要是进行感官评价，如色泽、风味等。考虑到脱臭对油脂营养性的潜在影响，目前也十分关注脱臭对生育酚、反式脂肪酸、氧化和聚合产物等微量成分的影响。脱臭会引起营养成分及风味的损失，所以一般应考虑回收维生素E，再添加到油脂中去。

脱臭设备有脱臭罐（塔）、油脂析气器、换热器、脂肪酸捕集器和屏蔽泵、真空装置等。主要设备是脱臭罐（塔），即化工中通称的蒸馏釜（塔）。良好的脱臭塔结构是提高脱臭效率的基础，它应具有非常好的密封性能，并配有效的高真空装置，由于低压蒸汽庞大的体积，蒸汽管道的直径常需放大到200～400mm，因此，脱臭罐（塔）往往是十分庞大的。

脱臭工艺有间歇式、半连续式、连续式脱臭工艺。间歇式脱臭可采用低温长时间操作法，在操作温度180℃左右、压力0.65～1.3kPa的操作条件下，脱臭时间5～8h。半连续式脱臭，操作压力为0.26～0.78kPa，操作温度为240～270℃，脱臭时间为10～135min。汽提直接蒸汽用量，半连续式为4.5%，连续式为4.0%左右。

七、脱溶

脱除浸出油中残留溶剂的操作即为脱溶。对于浸出毛油而言，由于我国6号溶剂油的沸程宽（60～90℃），其组成又比较复杂，虽经二次蒸发和汽提回收，但残留在油中的高沸点组分仍难除尽，致使浸出毛油中残溶较高，需要脱溶。脱溶后，即使要求最低的普通食用油，油中的溶剂残留量应不超过50mg/L。

目前，采用最多的是水蒸气蒸馏脱溶法，其原理和工艺设备与脱臭是相同的，唯其工艺条件不及脱臭苛刻。这是因为溶剂和油脂的挥发性差别极大，溶剂较其他臭味物质更容易除去，水蒸气蒸馏可使溶剂从几乎不挥发的油脂中除去。因此，脱溶可以认为是工艺参数达不到脱臭要求时的脱臭操作，是脱臭的初级阶段。脱溶不能替代脱臭，而脱臭能替代脱溶。

脱溶也需在较高温度（大于140℃）下进行，同时配有较高的真空（8kPa）条件，真空的目的是提高溶剂的挥发性，保护油脂在高温下不被氧化，并降低蒸汽的耗用量。

八、冬化

冬化是将液体油脂冷却、结晶，然后进行晶液分离，从而从液体油中去除高熔点的蜡脂或固体脂的工艺过程。冬化的目的是达到油脂在冷藏时不产生混浊的效果。

冬化是一种特殊的油脂分提工艺。由于脱去的蜡和硬脂量一般≤10%，通常将冬化看成是油脂精炼的一部分。

与一般植物油如菜籽油、大豆油、花生油等不同，毛糠油等不仅酸值高、色泽深，而且还含有2%～7%的蜡。米糠油中的蜡称为糠蜡，它与矿物蜡（即石蜡）成分不同，后者是长碳链的正烷烃，而植物蜡的主要成分是高级脂肪酸与高级脂肪醇形成的酯，具有熔点高、在油中溶解性差而人体又不能吸收的特点。蜡的熔点接近80℃，在温度较高时，蜡溶解于油中，因其熔点较高，当温度逐渐降低至室温时，会从油相中结晶析出呈雾状，使油变混浊，并形成较为稳定的胶体系统，在低温下持续一段时间后，蜡晶体相互凝聚成较大的晶粒，相对密度增加而变成悬浊液，对油脂的品质（如气味、透明度等）造成一定的影响。为了保证精制油的冷藏稳定性，一般要求将油中的含蜡量降低到10mg/kg以下。另外，蜡也是重要的工业原料。因此，从油中脱除或提取蜡酯，可达到提高食用油品质和综合利用蜡源的目的。

米糠油等经过脱胶、脱酸、脱色、脱臭、脱蜡后，已经可以食用，但用途不同的油脂，要求也不一样。例如色拉油，要求它不能含有固体脂（硬脂），即高饱和度的甘油酯，以便能在0℃（冰水混合物）中5.5h内保持透明。米糠油经过上述五脱后，仍含有部分固体脂，达不到色拉油的质量标准，要得到米糠色拉油，就必须将这些固体脂也脱除。用棕榈油、棉籽油生产色拉油时也需脱硬脂。油脂中高饱和度的甘油酯与液体油在熔点上的差异很大，有时可达几十度，因此可在一定温度下分段结晶加以分离。

蜡和固体脂在液体油中的溶解度随着温度升高而增大，当温度逐渐降至某一点时，蜡、固体脂开始呈晶粒析出，此时的温度称为饱和温度。蜡和固体脂浓度越大，饱和温度越高。利用油脂与蜡、硬脂熔点差别大及蜡、硬脂在油脂中的溶解度（或分散度）随温度降低而变小的这一特性，通过冷却析出晶体蜡/硬脂（或与助晶剂的混合体），经过滤或离心分离而达到液体油与蜡、硬脂分离的目的。

冬化的方法可分为多种，经典的有常规法（Tirtiaux 工艺）、溶剂法（Bernardini 工艺）、表面活性剂法（Alfa Laval 法）。冬化工艺必须在低温条件下进行，一般仅脱蜡，要求温度在25℃以下，才能取得好的脱蜡效果，也不能太低，以免硬脂析出，影响蜡的品质。而脱硬脂的温度，对于多数油脂品种可达5℃以下。

冬化过程经典的油冷却曲线如图6－9所示，一般分为三阶段，第一阶段（0～2h）为搅拌下的快速冷却，第二阶段（2～30h）在冷冻中结晶养晶，最后稍稍升温进行过滤。利用冷却曲线可指导操作过程中对温度、时间和搅拌等因素的控制。

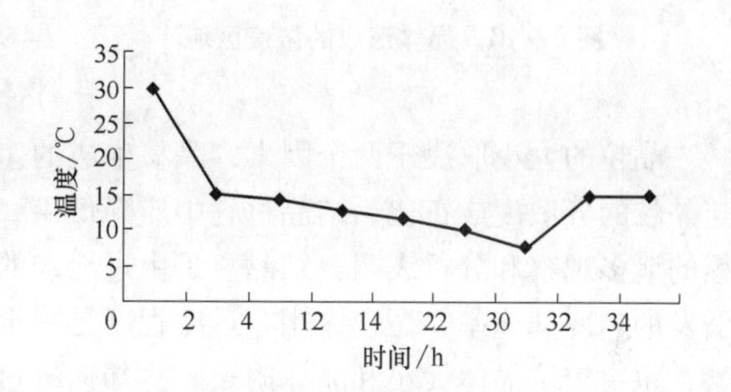

图6－9 油脂冷却曲线

对于含蜡量较高的油脂，在碱炼中和脱酸过程中进行脱蜡是可行的，毛油中的磷脂、甘油一酯、甘油二酯、游离脂肪酸，以及碱炼中生成的肥皂，都是良好的表面活性剂，能在低温条件下把蜡从油中拉出来。这是米糠油等能在低温脱胶和碱炼的同时进行脱蜡的主要依据。当然这些表面活性物质尚不能将油脂中的全部蜡分离出来，如能加入一些强有力的表面活性剂，可以达到更好的脱蜡效果，常用的有聚丙烯酰胺、脂肪族烷基硫酸盐、糖酯等。

油脂冷却结晶可分为三个阶段：熔融油脂的冷却过饱和；晶核的形成；脂晶的成长。油脂普遍存在着同质多晶现象，饱和度高的甘油三酯在冷却结晶时，进行晶格排列时逐步释放结晶热，晶格不同，熔点和稳定性也各不相同。从熔点低到高的晶体依次为α、β'、β。其中β型分子排列最粗大、紧密、稳定、熔点最高，这些晶型在一定条件下可以转变，不同的油脂有不同的结晶型，有的转化到β'即可稳定相当时间，有的一直转化到β型。用电子显微镜观察发现，棕榈油的β、β'同质多晶体的大小和特性大不相同，在极温和的搅和中脂肪结晶形成典型的β'晶型，是中央扩展的针状结晶，显示出一个极好的球型，β晶型则显得更大和平板化。从棕榈油冬化的工业分离而言，β'晶粒紧密坚固，最容易过滤。对花生油，在5℃冬化可析出很细的晶体，但要分离它很不容易。因此，熔融油脂中晶体的稳定性不但与固液平衡有关，而且与晶型之间的转化平衡有关。冬化工艺条件的优化的目的都在于促进形成颗粒大而易过滤的晶体。

晶核形成的推动力是熔融油脂的过饱和度。经典的 Miers 理论将晶体形成浓度区域图分成三部分：过饱和区，不饱和区，二者之间的介稳区，如图6－10所示。晶核的引发可以看作一个化学过程，需要克服一个活化能。在不稳定的过饱和区，晶核随时自发

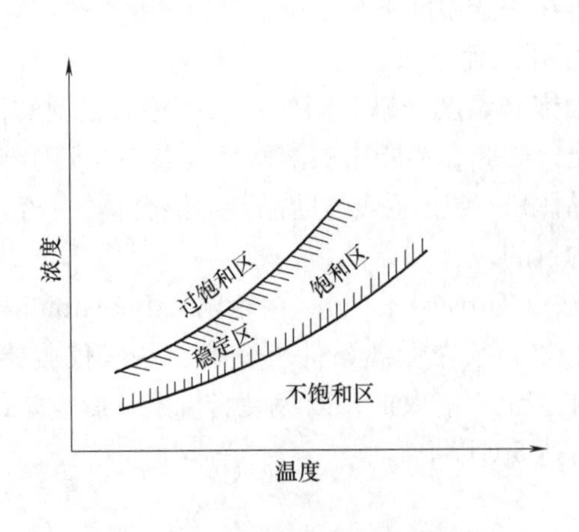

图 6-10 晶体形成的浓度区域

形成。在介稳区，如果无晶种存在，则保持液态，不会有晶核析出。因此，在介稳区，一种方法是通过激冷，即产生局部的温度差从而引起局部的浓度差以克服引发晶核所需的活化能，诱发晶核；另一种方法是种晶。所以结晶过程一般都要求在过饱和区内形成晶核，然后在介稳区内生长。

过饱和度也是脂晶生长的推动力，在介稳区，如果过饱和度的水平低，晶体成长的速率将大于晶核的形成，一旦脂晶开始成长，体系的过饱和度将下降，通过进一步调节冷却程度，使体系一直处于介稳区，以保持脂晶生长。

晶粒的大小取决于两个因素，晶核生成的速度 W 和晶体成长速度 Q。二者比值 W/Q 与晶粒的分散度成正比，结晶过程中应降低 W，增加 Q。X 射线和电子显微镜对结晶过程的诸多观察和分析表明：结晶总是由过冷却的或过饱和的不平衡体系中的晶核形成而引发的，冷却速率、振动作用、过冷程度是决定晶核形成和晶体长大相对速率的重要因素，也决定了晶体大小和晶体附聚。冷却速率过快，高熔点蜡和固脂刚析出，还未来得及与较低熔点的蜡和固脂相碰撞，较低熔点组分就已单独析出，使晶粒多而小，夹带油也必然多。因此，缓慢的降温速度有利于降低分散度。为了保持适宜的降温速度，要求冷却剂和油脂的温度差不能太大，否则，会在冷却面上形成大量晶核，既不利于传热，又不利于固液分离。

只有结晶出的晶体大而结实，而且油脂和晶体的悬浊液黏度低，固液才能良好分离，理想分离时晶粒尺寸要求在 500～1000μm。因此，晶体的老化、熟成是必需的，这一过程或称养晶。养晶过程中，使晶粒继续长大，成为大而结实的结晶。为达此目的，缓慢的降温和搅拌、足够的时间都是十分重要的。有时为了促进结晶和过滤，通常还在结晶器中添加一些辅助剂如助晶剂、助滤剂，其种类和数量取决于所采用的冬化方法和晶体的量。由于脂晶的易碎性和可压缩性，含脂晶油脂的输送和过滤分离时的压力也是影响冬化效果的重要因素。

待冬化油的品质影响冬化的效果，因此脱蜡、硬脂工序在整个精炼过程中的位置是值得考虑的。油脂中的胶性杂质会增大油脂的黏度，影响晶体形成，降低晶体的硬度，给固液分离造成困难，并增加蜡和硬脂的含杂量。因此，胶质和甘油一酯、甘油二酯含量较高的毛油，在冬化之前应当先脱胶。质量较好的毛油脱胶后先经脱蜡，然后再进行碱炼、脱色、脱臭是比较合理的。国内一般都采用常规法脱蜡，又不加助滤剂，为了尽量降低油脂的黏度，采用脱臭后的油进行脱蜡，并与成品油过滤相合并，可节省一套过滤设备。溶剂法冬化则一般放在脱色与脱臭之间进行。我国还创造了具有特色的结合脱胶、脱酸的三合一脱蜡法。

油脂冬化的主要设备有结晶罐（塔）、养晶罐和压滤机等。

思考题

1. 动物油脂的制取方法有哪些?
2. 如何进行植物油料的预处理?
3. 油料剥壳去皮的意义何在?
4. 制坯对制油的重要性何在?
5. 试述水酶法制油原理。
6. 试述压榨法制油基本原理和工艺过程及主要影响因素。
7. 试述浸出法制油基本原理和工艺过程及主要影响因素。
8. 植物油浸出技术有哪些新进展?
9. 油脂精炼包括哪些工序?
10. 何谓化学精炼?何谓物理精炼?各自的优缺点是什么?
11. 试述水化脱胶的原理。
12. 试述碱炼脱酸的原理。

第七章

油脂改性

第一节　概述

随着油脂工业的发展以及人们生活水平的不断提高，天然油脂所固有的一些功能性质已远远不能满足现代油脂加工业发展的需要，人们力求通过天然油脂的改性，来获取一些天然油脂中较少的或天然油脂中没有的一些油脂产品，以拓宽天然油脂的应用范围，符合食品工业及其他工业发展的需求。

就目前的油脂改性手段及方法而言，能满足工业化生产要求的方法及手段主要有以下几种：一是油脂的氢化，使不饱和的甘油三酯在控制的条件下全部或部分加氢饱和；二是酯交换，用一种、两种或多种油脂在一定的条件下进行甘油三酯上脂肪酸的重排，从而获得具有所需物化性质的油脂产品；三是油脂分提，将油脂中具有不同物化性质的甘油三酯采用一种或几种方法加以分离，从而获得所需要的油脂组分，以提供食品工业所需的原料。

在过去，许多科学家注重减少食品中饱和脂肪的含量。而今天越来越多的注意力则集中在油脂中反式脂肪的含量和油脂中天然维生素的含量。为了保持不断改进油脂质量的需要，酯交换的技术应用也越来越广泛。氢化会使油脂产生反式脂肪酸，而酯交换既不会产生异构体，又能获得类似于天然油脂的产品。酯交换主要通过以下几个方面来改善油脂的物理特性：①改变油脂的熔化特性，通常有平坦的固态脂含量曲线；②能改善固态脂中不同甘油三酯的相容性；③采用改变重结晶或结晶特性来改善产品的可塑性；④能改善混合油和脂的结合特性。

将不同性质的甘油三酯分级的过程称之油脂分提。分提是一种完全可逆的改性方法，它是基于一种热力学的分离方法，将天然油脂中甘油三酯混合物分离成具有不同理化特性的两种或两种以上组分。这种分离是依据不同组分在凝固性、溶解度或挥发性方面的差异进行的。

随着对不断改变油脂质量的标准以及食品工业中对各种油脂应用的需求，人们正继续改善现有的加工工艺，发展新的生产技术，这给油脂改性带来了新的发展良机，如结合酯交换和分提的应用，正成为一种能替代部分氢化的新趋势。

第二节 油脂氢化

一、氢化的意义

天然动植物油脂的性质主要取决于它们的脂肪酸性质及其在甘油三酯分子上的分布。

油脂氢化是指氢在金属催化剂的作用下，与油脂的不饱和双键发生加成反应的过程。油脂氢化是油脂改性中应用最为广泛的一种方法。

油脂氢化反应从表面上看似乎可以直接进行，但实际上油脂氢化反应的过程是相当复杂的。这主要受以下几个因素所影响：一是油脂中不饱和键加氢时会产生异构化，既有位置异构，又有几何异构；二是甘油三酯上每个脂肪酸链上可能含有一个、两个、三个或多个不饱和键，而每个双键能以不同的速度氢化或异构化，这取决于双键在分子中的位置或环境。

大豆油中含有油酸、亚油酸和亚麻酸这类不饱和酸，经部分氢化后将产生 30 种以上不同脂肪酸，而这 30 多种不同的脂肪酸又有顺式和反式异构体，所以大豆油经部分氢化后，可能存在着 4000 多种的不同的甘油三酯，这说明了油脂氢化反应的复杂性。

油脂氢化是一个典型的气、固、液三相反应。为使氢化反应能有效地进行，气体氢、液体油和固体催化剂三者必须共处在一起。首先在密闭容器中采用机械方法将氢溶解在油相中，再通过搅拌使催化剂悬浮在汲取氢的油相中进行反应。搅拌可更新催化剂表面活性点上的油分子。油相中氢的溶解度是随反应温度和压力的增大而线性地增加。

催化剂是固体，工业催化剂主要是以金属镍为基本成分，有时在镍催化剂中加入少量的铜、铝、锌及其他物质，以提高催化剂的活性。镍催化剂通常是细粒度的，由特殊方法加工而成，多数是以硅藻土等多孔、惰性、耐熔物质作为载体。在氢化中，催化剂悬浮在油相中，最后过滤除去。一般油脂氢化催化剂可重复使用多次，使用过的催化剂会失去一定活性，失活的程度主要取决于原料油的精制程度。脂肪酸氢化时由于脂肪酸会与镍反应形成无催化活性的皂，所以用于脂肪酸氢化的催化剂只能使用一次。

氢化反应的速度取决于溶解在油相中的氢和不饱和油分子迁移至催化剂表面的速度，而这种迁移的速度依次取决于反应的压力、温度、油脂的性质、催化剂活性、催化剂浓度以及油、氢、催化剂三者混合的程度。

据上可知，对油脂进行氢化，可以产生高度氧化稳定性的产品和使普通的液态油转变成半固态和固态的脂肪，使其具有符合各种特殊产品要求的熔化特性。当选择不同种类的油脂原料，在各种不同的氢化条件下进行氢化时，几乎可以得到无数不同特性的产品。因此，要生产出与所需理化性质一致的产品，必须严格地控制氢化反应的条件。

二、氢化反应原理

（一）反应机制

油脂中不饱和双键的氢化可用下式表示：

$$—CH{=}CH— + H_2 \xrightarrow{\text{催化剂}} —CH_2—CH_2— \quad (7-1)$$

式（7－1）中的化学反应看似十分简单，但实际上是极其复杂的。如上所述，油脂氢化只有当液体不饱和油、固体催化剂和气体氢三种反应物共处在一起时，反应才能进行。

在氢化反应釜中，当系统中存在着气相氢、液相和固相时，气相的氢必须溶解于液相，因为只有溶解的氢才能对反应起作用。溶解的氢经液相不断扩散到催化剂的表面上，同时反应物也被吸附在催化剂的表面上，反应方能进行。不饱和的烃与氢之间的反应是经过表面有机金属中间体而进行的。

由于催化剂表面存在凹凸不平的结构，使催化剂表面存在着自由力场，催化剂凭着这种自由力场与氢、双键形成一种不稳定的中间产物，最后又分离形成生成物和催化剂。在整个反应中，催化剂使氢化反应以低反应活化能的两步反应来代替活化能较高的一步反应，从而使反应更易进行。氢化反应的速率可用以下反应式表示：

$$K = ae^{-E/RT} \quad (7-2)$$

式中　a——反应物浓度因素

E——反应活化能，kJ/mol

T——绝对温度，K

从上述公式（7－2）中可以看出，E 在公式中的指数位置上，其值稍有改变就可能较大地改变 K 值。

油脂氢化反应包括以下几步：①反应物向催化剂表面扩散；②氢的化学吸附；③表面反应；④解吸；⑤产物从催化剂表面扩散到油体系中。

油脂中脂肪酸链的每个不饱和基团都能在油主体和催化剂表面之间前后移动，这些不饱和基团被吸附于催化剂表面，与一个氢原子反应形成一种不稳定的中间体，再与一个氢原子结合即形成饱和键。如果中间体不能与另一个氢原子反应，则中间体上的氢原子会被脱除而形成新的不饱和键。无论饱和键或不饱和键都能从催化剂表面上解吸，并扩散到油脂的主体中去。因此，在油脂氢化过程中，有些双键被饱和，而有些双键则被异构化，产生新的位置异构体或几何异构体。

（二）选择性

因为油脂是一种多种脂肪酸酯的混合物，所以其反应的选择性是非常重要的。如果氢化反应物中含有单烯、双烯和多烯的脂肪酸链，则不同饱和程度的脂肪酸链对催化剂表面具有竞争性。双烯和多烯脂肪酸链的一个烯键将优先从油中吸附到催化剂表面上，发生氢化或异构化或两者都进行，然后解吸扩散到油的主体中。

在食用油脂工业中，将“选择性”用于氢化反应及其产物时有两种含义。一种是所谓的化学选择性，表示亚麻酸氢化成亚油酸、亚油酸氢化成油酸和油酸氢化成硬脂酸这几个转变过程的化学反应速率的比率。

“选择性”的另一种含义是对催化剂而言。如果某一种催化剂具有选择性，则它可以产生一种在给定碘值下具有较低稠度或较低熔点的油脂产品。由于选择性的描述都没有严格定量的性质，因而选择性的定义总是有点含糊不清。

1949 年 Bailey 曾提出下列模式，用以测定亚麻籽油、大豆油和棉籽油间歇氢化中各步的相对反应速率常数。

$$\text{亚麻酸}\longrightarrow\text{油酸}\longrightarrow\text{硬脂酸}\quad(\text{亚麻酸}\nearrow\text{亚油酸}\searrow\text{油酸};\ \text{亚麻酸}\searrow\text{异亚油酸}\nearrow\text{油酸}) \tag{7-3}$$

此模式认为各步反应均系一级不可逆反应，运用动力学方程将各组分的浓度表示成时间的函数，从而求得各个反应的速度常数。将亚油酸转变成油酸的反应速度常数与油酸转变成硬脂酸的反应速度常数之比值称为亚油酸反应的选择性。

因为氢化一个双键时，三烯键产生几个不同的异构二烯键，而二烯键混合物的氢化速率差很小，所以可包括在同一项中。同时，将2mol 氢加入亚麻酸中没有显示直接产生油酸，所以模式中并列反应支路可除去。又因为形成的几何异构体和位置异构体几乎具有相同的反应性，从而使反应式（7－3）简化为反应式（7－4）：

$$\text{亚麻酸（Ln）}\xrightarrow{K_1}\text{亚油酸（L）}\xrightarrow{K_2}\text{油酸（OL）}\xrightarrow{K_3}\text{硬脂酸} \tag{7-4}$$

根据反应式（7－4），可将不饱和脂肪酸氢化的一级不可逆动力学方程式表示为：

$$\mathrm{Ln} = \mathrm{Ln}_0 \mathrm{e}^{-K_1 T} \tag{7-5}$$

$$\mathrm{L} = \mathrm{Ln}_0\ (K_1/K_2 - K_1)\ (\mathrm{e}^{K_1 t} - \mathrm{e}^{-K_2 t})\ + \mathrm{L}_0 \mathrm{e}^{-K_2 t} \tag{7-6}$$

$$\begin{aligned}\mathrm{OL} = {} & \mathrm{Ln}_0\ (K_1/K_2 - K_1)\ (K_2/K_3 - K_2)\ (\mathrm{e}^{-K_1 t} - \mathrm{e}^{-K_3 t})\ - \\ & \mathrm{Ln}_0\ (K_1/K_2 - K_1)\ (K_2/K_3 - K_2)\ (\mathrm{e}^{-K_2 t} - \mathrm{e}^{-K_3 t})\ + \\ & \mathrm{Ln}_0\ (K_2/K_3 - K_2)\ (\mathrm{e}^{-K_2 t} - \mathrm{e}^{-K_3 t})\ + \mathrm{OL}_0 \mathrm{e}^{-K_3 t}\end{aligned} \tag{7-7}$$

式中 Ln、L、OL——分别代表亚麻酸、亚油酸和油酸基团在时间 t 时刻的摩尔浓度，mol/L

K_1、K_2、K_3——相应酸的反应速度常数

用式（7－5）可直接由亚麻酸的减少算出 K_1，但从式（7－6）和式（7－7）中无法正式解出 K_2 和 K_3。因此要用迭代程序求解，先将 K_2 值设为 K_1 的分数，用计算机逼近法求解 K_2，然后计算出 L 值，并与实验 L 值比较。如果计算所得的 L 值与实验的 L 值之间误差大于或等于 0.1%，则把 K_2 增值重算，直至两个 L 值相同为止。然后用同样的收敛方法计算出 K_3，从而可求得 SR 值，即 $SR_{Ln} = K_1/K_2$，$SRL = K_2/K_3$。

如果 SR 是 31 或更大，则称之选择性氢化。如果 SR 值低于 7.5，则为非选择性氢化。

在实际氢化的过程中，SR 并不是常数，但如果假设它是常数，则可很好地用来描述组成的变化。

如果 SR＝0，所有分子直接反应为硬脂酸；

如果 SR＝1，油酸和亚油酸的反应速率相同；

如果 SR＝2，每个双键的反应速率相同，即亚油酸反应为油酸的 2 倍；

如果 SR＝50，亚油酸反应为油酸的 50 倍；

如果 SR≥5，在氢化油酸前，基本上所有的亚油酸反应完毕。

大多数应用于工业氢化条件（34.5～345kPa 和 125～215℃）下的工业催化剂，其 SR 值为 20～80。

（三）反应级数和反应速率

很难对油脂氢化反应的整体指定任何确切的反应级数。氢化反应的速度与油脂的不

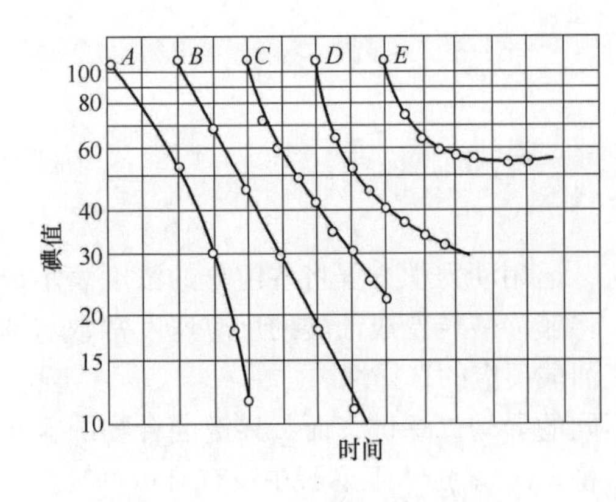

图 7－1　棉油的典型氢化曲线

饱和程度有关，实际上，在大多数固定压力的条件下，氢化反应的特性与单分子反应的特性相接近，在任何瞬间，反应速度大致与油脂的不饱和程度成正比，但各种氢化条件显著地影响着反应的特性。

图 7－1 所示为棉籽油的一系列典型的氢化曲线，纵坐标代表碘值，横坐标代表时间。在图中的碘值时间曲线上，真正的单分子反应或一级反应应为一条直线，如图中的 *B* 线。一般，在压强、搅拌速度及催化剂浓度适中的条件下，或低温（150℃以下）的条件下氢化时，可以得到接近于 *B* 线的反应曲线。

高温下，曲线的形状接近 *C*，因为升温对氢化前一阶段的加速作用比对后一阶段的加速作用显著，即亚油酸转变成油酸的速度比油酸转变成硬脂酸的速度增加得更快。曲线 *A* 表示氢化速率几乎呈线性增加，这种曲线通常来自饱和程度较高的油脂的氢化，如动物脂的氢化，或氢化时压强较低，催化剂浓度较高，这种情况下，氢化速度取决于氢气溶入油脂中的速度。曲线 *D* 的特点是，氢化温度很高，而催化剂的浓度很低，或者催化剂在氢化过程中慢性中毒。曲线 *E* 是采用自身中毒的镍催化剂或在催化剂快速中毒的情况下氢化得到的，反应的后阶段催化剂几乎完全失效。

（四）异构化

在油脂氢化中，当双键与催化剂表面形成络合物时，首先与一个氢原子起反应，产生一个十分活泼的中间体。然后另一个氢原子可加到相邻的位置上，形成一个饱和分子并被解吸。但如果没有一个氢原子与之反应，则中间体可被催化剂从碳链上脱除一个氢原子。由于在中间体不饱和碳原子两侧的氢是很活泼的，因此两者均可被脱除。如果脱去的氢是原先加上的，则产生的双键为原来的双键，分子被解吸。如果脱去邻位的氢，则双键从原来的位置转移到另一个位置。到底哪一侧的氢容易脱去，这主要取决于新产生的双键是顺式还是反式，形成反式键的氢容易脱去。新位上的双键可能再次转移，随着氢化反应的进行，异构的双键倾向于沿着碳链末端移动。因为顺式异构体比反式异构体更容易氢化，所以反式与顺式的比例随反应的进行而增大，该比例最终在 4:1 左右保持平衡，不管碘值降低多少，仍保持常数。

在亚油酸、亚麻酸和其他有隔离亚甲基的双键体系中，由于双键之间的亚甲基上的氢很不稳定，当接近催化剂时，亚甲基上的一个氢可被催化剂脱除，从而形成一个双键转移至共轭的位置，一个氢再加到共轭体系末端的碳原子上。当双键转移时，它可以是顺式，也可以是反式，但反式占主导地位。形成共轭体系的双键极易氢化成单烯键，然后被解吸，保留的双键可能既有顺式又有反式，也可能从原来位置转移到另一位置。

三、影响氢化的主要因素

在油脂氢化过程中，影响氢化反应速率和选择性的主要因素是温度、压力、搅拌和催化剂浓度四个参数，下面分别加以讨论。

（一）影响反应速率的主要因素

对反应速率的影响因素有：

（1）温度油脂氢化反应与大多数化学反应一样，随着温度升高其反应速度会加快。升高温度，氢在油中的溶解度增大，从而加快氢化反应速度。

（2）压力氢在油中的溶解度与反应压力大致呈线性关系。压力增加时，氢化反应速度快速增加。

（3）催化剂浓度在油脂氢化中，所加入的活性镍催化剂会首先与油脂中一些催化剂毒物（如硫、磷、皂等）作用，直到与油脂中催化剂毒物作用完毕，此值称之为临界值。一旦达到该临界值，增加催化剂浓度则加速反应。

（4）搅拌搅拌的主要目的，除保持催化剂能悬浮在油相中外，还可促进氢在油相中的溶解度。在其他条件不变的情况下，提高搅拌速度会加快氢化反应的进行。

（二）影响选择性的主要因素

对选择性的影响因素有以下几点：

（1）温度　在油脂氢化过程中，升高温度，会促使氢化反应速度加快。如果其他条件不变，则会造成催化剂表面的氢浓度下降，从而导致其选择性提高，生成反式异构体的量会增大。但随温度升高，催化剂表面缺氢越来越严重，所以当温度升至一定程度时，其选择性不会再增大。

（2）压力　在氢化反应体系，当其他条件不变的情况下，提高压力，其选择性会下降。同时异构体生成也会下降。由于一定的压力已能使足够的氢进入油相中，以满足催化剂表面氢化反应的需要，此时催化剂表面被氢覆盖，再增加压力，作用微小。因此，在高压下，特别是在高压低温情况下，提高压力并不能改变异构化反应的速率。

（3）催化剂浓度　当其他条件不变的情况下，增加催化剂的浓度，会相对降低催化剂表面氢的有效浓度，使油脂氢化的选择性和异构体生成均有所增加。但在一般氢化工业中，其他因素对选择性和异构化的影响远比催化剂用量大。

（4）搅拌　其他条件不变的情况下，提高反应时的搅拌速度，将使油脂氢化的选择性和异构体生成下降。因为高速搅拌时，能提供足够的氢到达催化剂表面，使催化剂表面的氢浓度增加，从而使氢化的选择性及异构体生成下降。

四、催化剂

（一）催化剂的特性

催化剂是一种能改变化学反应速率，本身在反应中并不被消耗的物质。因此确切地讲，催化剂不能引发反应，而只能加快反应速率。

由于非均相催化剂是一种表面现象，因此催化剂必须有极大的比表面积，这对油脂氢化是至关重要的。在所有其他因素相同的条件下，单位催化剂颗粒愈小，其活性愈大。

尽管催化剂活性与其表面积的关系很明显，但远远不是仅由其表面积大小所决定的，更重要的是其内部的表面积。催化剂的活性点位于催化剂表面的孔隙之中，必须适当地按一定的尺寸来制造孔的直径，孔径必须足够大以允许反应物容易进出。对甘油三酯来说，如果是球形，其直径为1.5nm，如果是一锯齿形结构，其直径为2.3nm。所以要求催化剂产品的孔径应大于2.5nm，但其大孔径的数量应最少，一般要求平均孔径为5.0nm的产品。

非均相催化剂的各种现象可以用“活性点”理论解释。该理论认为，催化剂表面的金属原子，依据其突出于催化剂表面的程度，或摆脱其相邻原子互相牵制影响的程度，而具有不同程度的不饱和性。只有极少数高度不饱和性的金属原子，才能与氢及不饱和油脂形成暂时的结合，从而促使氢化反应。每一个不饱和原子或每个不饱和金属原子团构成一个活性点或活性中心。每个不饱和金属原子的催化活性与不饱和程度有关（图7-2）。

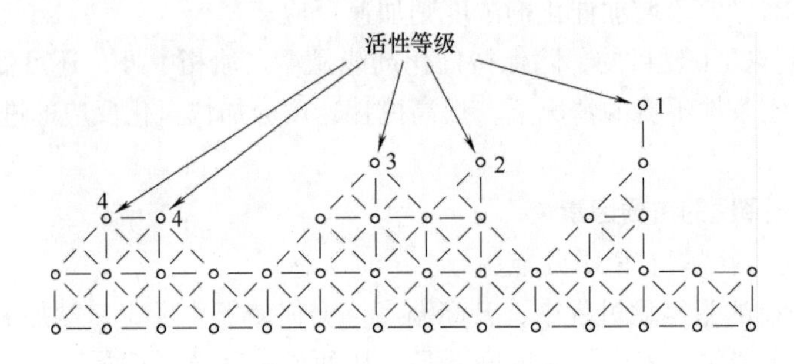

图7-2　催化剂表面示意图

另一种催化剂结构理论认为，在催化剂的活性部位，正常的金属晶格扩大，因而能更适应在双键两侧两点吸附的空间要求。如镍一般原子间的间隔为0.247nm，实际上比理论最佳值稍小一些，用镍化合物还原生产金属镍的方法可将镍原子之间的间隔略微扩大。

催化剂制取时，首先将镍和其他元素结合，如氧化镍、氢氧化镍、碳酸镍、甲酸镍以及镍铝合金，然后将所得的化合物还原，重新得到催化态的金属镍。从图7-3中可以看出，活性镍原子中相应地由相邻原子约束态游离出来。

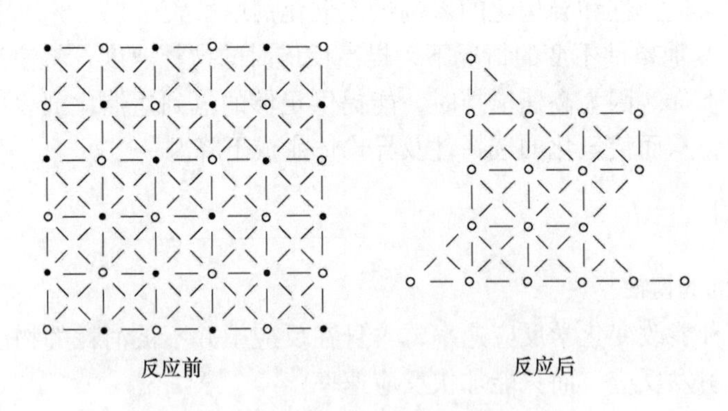

图7-3　在镍催化剂上的还原作用示意图
○ 镍原子　● 氧、铝和其他原子

显然，烯烃类化合物的氢化必然优先产生双键两侧碳原子两点吸附，这就要求任何具有催化活性的金属空间晶格有一定的间隔。实际上，应用于对双键氢化有效的金属（镍、钴、铁、铜、铂和钯）都具有接近于两点吸附最佳条件计算的原子之间的间隔（0.273nm）。

（二）催化剂中毒

催化剂活性主要取决于少数金属原子的高度反应活性。如果反应体系中存在着除氢和甘油三酯以外的杂质，这些杂质极易与催化剂表面的活性点结合，从而使催化剂的活性下降，这些物质一般称之催化剂“毒物”，这种现象称之催化中毒。

反之，体系中催化中毒主要来自氢气中的气体毒物和油相中的毒物。对镍催化剂最有害的气体毒物是硫化物，包括硫化氢、二硫化碳、二氧化硫、氧硫化碳等，另外还有一氧化碳等。这些物质主要是在氢气的制备过程中所产生的，因此在氢气精制过程中应尽量除去。

另外，氢气中还存在二氧化碳、氮气及甲烷等气体，虽不是催化剂毒物，但由于油脂氢化常采用“闭端”型反应器，随着反应的进行，这些气体在反应器中积累在顶部空间，减小氢气的压力，从而影响氢化的反应速率。

油脂中的催化剂毒物主要有游离脂肪酸、皂、硫、磷化合物、溴化合物、氮化合物、氢过氧化物、醛、酮酸、羟基酸、环氧化物和氧化多聚物，其中最主要的是硫、磷、溴和氮。对大豆油氢化研究表明，如果大豆油中含磷3mg/kg，氢化时将增加50%的催化剂用量。

另外，油脂中的色素物质，如菜籽油中的叶绿素等，对催化剂也是一种毒物。

（三）催化剂种类

油脂氢化使用的催化剂为金属催化剂，可分为单元催化剂、二元催化剂及多元催化剂。固体催化剂一般不是单纯的金属物质，而是由多种物质组成。常将其分为活性组分和载体两部分。活性组分一般由主催化剂和助催化剂构成，主催化剂是催化剂活性的主要成分，而助催化剂单独使用时活性很小或没有活性，但与主催化剂结合后使用能提高催化剂的活性，改善选择性或延长使用寿命，如铜-镍二元催化剂。

固体催化剂的载体通常是一种多孔性物质，如硅藻土，主要起催化剂的骨架作用，使催化剂与油脂接触具有很大的接触面积。

（1）镍催化剂　单元镍催化剂中一般含镍量为20%～22%。该催化剂活性较高，对亚油酸的选择性较高。但对亚麻酸的选择性稍低。该催化剂具有较好的过滤性，其活性受毒物的影响较小，可多次重复使用，且价格便宜，因此被广泛应用于油脂氢化工业中。

（2）镍-硫催化剂　将硫添加到镍催化剂的配制中，即产生两种效果。一是减小镍的氢化活性；二是增加反式异构体的形成。当硫∶镍摩尔比为0.05∶1时，与相同量的传统的镍催化剂比较，其反式异构体形成的速率和程度有明显的差异。

（3）铜-镍催化剂　由于该催化剂价格便宜，易于回收，所以国内油脂氢化工业中应用较多。铜镍工业催化剂尤其对亚麻酸的氢化有较好选择性。这对亚麻酸含量较高的油脂选择性氢化极有效，如大豆油的轻度氢化，来制取稳定性较高的大豆色拉油（需冬化处理）。但由于铜的存在会导致促氧化作用，所以对氢化油脂的后处理要求很高。

（4）铜-铬-锰三元催化剂　该催化剂对多烯酸油脂氢化的选择性较高，对亚麻酸的选择比为10~15。而单元镍催化剂只有1.5~2.0，所以氢化产品中的硬脂酸增量极少。同时，该催化剂具有抑制异构化的作用。催化剂中的铬起吸氢和加氢的作用，铜起选择性作用，而锰起抑制异构化作用。

（5）钯和铑催化剂　该催化剂常用碳做载体，对大豆油和菜籽油的选择性和异构化功能比较好。而钯具有更好的选择性，但异构化功能并不明显。

五、氢气

对用于油脂氢化的氢气纯度，一般要求在98%以上。氢气中的杂质如H_2S、SO_2、CS_2、CO、N_2及水蒸气都会造成催化剂中毒，延长氢化时间，影响氢化的反应速率。

六、氢化工艺

油脂氢化工艺分间歇式和连续式两类。且根据其设备及氢和油脂接触方式的不同可分为：循环式间歇氢化、封闭式间歇氢化、塔式连续氢化及管道式连续氢化工艺。其操作主要有以下基本过程：

　　　　　　　　　　　　催化剂
　　　　　　　　　　　　↓
待氢化原料→[预处理]→[除氧脱水]→[氢化]→[过滤]→[后处理]→成品氢化油

（1）预处理　主要除去待氢化油中的一些杂质，包括水分、磷脂、皂、游离脂肪酸、色素、含硫化合物以及铜、铁等金属离子。这些物质的存在会影响催化剂的活性，从而影响油脂氢化反应。所以，一般要求待氢化油的杂质含量应低于下列指标：磷<2mg/kg；硫<5mg/kg；水分<0.05%；游离脂肪酸<0.05%；皂<25mg/kg；过氧化值<0.25mmol/kg；茴香胺值<10；铜<0.01mg/kg；铁<0.03mg/kg；色泽：R1.6、Y16（133.33mm）。

（2）除氧脱水　经预处理后的油脂原料中，由于储藏及运输等环节会使油脂中夹带部分水和空气。水分的存在会影响催化剂的活性，而空气存在会因空气中氧气的存在使油脂产生氧化反应，故一般需在真空条件下除氧脱水。

（3）氢化　经除氧脱水后的油脂中加入事先熔化好的催化剂浆液混合物，继续升温，通入氢气进行反应。当温度升至氢化反应控制的温度时，开启冷却水，以维持反应温度。反应时间则根据反应终点来确定，而终点常以IV来定。氢化反应的条件一般为：温度150~250℃、催化剂浓度0.01%~1.0%、氢气压力0.1~0.5MPa。氢化时每降低1IV每吨油消耗0.9m^3氢气，反应速度为每分钟降低1.5IV。

测定碘值来控制生产终点比较繁琐，从时间上看有时来不及。通常可采用一些间接的方法来判断，主要有：可预先绘制碘值下降与时间的关系曲线，根据时间来确定终点的碘值范围；可通过氢气的消耗量来确定终点；根据氢化时释放出的热量来确定终点，因为每降低1IV，放出117~121kJ热量，或每降低1IV能使油温上升1.6~1.7℃；根据前述的折射率的下降值计算来判断终点。

（4）过滤　将反应混合物冷却至70℃进行过滤，以防高温下油脂产生氧化。过滤时一般过滤机中需预先涂上硅藻土，以尽量除去氢化油脂中的催化剂。

（5）后处理　为了除去氢化油中残留的微量催化剂及氢化油味，一般均需要进行后处理。后处理包括脱色和脱臭。这里的脱色并不是脱除油脂中的色素物质，而是通过加柠檬酸与金属镍等产生络合物，达到脱除催化剂残留物的目的。一般操作条件为：温度100～110℃、时间10～15min、残压6700Pa。另外，在油脂氢化过程中，由于油脂中脂肪酸链的断裂、醛酮化、环化等作用，氢化油会带有一种特殊的氢化油气味，其操作条件与脱臭相同。

油脂间歇式氢化工艺流程如图7－4所示。

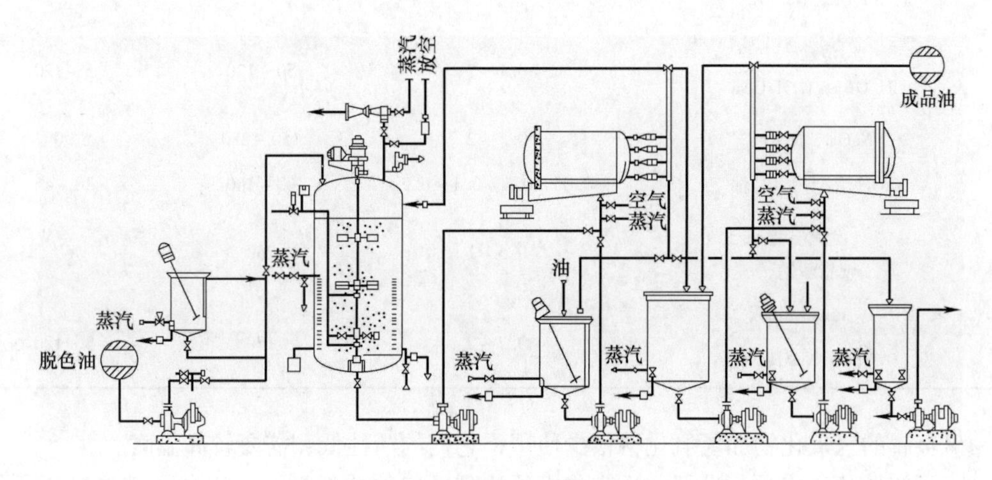

图7－4　油脂间歇式氢化工艺流程图

第三节　酯交换

一、化学酯交换

采用化学酯交换改变脂肪酸在甘油三酯上的自然分布，需要加热及少量的碱性催化剂，这种脂肪酸的重排可定向或随机进行。酯交换反应的机制在油脂化学性质部分已有详述。

随机化学酯交换符合概率定律，在不同的酯之间，脂肪酸无选择性地重排，最终达到平衡。酯交换也能定向至一定的程度，即在酯交换过程中，从反应中逐渐分离出高熔点的硬脂组分，不断地改变反应溶液中残留油相的组成。定向酯交换与随机酯交换产物的物化特性比较如图7－5所示。

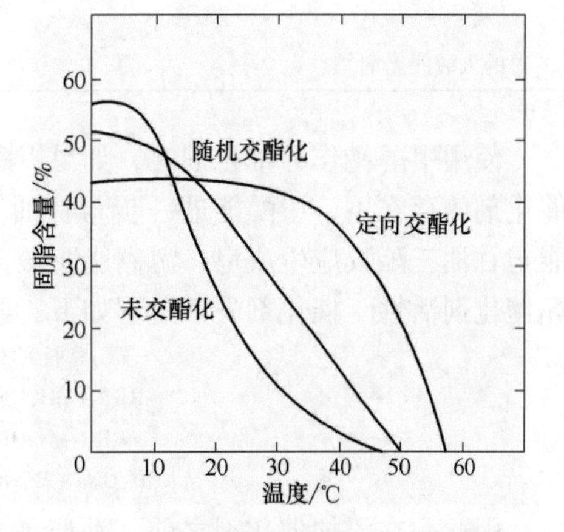

图7－5　随机和定向酯交换对棕榈油固脂曲线的影响

目前，随机酯交换使用非常普遍，而定向酯交换仅用于特殊情况下。

化学法酯交换常用的催化剂是碱金属，如钠、钾和它们的合金，以及醇碱盐如甲醇钠或乙醇钠，见表7－1。最普遍使用的催化剂是甲醇钠或乙醇钠。

表7－1　催化剂及其使用条件

催化剂类型	浓度/%	温度/℃	时间/min
碱金属 Na，K，Na－K	0.1～1	25～270	1～120
醇盐 CH_3ONa，C_2H_5ONa	0.1～2	50～120	5～120
NaOH，KOH	0.5～2	150～250	90
NaOH 混合物＋甘油	0.05～0.1＋0.1～0.2	60～160	30～45
金属皂 硬脂酸钠	0.5～1	250	60
金属氢化物 NaH，$NaNH_2$	0.2～2	170	3～120

碱金属的氢氧化物如氢氧化钠很少使用，它们的活性低，需要较高温度。

为了使催化反应顺利进行，反应物必须达到一定的质量标准，这种标准取决于所使用的催化剂类型。当使用碱催化剂时，由于油脂中的非甘油三酯成分会破坏催化剂活性，因此油脂需要严格的精制，油脂中的水分、游离脂肪酸和过氧化物均可使催化剂失活，见表7－2。

表7－2　毒物使催化剂失活

毒物类型	数量/%	失活的催化剂/（kg/t 油）		
		Na	CH_3ONa	NaOH
水	0.01	0.13	0.3	
脂肪酸	0.05	0.04	0.1	0.07
过氧化物	1.0	0.023	0.054	0.04
总的失活催化剂		0.193	0.454	0.11

使用甲醇钠作为催化剂时，如果甲醇钠与水接触，就会分解成甲醇和氢氧化钠。在催化剂的存在下，甲醇能进一步与甘油三酯反应生成脂肪酸甲酯（醇解）。氢氧化钠也能与甘油三酯反应生成皂。游离脂肪酸也能与甲醇钠催化反应生成脂肪酸甲酯，从而破坏催化剂活性。催化剂失活过程如下：

$$CH_3ONa + H_2O \longrightarrow CH_3OH + NaOH$$

$$RRR + CH_3OH \longrightarrow RCOOCH_3 + RROH$$

$$RRR + NaOH \longrightarrow RCOONa + RROH$$

$$CH_3ONa + RCOOH \longrightarrow RCOOCH_3 + NaOH$$

因此，在添加催化剂之前，油脂的中和和干燥是必须的，在高温及真空条件下干燥、预脱色也可减少过氧化物，从而提高催化剂活性。

化学酯交换是符合概率定律的一种加工操作，在与甲醇钠反应中形成脂肪酸甲酯和皂。在油脂中添加1mol甲醇钠，一般产生1mol脂肪酸甲酯以及1mol皂。按照该结果，酯交换后油中甘油一酯和甘油二酯含量增加，从而影响油的收率，因为高温脱臭会除去几乎所有的甘油一酯和少量的甘油二酯。

正确添加催化剂的量是加工中至关重要的。如果处理得不适当，还可能会出现乳化问题，因此必须采用物理（吸附）或化学方法（酸处理）来除去皂。

催化剂失活能终止反应，在生产中添加水（湿法失活）或酸（干法失活）到反应体系中终止反应的进行。一般添加的酸为磷酸或柠檬酸。

今天，具有高选择性的新的化学催化剂也正在研究之中，使化学法加工变得更加有效，并降低排放的污染物。因此，化学法仍有很好的前景。

二、酶法酯交换

油脂在脂肪酶存在下也能进行酯交换。

酶促酯交换是利用酶作为催化剂的酯交换反应。与化学方法相比，酶促酯交换有独特的优势：专一性强（包括脂肪酸专一性、底物专一性和位置专一性）；反应条件温和（一般常温即可发生反应）；环境污染小；催化活性高，反应速度快；产物与催化剂易分离，且催化剂可重复利用；安全性能好等。

用于油脂工业的脂肪酶的种类不同，其催化作用也不同。人们常根据催化的特异性，将其分为三大类。包括非特异性脂肪酶；1，3－特异性脂肪酶；脂肪酸特异性脂肪酶。酶法酯交换反应的机理是建立在酶法水解反应的基础之上的。当脂肪酶与油脂混合静置，可逆反应开始，甘油酯的水解及再合成作用同时进行，这两种作用使酰基在甘油分子间或分子内转移，而产生酯交换的产物。在水含量极少的条件下（但不能绝对无水），限制油脂的水解作用，而使酯交换反应成为主要反应。

不同种类的脂肪酶催化油脂酯交换反应的过程与产物也不同。使用非特异性脂肪酶作为油脂酯交换反应的催化剂，其产物类似于化学酯交换所获得的产物。1，3－特异性脂肪酶催化甘油三酯的 *sn*－1，3 位。脂肪酸特异性脂肪酶对甘油酯分子上特异性的脂肪酸产生交换。

当需要很好地限制甘油三酯组成时，选择酶法酯交换是比较合适的，如可可脂代用品或医药用油脂。但它也有缺点，如反应速度非常慢，对反应体系中的杂质和反应条件（pH、温度、水分含量等）较为敏感。

工业上脂肪酶法催化酯交换常采用间歇式生产，或采用固定化酶或在柱床中进行连续操作。酶的分散和反应速率与所需的溶剂量有密切的关系，随着酶热稳定性的提高，极大地减少了对所需溶剂的要求。

三、酯交换反应终点的测定

酯交换反应终点的测定方法因反应而异，可以根据各自反应特性加以选用。对于酯酯交换反应，采用的方法如下。

（1）熔点法　测定反应前后的熔点是使用最早、也是最快的一种测定和控制酯酯交换反应的一种方法。一般说来，经酯酯交换的单一植物油的熔点上升。动物脂以及富含饱和脂肪酸的植物油（如椰子油、棕榈油等）熔点变化不大。有明显熔点差别的油脂的混合物经酯酯交换反应使熔点上升。

（2）膨胀法　酯交换前后 S_3 与 S_2U 含量的变化可通过固体脂肪含量来反映。膨胀法的缺点是时间长，因此快速测定固体脂肪含量的核磁共振技术颇受人们的青睐。

（3）甘油三酯组成分析法　酯酯交换反应的基本变化涉及甘油三酯结构，因此任何直接分析甘油三酯组分的方法都可以用于反应终点的检测。包括 TCL、GLC、质谱及胰酶水解等。

四、工业酯交换方法

工业范围的酯交换分间歇式和连续式。由于游离脂肪酸和水对催化反应有一种负面影响，所以原料油脂在使用前通常是中和、脱色处理的油脂。

（1）间歇式　在间歇式操作中，首先要测定油或混合油的质量，加入氢氧化钠混合反应，以中和除去油脂中的游离脂肪酸。并加热至 120～130℃，在减压（10～30MPa）条件下慢慢喷入反应器中，并保持 30min，以尽可能除去油脂中的水分。然后将油冷却至反应温度，加入催化剂，催化剂的添加量为油重的 0.05%～0.2%。可以以粉状或预先与部分油混合成泥浆状形式加入，混合物被剧烈地搅拌 30～60min 之后，添加水或酸，使催化剂失活，终止催化反应。当采用湿法催化剂失活时，一般采用离心机分离含皂的水相，有时也采用滗析法。当采用酸来使催化剂失活时，需添加少许过量的酸，使皂转变成游离脂肪酸。随后干燥、脱色、脱臭混合物，最后得到酯交换的油脂产品。

（2）连续式　对于产量大，连续式生产操作更具有吸引力，包括热量能很好地回收利用，每一步都能在特定设计的设备和条件下完成。

连续生产利用计量泵连续地进行不同油脂组分的计量，并与中和罐中的稀氢氧化钠溶液一起进行适当的混合，以中和游离脂肪酸。然后由热交换器加热中和油，在较低残压下连续地喷入真空干燥器中干燥。之后由热交换器来冷却干燥的油，以达到反应所需的温度，再加入催化剂。混合物被送至多个分隔室的反应器中进行反应，并使油催化剂混合物滞留 30min。然后在反应的油中添加酸或水，以终止其催化反应。进入分离式反应器，在脱色和脱臭处理前分离出水相，并干燥混合物。

五、酯交换设备

虽然连续加工具有许多的优点，但在今天的实际生产操作中，大多数酯交换生产仍是采用半连续式，究其原因，主要是半连续式生产工艺的工厂投资相对比较低。半连续式酯交换设备主要如下。

（1）反应器　为了使少量的催化剂和酸在油脂中得到有效的混合，需要剧烈的混合。有两种基本型号的带内部搅拌装置（推进器系统）或带回路循环的反应器（图 7－6）所示是可行的。今天，有些反应器甚至具有两套搅拌装置系统。

（2）催化剂定量装置　大多数催化剂对水非常敏感。因此，对催化剂需要严格地贮存。通常催化剂是经预先定量后放在特制的小圆桶中，并由人工加入反应器。因为反应器是在减压条件下操作，在定量催化剂的小圆桶和反应器之间安置一中间狭槽，

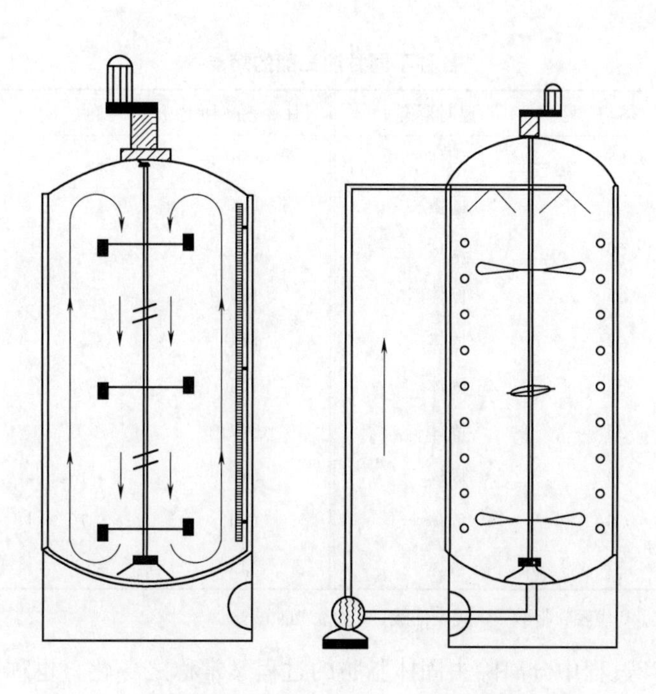

图7－6 间歇式酯交换反应器（左：带叶轮系统固定搅拌装置的反应器；右：带循环装置的反应器）

以防止空气和水分进入。现在新的工艺装置已配制了自动粉末定量装置，以减少人工误差。

（3）后脱色过滤装置 在后脱色加工处理中，常用板式和板框式过滤机，现在越来越多的被非常高级的立式或卧式罐箱式过滤机所替代。在美国常选择卧式箱式过滤机，而欧洲采用立式箱式过滤机更普遍。

第四节 油脂分提

一、分提的意义及机理

天然油脂是混合物，其性能往往不能直接适用于各种用途，这使其使用价值受到影响。如在人造奶油、起酥油的加工中，为了使产品具有一定的储藏稳定性，要求产品中的不饱和脂肪酸含量，尤其是二烯以上的不饱和脂肪酸含量低一些；而对于色拉油，则要求在低温下澄清透明，所以对固体脂肪有一定的限制。因此，人们设想能对天然油脂混合物进行分离。

虽然各种甘油三酯的性质有差异，但这种差异性并不太大。因此要将各种甘油三酯精细地逐一分离，在技术和工艺上仍有很大困难。

利用各种饱和度甘油三酯的熔点不同，可实现对油脂的大体分级，使油脂做到物尽其用，此即为分提。各种不同甘油三酯的熔点见表7－3。

表7-3　各种不同甘油三酯的熔点　单位：℃

甘油三酯种类	熔点	常温时形态	甘油三酯种类	熔点	常温时形态
SSS	65	固体	SOO	23	液体
SSP	61	固体	POO	16	液体
SPP	60	固体	SOL	6	液体
PPP	55	固体	SLL	1	液体
SSO	42	固体	PLO	-3	液体
SPO	38	固体	PLL	-6	液体
PPO	35	固体	OOO	6	液体
SSL	33	固体	OOL	-1	液体
SPL	30	固体	OLL	-7	液体
PPL	27	液体	LLL	-13	液体

注：S代表硬脂酸，P代表软脂酸，O代表油酸，L代表亚油酸。

在色拉油生产过程中分离除去固体脂肪的过程又常称之冬化，也称脱脂，其原理与分提是一致的。

目前油脂的工业分提主要采用冷却结晶法。该方法分为结晶和分离两步，即第一步是冷却产生结晶，第二步是进行晶、液分离，从而获得固体脂肪和液态油。其原理是基于不同类型的甘油三酯的熔点差异，或在不同温度下其互溶度的差异使油脂冷却结晶，然后进行固、液分离，从而达到分提的目的。

油脂结晶一般可分为三个阶段：熔融油脂的冷却，形成过饱和；晶核的形成；脂晶体的成长。

在油脂结晶分提过程中，希望能获得排列最紧密、最稳定、易于过滤的β型晶体。但能否获得稳定的β型晶体，取决于几个主要因素，一是冷却结晶的操作的工艺条件；二是甘油三酯本身的结构性质，即分子结构脂肪酸碳链长短和是否具有对称性，一般分子结构整齐、对称性好的甘油三酯易形成β型，反之为β'型。表7-4列出了几种极度氢化油脂的最稳定结晶型。

表7-4　几种极度氢化油脂最稳定结晶型

β'型	β型
棉籽油、棕榈油、菜籽油、青鱼油、鲱鱼油、鳗鱼油、沙丁鱼油、牛脂、奶油	大豆油、红花籽油、葵花籽油、芝麻油、花生油、玉米油、橄榄油、椰子油、棕榈仁油、猪油、可可脂

二、影响分提的主要因素

1. 结晶温度和冷却速率

由于甘油三酯中的脂肪酸碳链较长，因此在冷却过程中会产生过冷现象，即其结晶温度较固体脂肪的凝固温度低。

在油脂结晶过程中，应控制冷却结晶的速率。当油脂经冷却从过饱和到形成晶核，如果冷却速率太快，则会形成许多的晶核，使体系中的黏度增大，分子的运动受阻，影响结晶体的长大，不利于结晶的固体脂肪与液体油的分离，从而影响分提后产品的质量。

另外，冷却速率往往与所采用的工艺路线有关。一般干法分提降温应慢，而溶剂分提等则降温速率可快一些。实际生产中，结晶温度和降温速率可采用冷却试验求得冷却曲线来进行指导生产。

2. 结晶时间

由于甘油三酯中的脂肪酸碳链较长，会形成过冷现象，使体系的黏度增大，从而使晶格形成的速度变慢，故油脂结晶需要一定的时间。

结晶时间主要与体系的黏度、多晶性、甘油三酯最终稳定晶型的性质、冷却速度及设备结构等有密切的关系。

3. 搅拌速度

在油脂冷却结晶过程中，冷却搅拌主要起强化传质和传热的作用，即将体系中的热量快速地传递到冷却介质中，使体系中的油脂得到冷却。同时，随着温度的下降，油脂黏度增大，体系中分子运动速率减小，结晶的速率会下降。因此，通过适当的搅拌能强化传质和传热的效果。但搅拌速度不宜太快，否则会使结晶体被打碎，影响分离效果。一般用10r/min左右为宜。

4. 辅助剂

在油脂分提中，所用的辅助剂有溶剂、表面活性剂、助晶剂等。溶剂的加入不仅降低油脂体系的黏度，而且增加了体系中液相的比例，增加了饱和度高的甘油三酯的自由度，从而加快结晶的过程，有利于得到易过滤的晶体，且分提后产品的质量也提高。

在油脂结晶分提中，可加入表面活性剂，因为脂晶体系是多孔性的物质，在其微孔中及表面吸附着一定数量的液体油，常规的方法难以除去这些液体油。但当加入表面活性剂的水溶液后，会使脂晶体的毛细孔润湿，从晶体中分离出来，同时使脂晶体表面由疏水性转变成亲水性而转移至水相，从而使固脂与液体油得到很好的分离。为使乳化体系具有一定的稳定性，但其稳定性也不能太稳定而不易分离，所以常添加一定数量的电介质。

在油脂结晶中，也可加入结晶促进剂，如羟基硬脂精、固脂等，以诱发晶核的形成，促进晶体的成长。

5. 输送及分离方式

在油脂冷却结晶后，获得很好的结晶体。要使结晶体与液体油得到很好的分离，输送及分离的形式也非常重要。输送时尽量避免紊流剪切力的产生，最好采用真空吸滤或压缩空气输送。

过滤时的压力也不宜过大，最高压力不超过0.2MPa，否则晶体受压易堵塞滤布的孔眼，使过滤困难。但近年来发展了新的高压膜式过滤机，其操作压力可达3MPa，一般操作压力在0.4～0.8MPa范围。

6. 油脂的种类及其品质

不同的甘油三酯，其脂肪酸组成上有差异，因此在其形成稳定性晶型及分离的难易程度上也有差异。通常能形成β型晶体的油脂，如棕榈油、棉籽油、米糠油等所形成的晶体易分离，而花生油的结晶体为胶束状晶体而无法分提。

油脂中的一些杂质，也对其结晶和分离产生一定的影响。主要有胶质、游离脂肪酸、甘油二酯、甘油一酯、过氧化物等，会影响冷却结晶时体系的黏度，增加饱和甘油三酯在液体油相中的溶解度，延缓晶体的形成及晶型的转化等，从而影响分提的效果及产品的质量。

三、分提工艺

（一）干法

干法即常规法，是指在分提过程中不添加任何其他物质，进行冷却、结晶、分离的工艺过程。

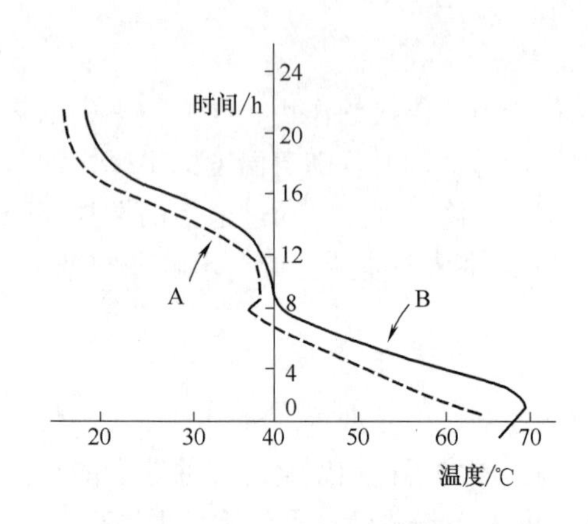

图7-7　棕榈油的冷却曲线

一般分间歇式和半连续式。半连续式实际上是由间歇式结晶和连续式过滤组成的工艺。

目前，工业化干法分提的装置大多数是半连续式工艺，其中Desmet和Tirtiaux的工艺设备最负盛名。一些相似的工艺设备如Oiltek和Krupp也已经商品化。虽然各个公司的工艺及设备会有所不同，但其分提的基本原理是相同的，只不过是工艺特点有差异。

在结晶前，首先将油加热至70℃全部熔化，然后泵入结晶器中，根据冷却曲线（图7-7）进行冷却，使物料温度缓慢冷却到40℃，在40℃维持4h。然后降温至20℃，并维持6h。最后将冷却结晶的物料输送到膜式过滤机中过滤，过滤压力为0.4～0.8MPa。

（二）溶剂分提法

溶剂分提法是在油脂中加入一定数量的溶剂，然后进行冷却结晶、分离的工艺过程。由于在油脂中添加了一定数量的溶剂，从而降低了体系的黏度，使结晶时间缩短，并易于过滤，分提效率高。溶剂分提的主要优点是分提效果好，分提得率高，成品的纯度较高。

能产生这些优点主要是无论哪种方法都不可能从固体相中除去所有的液体部分，因为部分的液体总是会包裹在固体中，而在添加溶剂的混合物中，液体部分由相当大的溶剂所组成，溶剂能阻止液体油的吸附，从而降低固体相中的液体油含量。

但溶剂分提法的生产成本和投资成本很高，而且溶剂的使用存在着生产安全问题。今天采用溶剂分提法的大多数工厂从事的是特殊脂肪，如可可脂代用品的生产等。

在溶剂分提工艺中，常用的溶剂有正己烷、丙酮、异丙醇等。

（三）表面活性剂法

当油脂经冷却结晶后，添加表面活性剂的水溶液，使结晶的固脂润湿，并在液体油中呈分散状态，然后采用离心机分离的工艺称之表面活性剂分提法。表面活性剂分提法的工艺主要包括冷却结晶、表面活性剂润湿、离心分离、水洗及表面活性剂回收等工序。

常用的表面活性剂为十二烷基磺酸钠，其添加量为0.2%～0.5%。同时还需添加1%～3%的硫酸镁或硫酸铝等电介质。将表面活性剂和电介质加入与油量相等的水中，配制成表面活性剂的水溶液。该溶液一般分两次加入。首先将20%的表面活性剂溶液经冷却后加入结晶塔中，以促进形成稳定型的晶体。余下的80%经冷却后加入结晶后的物料中，进入离心机分离，得到液体部分和含表面活性剂溶液的固体脂部分。

（四）超临界流体萃取法

超临界流体萃取法分离甘油三酯是基于甘油三酯在超临界流体中的溶解度差异。许多试验的结果已证明，用超临界流体萃取法来分离甘油三酯是可行的，如乳脂能被分离成富含短碳链、中碳链和长碳链甘油三酯组分的不同馏分。超临界流体萃取同样可用于分离甘油三酯、甘油二酯和甘油一酯的混合物。但该方法生产成本高，且技术复杂，尤其是萃取设备需耐高压，因而阻碍了其大范围的工业化应用。

四、油脂分提的应用

（一）以棕榈仁油为原料生产 CBS

进行棕榈仁油（PKO）分提主要用来生产一部分适合作为可可脂代用品的油脂原料。棕榈仁油的月桂酸三甘酯部分是一种非常好的可可脂代用品，虽然它与可可脂的分子结构上没有共同之处，但它显示出类似可可脂的物理特性。

工业上有三种方法来分提富集月桂酸三甘酯的组分。

（1）溶剂分提法　将PKO（IV17～19）稀释于溶剂中（一般为丙酮；大约1:4的稀释比例），随之在短时间（1～2h）内冷却至非常低的温度，使混合油发生结晶，然后在真空履带式过滤机中过滤，分离出液体油酸精（OL，IV25～27）。随后用丙酮洗涤滤饼，得到硬脂精（ST，IV5～7）。

溶剂分提的主要优点是棕榈仁油硬脂精得率高（40%～50%），由于其高的分离效果，能得到碘值很低的硬脂精。该法的主要缺点是高投资和生产成本以及安全因素等。

目前，从环境和安全因素等考虑，也有以干法分提来代替溶剂分提的趋向。

（2）平锅和压榨法　在该加工过程中，首先将熔化后PKO倒入平锅内，贮存在冷却的室内，让其慢慢地进行结晶。在硬化后，用滤布（一般为棉布）包裹硬化的饼，放置于液压机的平板之间，进行压榨。最高压力达20MPa。该法在马来西亚仍非常普遍，其结果没有溶剂分提法好，但在适当的得率（35%～40%）下能获得非常好的硬脂精（IV7）。

与溶剂分提法相比较，该法的投资成本非常低。但其操作的劳动强度大，车间卫生条件比较差。为了克服这些缺点，该加工方法经多次技术改进，在冷却室内用连续的带式装置来代替平锅盘子，以及引入自动高压膜式过滤机来代替人工水压机法，从而使生产操作过程中的劳动强度大大下降。

（3）干法多功能分提　为了达到降低劳动力，实现自动化干法分提，Desmet公司发展了一种新型的多功能干法分提加工工艺，主要用于特种脂肪产品的生产。

该法在特殊的结晶器中结晶PKO。这种结晶器被设计成能适合非常高黏度的原料油脂。结晶后的混合物在高压膜式过滤机中过滤。该加工的主要优点是排除了人工对操作的失误，从而使操作成本大大下降。

PKO结晶的主要问题是其在低温下高的黏度，这使得结晶控制和浆状物料输送至过滤机不容易。另外，PKO结晶时易粘在冷却器的内壁和搅拌器的桨叶上，从而降低结晶器的热交换效率。而且当结晶至高固体含量时，其物料非常黏稠，甚至会固化。为解决这些问题，可采取一些措施，如可采用二级或多级分提PKO，或将一部分油酸精（OL）与PKO预先混合，增加结晶混合物中液体含量，以降低过滤前固体的比例。

在表7－5中，介绍了PKO经三级干法分提的一些工业数据。

由SFC数据可知，当混合不同硬脂精组分，混合物显示出其物化特性类似于传统平锅和压榨法获得的结果。

表7－5　棕榈仁油三级干法分提数据

棕榈仁油三级干法分提								得率
一次分提 二次分提 三次分提	PKO(毛PKO) → OL_1 ⟷ ST_1 → OL_2 ⟷ ST_2 → OL_3 ⟷ ST_3							PKO 100% ↓ $PKOL_1$ 83.7%
IV（以I计）/（g/100g）	**18.0**	**20.2**	**22.5**	**24.8**	**6.7**	**7.1**	**7.3**	↓ $PKOL_2$ 71.3%
CMP/℃	**27.5**	**25.3**	**23.1**	**20.9**	**32.8**	**32.4**	**31.9**	↓
得率/%	**100**	**83.7**	**85.1**	**86.9**	**16.3**	**14.9**	**13.1**	$PKOL_3$ 61.9%
SFC/%								↓
0℃	**74.2**	**70.5**	**67.5**	**63.4**	**92.9**	**91.7**	**91.1**	$PKST_1$ 16.3%
5℃	**73.6**	**68.1**	**62.8**	**58.6**	**91.9**	**91.0**	**90.7**	+
10℃	**65.8**	**57.9**	**52.5**	**47.9**	**89.6**	**89.3**	**89.0**	$PKST_2$ 12.4%
15℃	**53.9**	**43.3**	**37.0**	**30.1**	**87.7**	**86.7**	**85.1**	+
20℃	**36.2**	**21.8**	**14.1**	**9.6**	**81.3**	**77.0**	**75.9**	$PKST_3$ 9.4%
25℃	**14.9**	**6.9**	**1.7**	**0.2**	**72.5**	**65.6**	**63.0**	
30℃	**0**	**0**	**0**	**0**	**39.8**	**27.8**	**22.0**	
35℃					**0**	**0**	**0**	PKST总：**38.1%**

（二）由棕榈油生产CBE、CBI

图**7－8**介绍了从棕榈油生产可可脂类似物（Cocoa Butter Equivalent，CBE）、可可脂改良剂（Cocoa Butter Improver，CBI）的不同工艺路线。在亚洲采用油酸精路线更为普遍，而在南美洲采用硬脂精工艺具有更大的兴趣。

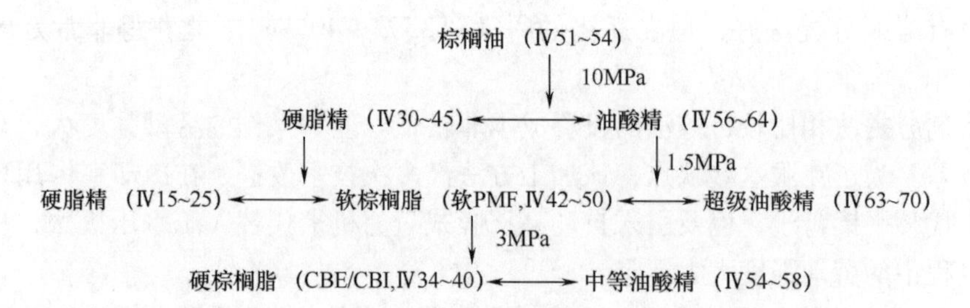

图7－8　棕榈油生产CBE和CBI的工艺路线

经油酸精路线能获得最好的 CBE。原因之一是，脱酸、脱色、脱臭棕榈油（RBD-PO）经分提，得到硬脂精和油酸精，此时在硬脂精组分中已富集了多的 PPO 组分，而 POP 组分则更多地保留在油酸精组分中，采用油酸精路线生产的 CBE 就有较高的 POP 与 PPO 的比率，这种比率对获得最终 CBE 产品更加有利（与硬脂更相容）。

（三）由氢化油生产 CBR

液态油如大豆油和菜籽油等，在特定的条件下进行部分氢化，是获得 CBR 的一种极好原料。CBE 的 SUS 成分（POP、POS、SOS）是丰富的，与其相比较，部分氢化大豆油和菜籽油的 SUU 中富集了 SEE、PEE，SEE、PEE 结晶更容易，只需要经很少的特殊调温处理就能获得 CBR。图 **7 -9** 所示为部分氢化大豆油二级分提生产 CBR 的工艺过程。

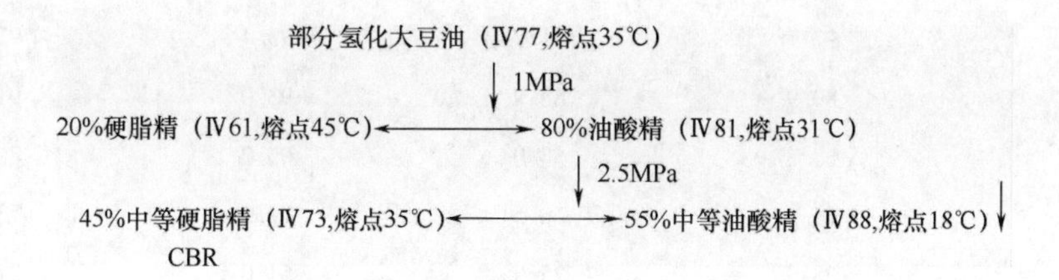

图 7 -9　部分氢化大豆油多级分提工艺路线

表 **7 -6** 中得出了不同组分的典型的 SFC 数据。

表 7 -6　　干法分提部分氢化大豆油组分的物理特性

	PHSBO	硬脂精	油酸精	中等硬脂精（CBR）	中等油酸精
碘值（以 I 计）/（g/100g）	77.5	61	80.8	73.1	88.2
CMP/℃	39.8	45.3	32.0	34.8	18.1
SFC/%					
0℃	88.8	96.0	86.8	95.3	69.0
5℃	89.2	96.2	87.7	95.2	65.6
10℃	86.6	95.5	82.7	95.0	48.9
15℃	78.3	89.7	70.8	94.3	21.3
20℃	64.3	83.2	53.0	87.6	0
25℃	41.5	72.3	26.8	69.9	—
30℃	18.1	53.8	4.9	36.7	—
35℃	1.9	36.2	0	2.0	—
40℃	0	13.9	—	0	—

（四）采用干法分提改善可可脂的功能特性

可可脂（CB）的物理和流变特性很大程度上由它的产地以及萃取和精炼加工条件

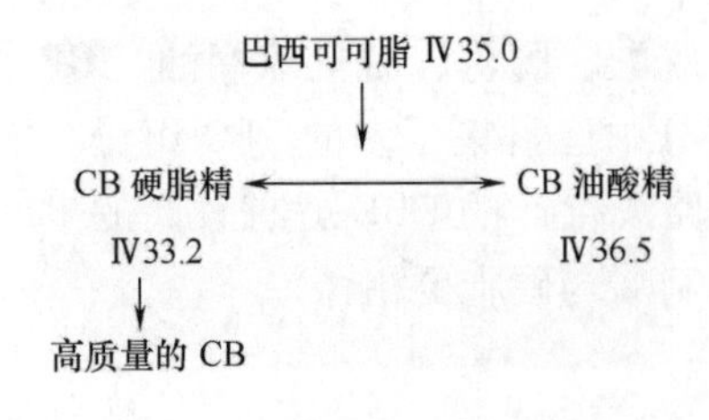

图 7－10　可可脂干法分提

所决定，不同的 CB 具有不同的硬度和熔点。例如 Brasilian CB 较软，而非洲的 CB 是一种具有很陡熔化曲线的较硬的脂。CB 应用得大多数场合，要求更陡的熔化曲线和较高的熔点，这可采用 CB 干法分提来达到（图 7－10）。

在表 7－7 中，不同来源的 CB 与来自干法分提的软 Brasilian CB 的 SFC 数据相比较，虽然看上去差异并不大，但对 CB 使用特性是至关重要的。

表 7－7　非洲和巴西可可脂及干法分提 CB 的 SFC　单位:%

SFC	CB	CB 油酸精	CB 硬脂精	CB（喀麦隆）
0℃	91.1	91.0	92.5	91.6
5℃	92.5	91.7	93.4	92.3
10℃	89.9	88.9	93.0	91.5
15℃	83.8	80.0	90.2	86.7
20℃	65.7	60.5	77.2	73.4
25℃	28.3	25.9	51.0	31.3
30℃	2.1	0.3	10.7	4.2
35℃	0	0	0	0

思考题

1. 何谓油脂改性，为什么要进行油脂改性？
2. 试述油脂氢化的意义？
3. 油脂氢化反应的选择性的含义是什么？
4. 油脂氢化过程为什么会产生反式脂肪酸？
5. 影响油脂氢化速率和选择性的主要因素有哪些？
6. 试述随机酯交换和定向酯交换。
7. 试述化学酯交换和酶法酯交换。
8. 酯交换终点如何确定？
9. 试述油脂分提的意义。
10. 试述影响分提的主要因素。
11. 举例说明分提在油脂生产中的应用。

第八章

食用油脂制品

第一节　烹调油和色拉油

一、烹调油

烹调油顾名思义是指烹调用油。通常用于菜肴的爆炒、蒸煮、煎炸等场合。随着油脂和食品工业的不断发展，烹调油也被用来制作各种油脂制品，例如人造奶油、起酥油、粉末油脂、蛋黄酱等，并且被作为各种食品，如罐头食品、面食、烘焙食品等加工用的重要配料之一。

由于传统上烹调油是由毛油精炼而得，所以它常被称为“一次加工”的油脂产品。随着油脂加工技术的完善，以及人们对烹调油品质、营养的要求不断提高，烹调油也可采用“二次加工”方法，如氢化、分提、酯交换等改性方法加工而得。

由于各个地区或国家的人们的习俗和观念存在差异，所以对烹调油的品质要求也各不相同，但总的来讲，烹调用油必须具备以下品质：

（1）用于烹调的油脂必须是理化指标和卫生指标均符合我国食用油脂相关国家标准的油脂。

（2）由于烹调油的使用温度通常为190～200℃，并且其消费周期或货架寿命一般较长，所以烹调油性质应相对稳定，不易发生氧化、热分解、聚合等反应。

我国内销植物烹调油的性质应符合《食用植物油卫生标准》（GB 2716—2005）和各种成品油脂质量标准。外销烹调油的性质应符合相关地区或国家的食用油脂标准或国际推荐标准。

按油脂精炼程度分类，通常将植物烹调油分为一级、二级、三级、四级。根据我国有关规定，只有符合油脂等级质量指标的油才能直接食用。

二、色拉油

色拉油是由英文（Salad）译名而得，意为可用于凉拌生菜及用于生吃的食用油。其实色拉油不光可用于凉拌菜，也可用于烹调、油炸，以及作为色拉酱、蛋黄酱、人造奶油、起酥油等专用油脂制品的原料油脂。在我国油脂国标中没有色拉油这样的称谓，但是人们常将用来制作色拉酱用的油称色拉油。

制作色拉用的油与烹调用油之间的品质差异主要体现在以下方面：

（1）色拉油必须冷冻试验合格，即在0℃条件下放置5.5h不混浊，保持澄清透明。冷冻试验合格的油可保证在冰箱冷藏温度（5～8℃）长期储存而不丧失流动性，这样可保证冷拌菜的外观。长久以来，用来制作色拉酱用的油，均要求其冷冻试验必须合格，以确保色拉酱的乳化稳定性。近期有研究表明，用来制作色拉酱用的油即便其冷冻试验不合格，但只要油在0℃条件下放置时产生结晶态的脂量很少，那么用这种油制备的色拉酱，稳定性比用冷冻试验合格的油做的色拉酱更好。

（2）做色拉用的油通常要求其色泽要比烹调用油的色泽更浅，风味更清淡，以致不影响食品或菜肴原有的滋味和外观。

三、烹调油和色拉油的加工方法

（一）烹调油的加工方法

常用的加工方法有以下几种：

（1）毛油过滤去杂→碱炼脱酸（包括用磷酸预处理）→吸附脱色→水蒸气汽提脱臭。该法适用于胶质量低于1%，酸值低于10mgKOH/g，且不含蜡的毛油。

（2）毛油过滤去杂→脱胶→吸附脱色→水蒸气汽提脱臭。该法适用于酸值高于10mgKOH/g，且不含蜡的毛油。

（3）对于含蜡量高于10mg/kg，但低于500mg/kg的毛油，可以在（1）、（2）方法中加上脱臭油冷却结晶分提处理即可。

（4）含蜡量高于500mg/kg的毛油，应采用低温碱炼脱蜡脱酸，或在水蒸气汽提脱臭后冷却结晶脱蜡的方法，方可制得合格的高级烹调油。

（二）色拉油的加工方法

色拉油的加工方法基本上与烹调油的生产工艺相仿。只是生产色拉油时，需根据原料油中高熔点甘油三酯组分含量高低，来决定是否还需增加脱脂处理。通常原料油经五脱（脱胶、脱酸、脱色、脱臭、脱蜡）之后进行冬化脱脂。

由于色拉油有冷冻试验要求，所以富含亚麻酸、亚油酸的油脂，如大豆油、红花油、玉米胚芽油、葵花籽油、棉籽油、低芥酸菜籽油、卡诺拉油等都是用来制备高品质色拉油的原料。这一类富含多烯酸的色拉油极易氧化，近年来，人们对油脂氧化产物危害身体健康的认识不断提高，愈来愈关注油脂氧化稳定性问题，除了在色拉油中添加高效抗氧化剂之外，为了获得耐寒性好并氧化稳定性高的色拉油，常采用以下现代加工方法：

（1）原料油先采用随机酯交换或定向酯交换改性技术，来改变原有的甘油三酯组成，然后采用结晶分提技术脱去高熔点的甘油三酯馏分。

（2）利用不同晶型甘油三酯分子间的相互作用，采用几种油脂复配技术来改变混合型色拉油的结晶习性，制备高品质色拉油。

（3）也可以将原料油先轻度选择性加氢，然后结晶分提脱脂，但考虑到加氢过程可能产生反式脂肪酸，已经很少采用这种方法。

第二节　调和油

一、调和油的定义、种类

调和油通常是指用两种或两种以上的食用植物油脂调配制成的食用油脂。它可以根据某种食用目的，例如风味、营养性等方面，或可按食品加工要求，例如烹调、煎炸、烘焙食品加工等方面要求复配而得。

调和油的品种很多，大致可分为以下三大类。

（一）营养型调和油

这一类调和油的主要特征是：其脂质组成基本符合联合国粮农组织（FAO）和世界卫生组织（WHO）的推荐意见，或基本符合各国营养学会推荐的有益于本国人群身体健康的脂质组成的复配性油脂。

1990年以来，亚油酸（18:2$n-6$）和亚麻酸（18:3$n-3$）已被确定为必需脂肪酸，它们在人体内代谢又可产生对人体有重要生理功能的$n-6$和$n-3$的多不饱和脂肪酸，如花生四烯酸、EPA、DHA等。随着对各种脂肪酸生理功能特性及代谢途径的深入了解，近年来专家们提出制订脂肪酸膳食平衡标准的紧迫性和重要意义。人们相信，制订科学合理的脂肪酸摄入种类、数量和比例，对维持人体组织的良好功能，保障持久健康是极为必要的。制订脂肪酸膳食平衡标准的依据主要来源于三方面，即动物试验、人乳汁中脂质成分的分析和大规模流行病原因的调查。由于遗传基因、生活环境、年龄阶段、个体特性等方面的差异，不可能有一个适合所有个体的统一标准。以往的大多数营养型调和油产品均强调“脂肪酸平衡”实际上也不可能真正做到。毋庸讳言，“脂肪酸平衡”确是油脂营养内涵之一，但并非全部，也不是最为重要的内容。“脂肪酸平衡”并不像宣传的那样重要，而且实际上“脂肪酸平衡”是针对整体膳食而言的，仅调和油的脂肪酸比例保持“1:1:1”并无多大意义，也无必要。

随着社会飞速发展，人们的生活节奏加快，膳食结构发生改变，慢性疾病患者增多，例如高脂血症、高血压、心血管病等。为此，中国营养学会推出的2013版《中国居民膳食营养素参考摄入量》（DRIs）对脂质营养与功能提出了新认识。2013版DRIs提出饱和脂肪酸（S）、单不饱和脂肪酸（M）、多不饱和脂肪酸（P）的摄入要均衡，并给出了各自的摄入量范围，但各类脂肪酸适宜摄入量之间并无固定的比例关系，明确废除了2000版DRIs关于饱和脂肪酸、单不饱和脂肪酸、多不饱和脂肪酸比例要达到1:1:1的说法。与此同时，还首次增加了“植物化合物对人体的作用”的内容，建议通过在膳食中增加植物化合物的摄入，来达到干预慢病、肥胖等现代人营养问题的目的。这也为营养型调和油的设计指出了新的方向。

食用油中各种脂肪酸和微量营养成分对膳食平衡有着重要影响，多种植物油在脂肪酸、脂溶性植物化合物两个层面上通过科学的调配，可以提高食用油的营养素密度，很好地体现“平衡膳食、全面营养”这一健康理念，从而跳出目前市场上各种调和油千篇一律地宣称所谓“脂肪酸平衡”的旧套，开启食用油健康消费新纪元。

（二）风味型调和油

风味型调和油的主要特点是：将某些具有浓郁天然风味的油脂，如芝麻油、花生油等，与其他高级烹调油或色拉油复配，制备出具有轻度香味或风味的调和油。这种风味型调和油主要是迎合消费人群的习俗爱好。

近年来，由于合成香精工业技术飞速发展，与天然风味物等价的合成香精纷纷问世，根据各地方或各国的有关法规许可，将它们添加到油中，以生产各种风味的调香油。

（三）具有加工功能性的调和油

单一油脂用于食品加工时，常因其物化性质，如流变性、乳化性、增香、增色等方面的局限性，使其应用受到某些限制。当用几种油脂调和产生的调和油就有可能具有某种特定的加工功能。例如高氧化稳定性的植物油与红辣椒油的调和油，可以用于饼干表面喷涂，达到上光上色增味的效果。

二、调和油的加工方法

调和油的制备较为简单，常用的方法有两种：一是在精炼之前按配方比率进行原料油脂的混合，然后进行精制。其二是将已经精制好的油脂按配方复配。无论采用哪种方法，维生素与易挥发的香精油都应在最后阶段添加，以免损失。复配过程应防止空气混入。

随着计算机的普及，调和油的配方可用计算机进行。将各种原料油脂的脂肪酸组成、维生素含量、价格等数据输入计算机，根据最终产品的质量要求，通过程序运算，就可获得最佳调配比率，这样做大大节省了实验时间，又确保了产品品质和经济效益。

第三节　煎炸油

一、煎炸油的作用

随着人们生活节奏的加快，快餐、方便食品、预制备食品受到大众的欢迎。食品的深度或浅表煎炸是制作食品最快速的方法，并且煎炸食品具有诱人的风味、色泽，使煎炸成为最重要的烹调食品方法之一。

人们常将食品深度煎炸称为“油炸”，而将食品的浅表煎炸称为“油煎”。这两种方法加工所需的煎炸锅类型不同，油炸需要用深锅，油煎常用平锅或浅锅。另外，放在浅平锅内和钢丝网上煎烤食品也属浅表煎炸，为示区别人们将后者称为“炙烤”。

在规模化的食品加工业中，油炸的方式被超市连锁店、快餐店、餐饮业和食品加工厂广泛采用。由食品加工厂和餐饮业预先加工好的油炸食品往往是那些在家庭中制作十分麻烦的食品，例如油炸的速冻海产品、炸鸡、肉制品、面饼卷、土豆片、玉米片、蔬菜面圈等小吃食品。

油煎、油炸和炙烤食品是众多快餐店的主要商品之一。近年来，快餐店以煎炸食品供应大众早点，从而使快餐店的投资费用得到更快的回收，因为美味的早餐供应，可使快餐店名声大增，从而有助于中、晚快餐的销售，有效地提高了经济效益。无论是油炸还是油煎过程，煎炸油不仅作为传递热量的媒体，而且它同时与食品中的蛋白质、碳水化合物等反应，使食品的色泽、风味和滋味发生改变。实际上，在煎炸过程中油脂还被食品吸收，成为煎炸食品中的一种成分，因此煎炸食品的美味可口与油脂的存在息息相关。

由于油炸与油煎的条件有很大的差异，所以对油炸用油与油煎用油的要求各不相同，一般而言，油炸用油可同样适用于油煎，而油煎用油不一定适用于油炸。

二、深度煎炸油的性质、种类

在油炸过程中食品被热油包围，食品中所含的水分离开食品进入煎炸油中，为控制煎炸油的水分，有必要使油炸温度始终高于水的沸点，以使食品内部维持某一适度的压力，使水蒸气迅速逸出。在此同时，油炸食品上掉下来的碎屑和液汁转移到煎炸油中，因此在油炸过程中，煎炸油不可避免会发生以下反应：

（1）水解 煎炸油水解产生游离脂肪酸、甘油一酯、甘油二酯和游离甘油。当食品表面水分过高，尤其食品没有经脱水处理就进入煎炸油中油炸时，由于大量水分蒸发，煎炸油酸值会迅速上升。煎炸油水解产生的游离脂肪酸和甘油一酯，会使煎炸油烟点下降。

（2）氧化 煎炸油氧化会产生大量挥发性的并具有强烈臭味的物质。尤其当油炸海产食品或含有微量元素的食品时，由于金属元素具有诱导及加速油脂氧化的作用，煎炸油因此会迅速氧化。另一方面，煎炸油的不饱和脂肪酸含量较高，或煎炸操作滤油期间的油温过高，也会导致煎炸油迅速氧化。

（3）聚合 煎炸油在高温下发生聚合反应，由此导致油黏度上升，并易于起泡。这种情况下气泡较大和泡沫持久，同时油炸食品吸油量增加。大多数食品在油炸期间将会吸入自身重量3%～40%油脂，并且煎炸食品表面吸入的油量要比内部吸入的油量多。油炸食品吸油量除了与煎炸油黏度有关外，还与食品油炸时间、食品表面积和最初水分、预制食品品质，如面粉种类、表面结构等因素有关。

（4）环化 煎炸油在油炸期间会产生环状化合物，如环状单体。这些化合物有害人体健康。

采用高品质的煎炸油才可以生产出高品质的油炸食品，因此油炸用的煎炸油必须具备以下品质：

①必须具有清淡或中性的风味，以免对油炸食品风味造成不良影响。各种油脂被加热到深度油炸温度（150～250℃）时都会逐渐产生气味，例如动物油脂会产生“牛脂”味，大豆油会产生“鱼腥”味，菜籽油会有一种辛辣的橡胶味，这些气味不能大到能影响油炸食品应有的气味。

②必须具备较好的稳定性，在持续高温下煎炸油要不易氧化、裂解、水解、热聚

合、环化，并质量稳定，有很好的油炸寿命。

③能使油炸食品结构达到所期望的要求，例如酥松、膨大、肥美。

④必须具备较高烟点，只有在连续油炸之后才会轻微发烟。

⑤无论是煎炸油本身，还是煎炸油的包装形式都要力求使用便利。

深度煎炸油的种类很多，主要有如下几种：

1. 食用动物油脂

像猪油、牛乳脂肪均可作为油炸用油。在欧洲各国，无水黄油作为顶级食品的油炸用油，只不过这种煎炸油太昂贵。

2. 未加氢改性的各种精炼植物油脂

如玉米胚芽油、葵花籽油、棉籽油、花生油、棕榈软脂（油酸精）等。

3. 经选择加氢的精炼动、植物油脂

当采用一般植物油脂作为工业油炸食品用油时，出于产品稳定性方面的考虑，要求油炸用油的多烯脂肪酸含量≤3%。欧盟有关规定，亚麻酸含量≥0.5%的油脂不能作为深度油炸用油。因此动、植物油脂常需经选择性加氢，除去大部分亚麻酸后来制备高氧化稳定性的油炸用油。

根据油炸食品不同品质要求，来选用各种选择性氢化到不同饱和度的油脂，见表8-1。

表8-1　食品油炸用的几种选择加氢大豆油

种类	1	2	3	4	5
碘值/（gI/100g）	104~112	90~98	89~92	75~83	71~74
AOM值/h	20	35	50~75	50~75	≥200
加TBHQ后AOM值/h	35	70	—	—	—
脂肪酸组成/%					
$C_{16:0}$	9~11.5	9~11.5	9~11.5	9~11.5	9~11.5
$C_{18:0}$	4.1~4.7	4.9~5.4	7~11	7~10	8~12
$C_{18:1}$	44.8~49.2	51.1~58.1	42~46	67~73	72~76
$C_{18:2}$	31.5~37.5	23.1~28.9	24~31	9~13	≤4
$C_{18:3}$	≤3	1.3~1.8	1~2	≤1	≤0.5
熔点/℃	22.2~23.9	26.7~28.3	23.3~25.6	32.2~33.3	38.9~42.2
SFI值					
10℃	2.5~5.5	9~11	6~11	26~30	49~52
21.1℃	1~3	2~4	4~9	11~13	35~38
26.7℃	0	0~0.5	2~5	5~6	26~29
33.3℃	0	0	≤1	0.5	11~13
40℃			0	0	≤4
应用范围	浅表煎炸和烹调	快餐和休闲食品油炸	快餐和休闲食品油炸	深度油炸和货架寿命长的食品油炸	深度油炸和货架寿命长的食品油炸

4. 液态起酥油

大豆油、棉籽油、棕榈软脂（油酸精）等植物油脂，经选择性部分加氢后，再经分提获得液油，由这种液油加工而成的液态起酥油是一类优秀的油炸用油，它们的 AOM 值可高达 250h 以上。

5. 流态起酥油

流态起酥油与液油一样，在室温下可以泵送，但前者含有一定的固体脂肪。流态起酥油是一种将固脂悬浮在液油中的专用油脂产品，所用的液油可以是未加氢油，或是经轻度选择性加氢后再分提获得的液油。悬浮固脂的存在延缓了消泡剂硅酮的下沉，这种煎炸油被广泛应用于各种食品的深度油炸。

6. 非乳化型通用起酥油

这类油脂油炸的主要优势：烟点高、防溅性强、AOM 值高、油炸寿命长、油炸食品组织结构好、起酥性佳、食品货架寿命长等。

三、浅表煎炸油的性质、种类

浅表煎炸一般在平锅或铁丝网上进行，浅表煎炸油不像深度煎炸油那样需反复使用多次，它只用一次，所以浅表煎炸油的抗裂解能力并不那么重要。由于浅表煎炸过程中食品需要经常翻动，所以要求浅表煎炸油具有不粘锅的能力。另外，浅表煎炸油只作用于食品表层，所以使食品具有良好的口感、风味、表面色泽是浅表煎炸油必须具备的功能。

浅表煎炸油与深度油炸用油一样，应根据应用目标进行配方制备。通常浅表煎炸用油不加消泡剂。浅表煎炸油的主要种类如下。

1. 黄油及牛乳脂肪派生物

采用黄油进行食品浅表煎炸有助于提高煎炸食品的品质等级。新鲜黄油赋予浅表煎炸食品很好的风味，但黄油十分昂贵，有时使用不很方便，并且黄油含有蛋白质、盐等，操作不当可能会导致食品外观变差。

2. 人造奶油

与黄油一样，在浅表煎炸过程中人造奶油需经历受热脱水过程，所以会导致 20% 左右的浪费，另外人造奶油中的黄油风味物受热易挥发，所以人造奶油适用于较低温度的炙烤或浅平锅油煎用。

3. 色拉油和烹调油

这类油脂使用方便，控制食品质量也较容易，所以十分适用于浅表煎炸。但是它们常常会使煎炸食品表面粘锅，尤其在高温浅表煎炸时。色拉油和烹调油储存时间较长后，会产生一种脂肪氧化臭味，影响煎炸食品的品质。

4. 炙烤专用起酥油

炙烤专用起酥油是一类时尚产品，它常常涂抹在需炙烤的食品表面，然后去浅表煎炸。这类专用起酥油有两种形式：①含有 25% ~50% 椰子油的塑性起酥油；②由几种部分氢化植物油配制的流态起酥油，在室温下它可以流动。这类起酥油含有抗黏剂（通常为卵磷脂）和黄油风味剂。它除了可作为浅表煎炸外，还可作为炙烤设备上机械零件的润滑油。流态炙烤专用起酥油常用软塑料管包装，用起来只需用手挤压一下塑料管就可，并不需待它熔化就可涂抹在食品上，使用方便，用量可以控制。

5. 炙烤专用乳化脂

炙烤专用乳化脂是一种 W/O 型乳状物，常含 30% ~50% 油脂，并富含不黏剂成分，这种乳化脂主要用于防止黏住煎锅或铁丝网。

四、煎炸油的加工

不同的煎炸油，其加工工艺也会有所不同，一般来讲必须用经过精炼（脱胶、脱酸、脱色、脱臭、脱蜡）的油脂，按实际应用需要，选择一种或几种改性技术，如脱脂、选择氢化、分提、酯交换、混合来进行加工。

通常煎炸油都必须加入适量抗氧化剂和消泡剂。

常用的抗氧化剂有 TBHQ、BHA、BHT 和 PG。甲基硅酮常作为消泡剂应用，在煎炸油中加入 2 ~6mg/kg 的二甲基聚硅酮，可使其使用寿命延长 5 ~10 倍。甲基硅酮不但有助于消泡，而且具有一定的避免煎炸油氧化的作用，由于硅酮在油/空气界面上可形成单层分子膜，减少空气与油接触，从而保护了煎炸油。硅酮与酚类抗氧化剂、柠檬酸或抗坏血酸的柠檬酸盐同时加入，将更有利于提高深度煎炸油的抗氧化能力。

第四节　人造奶油

一、定义、 功能与发展史

按国际标准，人造奶油的定义是：用食用油脂加工而得（但乳脂肪及其衍生物常不是其主要成分）的一种塑性或半固态或流态的油包水型乳化食品。

人造奶油是普法战争时期法国化学家梅吉·穆里斯（1817—1880）发明的。当时由于战争，欧洲缺乏黄油，急需黄油替代品，梅吉·穆里斯将牛脂分提获得的软脂与牛乳一起乳化冷却，于1869 年成功地制造出黄油替代品，由于其光泽像珍珠般光亮，所以称其 Margarine，这是由希腊语“珍珠”一词转化而来的。人造奶油从问世至今已有一百多年历史，其发展史中的重大事件如下：

（1）1869 年，由法国化学家梅吉·穆里斯发明人造奶油，但直到 1873 年普法战争结束之后才真正生产。

（2）1890 年采用添加发酵脱脂乳、脱盐酪蛋白来提高人造奶油的风味。

（3）1906 年油脂加氢技术已获突破，但直到 1911 年才真正用于植物油加氢。氢化植物脂开始成为人造奶油基油之一。

（4）1917 年用月桂酸类植物油脂来替代牛脂分提物等动物油脂，使植物型或动植物型人造奶油问世。

（5）1923 年添加维生素 A 来强化人造奶油的营养性。

（6）1934 年用氢化植物油脂来替代月桂酸类植物油脂，人造奶油的基料油脂种类开始丰富起来。

（7）1937 年一种连续刮壁式、冷却、结晶、增塑设备——Votator 研制成功，为人造奶油的工业化生产打下了基础。

（8）1945 年人工合成奶油风味物获得成功，并应用在人造奶油中。

（9）1947 年用胡萝卜素替代煤焦油食用色素作为人造奶油着色剂。

（10）1952 年涂抹脂（Spread fats）问世。不同国家和地区对涂抹脂的含脂量有不同规定，如美国有关法规规定涂抹脂含脂量应≤53.3%，而欧盟国家有关法规规定涂抹脂含脂量应≤40%。

（11）1957 年搅打性奶油（Whipping cream）问世。

（12）1958 年采用植物性硬脂与液油掺和的方法制备软质人造奶油获得成功。

（13）1964 年软质管状人造奶油系列产品问世。

（14）1967 年流态人造奶油问世。

（15）1975 年低热量全植物型人造奶油问世。

（16）1978 年低含脂量（≤53.3%）的搅打用鲜奶油问世。

（17）1983 年发达国家的人造奶油产量趋于稳定，产品品种向多样化、专门化、各种行业应用发展，并向发展中国家输出产品和技术。

原来发明人造奶油的初衷，是作为黄油替代品，如今人造奶油已成为具有特殊功能特性的、品种众多的专用油脂产品。人造奶油已不光作为餐用，而且作为食品加工必不可少的成分。

促使人造奶油生产和品种飞速发展的因素有以下几方面：

（1）精炼技术的进步，使人们有能力获得各种品质优良的动植物油脂；

（2）氢化和其他各种改性技术的开发和完善，已有能力为专用油脂产品的研发提供各种物化性质的原料油脂；

（3）连续化生产装置的发明和完善，为专用油脂产品品质优化提供了保障；

（4）食品添加剂，尤其是表面活性剂方面的重大进展，为人造奶油制品向功能化、专门化发展提供了有利条件；

（5）人们对食品营养性、膳食科学性方面的关注，促使专用油脂产品更新换代，新产品层出不穷；

（6）食品加工业长足发展，为各式食品加工度身定做成为时尚。

中国自 1984 年引进第一套生产装置迄今，尤其近 5 年来，人造奶油生产和品种有了飞速发展，但仍然存在很大的发展空间。就中国国情而言，人造奶油加工业开发和生产具有功能特性的行业用人造奶油制品将是发展趋向。

二、有关法规

各国都有各自的法规，对人造奶油的含脂量、含水量和乳脂含量进行规定。

（1）对人造奶油制品含脂量、含水量和牛乳脂肪含量的规定在欧洲，根据 EFC 法规、食品营养委员会推荐意见和世界卫生组织（FDO/WHO）推荐意见：人造奶油含脂量一般应≥80%，含水量≤16%，水相部分可来自乳清或牛乳。含脂量（40±1）%，含水量≥50% 的 W/O 型乳状物称为低热量人造奶油或低热量涂抹脂（Minarine）。人造奶油和低热量涂抹脂都是用乳脂之外的食用级动植物油脂加工而成。采用黄油与植物油脂掺和物的产品称为 Melange。

在美国存在两个标准：美国食品与药物管理局（FDA）标准（1975 年）只规定人造奶油含脂量应≥80%，脂相或水相可添加维生素 A 和其他食品添加剂，没对最大含水量作出规定。

在美国农业部（USDA）制订的联邦肉类检验法规（1983 年）中，以动植物油脂为原料的人造奶油的标准与 FDA 标准十分接近。在美国，含脂量低于 80% 的 W/O 型产品都称为涂抹脂，含脂量≤53% 产品方可称为低热量型人造奶油，假如添加了维生素 A，又可称特种膳食人造奶油。在美国，将不含水但含维生素 A 和掺加天然黄油的面包烘焙用脂也被称为人造奶油。

我国人造奶油行业标准，有餐用、食品加工用两级之分（NY479—2002），它们的理化指标如表 8－2 所示。目前尚无低脂人造奶油制品的行业或国家标准。

表 8－2 人造奶油理化指标

项目		等级	
		餐用	工业用
脂肪含量/%	≥	80.0	80.0
水分/%	≤	16.0	16.0
酸值（以 KOH 计）/（mg/g）	≤	1.0	1.0
过氧化值/（g/100g）	≤	0.12	0.12
维生素 A 含量/（mg/kg）	≥	4～8	—
食盐/%	≤	2.5	—
熔点/℃		28～34	—
铜（以 Cu 计）/（mg/kg）		1.0	
镍（以 Ni 计）/（mg/kg）		1.0	
砷（以 As 计）/（mg/kg）		0.5	
铅（以 Pb 计）/（mg/kg）		0.5	

（2）可用添加剂的一般规定　人造奶油类制品中可用的添加剂，无论是脂溶性，还是水溶性的，都必须是食品级的，而且必须经卫生授权机构审定准许使用后才能采用。

三、人造奶油的种类

1. 以应用目的分类

（1）家庭厨房用人造奶油　采用纸包装，适用于家庭烹调、涂抹、加工糕点、浅盘煎炸用。

（2）餐用人造奶油　采用纸包装，适用于家庭、学校、餐饮业烹调、涂抹、加工糕点和浅盘煎炸用。

（3）餐用软质人造奶油　采用管状包装，适用于家庭、学校、餐饮业烹调、涂抹和浅盘煎炸用，不能用于烘焙。

（4）高多烯酸型人造奶油（≥50%） 采用管状包装，适用于家庭、学校、餐饮业烹调、涂抹、浅盘煎炸用，不能用于烘焙。

（5）流态人造奶油 采用包装容器包装，可用于烹调、浅盘煎炸，不作烘焙用。

（6）低热量人造奶油 管状包装商品，主要为涂抹用。

（7）蛋糕用人造奶油 其优点为高酪化性，熔点≤37℃。

（8）奶油糖霜和奶油填充料用人造奶油 其特点是打发迅速，熔点38～42℃。

（9）辗轧/面包用人造奶油 其特点是宽塑性。

（10）馅饼酥皮用人造奶油 应质硬而无油腻感。

（11）膨发类点心用人造奶油 其特点是低操作软度，熔点42～43℃。

（12）丹麦奶油松饼类用人造奶油 起酥性好，熔点≤37℃。

（13）馅饼用人造奶油 起酥性好，熔点≤37℃。

（14）通用型人造奶油 适用于除油炸之外的各种用途。

2. 以形态分类

（1）塑性人造奶油制品 是指在室温下受外力作用产生部分变形的产品。

（2）硬质人造奶油制品 在室温下不具有可塑性的产品。

（3）软质人造奶油 在冰箱冷藏温度下仍具有可塑性的产品。

（4）流态人造奶油制品 在室温下具有流动性的，可以被泵送的产品。

3. 以乳化种类分类

（1）W/O 型人造奶油 人造奶油一般为油包水型乳状物。

（2）O/W/O 双重乳化型人造奶油 采用双重乳化方式制备 O/W/O 型乳状物，将赋予人造奶油制品更好的稳定性和功能性。

4. 以健康型或特定称谓分类

（1）产品富含必需脂肪酸。

（2）产品除富含亚油酸和油酸外，还限定了饱和酸含量十分低。

（3）产品中95%以上为中碳链脂肪酸。

（4）产品富含 γ－亚麻酸。

（5）产品不含胆固醇。

（6）产品不含反式脂肪酸。

（7）产品不产生热量。

（8）产品中不含固态甘油三酯。

5. 按脂肪含量分类

（1）脂肪含量80%以上的人造奶油。

（2）脂肪含量低于75%并高于53%的人造奶油。

（3）脂肪含量低于53%的涂抹脂。

（4）脂肪含量低于40%的涂抹脂。

6. 按原料油脂种类分类

（1）全部由植物油脂加工而成。

（2）由动、植物油脂复配加工而成。

（3）配方中添加牛乳脂肪（如黄油、无水牛乳脂肪等）加工而成。

四、原辅料

1. 原料油脂

人造奶油发明初期用的原料油脂主要是牛脂分提得到的牛油软脂、猪油等动物油脂，继后逐渐采用动物脂/棉籽油硬脂/椰子油混合物。20 世纪初期，欧洲各国的全植物型人造奶油用椰子油和棕榈仁油等月桂型油脂为主要原料，后由于油脂加氢技术的成功，采用鲸油和植物油加氢的氢化硬脂与植物油混合来制备动、植物混合型人造奶油。1960 年前后，欧洲人造奶油所用的硬脂主要是氢化鲸油，这种动、植物混合型人造奶油占总产量的 50% 以上。美国和澳大利亚虽然不用氢化鲸油，但用牛脂、猪油来生产动、植物混合型人造奶油。

人造奶油所用的植物油种类取决于国产油脂资源，欧洲各国主要用棉籽油、花生油、橄榄油、菜籽油。而美国主要用大豆油和棉籽油。1945 年以后，美国人造奶油原料油脂中棉籽油、大豆油占到 95%，后来随软质人造奶油的开发，富含亚油酸的玉米油、红花籽油、葵花籽油的用量逐渐增加。使用椰子油、棕榈仁油等月桂型油脂的人造奶油，由于其低温延展性差而逐渐失去市场份额。

近年来各国人造奶油生产中大豆油、棕榈油的用量明显增加，这与大豆油、棕榈油的价格相对较低息息相关。出于对餐用人造奶油营养问题的关注，其油相配方中，液油的比例在增加，以提高产品的亚油酸含量。而行业用人造奶油的加工功能性与其营养性相比，前者更受重视，所以动植物油脂及其氢化脂仍是人造奶油的重要原料。

人造奶油用原料油脂的基本要求：

（1）必须是食用级油脂，即意味着油脂的制取和精制方法必须完全符合食用油脂加工的有关规定，其质量必须完全被公众认可。

（2）必须具有可接受的风味及很好的风味稳定性。刚脱臭的油脂掺和物最好在 24h 内使用完毕，如需存放过长时间，即需储存在不锈钢缸内，并充氮覆盖或抽真空脱气处理。

各种氢化或非氢化的、分提或非分提的、酯交换或非酯交换的、单一或多种油、脂复配物均可应用在人造奶油制品中。人造奶油制品用的原料油脂的品质通常进行严格的监控，测定人造奶油制品用原料油脂的色泽、色泽稳定性、风味、风味稳定性、游离脂肪酸含量、过氧化值、活性氧方法（AOM）的稳定性、碘值、熔程、脂肪酸组成、折射率、结晶速度、固体脂肪含量以控制最终产品品质。

2. 水

人造奶油用水必须达到当地有关部门有关饮用水的标准。并且水质硬度应低于 80 ~ 100mgCa^{2+}/L 水，不然会导致非中性磷脂卵磷脂絮状沉淀，影响乳化稳定性。

3. 盐

人造奶油用的盐必须是食用盐，并且盐中铁离子的含量需加以限定，因为铁离子含量达到或超过 2mg/kg 时，具有诱导自动氧化反应的作用。盐中镁和钡的含量也应控制在合理水平（Mg≤0.5%、Ba≤0.2mg/kg）。

当人造奶油盐含量 <0.2% 时，按国际食品法规，可视为无盐产品。盐水浓度为 5% ~ 10% 时，可有效防止有害腐败细菌而酵母及乳酸菌仍可繁殖，当浓度 >10% 时，可抑制此类菌繁殖。当人造奶油水相中盐浓度为18%时，水分活度<0.9，有利于人造奶油的微生物安全性。

4. 防腐剂

人造奶油中允许使用的防腐剂有苯甲酸及其盐类、山梨酸及其盐类。这些盐在pH>5.7时，不如它们的酸那样有效。防腐剂允许用量为0.05%~0.2%。通常家庭用人造奶油不需添加防腐剂，而行业用人造奶油制品一般添加防腐剂。不同国家对人造奶油制品用的防腐剂种类和用量各有所不同，日本食品卫生法容许人造奶油添加0.05%过氧乙酸来防腐。

5. 有机酸

人造奶油中添加有机酸的主要目的是作为水溶性风味增效剂和重金属清除剂。常用的有机酸有：柠檬酸或乳酸。乳酸含量>0.2%时，还有抑菌作用。但当人造奶油含盐量高和pH较低时，存在强烈的诱导氧化倾向。

6. 蛋白质

人造奶油配方中可利用的蛋白质源有：经微生物发酵的脱脂乳、乳清、乳粉、各种植物蛋白。添加发酵乳、乳粉等主要是为了提高人造奶油制品的风味。发酵乳还具有防止维生素受破坏的作用。牛乳采用乳酸链球菌发酵生成乳酸，而用柠檬酸链球菌发酵生成二乙酰化合物，这两种产物都是黄油风味的主要成分。

动、植物蛋白有利于O/W型乳液的稳定，所以它们对W/O型的人造奶油乳液的乳化稳定性而言起负面影响。

由于糖的醛基与某些蛋白质的*S*－氨基（甘氨酸）反应，形成褐色的缩合产物。这种产物可分解出可被接受的可挥发风味物，所以蛋白质的存在对人造奶油加工食品的风味、色泽存在较大影响。

对添加蛋白质的人造奶油水相进行杀菌处理是十分必要的。但灭菌处理工艺参数必须以不会引起蛋白质化学/胶体化学状态明显改变为宜。

7. 乳化剂

为了使油、水相乳化必须添加乳化剂。另外，乳化剂还改善或提高了人造奶油制品的多种物理性质，如酪化性、可塑性、持水性、抗溅性、持气性、机械操作性等。可应用在人造奶油制品中的乳化剂主要有：单甘酯及其衍生物（硬脂酸单甘酯、乳酰单甘酯、乙酰单甘酯、聚氧乙烯单甘酯、丙二醇单甘酯、二乙酰酒石酸单甘酯）、失水山梨醇酯类乳化剂［失水山梨醇硬脂酸酯、聚氧乙烯（20）失水山梨醇单硬脂酸酯、聚氧乙烯（20）失水山梨醇三硬脂酸酯］、阴离子乳化剂（硬脂酰乳酸钠、硬脂酰富马酸钠、月桂醇硫酸酯钠）、多羟基乳化剂（聚甘油酯、蔗糖酯）、卵磷脂等。

初期生产的人造奶油使用卵磷脂和牛乳作为乳化剂，后来最广泛使用的是大豆磷脂和单/双甘酯。大豆磷脂用量为0.1%~0.3%，单甘酯（α－单甘酯含量40%左右）用量为0.2%~0.5%。近年来随着乳化剂的种类不断增加和品质不断改善，行业用人造奶油采用多种乳化剂复配的乳化剂体系，取得了很好的功能效果。

8. 着色剂

人造奶油特别是餐用人造奶油为了迎合消费者的消费心理，常添加着色剂使之变成奶黄色。近几年来这种影响涉及行业用人造奶油，并且着色剂浓度大大超过常规黄油的色度。通常黄油中类胡萝卜素的总量为4～6mg/kg，而有些行业用人造奶油，β－胡萝卜素含量高达15～20mg/kg。过高的β－胡萝卜素用量将影响人造奶油的风味和风味稳定性。

人造奶油中允许用的着色剂有：β－胡萝卜素、胭脂树橙或红色棕榈油。红色棕榈油常常已脱去了部分高熔点馏分，其用量为0.3%～0.5%。

9. 维生素

常添加维生素A、维生素D、维生素E来提高餐用人造奶油制品营养性。各国基于本国人民维生素摄入情况，制定了相关的添加标准。例如维生素A，美国要求每磅餐用人造奶油含15000IU，意大利要求每盎司餐用人造奶油含760～940IU，日本要求每100g餐用人造奶油含4500IU（实际添加量高达5000～10000IU/100g）。1945年后，由于分子蒸馏技术的提高，浓缩或合成维生素A商品问世。人造奶油中大多采用合成维生素A。维生素D的加量通常不作限制。随着富含多烯酸的人造奶油制品越来越受到消费者的青睐，为了保证这类人造奶油制品的品质，防止多烯酸的氧化，需添加一定比率的维生素E。维生素E/PUFA应控制在0.6mg/g，在德国将维生素E/PUFA控制在1.0mg/g，通常人造奶油制品中添加维生素E的量为200～400mg/kg产品，这相当于维生素E/PUFA为0.7～1.3mg/g。我国目前尚未对餐用人造奶油制品中维生素E/PUFA作出规定。

10. 抗氧化剂

人造奶油制品在货架寿命期间，氧化反应使所含的维生素和多烯酸迅速破坏，品质劣化。添加抗氧化剂来延缓油脂和维生素氧化，并避免β－胡萝卜素氧化褪色。常用的抗氧化剂有：BHA、BHT、TBHQ、PG、抗坏血酸棕榈酸酯等，一般与增效剂：柠檬酸、抗坏血酸等一起使用。大多数抗氧化剂是酚类化合物，人工合成的抗氧化剂存在诱癌的潜在性，有些国家已明文禁止使用，在人造奶油制品中只允许添加天然抗氧化剂。对合成抗氧化剂的使用标准作了明确规定，例如BHA、BHT，无论是单用还是混合使用，每千克油脂的最大添加量为0.2g以下。

11. 风味强化物

黄油的风味物成分主要是：乳酸为主的低级脂肪酸、二酰基化合物、脂肪族δ－内酯、甲基酮化合物。添加发酵乳可以提高人造奶油的风味，但行业用人造奶油制品中常还需添加黄油风味的合成香精和香草类香精来改善其风味。

五、人造奶油的加工

（一）加工工艺

最初制造人造奶油是采用搅乳法，如今采用激冷捏合法。由于冷却迅速避免人造奶油脂晶体粗粒化，使其组织结构细腻。当初欧洲各国普遍采用冷却滚筒实施人造奶油乳液的迅速冷却，那时为了让脂晶体熟化，从冷却滚筒上刮下的屑片还需在12～15℃放置24～48h，为了改变这种需长时间熟化的缺陷，研发了连续式真空捏合装置。

1935年，美国Girdler公司发明了被称为Votator的连续式管道激冷捏合装置（图8－1）。继后，出现了德国的Kombinator，丹麦的Perfector，瑞典的Ze-nator，荷兰的Merksrtor，日本的Onlator，虽然这些装置都有各自特点，但原理上基本一致。现在人们将这种连续式管道激冷捏合装置通称为Votator。Vatator装置常由激冷机－A单元、捏合增塑器－B

单元、休止管等组成。有时在 A 单元之间加接结晶器 C 单元。

图 8-1　Votator 刮板换热器装置

以 Votator 装置为代表，来说明人造奶油制品的加工方法。

（1）餐用塑性人造奶油制品的基本生产过程　餐用人造奶油制品的基本生产过程包括五个工序：乳化、冷却、捏合、静置、包装。

（2）行业用塑性人造奶油制品的基本生产过程　行业用塑性人造奶油制品的基本生产过程包括五个工序：乳化、冷却、捏合、灌装、熟成。

（3）行业用流态人造奶油制品的基本生产过程　行业用流态人造奶油制品的基本生产过程包括五个工序：均质、乳化、冷却、熟成、灌装。

（二）技术要求

1. 水相灭菌

为了避免产品因细菌、酵母菌、霉菌等滋生而腐败，人造奶油制品用的水相一般必须采用有效的方法灭菌。目前常用的灭菌方法有：

（1）巴氏消毒法　即在 63℃保温 0.5h 的灭菌法。假如人造奶油制品水相为牛奶的话，采用此法灭菌不会产生不良气味。巴氏杀菌后的水相通常保温于 4.4～10℃。

（2）高温瞬间消毒法　即水相在 82℃以上温度持续高温 15～40s 的灭菌法。

无论采用哪种方法灭菌，所施加的热量必须足以破坏致病菌和达到减少细菌、霉菌、非致病菌的目的，并且不能引起牛奶或其他蛋白质成分的化学/胶体化学性质的改变。

水相 pH 为 4.3～4.5 时，人造奶油制品一般不会发生新的细菌感染。当人造奶油制品中分散水相的水滴直径小于 3μm 时，发生微生物（除脂肪酶外）滋生的可能性极低。

2. 乳化

通常人造奶油制品油相是用两种以上油脂复配而成。一般将亲油性乳化剂、香精、色素、维生素溶解在油相中，将蛋白质或乳成分、盐、有机酸、亲水性乳化剂溶于水相中。然后可采用间歇式或连续式工艺进行混合和初步乳化。

（1）间歇式工艺　把油和油溶性配料分别计量或熔化后注入一带搅拌装置的乳化罐中，经过消毒的水相计量后，在搅拌下注入乳化罐内。通常，乳状液温度应保持在42.8～43.3℃。

（2）连续式工艺　存在多种连续式乳化方法：

①将所有油相配料加到主要原料油的料罐中并混合均匀，将所有水相配料加到水相的料罐中混合均匀。水、油相分别计量后进入供料罐或用计量泵或流量计进行管道内的简单混合。

②采用多路配比泵来输送构成水相的各种成分，如盐水、水、蛋白浓缩液、防腐剂溶液、水溶性风味液等，和构成油相的各种成分，如原料油脂、乳化剂、着色剂和风味剂等。采用在线静态混合器，将油、水两相混合，然后注入在线静态混合器进行乳化。

③在上述方法中还可以采用均质机对初步乳化的、并已经预冷到刚好能产生0.5%～2.5%固体脂肪的物料进行均质，以求分散相液滴的尺寸更为精细，并且粒度分布更均匀，这样的乳状物更为稳定，甚至可不添加防腐剂也能经得住存放。此工艺常应用在生产O/W/O型双重乳化产品和O/W型涂抹脂制品方面。

（3）冷却　已初步乳化的乳液通过管道过滤器，被一台高压塞泵送入管道式刮板换热器中，通常称这种换热器为A单元。在A单元中，物料走转动轴和外壳体之间所构成的环状空隙（一般为2～25mm），而冷媒走隔热性外夹套内部，一般为液氨。可采用调节致冷剂吸入压力来控制温度。

在A单元中物流滞留的时间为5～10s。当物料走转动轴和外壳体之间所构成的环状空隙设计得过大时，将影响物流被迅速冷却的速度，从而影响产品品质。A单元的首要任务是将乳液急剧冷却到α晶型体结晶的温度，为进一步的结晶提供实质性的固态微晶中心。A单元器壁上产生的α晶型体被刮擦下来，有些会再次熔融在大量的液油中，逐渐整个物料达到以α晶型体结晶的温度。

A单元的输入料温是一个很重要的加工变量，出于微生物安全性的考虑，入料温度一般不应低于产品熔点5～6℃，特殊情况例外。

A单元出口处的料温同样是一个很重要的加工变量，它与多个因素有关。但是当A单元出口料温达到较低温度时，即意味着α晶型体结晶过程所需的诱导时间较短，并且α晶型体进一步重结晶为β'晶型体的时间也较短。在A单元中物料中产生一定量的α晶型体是十分重要的。由于各种油脂结晶速度各异，并且人造奶油油相配方的不同，在A单元出口处的物料中α晶型体的数量的保证，取决于物料适宜的流量和A单元致冷能力。

A单元出口处的料温可以通过固脂相能量衡算、结晶热的释放、剪切和摩擦造成的机械能消耗、冷媒移走的热量等方面的计算获得。一般A单元出口料温在15～28℃内，必须保证物料已产生晶核。

在A单元中物料几乎不含有较高熔点的β'晶型体，这归因于：物料在A单元中很容易被过冷以及物料在此滞留时间很短。

A单元的压力一般在（2～5）$\times 10^3$kPa，若有必要还可更高。一般情况下，A单元变异轴的转速的可调范围为 300 ~ 800r/min，刮擦筒内壁表面的次数可达 1500 次/min。当物料在 A 单元中被混发/刮擦的强度达 1000 ~ 1200 次/min 时，就可以被过冷到一个较低的温度，并且形成的脂晶体迅速微粒化，这样的结果是所期望的。

A 单元可以按不同次序连接，一般两个 A 单元中连接一个 C 单元（结晶器），在 C 单元中释放出结晶热，从而使一部分晶体熔化，这一部分晶体必须在继后的 A 单元中被补偿。

（4）捏合增塑　从 A 单元流出的物体将进入 B 单元，在此过冷物体产生大量晶体，因而料温因结晶热和机械捏合热而升高。在捏合作用下，脂晶体自由扩散到水相液滴表面，从而形成一种晶体微粒构成的壳体，对乳状物的稳定起到很好的作用。

在 B 单元中物体黏度上升，乳液会发生某些絮凝，导致乳状物失稳，这种情况大多与配方和生产工艺参数的合理性有关。

在捏制过程中物料的结晶程度取决于：物料在 B 单元滞留时间、轴转速和脂肪结晶速度。物料在 B 单元滞留时间一般为 2 ~ 3min。

在 B 单元中，已产生的 α 晶型体转化为较为稳定的 β' 晶型体，并且过冷物料直接产生较为稳定的 β' 晶型体。在机械捏制过程中，不仅破坏了晶体间相互粘联的“桥”，而且对人造奶油的结构起决定作用的基本连接也可能受到破坏。旋转机械部件的剪切作用，将影响乳状物的流动性，摩擦热也会使物系产生不可逆的变化。一般 B 单元转速在 20 ~ 300r/min 范围内可调。

（5）静置　产品要达到包装机械要求的包装硬度或稠度时，可以采用休止管。物料在休止管内滞留过程中，进一步结晶达到平衡。物料在休止管中挺进将通过多个孔板，使过大的脂晶体破碎，并使物料均匀化。结晶释放出的结晶热，将导致脂晶体的晶型从热力学稳定性较低的向更高的转化，产品晶型的变化将影响产品的物性和功能性。

物料在休止管中的滞留时间取决于配方、结晶工艺、包装机要求和休止管长度。一般至少要 120 ~ 150s。烘焙用特殊的人造奶油制品，例如酥皮用人造奶油等，物料在休止管中滞留时间至少 10min。

（6）包装和灌装　影响人造奶油制品包装硬度的相关因素是：

①配方中脂相组成；

②生产设备类型与性能；

③进料温度；

④在 A 单元过冷的速度；

⑤在各个单元中滞留时间和总滞留时间；

⑥生产能力；

⑦循环回料的速度。

行业用人造奶油产品的灌装温度一般比 B 单元出口料温高 0.5℃是合理的，太高的温差显示结晶工艺过程的缺陷。产品应流态灌装。入箱后，产品温度的回升幅度应控制在 1.1℃之内，过高的回升温度意味着产品会发生有实质意义的后结晶现象，将影响熟成效果及产品品质。

烘焙用特殊的人造奶油制品，例如酥皮用人造奶油等，是以 1 ~ 5kg 的片状包装的，需要特殊的连续成片和单片包装的设备。

（7）熟成　刚从人造奶油生产线上下来的、已包装好的产品常需经过熟成处理才允许出厂。尤其是烘焙行业用人造奶油制品。所谓熟成，是指应将已包装的产品放在较包装料温高几度的恒温室中静置24～72h。熟成温度和时间取决产品配方、加工条件和包装尺寸。

假如已包装好或灌装好的人造奶油产品放在低于灌装或包装温度处，就会发生产品的可塑性变差或变硬的现象，这可以从产品在低、中温范围内的固体脂肪含量明显上升得到说明，这种现象与发生了后结晶有关。后结晶现象是指产品在无捏合的情况下结晶固化。是否发生后结晶取决于产品配方所用油脂的结晶习性，以及物料在静置管或包装机中残留的过饱和度大小。

假如把包装好或灌装好的人造奶油产品放在高于灌装或包装温度几度处，就会发生产品的固体脂肪含量几乎不变，但产品塑性和酪化性得到改善的现象。这种现象与发生重结晶有关。重结晶现象就是高、低熔点的固脂组分的混合物经历了低熔点馏分重新熔化，然后重结晶为一种更为稳定的熔点更高的晶型体的过程。重结晶过程取决于产品配方所用油脂的结晶习性和产品包装大小。

（8）成品储存　储存条件对人造奶油产品的总体质量有相当重要的作用。不充分或不正确的储存条件将导致产品缺陷，如起粒、析油、缺乏塑性、易碎或腐败。

行业用人造奶油产品通常需在熟成之后，转入15～20℃成品库房2～4d，以使晶体结构完全形成并稳定。流态产品需在5～10℃下存放。特种产品的最佳存放温度应有特殊要求。

（三）加工设备

1. 原料油脂暂存和混合罐

按配方进行人造奶油脂相掺和物的制备既可以由精炼车间来做，也可由人造奶油生产车间来实施。

如由精炼车间实施，将刚脱色的油脂按配方进行计量混合，并立即去脱臭，脱臭后直接供应给人造奶油生产车间，人造奶油生产车间只需为这些已脱臭的油相掺和物提供有限的暂存缸（常为20t容量），这种混合方式使人造奶油加工十分便利。并且假如暂存罐始终能保证在下一批已脱臭好的油相掺和物流入人造奶油生产车间之前完全用完，则可以确保产品所用的原料油脂具有最佳的质量，以及保证产品品质的一致性。这种混合方式对那些生产规模很大，单个产品订单量十分大的企业是十分适用的。

如由人造奶油生产车间实施混合，则需要有宽大的地方去安装多个储缸去储存各种脱臭后的油脂。这种混合方式的优势是：可以根据生产情况，按各种不同配方用量去确定不同的暂存期和储存温度。不足之处是：车间暂存罐内的存料品质不能保证。这种方法对那些产品品种易变的加工企业或自身不具备油脂精炼能力的单位是适宜的。

应采用不锈钢制造成密闭式的储罐，其容量应大到足以容纳整批原料，进料管应通到罐底，以免进料飞溅及空气混入。装有加热部件和温度计，以及便于内部清洗的装备。如料储存时间较长，应有充氮覆盖或抽真空的装置。

2. 组分计量系统

通常人造奶油制品是由多种原辅料配方而成，组分计量的准确性常常影响产品的品质，因此选用适宜的组分计量装置是十分必要的。适用于人造奶油生产用的组分计量装置有以下几种：

（1）计量罐和自动计量装置：计量罐容量应根据配方中必要量去设定大小。用安装电子传感器去装满和放空这些计量罐中的料。电子传感器与程序控制器连接，并与储罐输料泵相接来运作。

（2）采用耦合泵加上根据温度校正、容积式流量计，来进行组分计量混合。通常还在储罐中安装压力探测器或液面传感器，通过计算机程序控制软件，确保混合准确。

（3）采用机械活塞泵或隔膜式计量泵进行组分计量和初步混合。计量泵有多种：普通的容积式配比泵（适合恒温工作，计量精度在冲程容积的0.05%～0.1%），特殊的多头配料泵，低压式配比泵，高压式配比泵等。

3. 管道过滤器

在高压泵吸入管端通常装有过滤器，以保护泵和A、B单元，并防止人造奶油产品受到污染。

4. 预乳化装置

常根据生产能力配备多个乳化罐交替使用，乳化罐通常装有夹套，夹套内走热水或冷水，以使罐内料温控制在必要的温度范围内。乳化罐内装有搅拌器，使物料混合均匀，达到初步乳化的效果。

5. 高压进料泵

流态灌装的行业用人造奶油生产线通常采用齿轮泵作为高压正向位移泵，齿轮泵通常能产生最大的出料压力为2.6～3.3MPa。而生产酥皮用人造奶油生产线用的高压正向位移泵常为多级柱塞泵，为了减少可能产生的压力波动，在泵出口处安装了脉冲式阻尼器（气压式或弹簧式）。并且为了避免堵料，泵系统常安有压力安全阀和相关的保护系统。

6. 激冷单元（A单元）

A单元是一种管道、刮板式换热器，如图8－2所示。用于人造奶油生产的刮板式换热器有：美国的Votator装置，英国的Chemetator，丹麦的Perfector，德国的Kombinator，日本的Onlator。这些A单元的筒体常用镀铬镍合金或不锈钢加工而成，有很高的换热系数。

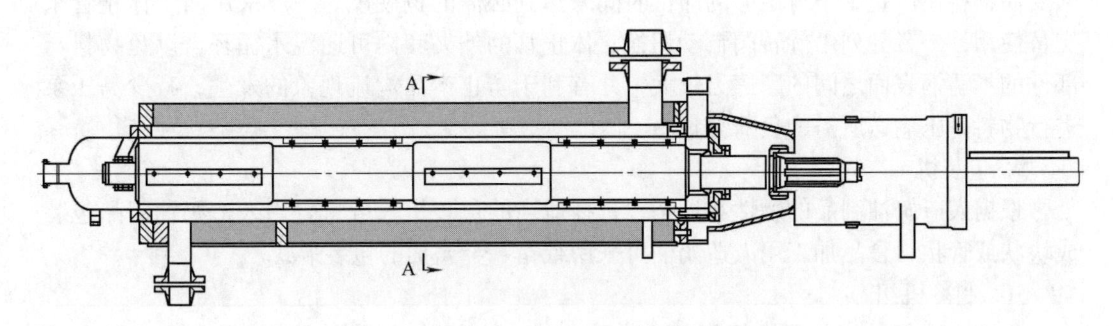

图8－2 刮板换热器单元的结构（A单元）

在A单元的空心轴上安有2、4、6排自由浮动的刮刀，因离心力作用而连续不断刮擦夹套管内壁，从而使物料得到最有效的冷却。在高速刮擦下，脂晶体迅速细微化。而刮板和支撑销轴产生很高的管内压和剪切力。空心轴内循环热水，以免固脂附着在转轴上。采用碳化钨加工的密封垫圈来确保在高压操作条件下物料的零渗漏。

7. 结晶和增塑单元（B 单元）

B 单元装有变速轴，在变异轴上装有排成螺旋状的销轴，这些销轴与安装在 B 单元圆筒体内壁上的固定销轴相互啮合。轴的驱动电机上安有变速驱动装置，从而具有很大的加工灵活性。为了有效控制料温，B 单元圆筒体上装有用于调节温度用的加热水夹套和水加热和循环装置。如图 8－3 所示。

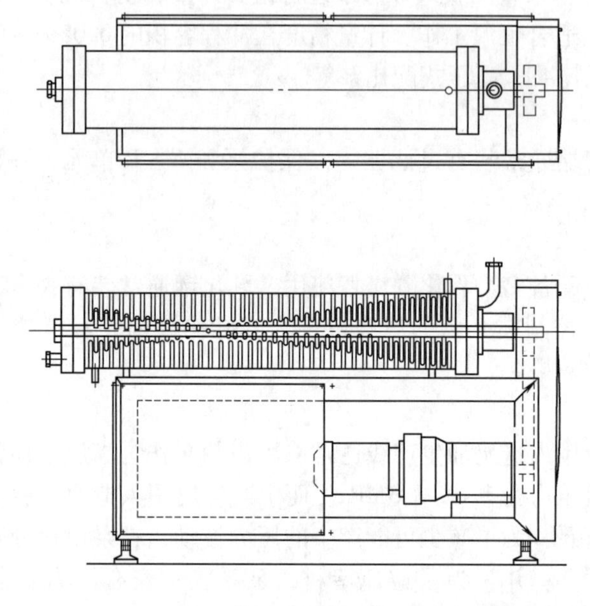

图 8－3　结晶和增塑单元（B 单元）

8. 休止管

人造奶油物料借助高压进料泵的压力强制通过休止管，休止管中安有筛板或孔板。餐用硬质人造奶油的休止管长度 450～900mm，直径通常为 150～180mm，带有凸轮部件。而酥皮人造奶油的休止管直径为 300～400mm，其中带凸轮的长度约为 1000mm。必须要使物料在休止管中有足够的滞留时间来达到必需的稠硬度。一般采用两个休止管来交替使用，二者并列由旋转阀自动切换。休止管的外夹套内可通温水循环，以免物料与部件的不锈钢表面之间的摩擦力过大，并有利于防止产品沟流现象的发生，减少高压泵进行物料高压输送所需的负荷总量。

9. 包装机

根据人造奶油制品的物性和形态，选择适当的包装机。可将餐用人造奶油制品包装成块状或管状，食品加工用人造奶油可采用纸箱、金属桶的包装形式。

10. 制冷机组

生产人造奶油用的制冷机组的最大致冷能力必须满足设备设计的最大生产能力的要求。制冷机组的工作原理通常为直接膨胀汽化制冷。为了使油脂迅速过冷，物料在冷却单元中滞留的时间必须控制在 20s 之内，为此势必需要用高效的换热器，和能有效传递热量并物性适宜的冷媒，氨和含氟氯烃可满足以上要求。由于氨泄漏易检测，虽然氨有毒，但氨在空气中的可燃极限为16%～25%，不易点燃，所以氨作为冷媒被广泛用在人造奶油、起酥油冷却机组中。这类制冷机组常由低压氨气的压缩机、蒸发冷凝器、液氨接受器、高效润滑油分离器等组成。采用液氨制冷机组要求车间具有良好的通风条件，并且在车间要安装氨气泄漏报警器，其灵敏度应为：氨含量达1000mg/kg报警。

11. 熟成室

熟成室或库的墙壁必须绝热处理，并且在室顶要安装冷热风调节和供应系统。为了保证熟成室内温度均匀，应安装适宜的气流导向传热装置。在熟成室的适当位置上应安装温度和湿度表。

（四）产品品质测评

人造奶油制品的品质评价常包括感官、理化、功能、卫生四方面指标的测评。具体内容如下：

（1）外观评价包括外形（坍陷或垛堆）、外观（光泽度、色泽、细腻度）、渗油性等方面的测评。

（2）稠度测评可通过涂抹性、针入度、固体脂肪含量（SFC）或固体脂肪指数（SFI）等测定进行评估。

（3）乳液稳定性评价可包括分散相滴度分析、破乳温度和时间。

（4）功能性评价项目常包含酪化性（含打发度和挺立度二方面）、专项或多项具体应用性能。

（5）理化指标分析有：酸值、过氧化值、AOM值、比热容、水含量以及国家相关规定内容。

（6）微生物评价应包括霉菌、酵母、致病细菌分析检验。

世界卫生组织（WHO）推荐HAACP（Hazard Analysis and Critical Control Points，危害分析和关键控制点）作为确保食品食用安全的方法。HAACP是一种管理工具，它提供了主动鉴别潜在危害和预防性控制的程序，以确保产品的安全性。根据人造奶油制品的定义，人造奶油制品归属于食品类，所以采用HAACP管理是十分必要的。

第五节　起酥油

一、定义、功能与发展史

按我国《起酥油》（SB/T 10073—1992），起酥油被定义为：精炼油脂中加入或不加入乳化剂，经激冷捏合或不经激冷捏合加工而制成的固态或非固态的，具有可塑性、乳化性等加工性能的油脂制品。要求其含水≤0.5%、酸值≤0.8mgKOH/g，过氧化值≤5.0mmol/kg，含氮气量≤20mL/100g。

日本农林省（JAS）对起酥油的定义：起酥油是指精制动植物油脂、硬化油或它们的混合物，经激冷、捏合或不经激冷、捏合，所制成的固态或可流动的具有可塑性或乳化性等加工性能的油脂制品。

从加工的角度来评价起酥油时，起酥油的定义是：由多种熔融的食用油脂的混合物，经过正确的配制和精心地冷却、增塑和调温处理的、工业化大批量制造的、高功能性的塑性固体。

总之，起酥油是一种工业制备的食用油脂，它可应用在煎炸、烹调、烘焙方面，并可作为馅料、糖霜和其他糖果的配料，是具有加工性能的油脂制品。

起酥油的加工功能性主要有以下几方面。

1. 可塑性

起酥油具有一定的可塑性（plasticity）或稠度（consistency）。在外力作用下可保持部分变形的性质称为塑性。起酥油具有可塑性的必要条件：①固、液两相共存；②固/液比率适宜；③固相粒子精细分散，以致固、液基质可通过内聚力有效地束缚在一起。

影响起酥油稠度的因素：①SFC 值或 SFI 值；②晶体大小，晶体细小稠度大并结构致密，通常脂晶体颗粒直径应控制在 5μm 以下为宜；③脂晶体的晶型，相等 SFC 值时，β'晶型的油脂的结构致密性要好于β晶型的油脂；④固脂的熔点，通常用几种较低熔点脂复配成的产品要比用较高熔点脂与液油复配成的、同熔点的产品的稠度大；⑤液相的黏度，以及液相黏度随温度变化而改变的幅度；⑥结晶过程中各种因素对其稠度的影响，过冷速度、捏合程度等；⑦产品是否经调温熟成处理；⑧其他加工条件，充气、加压等。塑性油脂的稠度随温度变化而改变，变化大的，称可塑性范围窄；变化小的，称可塑性范围宽。

2. 起酥性

起酥性（shortening）即指可以妨碍面筋网络的形成，减少制品组织黏性，使烘焙后产品酥松或柔软的能力。通常可塑性好的，起酥性也好。

3. 酪化性

酪化性反映的是油脂在特定操作条件下搅打后持气的能力。以 100g 样品搅打前后体积增大的百分数来表示酪化价。

影响酪化性的因素有：①油相的 SFC 值必须适宜，在可塑范围内；②固脂晶型必须为β'型；③准确使用乳化剂；④产品经过适当调温熟成。

4. 乳化分散性

乳化分散性是指油脂可均匀分散于水相（可含乳、蛋、面粉等）之中的能力。影响起酥油乳化分散性的因素除了起酥油的固脂含量、脂晶体的晶型外，还与乳化剂的准确使用相关。

5. 吸水性

起酥油吸水能力的大小常影响烘焙产品的品质和抗老化能力。影响起酥油吸水性的因素有：①乳化剂；②固脂含量，SFC 值高吸水性大；③固脂晶型，β'晶型吸水性大。

6. 氧化稳定性

评价油脂的氧化稳定性的指标之一是 AOM 值，AOM 值高氧化稳定性好。影响起酥油氧化稳定性的因素有：①油脂相配方的脂肪酸组成；②油脂相配方的脂肪组成；③是否存在有效的抗氧化剂。

起酥油的应用范围涉及各行食品加工业，如烘焙食品、煎炸食品、冷饮、糖果、乳制品等各个方面。目前起酥油商品主要应用在以下场合：①家庭用；②高稳定性煎炸用；③面包房烘焙用；④蛋糕专用；⑤零售蛋糕预混物用；⑥面包房用糕点预混物用；⑦特殊糕点专用。

通常认为起酥油是美国人的发明，至今美国仍然是起酥油的最大生产和消费国。1990年以来，全世界起酥油（含混合型油脂）的年产量已达400万t，其中北美洲占50%。人造奶油总年产量超过900万t，只不过其中包括200万t的Vanaspati，其实Vanaspati更像起酥油。历史上，猪油是最早期起酥油的代表，但存在质量和供应不稳定、饱和脂肪含量高等缺点。19世纪末用牛油硬脂馏分掺加棉籽油来制备猪油代用品，成为动植物型起酥油，比人造奶油的问世约迟十年。

1910年油脂加氢技术的成功，有能力提供各种大量的生产起酥油的基料，并使起酥油加工与肉类加工业完全分开，用各种氢化油脂“裁剪”制作起酥油成为其最基本的特点。

1920年油脂加氢技术被厂家纷纷采用，化学家们开始致力于油脂化学特性研究，开拓了异构、聚合、氧化、酯交换等研究领域，带动了添加剂、代用品的开发，这些活动同样促进了许多新的分析工具、技术、方法的发展和创造。

1933年前后乳化型高比率起酥油问世，无论对食品加工业，还是对起酥油生产都产生极其深远的影响。

1937年Votator的研制成功，为提高起酥油品质提供了条件。加上油脂脱臭技术和选择性氢化技术的进步，使起酥油生产进入新纪元，当年起酥油产量大幅上升，猪油销量急剧下降。

技术的进步使人们对油脂本性的了解与日俱增，以致能够满足食品零售消费、餐饮食品服务和食品加工等多方面的需求，去配制出十分复杂的油脂产品。如今在餐饮业和食品加工业范围内取得的许多进展都与特种起酥油的应用息息相关。每发明一种新的食品就需要一种全新的起酥油产品，目前专用油脂产品正向着为食品企业量身定做的方向发展。

二、起酥油的种类

1. 按原料分类

按原料分类主要有：动物型、植物型、动植物型。

2. 按原料加工方式分类

按原料加工方式分类主要有：全氢化型、掺和型。

3. 按形态分类

按形态分类主要有：塑性型（宽塑性：要求在10～16℃不太硬，在32～38℃不太软。窄塑性：塑性范围约4℃）、流态型、液态型、粉末型。

4. 按乳化性能分类

按乳化性能分类主要有：非乳化型、乳化型、高比率型。

5. 按用途分类

按用途分类主要有：面包面团用；馅饼皮用；预混干物料用；椒盐饼干用；脱模

用；西式糕点酥皮用；蛋糕用；奶油夹心、填充料用；外涂和顶端料用；花生白脱稳定用；冷冻面团用等。

起酥油正朝着使用更加便利、功能个性更完善、营养性更能满足社会需求的方向快速发展。

三、原辅料

1. 原料油脂

起酥油用的原料油脂变化很大。

1940 年左右，美国起酥油是以棉籽油为主要原料。到了 1960 年前后，起酥油中大豆油的用量已占到50%。50 年代期间，动物脂肪重新受到欢迎，但后又有所下降，至今用量稳定，占起酥油原料油脂的25%左右。20 世纪 60 年代中期，棕榈油成为主要原料之一，占起酥油量的15%以上。1980 年代后期，棕榈油用量降为2% ~3%。目前美国起酥油用原料油脂中，植物油脂占60% ~70%（其中大豆油占到50% ~60%），牛油和猪油占30% ~40%。在意大利，动物油脂占60% ~70%（其中主要为鱼油），植物油脂占30% ~40%（其中月桂型油脂占2% ~3%，棕榈油占20%）。在加拿大，牛脂和鱼油等动物性脂占40% ~45%，而大豆、菜籽、棉籽、棕榈等植物性油脂占40% ~50%。在日本，牛脂、鱼油、猪油等动物性油脂占40%，而大豆、棉籽和棕榈等植物性油脂占50% ~60%。我国，棕榈油及大豆油等植物性油脂占70%左右，而牛油、猪油等动物性油脂占30%左右。由此可见，每个国家生产起酥油用的原料油脂都与自身油脂资源及国民习俗密切相关。

随着氢化、酯交换、分提、调和等油脂深加工技术的广泛应用，以及随着生物技术取得重大进展，人类有能力通过基因改良去改善物种，因此起酥油可用的原料油脂更丰富。

20 世纪 90 年代以来，膳食营养性方面的问题备受大众关注，因此如何使用营养价值更高的油脂来加工人造奶油、起酥油等专用油脂制品是油脂加工业十分关心的问题。

2. 辅料

（1）乳化剂　对于要求具备各种功能性的起酥油而言，乳化剂的添加不光代替了部分固体脂肪的功能，同时改善了起酥油的晶型、结构、乳化性、分散性和酪化性。由于表面活性剂的利用，大大促进了流态起酥油的开发。近年来使用在起酥油中的乳化剂有：单甘酯及其衍生物、丙二醇脂肪酸酯、聚甘油酯、山梨醇脂肪酸酯、聚氧乙烯山梨醇脂肪酸酯、蔗糖酯和一些作为面包品质改良剂的离子型表面活性剂。

（2）抗氧化剂　与人造奶油一样，抗氧化剂的种类、添加量必须在食品卫生法规规定的范围内。

（3）金属钝化剂　在油脂中添加适量的柠檬酸（50 ~100mg/kg）或磷酸（10mg/kg）或磷脂（5mg/kg）都有良好的钝化金属离子的作用，从而提高了起酥油的氧化稳定性。

（4）抗起泡剂　采用二甲基聚硅氧烷作为煎炸起酥油的抗泡剂，添加量为 0.5 ~3.0mg/kg 较宜。如添加量高于 10mg/kg，反而会引起起泡。通常煎炸果仁和土豆片用的煎炸起酥油以及加工烘焙食品用起酥油是不能加抗起泡剂的。

（5）着色剂　起酥油分白色和黄色两类，白色起酥油无须着色，常充氮来增白。而黄色起酥油用的着色剂主要是β-胡萝卜素。

（6）增香剂　起酥油通常需添加天然或合成的香精来增香，以内酯类和丁二酮、二乙酰风味化合物为代表的香精是烘焙用起酥油最常用的增香剂。

四、起酥油的加工

（一）塑性起酥油制造工艺

塑性起酥油的生产工艺与塑性人造奶油生产工艺基本相仿，只除了不需乳化处理之外。通常需根据起酥油配方，将其速冷到15.5～26.7℃后，再增塑处理使料温回升2℃以上。灌装后起酥回温不得超过1.1℃。起酥油必须经调温熟成，其熟化温度和时间取决于产品配方和包装尺寸。

根据产品要求，起酥油可不充气或充气量高达30%不等。各种起酥油的充气情况常常为：标准塑性型为12%～14%；预奶油化型为19%～25%。而膨发奶油松饼用起酥油和流态起酥油不充气，絮片和粉末起酥油也不充气，某些特种的、量身定做的起酥油按需求充气。

一般充气产品通过一只挤压阀灌装，灌装压力为1.7～2.7MPa。

（二）流态起酥油制造工艺

有关流态起酥油的制造方法有许多专利，通常用以下方法之一来制备流态起酥油。

（1）缓慢冷却法：通常在搅拌条件下进行3～4d的缓慢冷却。

（2）物料经缓慢冷却后，再用研磨机或均质机处理，制备时间需3～4d。

（3）物料采用人造奶油生产线激冷后，再慢搅拌保温16h以上。

（4）将配方中的固体脂肪与液体油研磨均匀。

（5）将物料快速冷却到38℃，待完全释放出结晶热后，再慢慢回温到54℃以下，回温过程需控制在20～60min内。

（6）物料采用激冷与缓慢冷却交替的处理方法。

（7）采用分段冷却结晶法，可将物料温度从65℃冷到43℃后，保温2h后，再冷到21～24℃，再结晶1h，让释放出的结晶热使料温回升到9℃左右。

（三）粉末起酥油制造工艺

粉末起酥油的制造工艺有两种，即微胶囊包埋法或冷却滚筒激冷成形法。通常大多数硬脂的显热约为1.13J/g，结晶潜热为116J/g。

（四）起酥油的加工设备

加工起酥油的设备按材质分类：①只能加工起酥油的碳钢设备。像LS182型的Votator用低碳钢制造，起酥油加工完毕后，设备只能用热油循环去熔化设备内残留物，排出残油后用惰性气体或净化空气排空，不能采用水溶液清洗的方法；②不锈钢加工的成套设备。像SLS182型Votator或264-A4M型Chemetator，它们换热器的材质为镀铬的工业纯镍，与物料相接触表面均为316型不锈钢。

生产酥皮油的设备：G&A公司的SSHE生产线（敞开冷却滚筒/真空捏制系统）是生

产高品质酥皮油的装置，尤其适合用来制备动物油脂型酥皮油和动植物油脂掺和的制品。当制造酥皮油时，通常将生产能力压缩50%~40%，以保证产品形成适宜的晶体结构和塑性。全植物油脂型酥皮油制品生产线的要求与以动物油为基料的酥皮油生产线有所不同，前者可以用多级管道刮板式换热器（A单元）加中间结晶捏合器的装置来生产。

第六节 植物性硬脂

一、可可脂

（一）可可脂组成和物理化学性质

可可脂的组成为：98%甘油三酯、1%左右游离脂肪酸、0.3%~0.5%甘油二酯、0.1%甘油一酯、0.2%甾醇（主要是谷甾醇和豆甾烷醇）、150~250mg/kg生育酚和0.05%~0.13%磷脂。

甘油三酯的情况决定了可可脂的均一熔融性和结晶性。主要的三种脂肪酸是：棕榈酸（25%）、硬脂酸（36%）和油酸（34%）；几乎一半油酸分布在甘油基的 *Sn*-2位上，而棕榈酸和硬脂酸都分布在 *Sn*-1，3位上。由此，在可可脂甘油三酯中，三种对称性甘油三酯分子占80%以上，其中，棕榈酸-油酸-硬脂酸（POS）36%~42%；硬脂酸-油酸-硬脂酸（SOS）23%~29%；棕榈酸-油酸-棕榈酸（POP）13%~19%。

可可脂的物理和化学性质见表8-3。

表8-3 可可脂典型的物理和化学性质

项目	特征值	项目	特征值
脂肪酸组成/%		甘油三酯组成/%	
$C_{16:0}$（棕榈酸P）	25	POSt	36.3~41.2
$C_{18:0}$（硬脂酸St）	36	StOSt	23.7~28.8
$C_{18:1}$（油酸O）	34	StOO	13.8~18.4
$C_{18:2}$（亚油酸L）	3		2.7~6.6
$C_{20:0}$（二十烷酸Ar）	1	StLP	2.4~6.0
相对密度 d^{15}	0.970~0.998	PLSt	2.4~4.3
折射率 n^{40}	1.4565~1.4570	POO	1.9~5.5
熔点/℃	30~35	StOAr	1.6~2.9
皂化值（以KOH计）/（mg/g）	188~195	PLP	1.5~2.5
碘值/（gI/100g）	35~40	StLSt	1.2~2.1
不皂化物/（g/kg）	0.3~0.8	OOAr	0.8~1.8
滴点/℃	48~50	PStSt	0.2~1.5
		POL	0.2~1.1
		OOO	0.2~0.9

可可脂在27℃以下时是坚硬和易碎的，当温度越过很窄的区间（27～33℃）时，大多数可可脂开始熔化，当温度达到35℃时，基本全熔。这种熔融特性正是可可脂适宜作为巧克力制品的关键。

可可脂表现出复杂的同质多晶现象，如今已有七种晶型得到公认（表8－4）。

表8－4　　可可脂的同质多晶及其熔融范围

晶　型	分类名称	熔点/℃	
		Johnston	Wille/Lutton
Ⅰ	$\gamma'3$（Subα）（γ）	16～18	17.3
Ⅱ	$\alpha-2$	21～24	23.3
Ⅲ	$\beta'2-2$	25.5～27.1	25.5
Ⅳ	$\beta'1-2$	27～29	27.5
Ⅴ	$\beta2-3$	30～33.8	33.8
Ⅵ	$\beta1-3$	34～36.3	36.2
Ⅶ		38～41	—

可可脂晶体从晶型Ⅰ逐渐向较为稳定的晶型转化，直至转变为Ⅳ型。这种γ型（晶型Ⅰ）是在17℃以下结晶的晶体，并自动地迅速转变成α晶型（晶型Ⅱ）。这种α晶型体能够生存1h左右，并在23℃左右熔化。在晶型Ⅰ至晶型Ⅳ之间发生的任何转化都是在液态状态下发生的，而从Ⅴ型转变为Ⅵ型是在固态状态下发生的（表8－5）。

表8－5　　可可脂同质异晶型体的特性

晶型	熔点/℃	熔化潜热/（J/g）	大概寿命	液态变为晶体时收缩情况/（mL/g）
α	21～24	79.4	1h	0.060
β'	27～29	117.0	1个月	0.080
β	34～35	150.5	稳定	0.097

（二）行业标准

在美国，食品和药物管理局（FDA）采用的是1944年的巧克力行业的原标准，多年来他们只对此标准作很少的修改。1985年FDA和WHO联合倡议，拟定了一份有关制定全球范围内通用的食品标准的计划书。有关巧克力的标准法规规定了十四种产品的标准（世界范围通行的标准）。表8－6中列示了有关法规的规定。

表8－6　　法规标准1987—1981中对巧克力制品组成的限定（按产品干基计）　单位：%

产品＼组成	可可脂	脱脂可可固体	可可固体总量	牛乳脂肪	脱脂乳固体*	脂肪总量	蔗糖
巧克力	>18	14	>35	—	—	—	—
不甜巧克力	50～58	—	—	—	—	—	—

续表

组成 产品	可可脂	脱脂可可固体	可可固体总量	牛乳脂肪	脱脂乳固体*	脂肪总量	蔗糖
糖衣巧克力	>31	>2.5	>35	—	—	—	—
甜味（普通型）巧克力	>18	>12	>30	—	—	—	—
牛奶巧克力	—	>2.5	>25	>3.5	>10.5	>25	<55
牛奶糖衣巧克力	—	>2.5	>25	>3.5	>10.5	>31	<55
高乳量的牛奶巧克力	—	>2.5	>20	>5	>15	>25	<55
脱脂牛奶巧克力	—	>2.5	>25	<0.5	>14	>25	<55
脱脂牛奶糖衣巧克力	—	>2.5	>25	<0.5	>14	>31	<55
奶油巧克力	—	>2.5	>25	>7	3~14	>25	<55
巧克力条 巧克力片	>12	>14	>32	—	—	—	—
牛奶巧克力条 牛奶巧克力片	—	>2.5	>20	>3.5	>10.5	>12	<66

注：资料来自有关巧克力方面的标准法规（世界标准）标准号 CAC/RS87—1976。

* 以它们的天然比例。

二、类可可脂

（一）类可可脂的定义

类可可脂的英文全称为 Cocoa Butter Equivalant，简称 CBE。有两种植物性硬脂可以称为 CBE，一类是可可脂的等同物，它应具有可可脂相仿的物理特性，可以任何比例与可可脂相容，而不改变可可脂的熔点、加工方法和流变性。这一类制品主要来自婆罗洲牛油树脂（Borheo Tallow）、立泼硬脂（Illipe Butter）、Sal Fat 和 Kokun Fat（印度）、Shea Fat（西非、中非）等。另一类是可可脂的延伸物，即不必具有可可脂相仿的物理特性，可以一定比例与 CB 相混而不会明显改变可可脂的熔点、加工方法和流变性。这类 CBE 与可可脂的相容性取决于其甘油三酯组成，其主要由棕榈油分提得到的中等熔点馏分组成。

（二）类可可脂的基本属性

类可可脂应具有以下基本属性：

（1）CBE 的甘油三酯组成中，SUS 类对称性 S_2U 型甘油三酯占 80% 以上，并且 SUS 中 β 位上为油酸基。

（2）有较复杂的同质异晶体和异晶体间转化规律，需经调温处理才能获得的期望的稳定晶型。

（3）生产工艺或储存不当时易起霜。

（4）由于纯 POP、POS、SOS 的稳定的 β 晶型体的熔点分别为 38、37、43℃。口熔性佳。

（5）由于牛乳脂肪的混入而变软。

（6）无天然 CB 的风味。

（三）类可可脂的制备方法

CBE 的制备方法主要有以下几种：

（1）结晶分提，脱去非 SUS 馏分。

（2）复配，用几种 SUS 馏分掺合来提高品质。

（3）化学合成。

（4）生物技术改性，酶法酯交换。

（5）化学改性。

（四）类可可脂的应用

CBE 可用于生产 CBE 巧克力系列产品，在黑巧克力和巧克力排中 CBE 可占总脂量 95%，在奶油巧克力中 CBE 可占总脂量的 25%。在高级涂层料中，CBE 可部分或全部取代可可脂。

CBE 的优势：价格低于可可脂，可降低巧克力成本；无可可脂的价格波动问题；可可脂原有的不能容忍乳脂的问题得到一定改善；提高了巧克力在高温下的储藏稳定性；起霜问题在一定程度上得到控制。

CBE 的不足：价格虽然比可可脂低，但仍较高；用 CBE 加工巧克力仍需调温处理，所以需较高的生产成本和较严格的控制技术；有起霜倾向；与其他脂肪掺合，熔点明显下降，SFC 曲线形状（不与其他脂肪掺合时，CBE 的 SFC 曲线呈骤降形状）发生改变，导致产品变软。

（五）相关规定

根据欧盟规定，CBE 必须满足 SOS（S：饱和脂肪酸，O：顺式油酸）含量≥65%；甘油三酯 β 位上的不饱和脂肪酸≥85%；不饱和脂肪酸总量≤45%；多于两个烯键的不饱和脂肪酸含量≤5%；月桂酸含量≤1%；反式脂肪酸含量≤2%。

三、代可可脂

可可脂代用品常被称为硬白脱（Hard butter），主要应用于巧克力糖果、饼干和薄脆饼干、行业涂层料和滴剂用的巧克力伴侣等。可可脂代用品的应运而生归因于油脂加工业技术水平的提高。因为可以为不同的用途“量身定做”代可可脂，从而它比天然可可脂具有更广泛的应用领域。1953—1954 年间，可可脂代用品的研发达到高潮，糖果工业开始了解并接受可可脂代用品，并从中获利。

（一）可可脂替代品（CBR）

可可脂替代品（CBR-Cocoa Butter Replacer）主要是由大豆、棉籽、卡诺拉、棕榈软脂、花生、玉米油等植物油脂，经高顺反异构选择性氢化的部分氢化，或部分氢化结合分提处理，派生出来的硬脂，这类硬脂主要含有十六和十八碳原子脂肪酸甘油三酯。

CBR富含反式油酸，如大豆、棉籽、玉米油类CBR中反式油酸含量/油酸比率应达40%左右；SOE、POE为其甘油三酯组成的主要成分；以β'结晶，不需调温处理；与CB相容性有限；SFC曲线形状较CB和CBE平缓。

CBR加工方法有以下几种：

（1）只经加氢制备CBR　采用部分中毒的催化剂，提高反应温度，降低氢气供应量等高顺反异构的氢化条件加氢到氢化硬脂熔点达到38℃左右，或根据要求加氢到更高温度。通常要求氢化硬脂中硬脂酸含量不要大于8%为宜。

（2）氢化硬脂再经分提制备CBR　高反式脂肪酸氢化硬脂经结晶分提、溶剂分提或简单的干法结晶压榨除去三不饱和甘油三酯馏分。由此处理将提高CBR的硬脆性。

CBR的优势：价格便宜；氧化稳定性好；不需调温处理，自发形成稳定的β'晶型；不需很长时间的研磨，简化生产过程（这归因于CBR巧克力配方中不允许使用过多的CB液块和可可粉）；具有合格的光泽度，尤其是当CBR巧克力产品短时期受热之后，放回正常储存温度，仍将保持合格光泽度；有较高的耐热性和较好的货架寿命；品种和产品物性多样化，可适用于多种应用场合，尤其为软性或海绵状多孔基物提供一种柔韧且有一定弹性的外涂层，以免开裂和剥落。

CBR的不足：CBR巧克力口感质量欠佳，硬脆性不好；与可可脂及乳脂相容性差，通常配方中只能用低脂可可粉，影响了产品风味和色泽；收缩率低导致脱模性差。

CBR主要用途：饼干和薄脆饼干外涂层；小圆面包和蛋糕外涂层；棒糖外涂层；果冻覆盖物；低价CBR巧克力；小巧休闲食品外涂层；含水的糖果制品芯料。

在欧盟，采用CBR的产品不能称为巧克力；在英国，允许巧克力中CBR用量<5%；而采用CBR的产品中，可可脂的用量只能限定在总脂量20%以下。

（二）可可脂取代品（CBS）

可可脂取代品（CBS-Cocoa Butter Substitute）是一类含有40%~50%月桂酸、物理性质与可可脂相仿的硬脂，常被称为糖果脂。

CBS主要由棕榈仁油和椰子油加工而得，其脂肪酸组成中40%~50%为月桂酸，具有稳定的β'晶型和简单的同质异晶现象。

CBS的加工方法如下：

（1）将月桂型脂加氢到接近饱和。

（2）部分加氢的月桂型脂（主要是棕榈仁油）结晶分提，除去液态馏分。

（3）月桂型脂（主要是棕榈仁油）结晶分提，可采用离心法、溶剂萃取法、干法冷冻压榨法除去液态馏分，获得优质CBS。

（4）月桂型脂（主要是棕榈仁油）结晶分提获得硬脂进一步加氢，改善熔融特性。

（5）将全饱和棕榈仁油的一部分随机酯交换后，与其余部分混合。

（6）极度氢化棕榈仁油与非月桂酸类极度氢化植物油随机酯交换。

CBS的优势：具有优异的氧化稳定性；加工和制取方法都十分灵活，导致产品多样性，可满足不同需求；不需调温处理或经简单调质处理后，结晶速度迅速，并获得良好的光泽和光泽稳定性；用CBS加工出来的产品比CBR巧克力更硬脆、口感更好，并具有良好的不粘性和脱模性；资源丰富、格低廉。

CBS的不足：在适当条件下（只需存在0.1%水）会发生水解，产生皂味和腐臭味（癸酸和月桂酸的阈值分别为0.02%、0.07%），水解反应被解脂酶、酸、碱所催化；不能与可可脂、CBE、乳脂混合使用，不然会因相容性问题，使产品品质劣化。

CBS主要用途：制备CBS巧克力；各式糖果用脂；各种复合型涂层（熔点可从37~38℃到43~45℃不等），满足几乎任何地域和季节需求；尤其可用CBS来制作彩色涂层。

第七节　食用氢化脂

一、食用氢化脂定义

达到食用油脂卫生标准的、经氢化制备的动、植物油脂被称为食用氢化脂。根据GB 15196—2015规定，食用氢化脂必须满足以下条件：

感官指标：外观，白色或乳白色固体物，无其他异味、异臭和杂质。

理化指标：酸价≤1mgKOH/g；过氧化值≤0.1g/100g

卫生指标：细菌总数≤200个/g；大肠菌群≤30个/100g；致病菌（指肠道致病菌和致病性球菌）不得检出。

二、食用氢化脂的种类和加工方法

（一）冰淇淋用氢化脂

冰淇淋用氢化脂必须风味清淡，熔点为27~33℃，SFC曲线斜率在15~25℃内骤降。可用氢化棕榈仁油、氢化椰子油或棕榈仁油分提获得的软脂加氢来制备。

（二）煎炸用氢化油

煎炸用氢化油必须风味清淡而中性；煎炸寿命长；在连续煎炸之后轻微冒烟；在煎炸寿命期间，能产生金黄色至稍有褐色的、不油滑的油炸食品表面；有使油炸食品具有优良结构的能力；在煎炸寿命期间，有轻微氧化和发黏；质量均一；使用方便。

煎炸用氢化油的种类和制备方法如下。

1. 全植物型硬脂

将植物油氢化，使亚麻酸和亚油酸被饱和到较低水平，油酸含量明显上升，饱和酸含量适宜增加。在氢化脂中添加抗氧化剂（TBHQ）和抗泡剂（二甲基聚硅氧烷）。

2. 流态煎炸油

流态煎炸油可用极度氢化油（2%~6%）与轻度氢化大豆油（IV100~110）混配而成。需添加抗氧化剂（TBHQ）和抗泡剂（二甲基聚硅氧烷）。

3. 液态煎炸油

将植物油选择性加氢来制备轻度氢化植物油（IV88~94），使该氢化油在183℃时仍然透明澄清。

4. 固态浅盘煎炸油

用选择氢化油脂（椰子油、棕榈仁油、大豆油、棉籽油）加上磷脂、着色剂、黄油香精、二甲基聚硅氧烷、抗氧化剂来制备固态浅盘煎炸油。

5. 可倾倒式浅盘煎炸油－快餐用和炙烤用

用轻度氢化大豆油加上磷脂、着色剂、黄油香精、二甲基聚硅氧烷、抗氧化剂来制备可倾倒式浅盘煎炸油－快餐用和炙烤用油。

（三）饼干专用氢化油

饼干专用氢化油分和面用和喷涂用两类。

1. 薄脆饼干和面用油

薄脆饼干和面用油可以是一种经特殊加氢的大豆油。将大豆油加氢到多烯酸含量几乎为零，但熔点在35℃左右，这种氢化脂适宜用作薄脆饼干和面团用。而回转成型饼干和面用的油可以是轻度氢化植物油与通用性起酥油的复配物。

2. 薄脆饼干喷涂用油

可以用氢化椰子油，要求熔点为33℃左右，AOM≥100h；或者用轻度氢化植物油，要求其20℃时含10%左右固体脂肪，AOM≥100h。

（四）人造奶油、起酥油基料用氢化油脂

人造奶油、起酥油用各式不同加氢程度的非顺反选择性氢化油脂。以豆油为例，各种人造奶油、起酥油基料用氢化油脂见表8－7。

表8－7　人造奶油、起酥油基料用氢化油脂

编　号		1	2	3	4
氢化条件	始温/℃	148.8	148.8	148.8	140.5
	控温/℃	165.5	165.5	165.5	140.5
	压力/MPa	0.103	0.103	0.103	0.276
	催化剂 Ni/%	0.02	0.02	0.02	0.02
最终 IV		83～86	80～82	70～72	104～106
SFI	10.0℃	16～18	19～21	40～43	≤4
	21.1℃	7～9	11～13	27～29	≤2
	33.3℃			9～11	

（五）搅打顶端料用脂

搅打顶端料用脂（whipping topping）常为下列油脂：氢化椰子油，要求IV1，熔点33.3℃；选择氢化大豆油，要求IV74～67，熔点35～41℃；氢化棕榈仁油，要求IV3，熔点36.1～38℃。

（六）夹心或填充用脂

夹心或填充用脂要求SFC曲线骤降，以β'结晶并能迅速固化。所以常用选择加氢植物脂来制备。

第八节 休闲食品用脂

一、油炸土豆片用脂

土豆片、土豆膨化制品（用挤压土豆粉糊制备）、玉米筒（用挤压玉米粉糊制备）和相似产品通常消费周期为4~6周。由于煎炸这类食品的煎炸油不强调氧化稳定性，可用棉籽油、玉米油、花生油、葵花籽油、棕榈油、轻度加氢大豆油（IV105~110）、15%~25%棉籽油与75%~85%氢化豆油（IV105~110）混合油来煎炸。美国人最喜欢用棉籽油煎炸，因为炸后食品的外表有光泽。如用IV70~75的部分加氢油煎炸将获得表面干燥的食品。由于豆油最便宜，所以氢化豆油用的最多。

油炸土豆片吸油率为32%~45%。煎炸油的FFA最大为0.5%。油炸土豆片的色泽取决于土豆片的含糖量，含糖量低的色浅。含糖量太高的土豆片需要水洗到较低的含糖量水平方可油炸。含水6%~10%的土豆片，用含水0.5%~0.75%的煎炸油油炸，可获得色浅的油炸土豆片。用来煎炸土豆片的煎炸油不能含硅酮，不然将影响油炸产品品质（不松脆）。

罐装油炸土豆片常用IV70~75的氢化棉籽油油炸。有时用氢化花生油油炸，因为这类产品货架寿命要求较长。油炸漂白的法式土豆制品用氢化大豆油、氢化棉籽油、牛脂或棕榈油来作煎炸油。

二、油炸玉米片用脂

常用氢化椰子油（IV1）油炸快餐食品，因为产品很稳定，不需加抗氧化剂。玉米片以及墨西哥人用来代替面包的未经发酵的玉米饼常用棉籽油煎炸，产品有强烈的风味。

三、膨化食品用脂

如爆玉米筒，可用氢化型人造奶油。爆米花可用部分氢化豆油或椰子油。预先涂在爆玉米花玉米粒外面的一层油，主要是用天然的椰子油（熔点为24.5℃）或棕榈油，油中常添加了大量热稳定性β-胡萝卜素。这层油有利于提高玉米粒的爆破程度，并改善玉米花的色泽。

四、油炸坚果仁用脂

不能用椰子油来油炸坚果仁，因为椰子油的脂肪酸链较短，黏度低，使油炸果仁不脆。所以常用非月桂类油脂来油炸坚果仁。

思考题

1. 我国烹调油如何分等？
2. 何谓色拉油，如何加工？
3. 何谓调和油，油脂调和的依据是什么？
4. 对煎炸油的基本要求是什么？
5. 什么是人造奶油，有何用途？
6. 如何制备人造奶油？
7. 什么叫起酥油，有何用途？
8. 试述起酥油的制造工艺。
9. 可可脂代用品有哪几类？
10. 举例说明食用氢化脂的用途。
11. 何谓休闲食品用脂？

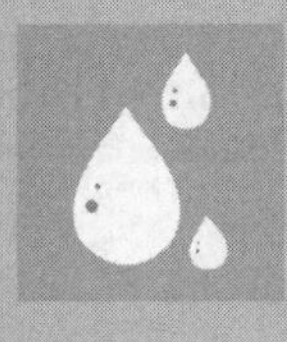

第九章

油料蛋白质的加工

第一节　油料种子蛋白的组成、结构与功能性质

一、油料种子蛋白的组成、结构

（一）大豆蛋白

大豆约含有40%蛋白质和20%脂肪，是植物油、植物蛋白的主要来源之一。大豆蛋白质并不是指某一种蛋白质，而是指存在于大豆种子中的诸多蛋白质的总称。自然界中存在的蛋白质种类繁多，而且结构复杂，对其进行系统的分类是比较困难的。一般从研究蛋白质的出发点不同，对蛋白质进行分类。根据蛋白质的溶解性进行分类，大豆蛋白可分为两大类，即清蛋白和球蛋白，二者的比例因品种及栽培条件的不同而有所差异。清蛋白一般占大豆蛋白的5%左右，球蛋白约占90%。大豆球蛋白是由奥斯本（Osborn）和丹皮鲍尔（Dampball）将低温脱脂大豆用食盐溶液萃取，再用透析方法使其沉淀，将沉淀出来的蛋白质再溶于食盐水溶液中经过反复透析沉淀而得到的。由于该蛋白质的长轴与短轴之比小于10:1，因而命名为大豆球蛋白。大豆球蛋白加酸调pH至等电点4.5或加硫酸铵（55%）至饱和，则沉淀析出．故又称为酸沉蛋白质。而清蛋白没有这种特性，因而又称其为非酸沉蛋白。

从免疫学角度出发，通过电泳可将大豆蛋白分成以下几种：大豆球蛋白（约占40.0%）、α-伴大豆球蛋白（约占13.8%）、β-伴大豆球蛋白（约占27.9%）、γ-伴大豆球蛋白（约占3.0%）。

根据生理功能进行分类，大豆蛋白可分为贮藏蛋白和生物活性蛋白两大类。贮藏蛋白是主体，占蛋白质的70%左右（如11*S*球蛋白、7*S*球蛋白等），它与大豆制品的加工性质密切相关；而生物活性蛋白包括的较多，主要有胰蛋白酶抑制剂、β-淀粉酶、凝集素、脂肪氧化酶等，它们在总蛋白质中所占的比例虽不多，但对大豆制品的质量却起着重要的作用。

根据蛋白质分子大小，采用超速离心沉降法对大豆蛋白进行分离分析，在0.5离子强度的介质溶液中，得到一个特性曲线，如图9-1所示。按溶液在离心机中沉降速度来分，可分为四个组分，即2*S*、7*S*、11*S*、15*S*（*S*为沉降系数，$S=1$ Svedberg单位$=10^{-13}$s），每一组分是一些重量接近的分子混合物。如果将每个组分的蛋白质进一步分离，可以获得蛋白质单体或相类似的蛋白质。大豆蛋白质的分级组成如表 9－1 所示。主要成分 7*S* 和 11*S*，约占全部蛋白质的 70%，约有 80% 的蛋白质相对分子质量在 10 万以上。

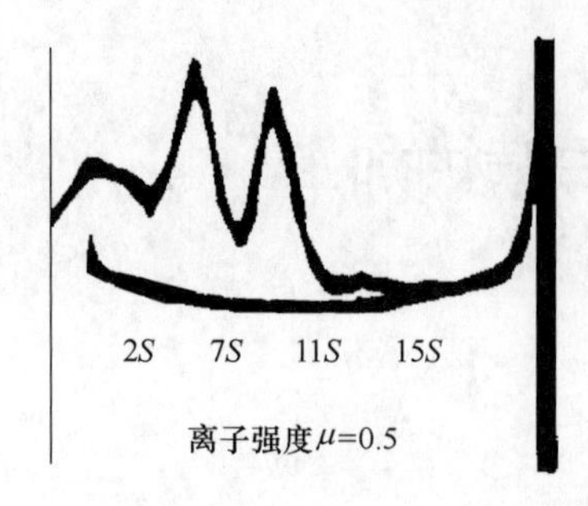

图 9－1 水溶性大豆蛋白超速离心分离

表 9－1 大豆蛋白的组成

组分	占大豆蛋白总量的比例/%	主要成分	相对分子质量
2*S*	21	胰蛋白质酶抑制素	8000～21500
		细胞色素 C 等	12000
7*S*	37	凝集素	110000
		脂肪氧化酶	102000
		β-淀粉酶	61700
		7*S* 球蛋白	180000～210000
11*S*	31	11*S* 球蛋白	30000～350000
15*S*	11	—	600000

大豆蛋白产品的氨基酸组成见表 9－2。

表 9－2 大豆蛋白中氨基酸组成 单位：g/16gN

氨基酸	粕粉	浓缩蛋白	分离蛋白	氨基酸	粕粉	浓缩蛋白	分离蛋白
赖氨酸	6.9	6.3	6.1	精氨酸	8.4	7.5	7.8
甲硫氨酸	1.6	1.4	1.1	组氨酸	2.6	2.7	2.5
胱氨酸	1.6	1.6	1.0	酪氨酸	3.9	3.9	3.7
色氨酸	1.3	1.5	1.4	丝氨酸	5.6	5.7	5.5
苏氨酸	4.3	4.2	3.7	谷氨酸	21.0	19.8	20.5
异亮氨酸	5.1	4.8	4.9	天冬氨酸	12.0	12.0	11.9
亮氨酸	7.7	7.8	7.7	甘氨酸	4.5	4.4	4.0
苯丙氨酸	5.0	5.2	5.4	丙氨酸	4.5	4.4	3.9
缬氨酸	5.4	4.9	4.8	脯氨酸	6.3	5.2	5.3

（二）花生蛋白

花生中含有约22%～26%的蛋白质，其中水溶性的清蛋白大约占10%，其余的90%为花生球蛋白和伴花生球蛋白，分别各占约63%和33%。花生蛋白的等电点是pH 4.5左右，在该pH条件下，其溶解度最小。当花生蛋白的水溶液的pH上升时，其黏度增加，搅拌试验时，黏度在pH 6.6时是其在pH 4.0时的5倍。

花生球蛋白为由两个亚基组成的二聚体，相对分子质量约为300000，等电点为pH5～5.2。在pH 5的低浓度盐溶液中，花生球蛋白离解成为两个相对分子质量约为150000的亚基。伴花生球蛋白质的等电点为pH 3.9～4.0，根据沉降速度分析表明：伴花生球蛋白是由相对分子质量为$2 \times 10^4 \sim 2 \times 10^6$的6～7个亚基所组成，在一定条件下，伴花生球蛋白可以离解成各种小分子，也可聚合成较大的分子。花生球蛋白和伴花生球蛋白这两部分的比例因分离方法不同，约从2:1～4:1不等，这些实际上是天然的复杂聚合物。

花生蛋白溶于水，在10%的NaCl或KCl溶液或在pH 7.5的碱性溶液中溶解度亦大。利用不同饱和度的$(NH_4)_2SO_4$溶液，可使花生球蛋白和伴花生球蛋白分开，如用10%的NaCl溶液抽提花生蛋白，在抽提液中加$(NH_4)_2SO_4$至20%～40%饱和度，花生球蛋白即沉淀，过滤或离心即可得花生球蛋白，在滤液中继续加至$(NH_4)_2SO_4$至80%饱和度，伴花生球蛋白即沉淀出来。

通过对不同地区生长的8种不同的花生的研究表明，花生球蛋白的化学评分（AAS）是31%～38%，这是由于胱氨酸、甲硫氨酸在花生蛋白中为限制性氨基酸；伴花生球蛋白的化学评分为68%～82%，这是由于苏氨酸为限制性氨基酸，见表9－3。

表9－3　花生蛋白的氨基酸组成　　单位：g/16gN

氨基酸	花生球蛋白	伴花生球蛋白	氨基酸	花生球蛋白	伴花生球蛋白
甘氨酸	1.8	—	胱氨酸	1.50	2.93
丙氨酸	4.11	—	甲硫氨酸	0.56	2.09
缬氨酸	4.85	3.68	色氨酸	0.68	0.91
亮氨酸	7.61	6.51	精氨酸	13.58	16.53
异亮氨酸	4.16	4.00	组氨酸	2.16	2.05
丝氨酸	2.26	1.78	赖氨酸	2.72	4.69
苏氨酸	2.89	2.02	天冬氨酸	5.3	—
酪氨酸	5.68	2.86	谷氨酸	16.7	—
苯丙氨酸	6.96	4.32	脯氨酸	1.4	—

（三）菜籽蛋白

油菜籽约含蛋白质25%，去油后的菜籽饼粕中约含35%～45%的蛋白质，略低于大豆粕中蛋白质的含量。菜籽蛋白为完全蛋白质，几乎不存在限制氨基酸。与其他植物蛋白相比，菜籽蛋白的蛋氨酸、胱氨酸含量高，赖氨酸含量略低于大豆蛋白质。因此从蛋白质的氨基酸组成来看，菜籽蛋白的营养价值较高，与大豆蛋白质以及联合国粮农组织

（FAO）和世界卫生组织（WHO）推荐值非常接近，见表9-4。菜籽蛋白主要是由12*S*球蛋白和1.7*S*（2*S*）球蛋白组成。

表9-4　菜籽蛋白和大豆蛋白的部分氨基酸组成　单位：g/16gN

氨基酸	菜籽饼	菜籽浓缩蛋白	大豆浓缩蛋白	氨基酸	菜籽饼	菜籽浓缩蛋白	大豆浓缩蛋白
异亮氨酸	4.4	3.8~4.2	4.2	半胱氨酸	—	1.3~2.6	0.7
亮氨酸	7.9	6.7~7.3	7.0	甲硫氨酸	2.2	1.8~2.3	1.1
赖氨酸	6.7	5.8~5.9	5.8	苏氨酸	4.7	3.8~4.8	3.8
苯丙氨酸	3.8	3.9~4.1	4.5	色氨酸	1.6	1.4	1.3
酪氨酸	3.2	2.4~3.1	3.1	缬氨酸	5.6	4.7~5.2	4.3

（四）棉籽蛋白

棉籽由壳和仁（即种胚）两部分组成。带壳棉籽约含蛋白质20%，脱壳棉籽约含蛋白质40%~45%，棉籽仁提油后的棉籽饼粕，蛋白质高达50%，远比谷类种子高。棉籽蛋白在质量上近于豆类蛋白质，营养价值也比谷类蛋白高。

棉籽蛋白的主要成分是球蛋白（含90%左右），其次是谷蛋白。从棉籽蛋白的氨基酸组成来看，除蛋氨酸稍低外，其余必需氨基酸均达到联合国粮农组织（FAO）推荐的标准（见表9-5），因而棉籽是一种很好的食物蛋白或饲料蛋白的来源。

表9-5　棉籽蛋白的氨基酸组成　单位：g/16gN

氨基酸	棉籽球蛋白	棉籽蛋白	棉籽粕	氨基酸	棉籽球蛋白	棉籽蛋白	棉籽粕
异亮氨酸	2.2	1.33	4.1	苯丙氨酸	7.9	2.23	5.3
亮氨酸	8.0	2.40	5.7	酪氨酸	3.1	—	—
赖氨酸	5.2	1.79	4.3	甘氨酸	—	1.69	—
甲硫氨酸	2.3	0.51	1.2	丝氨酸	2.7	—	—
胱氨酸	1.0	0.62	—	精氨酸	12.8	4.66	10.2
苏氨酸	2.7	1.34	3.2	组氨酸	3.0	1.1	2.7
色氨酸	1.5	0.52	1.4	谷氨酸	17	—	—
缬氨酸	6.1	1.28	4.8				

二、油料种子蛋白的功能性质

（一）水合性质

蛋白质的许多功能性质，如分散性、润湿性、肿胀、溶解性、增稠、黏度、持水能力、胶凝作用、凝结、乳化和起泡，取决于水-蛋白质的相互作用。在低水分和中等水分食品（例如，焙烤食品和绞碎肉制品）中，蛋白质结合水的能力是决定这些食品的可接受性的关键因素。蛋白质结合水的能力定义为，当干蛋白质粉与相对湿度为90%~95%的水蒸气达到平衡时，每克蛋白质所结合的水的克数。蛋白质的水合能力部分地与它的氨基酸组成有关，带电的氨基酸残基数目愈多，水合能力愈大。

在食品加工和保藏过程中，蛋白质的持水能力比其结合水的能力更为重要。持水能力是指蛋白质吸收水并将水保留（对抗重力）在蛋白质组织（例如蛋白质凝胶）中的能力。被保留的水是指结合水、流体动力学水和物理截留水的总和。物理截留水对持水能力的贡献远大于结合水和流体动力学水。

（二）表面/界面性质

理想的表面活性蛋白质具有3个性能：①能快速吸附至界面；②能快速展开并在界面上再定向；③一旦到达界面，能与邻近分子相互作用形成具有强黏合和黏弹性的膜，该膜能经受热和机械运动。

蛋白质溶于水时，一部分柔性的蛋白分子扩散至界面或表面，和气体或脂肪相接触时，其非极性氨基酸残基定向到非水相，极性氨基酸残基伸向水相，使体系自由能下降，表面或界面张力相应降低。当蛋白质分子存在于表面或界面时，会发生表面变性。大多数蛋白质结构展开，通过疏水相互作用吸附在脂肪液滴表面，形成有一定黏弹性的蛋白质膜。蛋白质膜在界面上的机械强度取决于黏合的分子间相互作用，它们包括静电相互作用、氢键和疏水相互作用。

高分子质量蛋白质的表面吸附速率很慢，因此新配制的蛋白质溶液的表面张力常随时间而渐减。蛋白质疏水性愈强，在界面的蛋白质浓度愈高，界面张力或表面张力愈低，乳状液愈稳定。

（三）凝胶性质

当适当变性的蛋白分子聚集，以形成一个有规则的蛋白质网状结构，此过程被称为凝胶作用。凝胶作用是蛋白质溶液分散性下降的现象之一，蛋白质的凝胶过程认为是聚合体与溶剂间相互作用而形成的聚集现象，最终由于吸引力与排斥力之间达到平衡而形成空间有序的网状结构。凝胶作用的实质是蛋白质胶体溶液及蛋白质沉淀的中间状态，蛋白凝胶也可看成是水分散在蛋白质中的一种胶体状态。由于蛋白质分子相互结合以各种方式交联在一起，形成一个高度有组织的空间网状结构的毛细管作用，使得凝胶能保持大量水分，甚至含水量可高达99%以上。

蛋白质的凝胶组织特征如下：

（1）蛋白凝胶具有一定的形状和弹性，有半固体的性质，如肌肉组织具有弹性，并能保持大量水分，最高能含水98%。

（2）蛋白凝胶的特征是强度、可塑性、弹性、保水性均较高，如从高浓度豆浆制成豆腐，就是用钙来诱导加热过的蛋白质分散体凝结而成的胶体凝乳。

（3）胶凝作用可提高蛋白质新产品的强度、韧性和组织性，而这些功能和其蛋白质含量密切相关。如采用大豆分离蛋白可制成结实、强韧、有弹性的硬质凝胶，而采用蛋白质含量小于70%的大豆制品只能制成软质脆弱的凝胶如豆腐，当蛋白质含量低于8%就难以发生胶凝作用。

（4）蛋白质组成不同，其凝胶效果也不相同。大豆蛋白中11*S*球蛋白制成的凝胶比7*S*球蛋白制得的凝胶坚实，采用11*S*球蛋白制得的豆腐具有最大的膨胀性，并具有柔和的弹性结构，豆腐的韧性和口感均佳。11*S*球蛋白形成凝胶主要靠静电和二硫键的作用。而用7*S*制成的豆腐膨胀性小，形成一种硬性无弹力的凝胶，7*S*球蛋白形成凝胶主要靠分子间的氢链作用。因此，可对大豆种子品质改良上加以指导，筛选11*S*球蛋白组成含量高的品种可做“豆腐豆”用。

（5）蛋白质形成凝胶后不但是水的载体，而且还是风味物、糖分及其他配合物的载体。蛋白质的网状结构截留了相当于每克蛋白质10g以上的水和各种不同的其他食品组分。这种特征对于食品加工很为有利，常用于肉类、凝乳、奶酪、豆制品及明胶制品、果冻、糖果等食品中。

第二节　大豆蛋白制品加工

一、低变性蛋白质加工

（一）蛋白质变性

大豆蛋白的变性是由于物理或化学条件改变而引起大豆蛋白内部结构的改变，从而导致蛋白质的物理、化学和功能特性的改变。

变性的机理：从分子结构来看，变性作用是蛋白质分子多肽链特有的有规则排列发生了变化，成为较混乱的排列。变性作用不包括蛋白质的分解。变性前后蛋白质的化学组成及氨基酸的排列顺序并未改变，它仅涉及蛋白质的二、三、四级结构的变化。蛋白质在变性因素影响下，原来维持蛋白质分子的空间构象——二、三、四级结构的次级键被破坏，使其紧密的空间结构变得松散，形成新的构象。大豆蛋白质的许多特性都是由它特殊的空间构象决定的，因此发生变性作用后，蛋白质的许多性质发生了改变，包括溶解度降低、发生凝结、形成不可逆凝胶、—SH等反应基团暴露、对酶水解的敏感性提高、失去生理活性等。在某些情况下，变性过程是可逆的，当变性因素被除去之后，蛋白质可恢复原状。一般说来，在温和条件下，比较容易发生可逆的变性，而在比较强烈的条件下，加高温、强酸、强碱等，则蛋白质分子的三维结构改变大时，结构和性质难于恢复，趋向于不可逆性。可逆变性一般只涉及蛋白质分子的四级和三级结构，不可逆变性涉及二级结构的变化。

（二）大豆蛋白热变性的影响因素

在大豆进行加工时，几乎都需要进行加热。因此，大豆中所含的蛋白质自然也就发生了变性。所以热变性是大豆和大豆制品加工中最常见的一种变性形式。这种变性的机理，目前仍在研究中，还没有确切和完整的理论解释。有资料介绍，热变性主要是在较高温度下，肽链受过分的热振荡，保持蛋白质空间结构的次级键（主要是氢键）受到破坏，蛋白质分子内部的有序排列被解除，原来在分子内部的一些非极性基团暴露于分子的表面，因而改变了大豆蛋白质的一些物化特性及生物活性。如尿素酶、脂肪氧化酶、胰蛋白酶抑制因子、凝集素等具有生理活性的蛋白质，变性以后表现为活性下降，而大豆蛋白的主要成分变性后溶解度降低。所以，在实际应用中，常常通过测定产品（或原料）中蛋白质的溶解度（如氮溶解度指数 NSI 或蛋白质分散度指数 PDI）来考察其变性程度。

大豆蛋白热变性的影响因素如下。

1. 时间

大豆或低温脱脂大豆粉中的蛋白质在水或碱性溶液中，溶出量为 80% ~90%。若将低温脱脂大豆粉利用蒸汽进行加热，可发现大豆蛋白的溶出率会随加热时间的延长而迅速降低，仅 10min 时间，可溶性氮从原来的 80% 以上降到 20% ~25%。

2. 温度

一般认为，大豆蛋白的开始变性温度在 55 ~60℃之间，在此基础上，温度每提高 10℃时，变性作用的速度提高 600 倍左右。

3. 水分

若用干空气代替蒸汽加热脱脂豆粉时，可以发现，虽经较长时间加热，蛋白质不会发生明显的变性，见图 9 -2。必须注意的是：大豆粉含水量应相当低，否则，即使干热处理，蛋内质也会发生较大程度的变性。对于整粒大豆（含水量在 13%）来说，水分的影响也是这样。

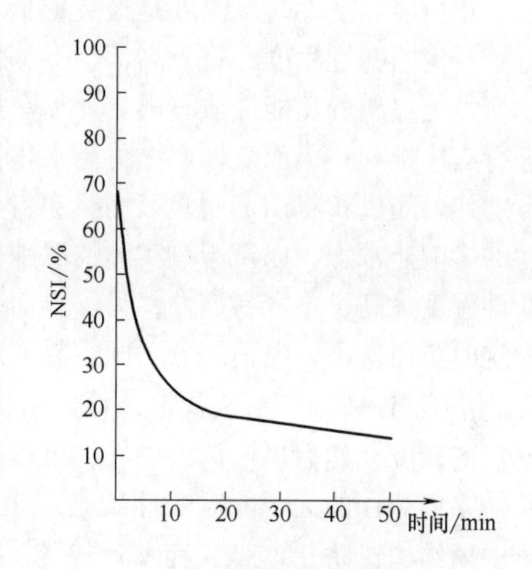

图 9 -2　蒸汽加热豆粕时间对于水溶性蛋白质溶解度（NSI）的影响

大豆粉加热时，只要有少量水存在，蛋白质的溶解度会显著降低。但当水量增多时，蛋白质可在水中溶出一部分。当水量充足时，则大部分蛋白质溶出，看不到不溶现象，不过这种蛋白质已发生了热变性。在高浓度下加热，蛋白质发生变性的同时，蛋白质分子间进行相互作用，导致不溶解；而在低浓度下加热时，由于分子间相互碰撞的几率要小，所以，即使蛋白质变性仍能保持其一定的分散性。

上面蛋白质的溶出，针对的是大豆粉的加热情况。对于整粒大豆，即使与水混合加热，蛋白质也不溶出，水溶性的降低与水量无关。生产发酵豆制品时，将大豆在水中浸泡加热，这时大部分蛋白质已经丧失了水活性，即使将其粉碎，用水萃取，也不能使蛋白质溶出。

（三）蛋白质热变性与蛋白质聚集

对于蛋白质变性，我们通常只认识到它的负面作用，但实际上变性是功能性大豆蛋白加工过程中不可缺少的一步，特别是在杀菌阶段的热变性过程已被证明可以有效地提高蛋白质的功能性质。重要的是如何控制蛋白质变性的条件及变性程度，从而得到我们所希望的蛋白质结构。

食品蛋白质的变性通常定义为一个变化过程，在这个过程中，肽链从天然蛋白质的空间结构转变为更加无序的结构形式，变性程度就是天然结构无序化的程度。随着蛋白质结构的无序化，肽链间原先相互平衡的作用力的强度和性质都发生了变化，其结果是变性蛋白质之间相互结合与聚集。与蛋白质聚集有关的作用力包括二硫键、氢键、盐键和疏水键。二硫键的形成主要通过热变性后“活化”的巯基的自身氧化，或者是与已经存在的二硫键发生交换反应，它被认为是蛋白质凝胶或凝聚的必要条件。氢键的主要作用是增加黏度，它是一种非定向作用力，有助于保持水分。盐键主要作用在蛋白质—溶剂界面上，是一种对蛋白质水化非常重要的作用力。疏水键并非作用在某些特定的基团之间，但是在热变性蛋白质的聚集和凝胶方面起重要作用。由此可见，蛋白质变性和聚集是有利（如凝胶）还是不利于功能性质（如沉淀）将取决于是否在合适的时刻、在合适的空间位置、出现合适的相互作用力。

蛋白质热变性时，温度是最关键的因素，温度每升高 10℃，变性速率增加 600 倍。对于一定的变性程度，每升高 7.5℃，所需要的时间缩短 10 倍。加热速率和时间同样对热变性蛋白质的功能性质有影响。加热过快、温度过高，蛋白质分子将没有足够的时间进行有序排列，因而变性产物将是水化性很差的蛋白质聚集体或沉淀。但是在较高温度下加热时间过长将引起过度变性，产生所谓异溶胶，不能形成凝胶。pH 对蛋白质热变性的影响非常大，以至于在实际情况中很少见到“纯粹的”热变性。在等电点蛋白质的变性温度最高，不容易变性；另一方面，如果在等电点变性则容易形成蛋白质沉淀，因为这时蛋白质不带电荷，分子间容易通过疏水键结合。强碱性条件下—NH_2不能质子化，因此不能与—COO^-形成盐键，将影响凝胶的形成。一些研究表明，将蛋白质的 pH 调到一定的碱度，然后再回调到中性，可以“活化”蛋白质分子，从而改善功能性质。蛋白质体系中存在的离子能对变性聚集产生不同的影响。就阳离子而言，NH_4^+、K^+能稳定蛋白质结构，防止变性，而 Ca^{2+}、Mg^{2+}能破坏稳定性，促进变性，同时，Ca^{2+}、Mg^{2+}还能显著地促进变性蛋白质聚集。

蛋白质变性与聚集的检测技术对于功能性蛋白的生产有重要意义。大豆蛋白产品功能性质不稳定在很大程度上就是没有对蛋白质分子的结构变化进行监测，从而无法实行实时控制。目前有很多种方法可以测定蛋白质变性与聚集，由于蛋白质结构的高度复杂性，任何一种方法都不能全面反应变性过程中的结构变化，表 9－6 对这些方法进行了对比。

表 9－6　测定蛋白质变性与聚集的方法

方法	结构参数	优缺点
溶解度	分子间作用方式及作用力强弱	仪器简单，可测定固体样品 影响因素多，误差较大，不直接测定结构
紫外/荧光光谱	蛋白质三级结构，分子表面疏水性	测定速度快，能直接反映结构 设备昂贵，只适用于蛋白质溶液
红外/拉曼光谱	二级结构	测定速度快，直接反映结构，可测固体样品 设备昂贵
凝胶电泳	四级结构，蛋白质聚集情况	仪器简单，可以测定聚集情况 测定速度较慢，只适用于溶液
差示量热扫描	蛋白质变性热，变性温度，	用于研究热变性的影响因素 不能测定变性后蛋白质的结构及聚集状态

最近，免疫化学与生物传感技术也被应用于蛋白质结构的控制，并有可能实现蛋白质结构的在线检测与实时控制。一些蛋白酶对不同结构蛋白质有不同水解速度，如果能够制成酶电极，那么这种电极产生的电信号将对不同变性程度的蛋白质做出相应的反应。

（四）低变性脱溶工艺

大豆浸出后的湿粕，一般含25% ~30%的溶剂。湿粕脱溶的目的就是最彻底地去除溶剂，但由于常规的浸出湿粕的脱溶过程是在比较高的温度（120 ~130℃）下进行，从而使其所含蛋白质发生了热变性。只有低变性的脱脂豆粕才能用来提取蛋白质和加工食用蛋白产品。在脱溶时，为了保持大豆蛋白的低变性或未变性状态，脱溶器内的最高温度不得超过80℃，若在脱溶器内喷入100℃的直接蒸汽进行加热，也会造成蛋白质的大量变性，为此脱溶必须在真空状态下进行，在低温、低湿度情况下进行。这样得到的豆粕可作为各种蛋白质制品的原料，使大豆中的蛋白质得到充分的利用，从而提高豆粕的使用价值。

低温、真空脱溶装置基本上有两种，一种是卧式低温脱溶设备，另一种是管式闪蒸脱溶设备。

Blaw－Knox公司曾报道，真空脱溶器运转的最高温度为85℃，限定在77 ~88℃时最佳。按照这一条件，使用新大豆制得的大豆蛋白中的可溶性蛋白质含量保持在80% ~85%。在真空脱溶器脱溶过程中，蛋白质变性量约为2% ~3%，因此采取低温、真空脱溶技术，是保持蛋白质具有较高水溶性的良好方法。

闪蒸脱溶的原理就是利用过热的已烷蒸气与浸出后的湿粕接触，在极短的时间内使湿粕中的已烷挥发。由于接触时间短（最多也不过3 ~4min），尽管已烷过热蒸气的温度较高（一般在150℃以上），脱溶后的豆粕升温也不大，最高不过85℃，从无水蒸气介入，所以大豆蛋白质几乎无变性，蛋白质分散指数一般只比浸出粕低1% ~2%。

闪蒸脱溶一个最突出的问题是：溶剂蒸气的温度较高，且在设备内是强制循环，因此对设备的耐压性和密封性要求较高，既要防止溶剂外泄，又要防止空气漏入，以免造成爆炸事故。

二、脱腥豆粉加工

（一）脂肪氧化酶的性质和豆腥味产生机理

大豆中的脂肪氧化酶具有很大的活性。一般地说，脱皮脱脂豆粉中含有较多脂肪氧化酶，而更适合从大豆乳清中分离脂肪氧化酶。用原始方法制作的豆腐、豆乳制品中还有残余的脂肪氧化酶活性。当大豆水分低于14.7%时，它们仍能被保存下来。

脂肪氧化酶可氧化食品中的不饱和脂肪酸，产生不良的气味，导致食品的质量下降。由于脂肪氧化酶在低温下也能发挥作用，因此应特别加以注意。

脂肪氧化酶只与顺－顺式二烯的脂肪酸作用生成反应物，而与顺，反式或反，反式脂肪酸不发生作用，因此这类脂肪酸可作为脂肪氧化酶的抑制剂。

大豆脂肪氧化酶不需要金属离子的活化作用，也不需要辅基的活化作用。它不会被一些化合物例如氟化物、叠氮化合物、二乙基二硫代氨基甲盐等所抑制，而一般加入食品中的抗氧化剂对于脂肪氧化酶只有很小的抑制作用。

大豆中含有脂肪氧化酶，当这些氧化酶作用于游离的或酯化的多不饱和脂肪酸时会使大豆带腥味。大豆脂肪氧化酶的催化作用，主要表现在使含有顺－顺－1，4－戊烯体系的脂肪酸转化为1，3－顺－反－过氧化物及少量的9－顺－反－同分异构体。在自然氧化中，不饱和脂肪酸自发地吸收氧形成两类数量相当的13－及9－过氧化物。多不饱和脂肪酸中，主要是亚麻酸在氧化后产生腥味。

（二）脱腥豆粉加工

豆粉的脱腥，首先要在大豆的预处理中充分考虑脂肪氧化酶的钝化。减少豆粉中的豆腥味的问题可分为两个方面：一是防止豆腥味的产生，豆腥味一旦产生去除是很难的。脂肪氧化酶大多聚集在大豆表皮和子叶之间，去皮率越高，脱腥效果越好。在预处理阶段脱皮不但是为了提供优良的白豆片，也是脱腥的一部分，去皮率要达到90%以上。二是去皮后脂肪氧化酶的钝化，温度最好控制在65～70℃，停留时间为15min左右，这样大部分脂肪氧化酶能够得到钝化。另外，豆腥味是脂肪氧化酶和脂肪作用的结果，所以豆腥味的浓重也取决于豆粉中脂肪含量的多少。因此，浸出后低温豆粕的残油量也要严格控制，应在1%以下。在采取上述措施后，产品中还是有一些豆腥味，从豆粉中去掉豆腥味的方法如下：

（1）异硫氰酸酯能和大部分腥味物质结合，可以向脱脂豆粉中添加含有异硫氰酸酯的物质，如芥末粉、山芋粉等，添加量为脱脂豆粉重量的0.1%～5%。

（2）加热法：这是去除豆腥味简便可行的方法，加热产生的香味还可以掩盖部分豆腥味。另外，加热可以破坏胰蛋白酶抑制素和凝集素等有害因素，提高了豆粉的营养价值。一般温度不能太高，否则使大豆蛋白变性，氨基酸被破坏，NSI降低。一般采用蒸汽处理，可除去豆腥味。

三、不同溶剂处理的大豆蛋白的结构与性质

用各种溶剂处理大豆或未变性脱脂大豆粉，除掉溶剂后观察蛋白质的水溶性，发现用醇类等亲水性溶剂处理物料，蛋白质的水溶性降低。蛋白质变性受温度的影响显著；而用疏水性溶剂处理，如正乙烷、苯、三氯乙烯、三氯甲烷、四氯化碳等，即使在高温下，变性的程度也很低，见表9－7。

表9－7　各种溶剂处理大豆后水溶性氮量比例的变化

溶剂	处理温度/℃	处理时间/min	水溶性氮占总氮量比例/%
汽油	13～23	30	84.2
	60	5	75.9
苯	13～23	30	79.9
	60	5	60.3
乙醇	13～23	30	75.8
	60	5	49.9
甲醇	13～23	30	76.1
	60	5	15.1

续表

溶剂	处理温度/℃	处理时间/min	水溶性氮占总氮量比例/%
三氯乙烯	13~23	30	81.2
	60	5	76.0
四氯化碳	13~23	30	81.1
	60	5	75.0

亲水性溶剂，如甲醇、乙醇、丙醇等醇类和丙酮等对蛋白质变性影响较大。按体积分数计，以甲醇70%~90%、乙醇40%~60%、异丙醇30%~60%影响尤为显著。这种情况主要是由于在蛋白质分子的内部，存在由疏水性氨基酸残基紧密聚集的疏水性区域，其周围被亲水性的氨基酸残基包围；醇类分子中，疏水基和亲水基两者都存在。因此，醇类分子不仅能侵入分子外侧，也能侵入到内部的疏水性区域，从而破坏其结构。另一方面，由于大豆蛋白质分子的外侧有亲水基，所以疏水性溶剂不能侵入到内部，因此不能使其发生变性。乙醇对脱脂豆粕蛋白质的影响见表9-8。

表9-8 不同浓度乙醇处理脱脂豆粕后水溶性蛋白质的变化（水溶性氮占总氮量） 单位:%

抽出液pH	乙醇浓度（体积分数）/%										
	0	5	20	30	40	50	60	70	80	90	100
6.5（H_2O）	39.3	26.6	14.1	13.6	11.9	10.2	9.0	8.9	11.6	47.8	63.4
9.3（NaOH）	51.8	35.2		23.5	21.7	19.6	19.9	23.3	48.4	74.7	79.1

四、大豆浓缩蛋白和分离蛋白的加工

（一）大豆浓缩蛋白

大豆浓缩蛋白是从脱脂豆粉中除去低相对分子质量可溶性非蛋白质成分（主要是可溶性糖、灰分和各种气味成分等），制得的蛋白质含量在70%（以干基计）以上的大豆浓缩蛋白制品，大豆浓缩蛋白的原料以低变性脱脂豆粕为佳。

生产大豆浓缩蛋白就是要除去脱脂大豆粉中的可溶性非蛋白质成分。除去这些成分最有效的方法是水溶法。但在低温脱脂豆粕中，大部分蛋白质是可溶性的，为使可溶性的蛋白质最大限度地保存下来，就必须在用水抽提水溶性非蛋白质成分时使其不溶解。可溶性蛋白质的不溶解方法大体可分为两类：一是使蛋白质变性，通常采用的方法有热变性和溶剂变性法；二是使蛋白质处于等电点状态，这样蛋白质的溶解度就会降低到最低点。在大豆蛋白质不溶解条件下，以水抽提除去大豆蛋白原料中的非蛋白质可溶性物质，再经分离、冲洗、干燥即可获得蛋白质含量在70%以上的制品。

目前，工业化生产大豆浓缩蛋白的工艺主要有三种：

1. 稀酸浸提法

稀酸浸提法是根据大豆蛋白质溶解度曲线，利用蛋白质在pH=4.5等电点时其溶解度最低，用稀酸溶液调节pH，用水将脱脂豆粕中的低分子可溶性非蛋白质成分浸洗出来。

先将低温脱溶的豆粕进行粉碎（豆粕蛋白质含量在48%左右），用100目的筛过筛，加入10倍的水，于酸洗涤池内搅拌均匀，并连续加入浓度为37%的盐酸，调节溶液pH为4.5，搅拌1h。这时大部分蛋白质沉淀与粗纤维物形成固体浆状物，一部分可溶性糖及低分子可溶性蛋白质形成乳清液。将混合物搅拌后，由1#泵输入碟式自清式离心机中进行分离，分离所得的固体浆状物流入一次水洗池内，在此池内连续加水洗涤搅拌。然后由2#泵输入第二台碟式自清式离心机，分离出第一次水洗废液。浆状物流入二次水洗池内，在此池内进行二次水洗。再经3#泵输入第三台碟式自清式离心机中分离，除去二次水洗废液。浆状物流入中和池内，在此池加碱进行中和处理，再由4#泵送入干燥塔中脱水干燥，即得浓缩大豆蛋白产品，见图9-3。

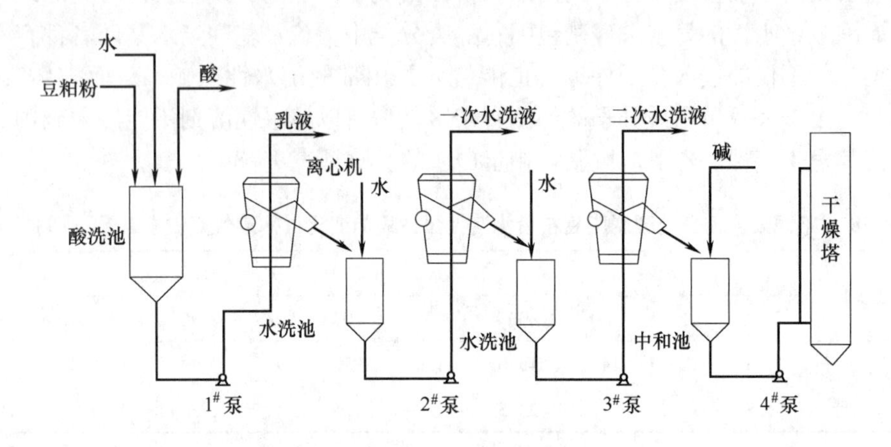

图9-3　稀酸浸提浓缩蛋白工艺流程

这种方法生产的大豆浓缩蛋白，色泽浅，异味小，蛋白质的NSI值高，功能性好，但需大量酸和碱，并排出大量含糖等营养物质的废水，从而造成后处理困难，有一定的蛋白质损失。

2. 乙醇浸提法

一定浓度的乙醇溶液可使大豆蛋白质变性，失去可溶性。根据这一特性，利用含水乙醇对豆粕中的非蛋白质可溶性物质进行浸出，剩下的不溶物经脱溶、干燥，即获得浓缩蛋白。

先将低温脱溶豆粕粉碎，用100目筛进行过筛，然后将豆粕粉由输送装置送入浸洗器中，该浸洗器是一个连续运行装置。从顶部连续喷入60%~65%的乙醇溶液，温度为50℃左右，流量按1:7质量比进行洗涤，洗涤粕中可溶性糖分、灰分及部分醇溶性蛋白质，浸提约1h，经过浸洗的浆状物送入分离机进行分离，除去乙醇溶液后，由1#泵输入真空干燥器中干燥，干燥后的浓缩蛋白即为成品。由浸洗器浸取出的醇溶性物质流入暂存池内，经2#泵送入乙醇蒸发器中进行一效蒸发，蒸发出的乙醇经第一个冷凝器回收。经一效蒸发后的乙醇糖液，由3#泵送入另一个蒸发器中进行二效蒸发，进一步除去乙醇，残液为可溶性糖分，可用作饲料。二效蒸发出的乙醇经第二个冷凝器回收。从两个冷凝器中回收的乙醇集中到暂存池中，出4#泵输入精馏塔中进行乙醇提纯。精馏的乙醇流入贮存池中，再由5#泵送入浸洗器中，如此构成乙醇循环使用系统，详见图9-4。

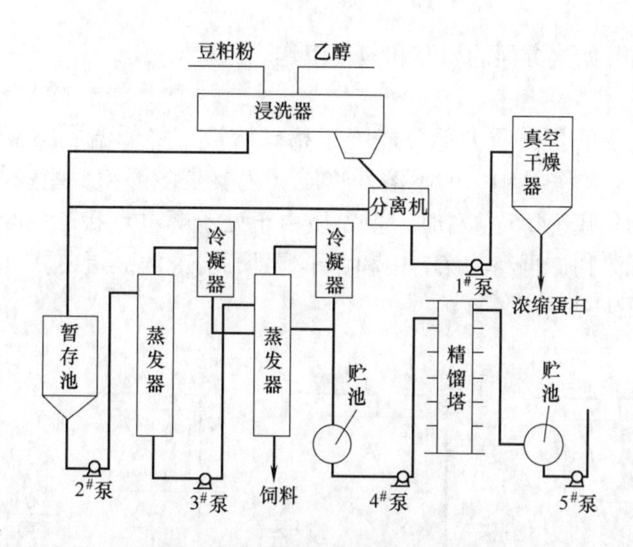

图9－4　乙醇浸提浓缩蛋白工艺流程

用这种方法生产的大豆浓缩蛋白，色泽浅，异味小，这主要是因为含水乙醇对豆粕中的呈色、呈味物质具有较好的浸出效果。但这种浓缩蛋白由于发生了变性，因此，功能性差，使用范围受到一定限制。此法生产中一个突出的问题是乙醇的回收，即浸提液一般要经过两次以上的蒸发精馏，乙醇的回收率对经济效益影响很大。

3. 湿热浸提法

利用大豆蛋白质对热敏感的特性，将豆粕用蒸汽加热或与水一同加热，蛋白质因受热变性而成为不溶性物质，然后用水把低分子量物质浸洗出来．分离除去。

工艺流程为：

豆粕→粉碎→热处理→水洗→分离→干燥→浓缩蛋白

先将低温脱溶豆粕粉碎，用100目筛进行筛分。然后将粉碎后的豆粕粉用120℃左右的蒸汽处理15min；或将脱脂豆粉与2～3倍的水混合，边搅拌边加热，然后冻结，放在－2～－1℃温度下冷冻。这两种均可以使70%以上的蛋白质变性而失去可溶性。

将湿热处理后的豆粕粉加10倍的温水洗涤两次，每次搅洗10min，然后过滤或离心分离。干燥可以采用真空干燥，也可以来用喷雾干燥。采用真空干燥时，干燥温度最好控制在60～70℃。采用喷雾干燥时在两次洗涤后再加水调浆，使其浓度在18%～20%，然后用喷雾干燥塔即可生产出浓缩大豆蛋白。这种方法生产的浓缩大豆蛋白，由于加热处理过程中有少量糖与蛋白质反应，生成一些呈色、呈味物质，产品色泽深、异味大，且由于蛋白质发生了不可逆的热变性，部分功能特性丧失，使其用途受到一定限制。加热冷冻的方法虽然比蒸汽直接处理法能少生成一些呈色、呈味物质，但产品得率低，蛋白质损失大，而氮溶解度指数也低。这种方法较少用于生产中。

（二）大豆分离蛋白

分离蛋白又名等电点蛋白，它是脱皮脱脂的大豆进一步去除所含非蛋白质成分后，所得到的一种精制大豆蛋白产品。与浓缩蛋白相比，分离蛋白中不仅去除了可溶性糖类，而且要求除去不溶性多糖，因而蛋白质含量高（不低于90%）。目前，国内外生产大豆分离蛋白仍以碱溶酸沉法为主，美国与日本等一些国家已开始试用超滤膜法和离子交换法，我国也已开始这方面的研究和应用工作。

1. 碱溶酸沉法

低温脱脂豆粕中的蛋白质大部分能溶于稀碱溶液。将低温脱脂豆粕用稀碱液浸提后，用离心分离可以除去豆粕中的不溶性物质（主要是多糖和一些残留蛋白质），然后用酸把浸出液的 pH 调至 4.5 左右时，蛋白质由于处于等电点状态而凝集沉淀下来，经分离可得到蛋白沉淀物，再经洗涤、中和、干燥即得分离大豆蛋白。

工艺流程如图 9－5 所示。

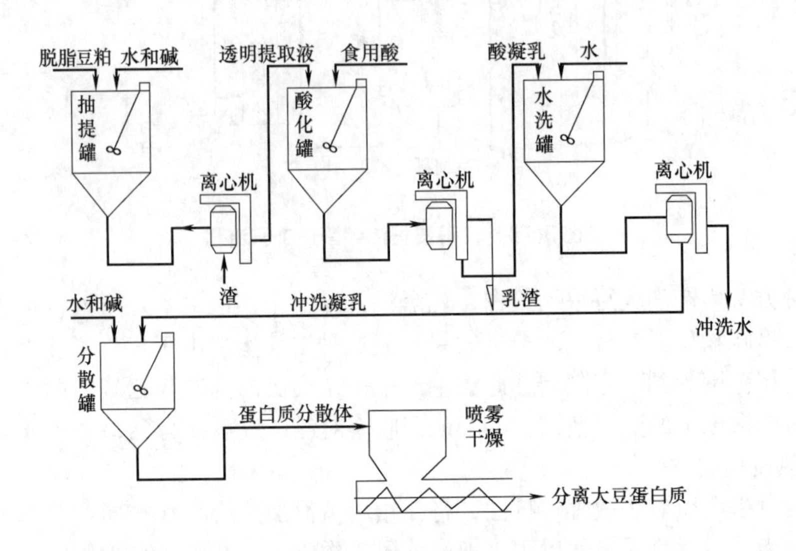

图 9－5　分离蛋白生产工艺流程

将低温脱脂的豆粕粉（要求豆粕无霉变、含皮量低、含杂少、蛋白质含量在 45% 以上、蛋白质分散指数高于 80%）加入为其质量 15 倍的水，湿度一般控制在 15～80℃，时间控制在 120min 以内。然后加 NaOH 溶液，将抽提液的 pH 调至 7～11，抽提过程需不断搅拌，搅拌速度以 30～35r/min 为宜。将物料送入离心分离机中，分离除去不溶性残渣。为增强离心分离机分离残渣的效果，可先将溶解液通过振动筛除去粗液。将经分离后的蛋白质溶解液加入盐酸溶液，调节 pH 为 4.5，大量蛋白质沉析出来。加酸时，需要不断搅拌，同时要不断测 pH。当全部溶液都达到等电点时，停止搅拌，静置 20～30min，使蛋白质能形成较大颗粒而沉淀下来，沉淀速度越快越好。一般搅拌速度为 30～40r/min。用离心机将酸沉下来的沉淀物离心脱水，弃去清液，固体部分用水进行洗涤，水洗后的蛋白质溶液 pH 在 6 左右。经洗涤的蛋白质浆状物送入离心机中除去多余的废液．固体部分流入分散罐内，加碱进行溶解，控制 pH 在 6.5～7.0，将分离大豆蛋白浆液在 90℃下加热 10min 或 80℃下加热 15min，这样不仅可以起到杀菌作用，而且可明显提高产品的凝胶性。将蛋白液用高压泵打入喷雾干燥器中进行干燥，浓度一般控制在 12%～20% 之间，因浓度过高，黏度过大，易阻塞喷嘴，使喷雾塔工作不稳定，浓度过低，产品颗粒小，比体积过大。

上述碱溶酸沉工艺可以有效提纯蛋白质含量至 90% 以上，而且产品质量好、色泽也浅。该工艺简单易行，但酸碱消耗较多，成本也高。分离出的乳清液含低相对分子质量蛋白质，回收成本高。

2. 超滤法

超滤技术是19世纪70年代发展起来的新技术，又称作超滤膜过滤技术，简称膜过滤技术，最初应用于水的分离方面，如海水脱盐淡化。用于植物蛋白的制取虽起步较晚，但也已进入中试规模的应用阶段。

应用膜过滤技术制取大豆蛋白，其原理是基于纤维质隔膜的大小不同的孔径，以压差为动力使被分离的物质小于孔径者通过，大于孔径者滞留。最小孔径可达1μm左右，因而有较好的分离效果。

分离大豆蛋白的超滤处理有两个作用，即浓缩与分离。由于超滤膜的截留作用，大分子蛋白质经过超滤可以得到浓缩，而低分子可溶性物质则可随超滤液进一步被滤出。

超滤反渗透膜技术制取大豆分离蛋白的典型流程包括两次微碱性溶液（pH9）浸泡浸出、离心分离、水稀释、超滤、反渗透以及干燥等，操作条件已在图9-6中列出。

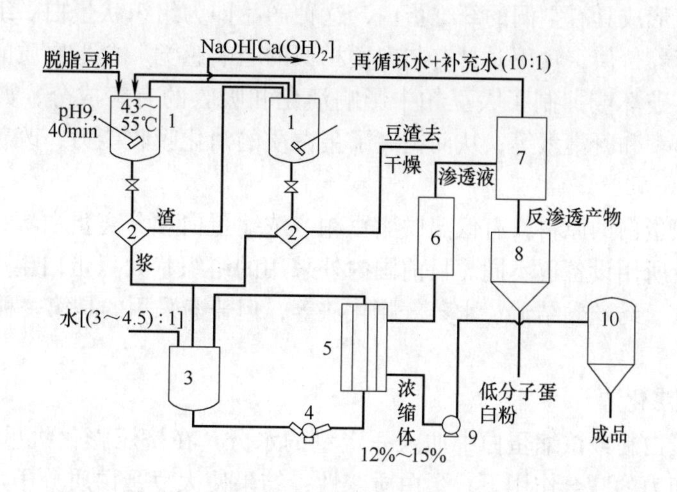

图9-6 超滤反渗透膜技术制取分离蛋白典型流程

1—浸出器 2—离心机 3—暂存稀释罐 4—循环泵 5—超滤膜 6—流量计 7—反渗膜 8—干燥器 9—高压泵 10—喷雾干燥器

这种工艺的特点是，它不需要经过酸沉和中和工序，利用此技术可以除去或降低脂肪氧化酶在蛋白中的含量，可以分离出植酸等微量成分，因而产品内含植酸量少、消化率高、色泽浅而无咸味，质量较高。同时，应用超滤和反渗透技术回收浸出液中的低分子产物，且废水能够得到循环使用，这样就不存在污染的问题。目前，膜过滤技术已进入应用阶段，有待进一步扩大到生产上应用。

3. 离子交换法

离子交换法生产大豆分离蛋白的原理与碱溶酸沉法基本相同。其区别在于离子交换法不是用碱使蛋白溶解，而是通过离子交换法来调节pH，从而使蛋白质从饼粕中溶出及沉淀而得到分离蛋白。

离子交换法工艺流程如下：

原料豆粕→粉碎→加水调匀→阴离子交换树脂提取→固液分离→阳离子交换树脂处理→酸沉→分离→打浆→回调→喷雾干燥→大豆分离蛋白

将粉碎的脱脂豆粕放入水抽提罐中，以（1∶8）~（1∶10）比例加水调匀，送入阴离子交换树脂罐中，抽提罐与阴离子交换树脂罐之间，其提取被循环交换，直至 pH 达到9以上即停交换。提取一定时间后，要进行除渣。再将浸出液送入阳离子交换罐中进行交换处理，方法与阴离子交换浸提相似，待 pH 降至6.5～7.0时，停止交换处理。余下工序与碱溶酸沉法一样。这种工艺生产的大豆蛋白质纯度高、灰分少、色泽浅，但生产周期过长，目前尚处于实验阶段，有待于进一步开发和应用。

五、大豆蛋白组织化加工

组织状大豆蛋白又称人造肉，它的制取是采用一种机械和化学的方法，在特殊的专用设备里改变大豆中蛋白质的组织形式。在脱脂大豆粉、浓缩蛋白或分离蛋白中，加入一定量的水分及添加物，搅拌混合均匀，强行加温、加压，物料受到水分、压力、热和机械剪切力的联合作用，使蛋白质分子之间排列整齐且具有同方向的组织结构，再经发热膨化并凝固，形成具有空洞的纤维蛋白，这种产品即为组织状蛋白。组织状大豆蛋白质具有较高的营养价值，食用时具有与肉类相似的咀嚼感觉。含蛋白质的原料在组织化处理的过程中，破坏或抑制了大豆粕中影响消化和吸收的有害成分，如胰蛋白酶抑制素、尿素酶、皂素和凝集素等，从而提高了蛋白质的消化吸收能力，改善了组织状蛋白的营养价值。

生产组织状蛋白的原料，有低温脱脂豆粕、浓缩蛋白和分离蛋白等，所用的原料不同，生产方法及所用设备也不同。目前国内外采用的组织状大豆蛋白生产方法很多，主要有挤压膨化法、纺丝黏结法、水蒸气膨化法等，但普遍采用的是第一种方法。

（一）挤压膨化法

脱脂大豆蛋白粉或浓缩蛋白中加入一定量的水分，在挤压膨化机里强行加温加压，在热和机械剪切力的联合作用下，蛋白质变性，结果使大豆蛋白质分子定向排列并致密起来，在物料挤出瞬间，压力降为常压，水分子迅速蒸发逸出，使大豆组织蛋白呈现层状多孔而疏松的结构，外观显示出类似于动物肉的组织状结构。

脱脂大豆蛋白粉产生组织化结构的重要原因是蛋白质本身结构发生变化。当脱脂豆粉进入挤压膨化机膛内，在螺杆的强力推动及机膛外加热作用下，蛋白质获得很大的能量，蛋白质分子在自身位置附近作强烈的振动，并具有一定的动能，使本不连续的分子开始向空隙外互相串动，使分子趋于定向排列，同时在螺杆的强力推动下，物料向前移动并被逐渐压缩，机膛内压力逐渐升高，蛋白质分子中的碳、氢、氧、氮原子获得更大的能量，由β－折叠层而变为α－螺旋结构，在定向挤压与蛋白质分子的定向移动下，分子排列也更加致密起来。

物料中的水在蛋白质组织化过程中起到了很重要的作用。由于蛋白质本身含有水及配料时加有水，蛋白质分子细胞由于水分子的渗透而润湿膨胀，其细胞壁显示出互相聚集的胶粒性，大豆蛋白质分子之间出现粘结现象。物料在螺杆的推动下，温度逐渐升高，当物料温度达到120～140℃时，由于机膛压力大，此时过热液态水分子异常活泼，在水分子串动过程中，一部分能量供给大豆蛋白质分子，其互相碰撞而进行窜移。当物料温度达到150～190℃时，水分子窜动更为激烈，结果进一步导致大豆蛋白质分子定向排列并致密起来。在物料挤出的瞬间，压力突然降为常压，则水分子急骤蒸发，使大豆组织蛋白多孔而疏松。

1. 一次膨化法

图 9－7 为生产大豆组织蛋白的典型工艺。

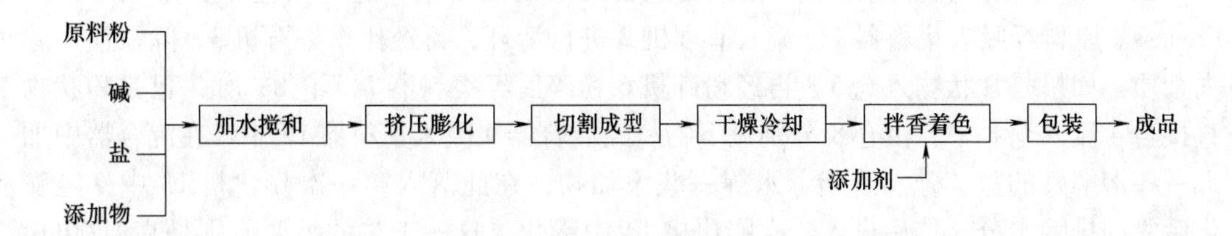

图 9－7　大豆组织蛋白的生产工艺

如图 9－8 所示，经过粉碎的低温脱溶豆粕经过原料粉贮罐 1、定量输送绞龙 2、封闭喂料阀 3，由压缩机 4 送入集粉器 5，物料由料斗 6、喂料绞龙 7、流到膨化机 10。必要时在绞龙 7 内加适量水分进行调节，一般加水量为 20%～30%。为改善产品的营养价值、风味及口感，在膨化前后可以适当添加一些盐、碱、磷脂、色素、漂白剂、香料及维生素 C、B 族维生素、氨基酸等。大部分添加物一般先溶解到调和缸 8 内，然后，由定量泵 9 打入膨化机（或先经喂料绞龙 7 再送入膨化机内）。另一些添加物如色素、香料、维生素等，需在物料膨化后再加入，因为这些物料在高温条件下易发生变化或挥发。

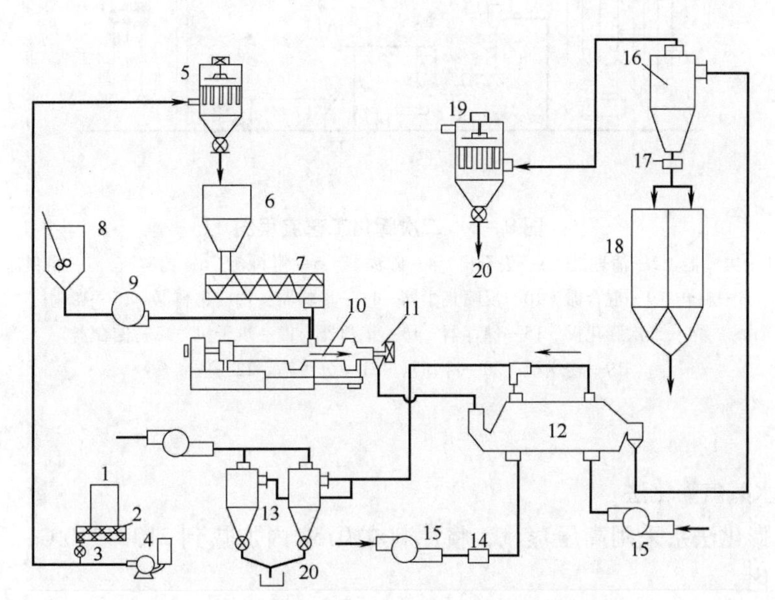

图 9－8　大豆组织蛋白生产一次膨化工艺

1—原料粉贮罐　2—绞龙　3—封闭喂料阀　4—压缩机　5—集粉器　6—料斗　7—喂料绞龙　8—调和缸　9—定量泵　10—膨化机　11—切割刀　12—干燥冷却器　13—集尘器　14—热交换器　15—风机　16—成品收集器　17—金属探测器　18—成品罐　19—集尘器　20—去集粉罐

2. 二次膨化法

将经过膨化的蛋白制品再继续进行一次膨化，这样物品无论从口感和营养上来说，更近似于肉制品。因此，此法广泛用于仿肉制品的生产。

图 9－9 介绍了美国温格尔膨化机制造公司研制的工艺，这一工艺命名为 Uni－Tex Process。原料经吸入集料器 1，流入清理机 2 进行清理，再经比重去石机 3、除铁器 4 除去杂质。如果是片状物入仓 5，再经粉碎机 6 粉碎后经集料器 7 入仓 8；如果已是粉状物直接自 4 流入仓 8 中，由仓 8 分别流下物料经混合器 9 吸入集料器 12 中。在混合器中加入一些溶解好的盐、碱、磷脂、水等一些添加物，在此落入第一次膨化机 13 中，经膨化后立即排除水分，然后进入二次膨化机 14 中膨化。这一工艺的主要原则是高温/快速膨化制取各种不同的类肉制品。膨化后经设备 15、16 入烘干机 17 及冷却器 20，脱除水分并冷却，然后再根据要求分级包装。

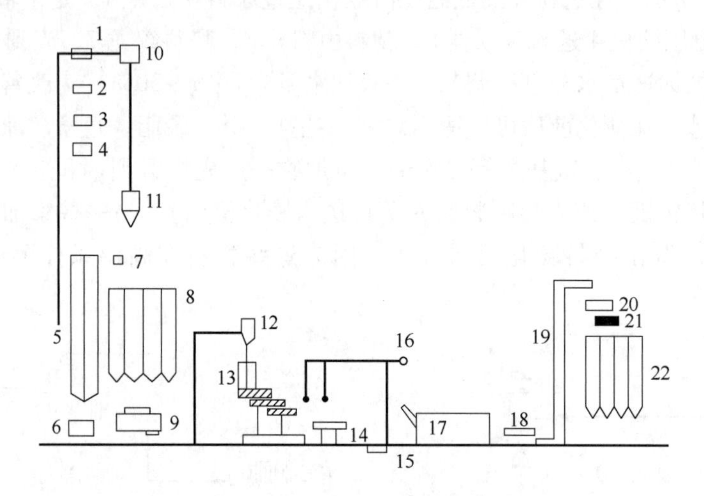

图 9－9　二次膨化工艺流程图

1—集料器　2—清理机　3—去石机　4—除铁器　5—粗料仓　6—粉碎机　7—集料器
8—料仓　9—混合器　10—反喷集尘器　11—集料器　12—集料器　13—膨化机
14—二次膨化机　15—储存器　16—集料器　17—烘干机　18—储存器
19—输送机　20—冷却器　21—分级筛　22—成品仓

（二）水蒸气膨化法

水蒸气膨化法系采用高压蒸汽，将原料在 0.5s 内加热到 210～240℃，使蛋白质迅速变性组织化。

水蒸气膨化法工艺流程见图 9－10。

水蒸气膨化法生产一次膨化组织状蛋白，先用风机将低温脱脂粕粉吸入暂存料斗 1，然后经容积式计量喂料器 2 把粕粉均匀地送入混合器 3 中，并在混合器内加入适量的水分、色素、香料、营养强化物等，使其与料均匀混合，再落入蒸汽组织化装置 4 中进行膨化。膨化机所用的过热蒸汽温度为 210～240℃，压力在 1MPa 以上。膨化后的组织状蛋白进入旋风分离器 5，在此排除废蒸汽，再落入切碎机 6，切割成标准大小的颗粒体，即为组织状蛋白制品。

本工艺的特点是用高压过热蒸汽加压加热，在较短时间内促使蛋白质分子变性凝固化，能明显地除去原料中的豆臭味，以保证产品质量。同时，产品水分含量只有7%～10%，这样就节省了干燥装置，简化了工艺过程。

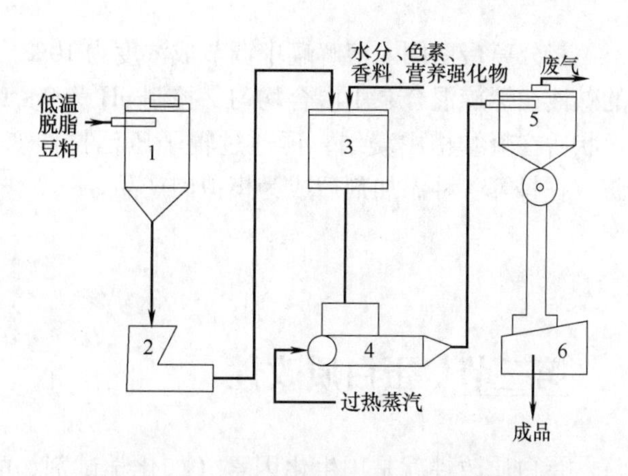

图9－10　水蒸气膨化法生产工艺流程

1—暂存料斗　2—容积式计量喂料器　3—管式混合器
4—蒸汽组织化装置　5—旋风分离器　6—切碎机

（三）纺丝黏结法

纺丝黏结法生产组织化大豆蛋白是以大豆蛋白纤维的制作为基础。生产原理是将高纯度的大豆分离蛋白溶解在碱溶液中，大豆蛋白质分子发生变性，许多次级键断裂，大部分已伸展的次级单位的存在，形成具有一定黏度的纺丝液。将这种纺丝液通过有数千个小孔的隔膜，挤入含有食盐的醋酸溶液中，在这里蛋白质凝固析出，在形成丝状的同时，使其延伸，并使其分子发生一定程度的定向排列，从而形成纤维。纤维的粗细、软硬，可以根据不同的食品进行调整。如果将蛋白纤维用黏合剂黏结压制，就得到似肉状的组织化大豆蛋白。

首先把分离大豆蛋白用稀碱液调和成蛋白质10%～30%的浓度，pH为9～13.5的纺丝液，纺丝液黏度直接影响着产品的品质。一定条件下，纺丝液的黏度越大，可纺丝性越好，而其黏度主要取决于蛋白质的浓度、加碱量、老化时间及温度。一般情况下，纺丝操作应在调浆后1h内完成。经调浆后老化的喷丝液，经喷丝机的喷头被挤压到盛有食盐和乙酸溶液的凝结缸中，蛋白质凝固的同时进行适当的拉伸，即可得到蛋白纤维。纺丝粘结法大豆组织蛋白生产工艺流程见图9－11。

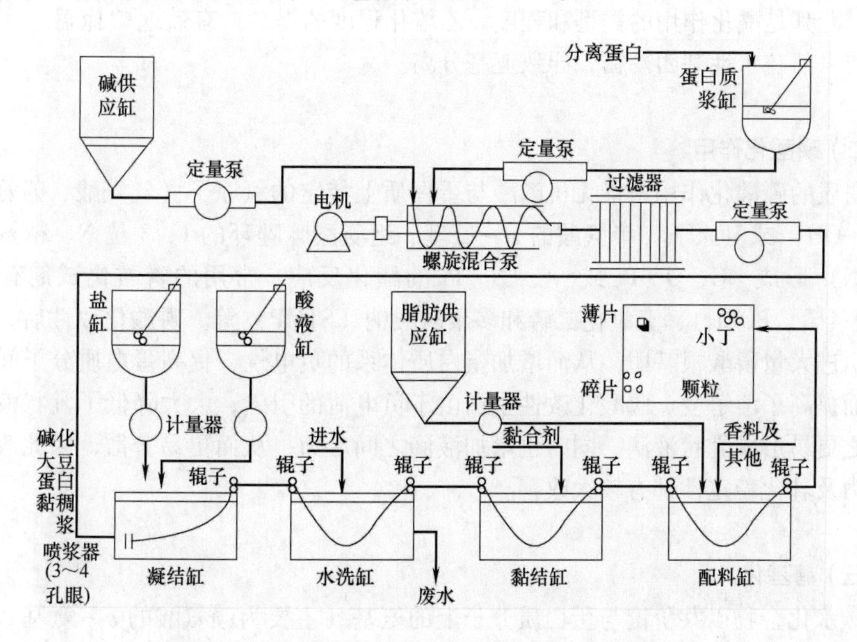

图9－11　纺丝黏结法大豆组织蛋白生产工艺流程图

将分离蛋白倒入溶解罐中调节成浓度为10% ~30%的纺丝液，与从碱液罐中定量出的碱液在螺旋混合泵中混合均匀，控制 pH 为9~13.5，而后通过过滤器进入喷浆器喷成丝状后在凝结槽中凝结，再通过辊子压延拉伸变细，经水洗、黏结成型，最后抹涂脂肪、香料等各种添加剂后成为模拟肉产品。

第三节　蛋白质改性

蛋白质改性就是用生化因素（如化学试剂、酶制剂等）或物理因素（如热、射线、机械振荡等）使其氨基酸残基和多肽链发生某种变化，引起蛋白大分子空间结构和理化性质的改变，从而获得具有较好功能特性和营养特性的蛋白质。

一、化学改性

（一）酰化

蛋白质的酰化作用是蛋白质分子的亲核基团（例如氨基或羟基）与酰化试剂中的亲电子基团（例如羰基）相互反应，而引入新功能基的过程。琥珀酸酐和乙酸酐是最常使用的酰化试剂。

$$\text{Ⓟ—NH}_2 + \text{X(O=)C—R} \longrightarrow \text{Ⓟ—NH—C(=O)—R} + \text{HX}$$

目前，酰化作用已被用于多种蛋白质的改性。酰化后的蛋白质分子表面电荷下降，多肽链伸展和空间结构改变，导致分子柔韧性提高，从而增加了蛋白质的溶解性、持水持油性、乳化性和发泡性，改善了蛋白产品的风味。特定功能特性的改善程度取决于反应条件，尤其是酰化作用的类型和程度。乙酰化程度的提高，有效地“掩盖”了赖氨酸残基，使内部疏水性基团暴露，导致亚基分离。

（二）磷酸化作用

蛋白质的磷酸化作用是指无机磷酸与蛋白质上特定的氧原子（丝氨酸、苏氨酸、酪氨酸的—OH）或氮原子（赖氨酸的 ε - 氨基、组氨酸咪唑环的1，3位N、精氨酸的胍基末端N）形成—C—O—Pi 或—C—N—Pi 的酯化反应。常用的磷酸化试剂有磷酰氯（即三氯氧磷，$POCl_3$）、五氧化二磷和多聚磷酸钠（STMP）等。磷酸化改性后，蛋白质中由于引进大量磷酸根基团，从而增加蛋白质体系的负电性，提高蛋白质分子间静电斥力，因而提高了溶解度。磷酸化改性蛋白由于负电荷的引入，大大降低了乳状液表面张力，使之更易形成乳状液滴，同时也增加液滴之间斥力，从而更易分散，因此改性蛋白乳化能力及乳化稳定性都有较大改善。

（三）糖基化

将碳水化合物以共价键与蛋白质分子上的氨基（主要为赖氨酸的 ε - 氨基）或羧基

相结合的化学反应（包括美拉德反应），称之为蛋白质的糖基化作用。这种方法，也被广泛用来提高蛋白质的功能特性。

Kitabatake 等以葡萄糖酸或 6 - *O* - α - 半乳糖 - D - 葡萄糖酸作为糖基供体，在键合试剂存在的条件下对乳球蛋白的氨基进行了糖基化。合成的糖基化蛋白在较低的离子强度或天然乳球蛋白的等电点 pH 仍表现出较高的溶解性。同时，糖基化也提高了蛋白质的热稳定性。并且，随着糖基化程度的提高，糖基化蛋白质的功能特性也随之提高。Courthaudon 等进一步以多种单糖或双糖作为糖基供体，对牛酪蛋白 Lys 的 ε - 氨基进行糖基化也发现，所有类型的糖基化蛋白于等电点 pH 范围的溶解性皆有提高，并且溶解能力取决于糖配基的类型和相对分子质量。糖配基相对分子质量越大，糖基化蛋白的溶解能力也越大。葡萄糖基化和半乳糖基化程度高的酪蛋白黏度也增加了。Kato 将葡萄糖 - 6 - 磷酸通过美拉德反应而与卵清蛋白的自由氨基相连，导致卵清蛋白酸性提高，溶解性增强，抵抗热凝聚的作用提高。

二、酶法改性

（一）共价交联

转谷氨酰胺酶（TGase）、过氧化物酶（POD）和多酚氧化酶（PPO）能使蛋白质产生交联作用。

TGase 能催化酰基转移反应，使伯胺与一定的蛋白质或多肽链的谷氨酰胺侧链的酰胺基相互作用，从而产生改性蛋白质和氨，提高了蛋白质的营养价值。

$$\text{Glu—CONH}_2 + \text{RNH}_2 \xrightarrow[\text{Ca}^{2+}]{\text{TGase}} \text{Glu—CONHR} + \text{NH}_3$$

这种共价结合作用对蛋白质的强化效果要好于机械式的添加作用，因为此种通过共价键结合而增补的氨基酸，在食品加工、贮藏、蒸煮过程中是稳定的。

采用酸或蛋白酶对大豆蛋白进行预处理，然后再用 TGase 催化其聚合反应。所得的聚合物虽然有很大的相对分子质量，但是由于其表面疏水性的下降，其在水中是可溶的；并且，其乳化性、发泡性均有提高（乳化性提高更为显著）。同时，酸解或酶解液的苦味也因 TGase 催化的聚合反应而减少。

用 POD/H_2O_2处理不同的蛋白质，可使其酪氨酸残基氧化为二酪氨酸和三酪氨酸。将 POD/H_2O_2添加到小麦面粉中，可提高面团的形成能力和烘焙能力。其机制可能在于过氧化物酶催化了酚和其氧化产物醌及蛋白质氨基的交联反应。

PPO 可提高小麦面团的筋力，这是通过氧化巯基得以实现的。PPO 可使食品中的酪氨酸残基和酚类化合物氧化为相应的醌。PPO 也能与半胱氨酸、赖氨酸、组氨酸和色氨酸残基反应，从而减少了必需氨基酸含量；同时，交联后的蛋白质也不利于酶的消化水解作用。所以，PPO 降低了蛋白质的营养价值。

（二）蛋白质水解

蛋白酶水解蛋白质也能改变蛋白质的空间结构。一般说来，大豆蛋白经部分水解后，可提高溶解性、分散性、乳化性及发泡性等性质，目前已供工业化利用制成发泡性良好的大豆蛋白产品。蛋白质水解酶的另一用途就是利用其 plastein 反应，将某些欠缺的必需氨基酸导入蛋白质分子中，或予以重组，制成特定用途的蛋白质食品。详见第四节蛋白质酶水解工艺。

除此之外，酶法改性还可以利用其它的酶，如脂肪氧化酶、蛋白质磷酸化激酶及磷蛋白脱磷酯酶等。酶的改性方法虽然比化学改性方法有反应条件温和，且毒性较少的优点，但因酶的来源不易且价格昂贵，对经济可行性而言，目前除蛋白质水解酶外，大部分均无法提供工业上应用。

三、物理改性

物理改性就是利用热能，机械能，或者压力对蛋白质进行改性。例如，热处理可使蛋白质凝胶或凝聚，增加溶解度；利用超声波能提高热变性或醇变性大豆蛋白的提取率等。物理改性具有费用低、无毒副作用、作用时间短及对产品营养性能影响小等优点。

（一）热改性

热改性是指蛋白质在一定温度下加热一定时间，使其发生改性的方法。研究表明热改性对大豆蛋白的溶解性、黏性、凝胶性、乳化性及其稳定性均有不同程度的影响。天然蛋白质靠分子中的氢键、离子相互作用、疏水相互作用、二硫键等来维持其稳定的结构。通过加热等处理会破坏这些相互作用，使蛋白质亚基解离，分子变性，分子内部的疏水基团、巯基暴露出来，分子间的相互作用加强，同时分子内的一些二硫键断裂，形成新的巯基，巯基在分子间再形成二硫键，形成立体网络结构，并改变蛋白质的其它功能性质。

（二）机械改性

机械改性一般与热改性同时进行效果较好，机械力使蛋白质在高速运动的条件下受到剪切、碰撞等外力的作用，蛋白质的次级键断裂，再经高温作用，使蛋白质分子重组，转变为大分子结构，类似于天然蛋白质结构，恢复了蛋白质原有的一些功能特性，但该结构与未经加工的蛋白质结构仍有一定区别，各种功能性也有所不同。

利用高温均质对大豆蛋白进行改性，蛋白质高温时加速溶解，蛋白质分子随之热变性并形成聚集体。但由于高速均质产生的剪切和搅拌作用，流体中任何一个很小的部分都相对于另一部分作高速运动，巯基（—SH）和二硫键（—S—S—）基团之间无法正确取向并形成二硫键，防止了聚集体的进一步聚合。然而在蛋白聚集体内，蛋白分子位置相对固定，有利于聚集体内二硫键的形成，反过来又降低了—SH 浓度及聚集体形成二硫键，使改性大豆蛋白的分子聚集体有一疏水核心，外层被亲水基团包围，类似于天然可溶性蛋白分子结构。加热－均质处理后，蛋白分子模式发生了很大变化，非共价键基本消失，而共价键成为主要作用力。高温均质通过减少不溶性蛋白质内键能较低的非共价键增加溶解度。增溶后，广泛分布于蛋白分子间的作用力集中在分子聚集体内，而聚集体间的作用力减弱。Ker. Y. C. 和 Chen T. H. 报道了剪切力导致结构改变后，对其凝胶性的影响，并且指出剪切引起的大豆球蛋白中疏水基团的暴露，有利于凝胶网络的形成，从而提高了大豆分离蛋白的凝胶性。而在大豆分离蛋白加热形成凝胶的过程中，适当提高加热温度有利于提高凝胶的透明性；超高压均质处理也会使大豆分离蛋白的结构发生变化，而单纯的超高压处理得到的凝胶强度随着大豆分离蛋白质量分数的增大、温度及处理压力的增高而增高，同热处理相比超高压处理得到的大豆分离蛋白凝胶强度更高，且凝胶外观更加平滑、细致。

（三）声波改性

超声改性主要通过超声空化对溶液中悬浮的蛋白粒子产生强烈振荡、膨胀及崩溃作用，打断蛋白质的四级结构，释放小分子亚基或肽，提高大豆蛋白的溶解性，其作用与机械改性相似。

不同超声处理时间和功率以及在不同 pH 和离子强度下超声处理对大豆蛋白有不同程度的影响。

第四节　蛋白质酶水解工艺

一、蛋白质酶水解基本理论

蛋白酶可以催化肽键的裂解反应，根据 Svendsen 的观点，酶催化过程可分为以下三个阶段：

（1）肽键与蛋白酶形成米氏复合物；

（2）肽键断裂并释放出其中一个肽；

（3）亲核试剂攻击剩余的复合物部分，释放另一个肽及酶分子。

在水溶液中，蛋白质的酶水解可以下面的反应方程表示：

$$E + S \xrightarrow{K_1} ES \xrightarrow{K_2} EP + H - P' \xrightarrow{K_3} E + P - OH + HP'$$

由于蛋白质水解时总是伴随质子的释放与吸收。如果反应时 pH 在氨基和羧基的 pK 值范围之外，而反应体系维持 pH 恒定，则必须随时加入一定量的酸或碱。pH 一定时（例如 pH 8），加碱当量数与水解肽链当量数成正比关系，比例常数即为 NH_3 的解离常数 α。

$$\alpha = \frac{10^{8.0-7.7}}{1+10^{8.0-7.7}} = 0.666$$

上述现象构成了 pH－stat 方法的理论基础，该法可以连续跟踪反应中蛋白质水解度的变化。如果水解反应发生在羧基和氨基的 pK 范围之内，虽然 pH－stat 方法在理论上仍适用，但由于 α 值较小，降低了测定精度。在这种情况下，应使用渗透压法。

蛋白质水解过程中被裂解的肽键数 h（mmol/g 蛋白质）与给定蛋白质的总肽键数，h_{tot}（mmol/g 蛋白质）之比称为水解度（DH）。

$$DH = \frac{h}{h_{tot}} \times 100\%$$

显然，水解反应中被裂解的肽键数最能反映蛋白酶的催化性能，因而比其他的蛋白质水解度定义方法（如 TCA 溶解度指数）更准确。从 DH 可以按以下方法进一步计算水解蛋白平均肽链长度（PCL）：

$$DH = \frac{n-1}{PCL_0 - 1} \times 100\%$$

其中 PCL_0 为水解前底物蛋白质的肽链长度。因为 $PCL_0 = n \times PCL$，因此：

$$DH = \frac{\frac{PCL_0}{PCL} - 1}{PCL_0 - 1} \times 100\% = \frac{\frac{1}{PCL} - \frac{1}{PCL_0}}{1 - \frac{1}{PCL_0}} \times 100\%$$

典型的食品蛋白质（亚基）的分子量（M_W）为 25000 ~ 40000，即 PCL_0 为 200 ~ 300，或 $1/PCL_0 \approx 0$，因此上式可简化为：

$$DH = \frac{1}{PCL} \times 100\% \quad 或 \quad PCL = \frac{100}{DH\%}$$

蛋白酶的天然底物是蛋白质。目前最普遍的蛋白质含量定义方法是凯氏定氮法，蛋白质含量 $= N \times f_N$ 其中 f_N 是转换系数。对于不同来源的食品蛋白质，其转换系数也不同，但从 DH 的定义可知，f_N 不影响 DH 的计算。另一方面，总肽键数 h_{tot} 是 1 克（$N \times f_N$）样品中各种氨基酸的毫摩尔数（mmol）加和后所得，因此 h_{tot} 与 f_N 有关，表 9 - 9 列出了一些常见食品蛋白质的 f_N 和 h_{tot} 的推荐值。

表 9 - 9　　一些食品蛋白质的凯氏转换系数及肽键含量

蛋白质原料	凯氏转换系数（f_N）	h_{tot}/（mmol/g）	蛋白质原料	凯氏转换系数（f_N）	h_{tot}/（mmol/g）
酪蛋白质	6.38	8.2	鱼蛋白质	6.25	8.6
乳清浓缩蛋白质	6.38	8.8	大豆蛋白质	6.25	7.8
肉类蛋白质	6.25	7.6	小麦蛋白质	5.7	8.3
血球蛋白质	6.25	8.3	玉米蛋白质	6.25	9.2
胶原蛋白质	5.55	11.1			

蛋白酶的来源可分为动物、植物和微生物三类，作用方式可分为内肽酶和外肽酶两种，常用的食品蛋白酶主要是内肽酶。用于食品蛋白质水解的内肽酶按照其活性中心可分为 4 种，即丝氨酸蛋白酶、半胱氨酸蛋白酶、金属蛋白酶和天冬氨酸蛋白酶。作为商品的食用蛋白酶制剂通常是液体或固体颗粒，用酶反应初速率表示酶制剂的活力大小，单位是 IU（国际单位），1IU 定义为在规定条件下，每分钟转化 1μmol 底物所需要的酶的量。对于蛋白酶，1IU 酶活力相当于反应初速率为每分钟水解 1μmol 肽键。

对于一个由酶和底物组成的体系，只有在给出酶反应参数的情况下才能对其状态完整地描述。这些参数包括：底物浓度 [S]、酶 - 底物比 E/S、pH 以及温度 T。酶反应参数决定了蛋白质水解的速度和水解产物的性质。

底物浓度 [S] 是反应开始时，体系中底物所占的重量百分比。在蛋白质水解中，[S] 即为蛋白质的重量百分数。然而，由于蛋白质和最初的水解产物（肽）都可以是酶反应的底物，因此，“真实的”底物浓度很难准确估计。

相对于酶浓度而言，酶 - 底物比（E/S）可以更准确地表征酶反应速率，因为在大规模蛋白质酶水解时，底物是大大过量的，因而反应速率与 E/S 成正比。

在水解开始时，DH = 0，随着水解反应的进行，DH 沿着一向下弯曲的曲线平滑地增加，这一曲线描述了 DH 与水解时间的关系，称为水解曲线。与 DH 的增加相对应，蛋白质的其他性质也发生变化，例如蛋白质溶解度指数（PSI），TCA 指数（可溶性蛋白质)，平均肽链长度（PCL）等。

二、蛋白质酶水解的基本方法

图 9－12 所示为 pH－stat 间歇式水解反应装置。

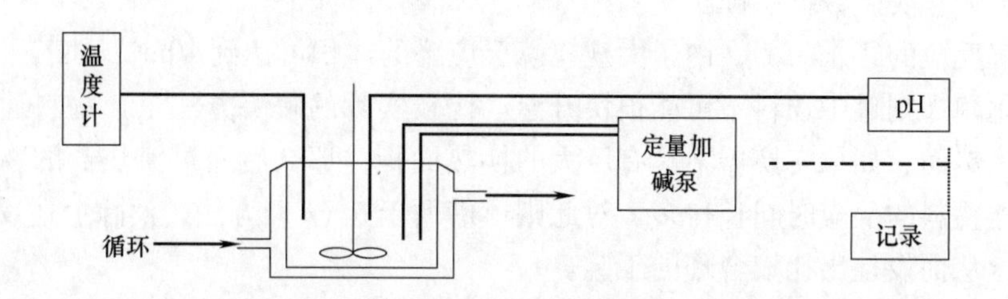

图 9－12 pH－stat 间歇式水解反应装置示意图

一般来说，如果搅拌情况良好，蛋白水解反应与反应器的大小无关。反应可自发地进行，体系中密度及热焓的变化可忽略不计，而质量传递以及快速升温等工程问题仅与维持 pH 恒定以及结束反应有关。实验室规模与工业级大规模蛋白质水解的主要区别在于水解结束后，产物的分离、回收和精制。因此，从理论上讲，图 9－12 所示水解装置同样适用于工业级蛋白质水解。

水解所需要控制的参数包括：体系总的质量 m（g 或者 kg）；底物浓度［S］（%）；酶－底物比 E/S（酶活单位/kg）；pH；和温度 T（℃）。

以水解大豆蛋白制取等电点可溶大豆蛋白水解物（ISSPH）为例，采用 Alcalase 蛋白酶，用 pH－stat 控制水解进度，水解参数如下：$S=8\%$（$N\times6.25$）；$E/S=12\sim24$AU/kg；pH＝8.0；$T=50\sim55$℃。水解结束时 DH＝10%～14%。

如采用 pH－stat 方法，DH 可根据下式得到：

$$\mathrm{DH}=B\times N_{\mathrm{b}}\times\frac{1}{\alpha}\times\frac{1}{m_{\mathrm{p}}}\times\frac{1}{h_{\mathrm{tot}}}\times100\%$$

式中 B——碱消耗量，mL 或 L

N_{b}——碱浓度，mol/L

α——$\alpha-NH_2$的平均电离度

m_{p}——蛋白质的质量（$N\times6.25$）

如采用渗透压法，则首先测出冰点下降值，即ΔT，再根据公式算出渗透度的变化，即ΔC，最后算出 DH，算式如下

$$\Delta T=K_{\mathrm{f}}\times\Delta C$$

$$K_{\mathrm{f}}=1.86\mathrm{K/mol}$$

$$\mathrm{DH}=\frac{\Delta C}{S\%\times f_{\mathrm{osm}}}\times\frac{1}{\omega}\times\frac{1}{h_{\mathrm{tot}}}\times100\%$$

式中 ω——渗透压系数

f_{osm}——将 $S\%$ 转化为 g/kg 水的转换因子

三、利用θ（h）方法控制水解大豆蛋白的功能性质

蛋白质水解工艺过程的设计需要解决的重要技术问题包括：水解反应过程本身的控

制、过程物料的平衡、关键影响因素的鉴别以及合适工艺设备的选择。在工业化规模的蛋白质水解中，关于水解参数可能遇到以下两方面问题。首先，它们无法像在实验室里那样得到精确的控制；其次，为了获得最佳工艺条件，必须对水解参数作相当大的改动。θ（h）方法则是专门用于评估水解参数是否为最佳工艺条件的一种统计方法，其可靠性已经被大量实验数据所证实。

以水解反应的终止为例，由于大规模酶反应罐的体积可达到 $10m^3$，如若采用原地升温法以钝化酶，则罐中物料不可能很快升温。比较实际的解决方法是让物料通过热交换器来加热。然而，如果交换器不具有巨大的换热面积，那么后通过换热器的物料将比先通过换热器物料的反应时间长得多。对此则可借助于 θ（h）方法，消除上述反应时间不均的问题，从而设计出比较合理的工艺。

1. 蛋白质酶水解工艺中的重要变量

如前所述，蛋白质酶水解反应体系的参数包括底物浓度［S］、酶 - 底物比 E/S、pH、温度 T 以及时间 t。然而，基于以下两方面的理由，我们必须鉴别出其中哪些参数是对水解反应的结果是重要的。首先，有限的试验不能对系统中所有变量进行优化。通过找出重要变量，例如用 DH，而不是时间作为结束水解的标准，将可以减少变量数，有助于试验数据的系统研究。其次，在工业化酶水解工艺中，不同批次的产品质量能否再现将与重要变量密切相关。另外，若把蛋白水解工艺从实验室放大，常常需要满足特殊的要求，例如降低物料粘度，以保证反映在限定时间内完毕，以上几个方面都意味着要对重要水解变量作调整。

从酶反应动力学可知，在水解反应 DH 恒定的情况下，若改变［S］、E/S、和 T（不包括 pH），通常使反应速率 v 相对于原标准速率 w 产生变化。由此推论，只要 DH 保持不变，则水解参数的变化将对产物的性质没有影响。因此，原先给出的五个水解参数中，其中四个（［S］、E/S、T 和 t）可以被一个重要变量 DH 所代替，而余下的 pH 是另一个重要变量。

上述观点已经在大豆蛋白 - Alcalase 体系中得到证实。试验证明，只要 DH 不变，［S］、E/S、T 的变化对水解大豆蛋白的 pH7 溶解指数、pH4.7 溶解指数、TCA 溶解度、以及乳化能力和起泡能力没有影响。由此可作一般性推论如下：给出两组水解参数，其中一组为标准状态，反应速率曲线为 w（h），改变标准状态的某一水解参数，得到另一组水解参数，其反应速率曲线为 v（h）。如果对所有的 h，v（h）与 w（h）之比为一常数，则两组水解蛋白的性质相同。这也就是说这一水解参数不是重要变量。因此，通过 v（h）与 w（h）的比值，我们可以鉴别哪一个水解参数是重要变量。θ（h）方法正是应用于这一目的的统计学方法，见图 9 - 13。

2. θ（h）方法的原理

当［S］、E/S、T 的变化一定时，从理论上探讨其对 v（h）的影响是容易的，但实践起来却不那么简单。因为从水解曲线上通过微分求速率会产生很大的误差。θ（h）方法则是比较反应速率的积分曲线，从而可以减少误差。

任何水解曲线：$h=F(t)$ 或 $t=G(h)$

标准水解曲线：$\eta=\Phi(t)$ 或 $\tau=\Gamma(h)$

$$\theta(h)=G(h)/\Gamma(h)=t/\tau$$

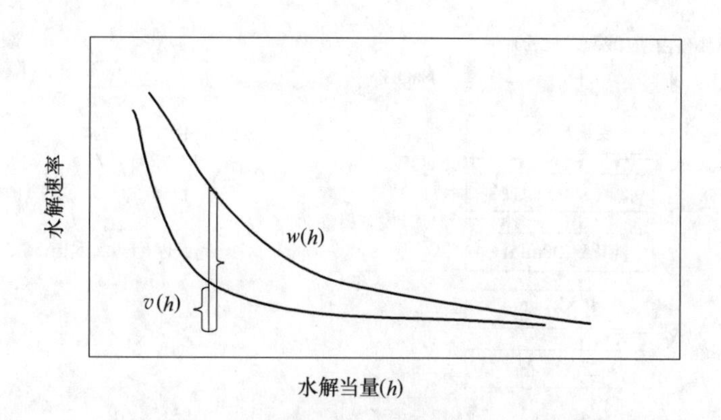

图 9－13　水解速率与水解当量的关系曲线

可以证明，如果 $\theta(h)$ ＝常数，则 $v(h)/w(h)=v(0)/w(0)$ ＝常数

以下是应用 $\theta(h)$ 方法将用于考察水解参数变化的影响，基本的计算步骤为：

（1）用相应的标准水解曲线计算 $\theta(h)$ 值

（2）选定 h_{min} 和 h_{max}

（3）作回归分析，得到回归系数 b、总方差 SSD、SSD（h）、以及 $\theta(0)$，注意实验次数 n 及 SSD（h）取决于 h 区间的大小

（4）计算 SSD：

$$SSD_0 = s_0^2(b) \times SSD(h) + s_0^2(\text{剩余}) \times (n-2)$$

（5）SSD 对 SSD_0 作 F 检验

$$F = \frac{SSD}{SSD_0}(\text{d.f.}=1,\ \mu-1)$$

如果 F 值显著，则该水解曲线的零假设：$\theta(h)$ ＝常数，被拒绝，用星号（＊）标注显著性水平。

（6）对于零假设未被拒绝的 m 个水解曲线，可共同作 χ^2 检验

$$\chi^2 = \sum_1^m F_i(\text{d.f.}=m)$$

（7）如果 χ^2 检验被接受，则可以根据 m 个 $\theta(0)$ 值可计算参数函数，

$$v(P) = 1/\overline{\theta(0)}$$

由此得出结论，通过利用 $\theta(h)$ 方法可以来控制水解大豆蛋白的功能性质。具体描述如下：

（1）在一定范围内，［S］、E/S、T 不是重要参数，只要 DH 一定，改变上述参数，水解蛋白的性能不变，［S］、E/S、T 可以用 DH 代替。

（2）若 $\theta(h)$ ＝常数，则达到一定 DH 的时间与 E/S 成反比，因此，对于一个给定的水解产物，可以方便地改变 E/S，以便在合适的时间内完成水解，同时水解产物性能不变。

（3）pH 是除 DH 之外的另一个重要水解参数，改变 pH 不仅使水解速度改变，而且形成性能不同的水解产物。

四、等电点可溶性大豆蛋白制备工艺

ISSPH 是等电点可溶水解大豆蛋白的简称，这种水解物可溶解在 pH 4～5 的介质中，可以应用于酸性蛋白饮料中。图 9－14 所示为制取 ISSPH 的工艺流程图。

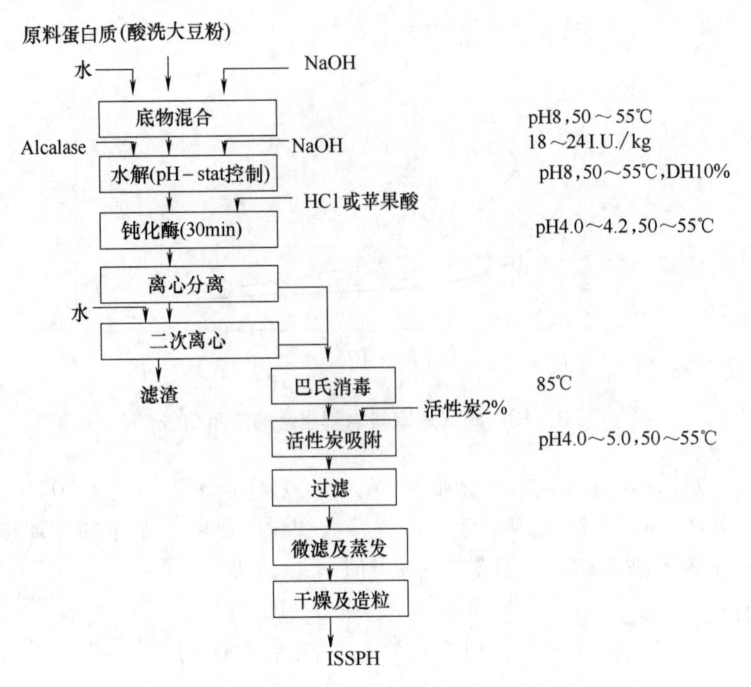

图9－14　制取ISSPH的工艺流程图

第五节　其他油料蛋白加工工艺

一、旋液分离工艺制取棉籽浓缩蛋白

旋液分离工艺是一种可以完整地去除棉籽色腺体，在同时提取油脂和对色腺体进行气流分级以后，生产出棉籽浓缩蛋白的方法。旋液分离工艺如图9－15所示。

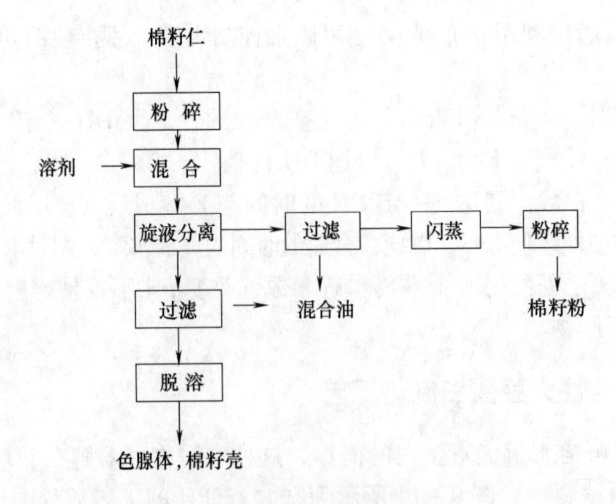

图9－15　旋液分离工艺

将棉籽脱壳后，在低温下把棉籽仁干燥到水分1%～2%，低温程度以不使蛋白质变性为宜。料液在旋液分离器中，固体颗粒由于高速旋转产生的离心力而分级，重粒进入底流，轻的颗粒进入溢流。底流含的几乎全是进料浆的色腺体及较粗的包裹色腺体的棉籽粉、皮壳等。溢流从顶部卸出，经真空过滤机过滤，然后把滤饼送入闪蒸脱溶系统脱除溶剂。经锤式磨磨成细粉，即得到含蛋白质65%以上，游离棉酚含量则低于0.045%的棉籽浓缩蛋白。

二、水剂法从花生中直接提取油和蛋白质的工艺

花生是一种高含油油料，不仅含有丰富的蛋白质，而且脂肪含量高达45%以上，因此，在生产蛋白粉时，必须先将油脂分离出去。而传统制油方法，在制油的过程中均难保证蛋白质的质量。为此，用水剂法制取油脂和蛋白显示出其独特的优越性。

水剂法的原理是，借助机械的剪切力和压延力将花生的细胞壁破坏，使蛋白质和油脂暴露出来，利用蛋白质的亲水力和油脂的疏水作用，一部分油脂与蛋白质和水形成乳化油，悬浮在浆液中。另一部分未乳化的油脂直接上浮于液面上。将悬浊液中的乳油和淀粉残渣分离出去，得到蛋白液。乳油经过加工可得到优质花生油，蛋白液按生产要求可加工成浓缩蛋白粉和分离蛋白粉。

水剂法生产工艺主要分为预处理、碾磨与浸取，分离，乳油精制、蛋白液前处理和干燥六个工序，其流程如图9－16所示。

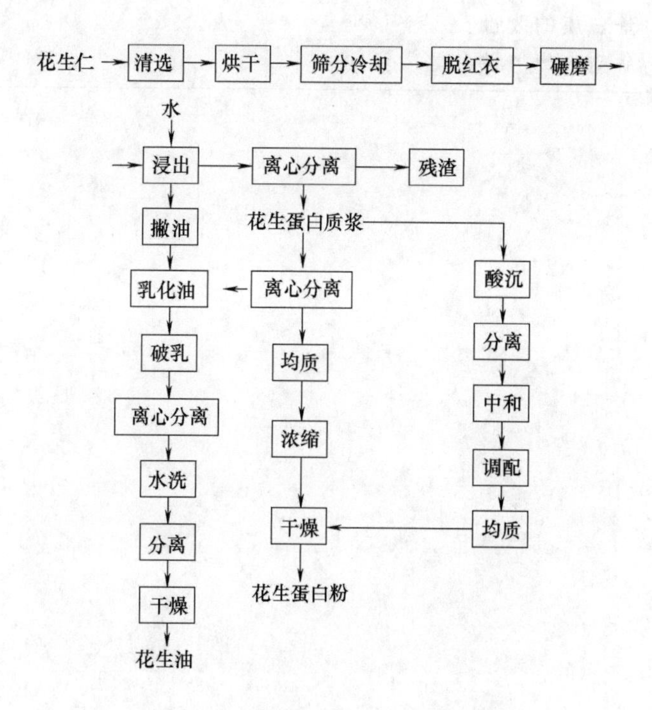

图9－16　花生蛋白粉生产工艺示意图

三、二次浸出法制备脱酚酸的葵花籽蛋白

葵花籽仁中所含的酚类化合物主要为绿原酸，它和蛋白质的极性基团结合在一起，

在碱性和高温下能够迅速氧化成醌，生成绿色的产物而影响蛋白质的颜色。而且绿原酸可抑制胃蛋白酶，为此必须在提取蛋白过程中将其除去，以保证产品的质量。

葵花籽浓缩蛋白（SSPC）的提取工艺如图 9－17 所示。葵花籽经轧坯、浸出、脱溶后，采用50%乙醇溶液进行二次浸出，洗去绿原酸、低聚糖等，得到葵花籽浓缩蛋白。

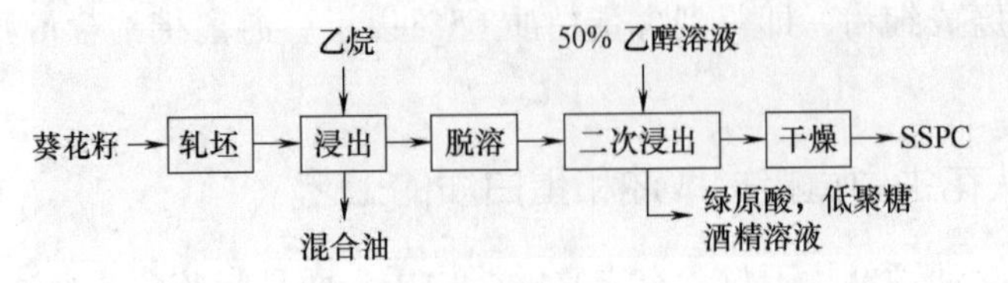

图 9－17 葵花籽浓缩蛋白制备的工艺流程

思考题

1. 试述主要油料种子蛋白质的组成、结构。
2. 试述蛋白质变性机理及其影响因素。
3. 如何生产低变性蛋白质？
4. 请阐述脂肪氧化酶与脱腥豆粉加工的关系。
5. 试述大豆浓缩蛋白、大豆分离蛋白的生产工艺。
6. 如何进行蛋白质的改性？
7. 试述蛋白质酶水解工艺和基本方法。

第十章

油脂化学品

第一节 概述

油脂是人类食品三大主要成分之一，不仅是很好的热量来源，而且其中含有的多种脂肪酸对人的成长和健康都有着重要的作用。另一方面，它是由甘油和较长碳链且性质活泼的脂肪酸组成，因此也是重要的工业原料。

石油产量的大幅增长主要是因为石油化学产品已经深入到人们的衣食住行等生活领域，成为人们日常生活中不可缺少的物质，同样石油产品也延伸到油脂化工领域，在有些方面发挥了比油脂更大的作用。由于油脂的某些独特性能，以及质量高、价格低廉等优点，一些以石油为原料生产的产品已经被天然油脂所取代。从长远来看，依靠石油的化工产品将逐渐走向萎缩，而动植物油脂是永不枯竭的可再生资源，况且新油源不断涌现，因此油脂化工产品的发展具有较大的潜力。

近年来，可再生的植物油料资源产量不断提高，以植物油料为原料生产的油脂化学品的产量也在不断增长，目前世界植物油的年产量接近 2 亿 t，其中工业用占比 10% 以上。与国际先进水平相比，我国油脂化工产品的品种还不齐全，质量不够高，仍存在不少差距。

油脂化学品种类繁多，一般认为它应包括脂肪酸、脂肪酸酯、脂肪醇、脂肪酰胺、脂肪胺、二元酸、二聚酸、表面活性剂、甘油、皂类共十个大类，如图 10－1 所示。

第二节 工业脂肪酸和甘油

一、工业脂肪酸

脂肪酸最初是油脂水解而得到的，具有酸性，因此而得名。根据 IUPAC IUB（国际理论和应用化学国际生物化学联合会）1976 年修改公布的命名法，脂肪酸被定义为天然油脂加水分解生成的脂肪族羧酸化合物的总称，属于脂肪族的一元羧酸。

工业脂肪酸可分为天然脂肪酸和合成脂肪酸两大类。天然脂肪酸主要以甘油三酯的形式广泛分布于动、植物界，合成脂肪酸主要利用化学合成方法制得。天然脂肪酸的原

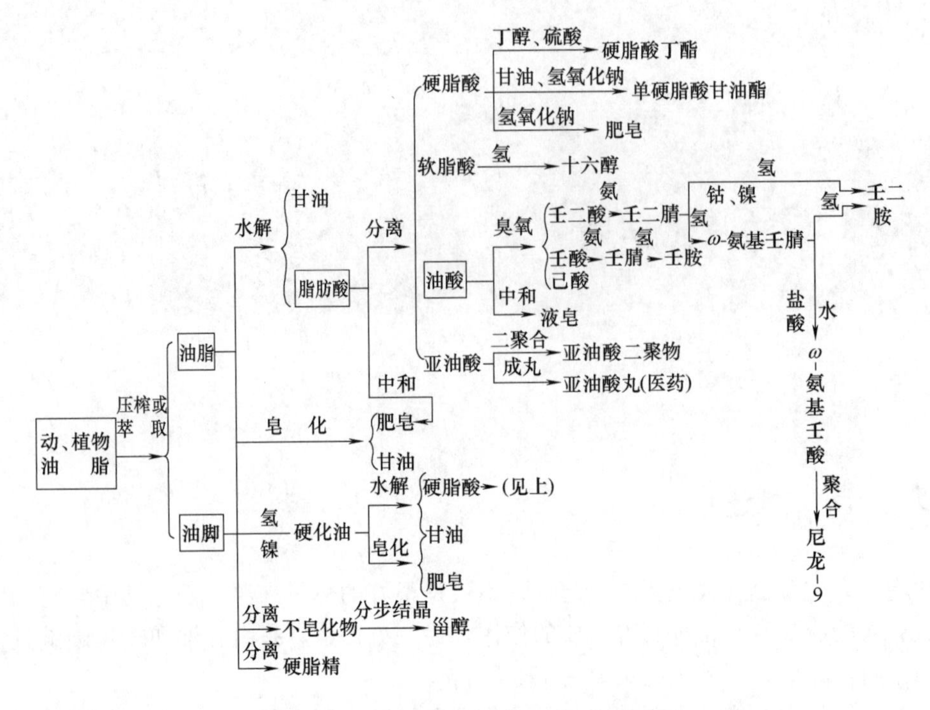

图 10－1　由油脂类生产的有机化工产品

料来源主要有动植物油脂和皂脚以及妥尔油。其中，动物脂主要有乳脂、猪脂及牛脂；植物油主要有蓖麻油、椰子油、棉籽油、棕榈仁油及大豆油等；另外，食用油脂加工过程中的副产品皂脚和脱臭馏出物也是很好的生产脂肪酸的原料；海生动物油主要是鱼油；妥尔油是工业脂肪酸的第二大原料来源，在脂肪酸工业中占有重要地位。

脂肪酸是重要的工业原料，具有使用数量大、品种多、应用部门广等特点，在众多脂肪酸中，产量较多、用途较广的脂肪酸除工业硬脂酸和工业油酸外，还有月桂酸、棕榈酸、硬脂酸及油酸，使用脂肪酸最多的领域是助剂（塑料、纺织、化纤、油剂等）、涂料及化妆品，其次是橡胶、食品、润滑剂、矿物浮选、药物、皮革、造纸、文教用品及精密铸造等方面。

脂肪酸可进一步加工制备各种衍生物产品，脂肪酸衍生物中量大面广的品种有金属皂、脂肪醇、脂肪酸酯、脂肪胺及表面活性剂等。其中用于制备脂肪醇、脂肪胺、脂肪酸酯及金属皂占30%～40%，用于洗涤剂、肥皂、化妆品占30%～40%，醇酸树脂、涂料占10%～15%，橡胶工业占3%～5%，纺织、皮革、造纸占3%～5%，润滑剂脂占2%～3%，其他为3%～5%。

（一）制取

依据原料的不同以及油脂水解条件的不同，工业脂肪酸的制取有多种方法。

1. 用动、植物油脂制取脂肪酸

动、植物油脂制取脂肪酸的生产原理即是油脂水解反应机理，即是将油脂与水在一定条件下发生反应生成脂肪酸和甘油的过程。其生产方法如下：

（1）间歇水解法　动物脂在熔油锅内熔油后由换热器升温到指定的温度，然后与稀硫酸经一强烈混合器混合后由泵输送到一个混合反应器中，在较高温度下搅拌一段时间，最后保温静置澄清。油脂层经几次洗涤，直到无游离硫酸存在为止。将乳化层分离，循环到下一次物料处理中。洗涤水中的微量油脂，在另一容器中进行分离回收并循环使用。废酸水经泵进入中和罐，经中和后排入废水处理系统。为实用起见，配备两台搅拌反应器，可交替使用，使生产更合理。工艺流程如图 10－2 所示。

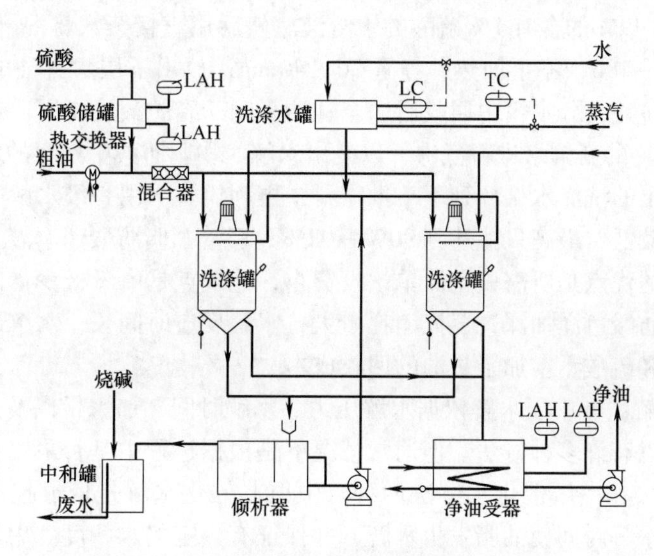

图 10－2　间歇法动、植物油脂酸炼工艺流程

（2）连续水解法　该法可以连续地进行，它是由几个在线强烈混合器与相应的静置澄清储罐串联而成，水相中的油脂用离心机或倾析器进行分离，并循环使用。或者是由两个在线强烈混合器、一台向心混合器与相应的滞流罐串联而成，反应后的混合物料用离心机进行分离。一般来说，前者比较适合于动物脂，后者更适合于植物油。动物脂净化过程中的脂酸水经中和后在废水处理系统中进行生化处理。连续法设备投资大，只有在年处理量超过 2 万 t 时才建议采用。如图 10－3 所示。

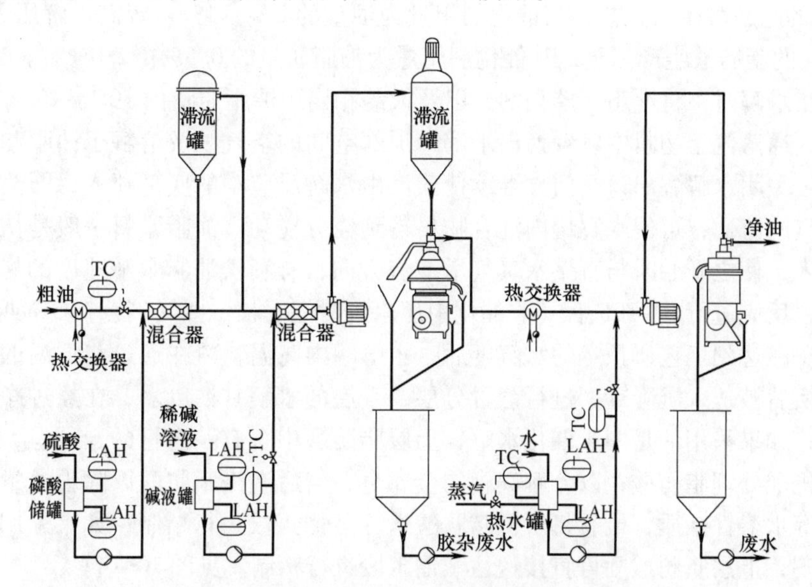

图 10－3　连续法动、植物油脂酸炼工艺流程

（3）常压（或低压）催化水解法　在常压下使用酸性催化剂，加新鲜水（有时也用低浓度的甘油废水），用直接蒸汽分级蒸煮来水解油脂。该法所使用的催化剂通常是磺酸和硫酸。磺酸的种类很多，但最常使用的是烷基苯磺酸、烷基磺酸和特继契尔（Twitch-ell）。

最初的常压催化水解是在水解罐中一次完成的。其方法是每批加料的组成是50%油脂、1%催化剂和49%的含有1%硫酸的水溶液。然后用直接蒸汽将混合物料加热煮沸，这样连续进行36～48h，停止加热，静置30～40min，放出下层含甘油的废水（甜水），废水中的少量脂肪酸在分水箱中回收后送至甘油车间；脂肪酸层要用适量（为脂肪酸质量的10%～30%）的新鲜水进行煮沸，以洗出水解产物脂肪酸中残存的无机酸、甘油等水溶性杂质，分出的洗涤水循环到下一批物料中再利用。采用一级水解的方法生产脂肪酸时，其水解度较低，最高只能达到90%～92%，影响了脂肪酸产率。

常压水解法的优点是所需设备简单，投资小，其缺点是由于极少量的硫酸化或磺化使水解产生的脂肪酸色泽加深，蒸汽消耗量大，水解反应时间长；水解废水中甘油含量低，同时有磺酸和硫酸，增加了甘油的回收成本。

（4）中压水解法　中压水解依据水解压力、水解时间、加水量以及过程中是否采用催化剂的不同可以有许多种方法。但通常情况下是根据过程中是否采用催化剂将其分为中压非催化水解法和中压催化水解法两种。中压非催化水解是依靠控制一定压力、温度、加水量以及水解时间使油脂发生水解，并保证有一定的水解度。中压催化水解除了需要具备一定的压力、温度、加水量等条件外，还要添加一定量的催化剂来增加反应过程中水在油相中溶解度，提高水解反应速率，同时保证油脂的水解度。

中压催化水解所用催化剂可以是酸性催化剂，即硫酸与磺酸类的催化剂，该类催化剂的催化活性相对来说普遍较高，有利于提高油脂的水解反应速率。但这类催化剂在较高温度下对设备的腐蚀性大。中压水解常采用的催化剂是碱性催化剂，即金属氧化物，通常是锌、镁和钙的氧化物，而氧化锌活性最强，使用最广泛。催化剂的用量主要与油脂原料的品种、品质以及相应的水解压力、温度有关。一般，较低水解压力（1.03～2.5MPa）的脂肪酸生产工艺，其催化剂用量为油重的2%～4%；较高水解压力（2.6～3.43MPa）的脂肪酸生产工艺，其催化剂用量为油脂质量的0.5%～2.0%。

在油脂水解时，将油脂、催化剂，以及大约相当于油脂质量的30%～50%的水加入水解罐中，通蒸汽于物料中以置换出水解罐顶部空间的空气以及溶解于油脂和水中的空气。然后，关闭水解罐出口阀门并继续使蒸汽由水解反应罐的底部喷入，即蒸汽的放空维持了蒸汽的流通，可使水解罐内混合物料得到充分搅动。油脂原料一般是从靠近水解罐顶部通入，使之开始时与直接水蒸气呈逆流方向，有利于油脂水解速度的提高。在上述条件下，反应进行6～10h后（非催化中压水解时间要长一些），就有95%或更多的油脂被水解。在达到工艺所预定的水解度后，水解罐内高温物料在通过与低温的油脂原料进行热交换后被送入沉降罐，进行静置分层，下层的水解甘油废水，在经过净化处理后回收甘油；如果采用的是中压催化水解，上层脂肪酸中含有一定量的金属皂，要用硫酸或其他无机酸处理脂肪酸，以分解其中的金属皂，然后洗涤脂肪酸以除去过量的无机酸和无机盐等水溶性杂质，最后将所得脂肪酸送往蒸馏工段进行精制；如果采用的是中压非催化水解，上层脂肪酸则可直接送往蒸馏工段进行精制。见图10-4。

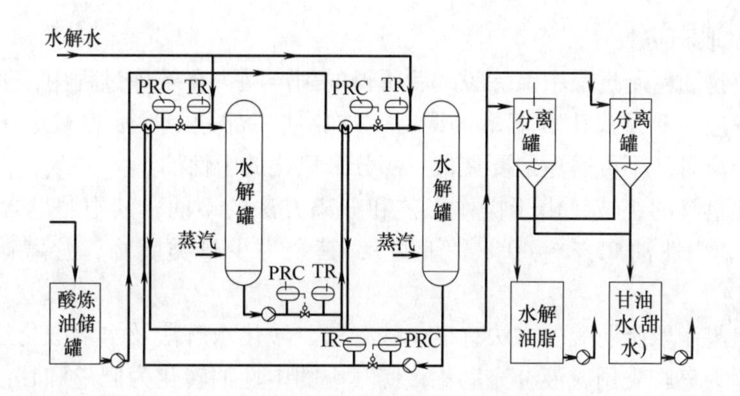

图 10-4 油脂中压水解工艺流程

中压催化或非催化水解法与常压催化水解法相比较，具有生产周期短、蒸汽消耗量少、工艺用水少、生产成本低、操作简单等优点，其不足之处是设备投资较大。该方法适用于较大规模的脂肪酸生产厂家。

（5）连续非催化高压逆流水解法 在现行油脂水解方法中，连续高压逆流水解方法是目前所有水解方法中最复杂的一种，但效率很高。该方法的水解压力在 4.8～5.2MPa。适用于大规模生产饱和脂肪酸及碘值小于 120gI/100g 的不饱和脂肪酸，它是最经济的方法。

连续高压逆流水解是使反应物料在高压下产生较高的反应温度，即增加水在油相中的溶解度，提高油脂水解的反应速率和水解度；同时，将反应过程中产生的脂肪酸和甘油两组分及时地连续不断地分离出去，以避免再酯化反应（水解的逆反应）的发生而降低油脂的最终水解度。由于甘油组分是以甘油水溶液的形式分离出来的，因此，水解过程中需要连续不断地补充新鲜水和油脂原料，以确保反应过程中油、水保持较为恒定的比例，使水解能够连续地进行。

连续高压逆流油脂水解法所用水，通常是蒸汽冷凝水（无溶解物）、去离子（无氯离子）和脱气水。该法所用主要设备是一个细长的圆形水解塔。根据脂肪酸产量的不同，水解塔的直径一般为 500～1200mm，高为 18～24m，所用材质为铬镍不锈钢或衬以高抗腐蚀合金。通常情况下，要求水解塔能承受 5.2MPa 以上的操作压力，并设有良好的保温措施。但对富含低分子质量脂肪酸的油，最好采用抗酸腐蚀性更好的材料。

水解时，油脂由高压进料泵输送到离水解塔底大约 0.9m 的分布环并喷入塔内，占油重 40%～50% 的水由接近塔顶的地方在与脂肪酸液相层进行热交换后进入塔内。油脂上升过程中先通过与塔底的高压高温甘油水收集区进行热交换后，经油水界面进入连续相，处于连续相中的油水混合层受高温高压作用发生水解反应。高压水蒸气的直接喷入迅速地使温度上升至 260℃，压力维持在 4.8～5.2MPa，2～3h 即可获得高的水解度。

连续逆流高压水解并非适用于所有的油脂。尽管在 4.8～5.2MPa 压力及 240～260℃ 温度下的油脂水解对于一般油脂来说无疑是最迅速、最经济的方法，然而高温并不适合于热敏性的甘油三酯的水解。如：桐油、鱼油、蓖麻油、氢化蓖麻油以及高不饱和油脂（碘值在 130gI/100g 以上）。水解热敏性油脂一般采用中压催化（或非催化）水解法或者采用常压催化水解法。

2. 皂脚制取脂肪酸

皂脚是植物油精制过程中碱炼脱酸后所得的副产品，在碱炼过程中，油脂中游离脂肪酸在与碱发生中和反应生成肥皂的同时，难免使一部分中性油也被皂化而转入皂脚中，在油皂分离时又不可避免地要夹带一部分来皂化的中性油。

油脂碱炼皂脚的组成，由于操作工艺和分离方法的不同，其中肥皂含量在60%～75%（干基），中性油25%～40%（干基），其余为少量类脂物、游离碱、饼屑及粕末等。

植物油皂脚制取脂肪酸的方法有皂化酸解法、酸化水解法及水解酸化法。皂化酸解法的反应原理为皂脚先用碱液补充皂化，使其中的中性油转化为肥皂和甘油；然后将所得皂脚用硫酸进行酸解，使肥皂转变成脂肪酸。酸化水解法是将皂脚中的肥皂先经硫酸分解，得到脂肪酸与中性油的混合物，这种混合物通常称为酸化油，然后再水解其中的中性油得到粗脂肪酸。水解酸化法包括皂脚脂肪酸的溶剂皂化酸解提取法和皂脚脂肪酸的连续提取法。

（二）精制与分离

由于制备出的脂肪酸是混合脂肪酸，为了满足工业特殊需要，需对产品进行精制与分离。

1. 工业脂肪酸的精制

动、植物油脂或植物油皂脚为原料采用间歇连续水解或皂化酸解等方法生产的粗脂肪酸，其脂肪酸纯度根据原料品种、质量及生产方法的不同一般为90%～98%，其中含有一定量的水分、烃、酮与使产品带色的醛等低沸点杂质，以及一定量的色素、甘油酯、氧化脂肪酸、不皂化物、部分聚合脂肪酸等高沸点杂质，同时还含有少量的游离甘油。由于上述杂质的存在，使得粗脂肪酸的颜色从黄色到深棕色不等，严重影响脂肪酸的使用范围。因此，必须对粗脂肪酸进行精制。精制方法一般是采用简单蒸馏的方法。

脂肪酸蒸馏的基本原理是根据脂肪酸与杂质混合物沸点的不同，控制一定的蒸馏温度，即可将低沸点杂质和高沸点杂质与脂肪酸分离，从而达到精制的目的。

目前，脂肪酸的蒸馏虽然可用多级蒸汽喷射泵抽真空，使蒸馏在高真空低温下进行，但在实际生产上，仍采用通入少量直接水蒸气进行蒸馏的方法。这样不但可以降低蒸馏釜中脂肪酸的蒸气分压，使之在较低温度下气化，而且可以借助蒸汽的搅拌作用提高加热装置的传热效率。脂肪酸蒸馏工艺分间歇和连续蒸馏两种，由于间歇蒸馏工艺设备投资少，操作简单，所以被国内大多数脂肪酸生产厂家所采用。国外多采用连续蒸馏。

2. 工业脂肪酸的分离

目前，工业上脂肪酸的分离方法，有分盘冷冻压榨法、水媒分离法（又称表面活性剂分离法）、精馏分离法、溶剂分离法、尿素包络分离法和酸性皂分离法，另外还有温控容器结晶法、酯交换法等。

（1）分盘冷冻压榨法　分盘冷冻压榨法是工业脂肪酸分离最早使用的一种方法。其分离原理是根据混合脂肪酸中的饱和酸与不饱和酸的不同熔点，在一定温度下，使饱脂肪酸从体系中逐步结晶析出，而不饱和脂肪酸在体系中仍为液体状态，通过加压而得以分离。这种方法原则上适用于动物脂肪酸的分离，以生产商品硬脂酸和商品油酸（又称红油）。

分盘冷冻压榨法分离脂肪酸的工艺操作：混合脂肪酸经泵进入冷冻罐，不断搅拌，夹套内通冷冻盐水，使混合脂肪酸冷却到0～5℃，潜入弹性较好的袋子平整地分层叠放在油压机上进行压榨。升压时根据轻压勤压的原则，使压力缓慢上升，保持液体酸细流不断，至终压10～15MPa，液体酸差不多滴干为止。然后松机取出布袋内的固体酸，熔化装桶或成型入库；布袋放入热水池，熔出残余的固体酸，加以收集。液体酸直接装桶或泵入成品库。

（2）水媒分离法　水媒分离法又称表面活性剂分离法，是近二三十年发展起来的一种新方法，适用于脂肪酸、脂肪醇、脂肪酸酯等脂肪物质的分离。其基本原理是基于饱和脂肪酸与不饱和脂肪酸熔点的不同，使其在一定温度下分别呈结晶的固体和液体两相；这种不同物相的混合脂肪酸分散于含有表面活性剂和电解质的水溶液中，形成多相分散体系。然后再根据体系中密度大小的不同，借助于离心机分离出其中的轻相和重相，即可分别得到不饱和脂肪酸和饱和脂肪酸。

水媒分离法分离过程简单，并能实现连续化生产，劳动强度小，易实现规模化生产。其主要设备为冷冻罐、配料罐和离心机等。由于管式离心机进料喷头容易阻塞，轴承易损坏等缺点，因而常采用碟式离心机。

（3）精馏分离法　无论是间歇的还是连续的蒸馏都不是按分子质量的大小来分离脂肪酸，而是通过简单蒸馏除去高沸点和低沸点杂质来提纯脂肪酸。现代化脂肪酸分馏常采用特殊形式的压降很小的填料塔或板式塔。

在植物油或植物油皂脚制得的脂肪酸中，不同原料品种的脂肪酸组成都有所差异，天然脂肪酸主要是C_{18}、C_{16}、C_{14}、C_{12}的偶数碳链的脂肪酸，其中以C_{18}和C_{16}的脂肪酸为最多，其次是C_{12}和C_{14}的脂肪酸，在同一温度下不同组分的脂肪酸的蒸气压力不同。因此，通过精馏，就可以将混合脂肪酸中不同碳链长度的脂肪酸加以分离。

在工业脂肪酸的实际生产中，往往是根据产品的工业用途来分馏出能够满足其要求的脂肪酸产品，产品的质量用碘值、凝固点等指标表征。如用于生产涂料的脂肪酸通常只需要除去棕榈酸和其他轻馏分酸。由此可知，不同原料的混合脂肪酸以及不同产品要求的精馏分离工艺过程和操作就有所差异。

（4）溶剂分离法　溶剂分离法是利用混合脂肪酸中饱和脂肪酸及不饱和脂肪酸在有机溶剂中的溶解度的差异及其凝固点的高低不同，来分离混合脂肪酸。

该法在实行时有两种方案：一种是使用选择性溶剂，脂肪酸分子中有无双键或双键多少以及它们分子质量的大小呈现出极性的不同，能在糠醛等有机溶剂中具有不同的溶解度，因而能使混合脂肪酸分离为固体酸和液体酸两种馏分。另一种是使混合脂肪酸溶解于有机溶剂中，然后冷却至一定温度，饱和脂肪酸逐步结晶析出，而不饱和脂肪酸则留在溶液中，经过滤得滤渣与滤液。滤渣经溶剂洗涤后加热溶解，蒸去溶剂即得固体脂肪酸；滤液与洗液分别去溶剂，则得液体脂肪酸。后一种方法多为工业上采用，所用溶剂有丙酮、甲醇、丁醇或丙酮:苯=9:1的混合溶剂。与表面活性剂法相比较，溶剂法虽然需要使用大量易燃、较贵重的溶剂，损耗较大，而且要求冷冻温度低，但分离效果好，产率较高，分离设备较简单，故国内有关工厂也采用此项分离技术。

常用的溶剂分离法：甲醇低温结晶分离法、丙酮低温结晶分离法和轻汽油结晶分离法等。

（5）尿素包络分离法　尿素具有四方晶系的充实结晶，不具有可让它种分子包入的自由空间。但尿素溶解于溶剂，遇有直链脂肪酸、酯、醇、酮等有机物时，尿素分子以氢键结合的方式，在有机物分子的周围沿着六棱柱的棱边螺旋上升，形成宽大中空的六方晶系，可选择性地包藏脂肪酸分子。

溶剂对于包络物的形成是必要的条件。在尿素包络各种脂肪酸时，它们之间存在着如下的平衡：

$$\text{尿素} + \text{脂肪酸} \rightleftharpoons \text{脂肪酸包络物}$$

通常，脂肪酸分子的形状近似直链，直链越长，平衡越向右移动，即越易生成包络物，并且稳定性也增加。饱和度不同的脂肪酸具有不同的包络能力，饱和脂肪酸先于不饱和酸生成包络物，含有一个双键的不饱和脂肪酸不易生成包络物，含有两个或两个以上双键的不饱和脂肪酸则不产生尿素包络物。因此，混合脂肪酸中以饱和酸为主体的馏分，能作为尿素包络物同以亚油酸为主体的不饱和酸相分离。

尿素包络法按反应类型可分为均相反应与非均相反应两种，前者系选择能溶解被包络物料与尿素的适当溶剂（如甲醇、乙醇、异丙醇、丙酮等），使物料与尿素在均一体系中进行反应，后者则使物料与尿素水溶液于非均一相体系中反应。

工业上尚未应用尿素包络法分离皂脚脂肪酸。

（6）酸性皂分离法　除了上述分离脂肪酸的方法外，近年来利用脂肪酸在水或有机溶剂水溶液中生成酸性皂以分离混合脂肪酸的方法也受到重视。

如果在反应范围内通过用酸中和或在一定温度下通 CO_2 于肥皂溶液中，不断地除掉游离碱，则在一定条件下平衡向右移动，随之酸性皂的量也就增多。由于饱和酸的酸性皂不溶于水溶液而结晶析出，不饱和酸的酸性皂留在溶液中，由此得以分离。

生成结晶沉淀后，通过过滤或离心分离，得到沉淀与溶液，然后分别以稀硫酸处理，以离析脂肪酸。

二、二元酸和二聚酸

二元酸是近年来国外发展很快的一种优良的多官能团物质，指由油脂或脂肪酸为原料衍生的饱和二元酸，一般在11个碳以下，主要是由油脂或脂肪酸的氧化反应所生成。

二元酸的重要性在于有双官能团。工业上重要的长链二元酸有己二酸、壬二酸、癸二酸、十二烷基二酸。壬二酸和癸二酸是以脂肪酸为原料进行生产的，也是目前工业上大量生产的主要二元酸。癸二酸为蓖麻油重要的深加工产品，是蓖麻酸以碱裂解生成的，同时可得到辛醇。其用途基本与壬二酸相同，癸二酸最重要的用途是制取尼龙系列产品，还是制造耐高温润滑油、环氧树脂固化剂、人造香料、化妆品及表面活性剂、黏合剂、涂料的原料。

二元酸还包括通过丙烯酸与共轭亚油酸发生 Diels Alder 加成反应制备的二元羧酸产物。

二聚酸（Dimer Acid）是两个或两个以上不饱和脂肪酸在一定条件下按 Diels-Alder 反应而生成的二元羧酸。纯二聚酸为淡褐色的透明黏稠状液体，有较好的热稳定性，在 -20℃低温下不结晶，不失透明度和流动性，250℃不蒸发、不凝胶化。二聚酸不溶于水，能溶于乙醇、乙醚、丙酮、氯仿、苯和石油等系列溶剂。

二聚酸的反应有双键上的反应和羧基上的反应，其中羧基上的反应尤为重要，主要有皂化、乙氧基化、胺化和环化，最重要的是多官能胺缩合生产聚酰胺。生产二聚酸的主要原料是大豆油、棉籽油、米糠油、玉米油、菜籽油等植物油。二聚酸分子中含两个羧基和1~2个双键，因而有多种化学反应性能，70%~80%的二聚酸用于树脂生产，由二聚酸生产的聚酰胺分非活性和活性两种聚酰胺。非活性聚酰胺是等当量的二聚酸与二胺的反应产物，主要用于墨水、热熔胶黏剂及涂料中。活性聚酰胺用作硫化剂，由二聚酸和一元醇生成的酯，用作润滑剂、PVC 增效剂、纤维纺织品染色剂、石油防腐剂等，此外用作汽油添加剂的潜力也很大。

三、甘油

纯净的甘油是一种无色有甜味的黏稠液体，相对密度为1.2611（20℃）。测定甘油水溶液的密度，即可知其甘油的含量。常压下甘油的沸点为290℃，甘油的黏度很大，如纯甘油的黏度为水黏度的777倍，50%甘油水溶液的黏度为水黏度的5.41倍。甘油可以任何比例与水、甲醇、苯胺相混合，溶于丙酮、乙醇及乙醚的混合液，或一定质量比的氯仿、乙醇混合液，难溶于无水乙醚，不溶于油脂、汽油、苯、氯仿和二硫化碳等有机溶剂。甘油是许多有机化合物、无机盐、烧碱和重金属皂的优良溶剂。甘油系三元醇，具有三元醇类物质的一般化学性质，可以参与许多化学反应，产生各种衍生物。

甘油用途极为广泛，据预测，全世界甘油的需求量在100万t以上，而实际产量美国20多万t，欧洲不足20万t，中国4万t，总计50万t。在甘油总生产量中，天然甘油占70%。数据表明，全球甘油的供求矛盾比较突出。

从甘油的消耗结构上看，美国和日本主要用于合成醇酸树脂、医药和食品饮料等方面；国内精制甘油（多指皂化甘油或化学合成高质量甘油）主要用于涂料、牙膏等，复合甘油主要用于油漆和造纸。甘油具有许多重要的物理化学性质，使它成为很有用的物质。硝化甘油是黄色炸药的重要原料；在药剂生产中，甘油是优良的溶剂和消毒剂；甘油与多元酸生成的酯类用于清漆及塑料工业；甘油的吸湿性可改进烟草的质量；在食品工业上作防腐剂、乳化剂。此外，甘油还用作纺织、皮革助剂及化妆品乳化剂等。

甘油的应用领域概括分为两大类：直接接触皮肤（包括入口）和非接触皮肤类。前者如食品（包括饮料等）、发胶、牙膏、化妆品、医药、烟草、纺织等；后者有造纸、胶乳、国防工业、涂料、皮革、鞋油、墨汁、油墨、合成树脂、油漆、染料和印刷业等。

甘油产品分为化学合成甘油和天然甘油。合成甘油主要是由石油化工产品利用化学合成的方法制得。天然甘油是以植物油脂和动物脂肪的形式广泛存在于自然界，其来源主要有油脂直接制皂、油脂水解及油脂醇解三种。

目前，天然甘油的生产原料主要来自油脂水解废水和制皂废水，生产过程为：

原料废水→废水净化→稀甘油水溶液的浓缩→粗甘油→精制→成品甘油

随着甘油制取方法的不同，油脂水解废水和制皂废水中杂质特性及数量也不同，因而原料废水的净化方法就有所差异，一般可分为化学净化法、离子交换净化法和电净化法。

油脂制皂废水的净化，主要分酸处理、脱胶和碱处理三个步骤。其工艺流程为：

肥皂废水→酸处理→脱胶→过滤→碱处理→过滤→稀甘油水溶液
↓ ↓
胶杂 杂质

用离子交换树脂净化稀甘油溶液，是一种很好的方法，已在工业上得到应用。离子交换树脂是具有网状结构的复杂的有机物质，它对酸、碱及一般溶剂都很稳定，上面有许多可以被交换的活性基团。离子交换树脂净化稀甘油溶液的基本原理是使含有电离性杂质如氯化钠、硫酸钠、其他盐类以及脂肪酸、肥皂、色素等的溶液，通过被串联的阳离子、阴离子交换设备，由于交换与吸附作用而除去杂质。甘油为非电解质，不起变化；有些杂质如聚合甘油或酯类，虽不能除去，但甘油中含量极少。所以只要处理得当，除了蒸发浓缩外，不需要其他处理，即可得到甘油。

甘油溶液经过净化处理后，杂质已大部分除去，但甘油的浓度并未提高，其中含有大量的水分，以油脂制皂和油脂水解所得废水经净化处理后的稀甘油水溶液中还含有很多盐分，必须经过脱水浓缩，使盐分逐渐结晶析出，至溶液中甘油含量达80%左右，便成为粗甘油。其浓缩方法主要有常压蒸发和真空蒸发两种。

制皂废液经净化处理和浓缩得到的粗甘油，甘油浓度一般为80%左右，其中含有大量的杂质，主要有8%左右的NaCl、1% ~2%的Na_2SO_4、1.5% ~3%的有机杂质（大部分为肥皂）、7%左右的水分以及少量的易挥发性杂质。油脂水解废水经净化和浓缩制得的粗甘油质量较制皂废液制得的好，甘油含量一般在88%左右，也含有少量水分以及2% ~3%的有机杂质和无机杂质。而食用、药用、化妆品用和其他工业用甘油都对其质量提出了较高的要求，因此，粗甘油必须进行精制。

根据甘油的用途不同以及生产过程中对经济消耗的不同，可有不同的精制方法。一般情况下甘油的精制可分为蒸馏、脱色精制法，精馏、脱色精制法和离子交换精制法。工业生产中多采用蒸馏、脱色精制法制得工业用甘油。如果甘油作为特殊用途使用时，如食用、药用等，无论采用哪一种精制方法，其工艺过程中都要有离子交换工序才能保证甘油能符合质量标准要求。

第三节 脂肪酸盐

由金属、金属氧化物、金属氢氧化物或金属盐与油脂、脂肪酸或脂肪酸钠反应制得脂肪酸盐类产品。工业上很少用金属同脂肪酸反应制备脂肪酸盐。脂肪酸盐根据其阳离子不同可分为两类；一类是水溶性的脂肪酸钠、钾、铵等的盐类，它们具有洗涤作用；另一类由铝、钙、镁、锌和其他金属所生成的非水溶性脂肪酸盐类，它们没有洗涤作用，主要用于高分子材料、涂料、纺织和润滑脂等方面。

脂肪酸盐除肥皂外还有脂肪酸非碱金属盐，这种盐不溶于水，习惯上称为金属皂。它最早作为减摩剂在工业中得到应用。

一、肥皂

从广义上讲，油脂、蜡、松香或脂肪酸与有机碱（或无机碱）起皂化或中和反应，所得的产品皆可称为肥皂。肥皂通常可分为以下几类：

（1）碱金属皂　碱金属皂有钠皂和钾皂。钠皂包括香皂（如一般香皂、多脂皂和药物皂等）、洗衣皂（如各种洗衣皂和海水皂）、皂片、肥皂粉、工业皂、药皂和软皂等。钾皂包括软皂和液体皂。

（2）有机碱皂。

（3）金属皂　胺、乙醇胺、三乙醇胺和其他的有机碱也可被制成肥皂等洗涤用品，如干洗皂、纺织用皂、化妆品皂、家用洗净剂及擦亮剂等。肥皂中具有洗涤作用的只有水溶性的脂肪酸的钾、钠、铵和某些有机碱所成的盐类，肥皂工业所指的肥皂即这一类。绝大部分用于洗涤的肥皂为钠肥皂，还有一部分是钾肥皂。由于用同样油脂所制成的钠皂硬于钾皂，因此前者称为硬皂，后者称为软皂。

脂肪酸钠盐是产量最大的水溶性金属皂。反应方程式如下：

$$C_3H_5(O_2CR)_3 + 3NaOH \longrightarrow 3RCOONa + C_3H_5(OH)_3$$

制造过程包括皂化、盐析、碱析、整理、静置等过程，得到皂基后，再进行调和（加入助洗剂、染料、香料和填充料）、冷却、切块、干燥和打印。

生产肥皂的原料有油脂（包括油脂代用品）、碱、盐、着色剂、增白剂、抗氧化剂及螯合剂、杀菌剂及其他物质。其中油脂包括固体油脂、月桂酸类油脂和软性油脂三大类：固体油脂如牛油、羊油、棕榈油、漆蜡、柏油、木油以及硬化油等；月桂酸类油脂如椰子油、棕榈仁油等；软性油脂如棉籽油、花生油、茶油、糠油、菜油及蓖麻油等碘值较低的液体油，猪油也属于这一类。油脂代用品主要有皂用合成脂肪酸、松香、木浆浮油（又称妥尔油）和油脂碱炼皂脚。碱有氢氧化钠、氢氧化钾和碳酸钠。盐类有氯化钠、硅酸钠等。着色剂有红色着色剂、黄色着色剂、绿色着色剂、蓝色着色剂和棕色着色剂。增白剂主要是荧光增白剂。抗氧化剂及螯合剂分别是2，6二叔丁基对甲基苯酚（BHT）和乙二胺四乙酸（ED-TA）。杀菌剂包括酚类（甲酚、香芹酚和百里酚）和其他杀菌剂（3，4′，5三溴水杨酰苯胺、2，2′二羟基3，5，6，3′，5′，6′六氯二苯基甲烷、二硫化四甲基秋兰姆等）。

肥皂的生产方法主要有：沸煮法、脂肪酸中和法、半沸法、冷法和连续制皂法等。

沸煮法制皂主要包括皂用油脂的选择和配方、熔油、松香皂的制备、油脂的皂化、盐析及洗涤、碱析和整理等。脂肪酸中和法制皂是将碳酸钠溶液放入皂化锅，煮沸，然后逐渐加入脂肪酸，每次加入脂肪酸后，要等足够时间，让生成的二氧化碳逸出，避免物料从皂化锅中溢出，然后再加脂肪酸，这种方法可以包括组合的油脂高压水解、脂肪酸蒸馏、脂肪酸皂化和皂基的加上等工段。

半沸法制皂和冷法制皂是最简单的制皂方法，该法使油脂和一定数量的强碱反应，强碱量几乎完全等于进行皂化反应所需的理论碱量，皂化后的整个物料，既不分出甘油、又不分离皂基相和皂脚相就进行凝固。该法可生产范围广阔的任何肥皂含量的成品皂。但另一方面，半沸法和冷制法不回收甘油，产品的质量要差于沸煮法皂。这两种方法可用来制备难以用沸煮法生产的海水皂或其他椰子油皂，软皂或钾皂（不易盐析）和小型工厂生产的相对廉价并大量添加填充料的肥皂。

近几十年来发展了很多连续制皂法，可分为两大类：第一类方法建立在油脂的连续皂化基础上，最重要的方法有 De-Loval 法、Sharples 法、Mazzoni SCN-LR 法和 Mechaniche Moderne 法；第二类方法基于油脂的连续裂解成脂肪酸，接着进行连续蒸馏和脂肪酸中和反应。主要的方法是 Mills 法、MazzoniSC 法和 Armour 法。在工业上采用的有 De-Laval法、Sharples 法和 Mazzoni SCN-LR 法等。

各种不同皂化法产生的皂基，含水分 30%～35%，该皂基需要进行干燥，或经过干燥后，转变成水分含量为 5%～15% 的皂片。皂片可以直接销售，或进一步经过研磨、压条加工成块状肥皂或香皂。其中肥皂的干燥有冷却滚筒干燥、喷雾干燥和多级喷雾干燥；肥皂的成型有冷板成型和其他近代肥皂成型技术。

洗衣皂、香皂是家庭生活及个人日常生活的必需品，一直受到人们的关注。在工业方面也有很重要的应用。如在纺织工业，可用作煮炼清洗剂，染色、漂洗整理剂；在橡胶、塑料工业，可用作乳化聚合的乳化剂；在化妆品、农药工业，可用作乳化剂和分散剂；在金属加工业，可用作压延、拉伸的润滑剂及光泽剂；在合成化学工业，可用作催化剂；在食品工业，可用作洗瓶机的润滑剂等。

二、金属皂

金属皂的性能与脂肪酸碳链长度、饱和度、脂肪酸结构及金属的性质有关。工业上制备金属皂通常有沉淀法和熔融法。目前较高级的金属皂大多采用沉淀法生产，熔点较低的金属皂采用熔融法生产。

沉淀法是将水溶性金属盐和脂肪酸碱金属盐的水溶液发生离子置换反应，从而得到水不溶性脂肪酸金属盐沉淀。由于反应物均处于均匀状态，反应容易进行完全。沉淀法分两步进行：第一步发生中和反应生成脂肪酸钠，第二步为金属离子置换。

沉淀法生产金属皂的产品质量和粒度同碱性皂的 pH、浓度、金属盐浓度、反应温度、搅拌状态、洗涤方法和干燥方式等有关。在原料脂肪酸中添加高级脂肪醇，可改进金属皂的润滑性能。

熔融法是将金属氧化物、金属氢氧化物、碳酸盐或乙酸盐等与脂肪酸或油脂、妥尔油或松香酸在 100～300℃下急剧搅拌使其反应完全，从而得到金属皂。若原料使用的是脂肪酸，反应温度随脂肪酸与金属离子不同而变化，多数情况下反应温度在 100～150℃。如果反应温度过高或反应黏度过大，也可加入油溶性溶剂稀释，这样可避免温度过高时反应物的分解。反应产物经冷却后，可通过各种管口排出，或采用离心作用制成粒状，或采用喷雾的方式制成粉状。脂肪酸盐作为催干剂时常用该法制备。

熔融法的优点是设备简单、小型，生产时间少于沉淀法，不需水洗和干燥等工序，用该方法能生产易水解的金属皂。熔融法的缺点是反应温度较高，并且脂肪酸及金属氧化物之类的未反应或未完全反应的物质残留在产品中，同时高温条件下也会有副产物生成，因此产品的纯度、色泽较差，产品应用范围不及沉淀法得到的产品。

除沉淀法和熔融法之外，还可以采用活泼性金属粉与脂肪酸直接反应制取金属皂。在熔融法和沉淀法中也还有许多改进的方法，如为了改善产品的性状加入其他添加剂的方法等。

硬脂酸盐包括钙盐、铅盐、锌盐、锂盐、镉盐、铁盐、钴盐等，它是随着塑料工业发展而发展起来的重要助剂之一。金属皂在塑料工业上用量要占金属皂总用量的一半左右，主要作为热稳定剂、润滑剂和脱模剂；在涂料工业中，主要作为干燥剂，此外还作稠度调整剂、减光剂、悬浮剂、研磨剂、减泡剂、黏胶剂及抗沉淀剂；在润滑脂中起胶化、提高倾点、增加稠度及稳定作用；在纺织工业中作防水剂；建筑材料工业中作防水剂、防结块剂、增稠剂；造纸工业中作施胶剂；橡胶工业中作柔软剂、颜料分散剂、增强剂和加硫促进剂。另外，金属皂还可作为阻燃剂、消泡剂、材料防腐剂等。

第四节 脂肪醇和脂肪胺

一、脂肪醇

脂肪醇按其生产所用的原料，分为天然脂肪醇和合成脂肪醇。天然脂肪醇是以油脂为原料，合成脂肪醇以石油为原料。最初以商品形式大量满足市场需要的高碳醇是以天然油脂为原料的，由于它们是从脂肪中所得，故常被称作脂肪醇。高碳醇是指 6 个碳原子以上的醇。

工业上生产脂肪醇的方法主要有以下四种。

（1）碳基合成醇 这是工业合成脂肪醇中规模最大和最重要的方法。该方法是以石油化工中的单烯烃为原料，用硅藻土负载的钴为催化剂，与一氧化碳和氢气通过加氢甲酰化反应合成脂肪醇。

（2）齐格勒合成醇 这种合成方法是以聚合级的乙烯为原料，在三乙基铝作用下，乙烯通过链增长生成分子量较高的三烷基铝，然后经氧化和水解生成偶数碳原子的直链伯醇。

（3）正构烷烃氧化合成脂肪醇 该方法是通过正构烷烃空气氧化（如石蜡氧化）制备脂肪醇，主要是仲醇。

（4）油脂或脂肪酸还原合成脂肪醇 所用的原料可以是脂肪酸酯，也可以是油脂水解得到的脂肪酸。

上述四种方法中，前三种得到合成脂肪醇，后一种得到天然脂肪醇。其中，以石油化工产品为原料只能得到饱和脂肪醇，当需制备不饱和脂肪醇时应以天然油脂为原料。

天然脂肪醇是具有链长为 $C_6 \sim C_{24}$ 的一元、直链、饱和或不饱和的结构的醇。天然脂肪醇主要以椰子油或棕榈油为原料，部分地区或国家采用牛油、猪油等经加氢而得。该路线有皂化法、钠还原法、催化加氢法等。

皂化法（又称天然蜡酯皂化蒸馏法）制脂肪醇是在皂化的同时，将脂肪醇减压蒸出。该法的反应式如下：

$$R_1COOR_2 + NaOH \longrightarrow R_1COONa + R_2OH$$

该法将鲸蜡、其他鱼类的蜡酯和天然蜡与氢氧化钠加热到 300℃以上，发生分解并释放出醇和水，真空蒸馏与肥皂分离，醇馏分主要含鲸蜡醇、油醇和花生醇，醇收率为原料的30%，如从抹香鲸油得到油醇，从羊毛蜡中得到羊毛脂醇（一价醇、二价醇及甾醇类的混合醇）。该法缺点是反应温度高，因此所得的脂肪醇碘值高，羟基值高，又常因氧化而伴随有脂肪酸生成的副反应。

钠还原法不需高温高压，生产装置较简单。首先将油脂转化为脂肪酸乙酯，然后将脂肪酸乙酯进行蒸馏提纯，再与作为氢供给体的低分子质量醇如丁醇、环已醇混合，加入金属钠悬浮液（将熔融金属钠分散于惰性溶剂如苯、甲苯或二甲苯中）。脂肪酸乙酯常压下被还原成相应的醇钠，经加水分解、洗涤、干燥和蒸馏可得到脂肪醇。

钠还原法反应条件温和，反应过程中双键不发生变化，无副产物烃生成，且制得醇的纯度高。但产物的后处理较复杂，而且金属钠的处理及处理过程中大量溶剂的存在也有危险性。

高压催化加氢法是由天然油脂制取脂肪醇最重要和最普遍使用的方法。高压催化加氢法制脂肪醇可以用脂肪酸、脂肪酸甲酯或甘油三酯为原料。目前油脂为原料氢解制脂肪醇的工艺路线基本上有两条：一条是将油脂水解成脂肪酸和甘油，再将脂肪酸直接高压加氢制脂肪醇。另一条是将油脂与甲醇进行酯交换生成脂肪酸甲酯和甘油，脂肪酸甲酯再加氢制取脂肪醇。

脂肪醇的制备也可以用脂肪酸为原料，实际上，由于加氢还原的脂肪醇可以将原料脂肪酸酯化，同样也降低了加氢条件。在工艺上用少量的产品脂肪醇与催化剂混合后加入反应器，就能够保持反应顺利进行。第一步是脂肪酸与脂肪醇反应生成酯，第二步是氢化生成脂肪醇。

相对分子质量较低的正构伯醇是无色油状液体，有淡水果香味。中碳链的月桂醇（C_{12}）在较室温稍低的温度下固化并稍有气味。碳原子数超过12的高相对分子质量伯醇室温下为固体，基本无味，外观从小片状结晶到蜡状结晶而变化。高级脂肪醇在水中的溶解度随相对分子质量增加而降低，但油溶性逐渐增加。一般的高级脂肪醇能溶于低碳醇（如甲醇和乙醇）、乙醚和石油醚。仲醇和有支链的高级脂肪醇在室温下是油状液体，有水果香味，可溶于醇类溶剂和乙醚中，随着相对分子质量的增加与水的亲和性逐渐降低。

高级脂肪醇能进行许多一元醇典型的化学反应，但反应活性随着相对分子质量的增加和支链的增多而降低，同时由于在水中的溶解度小和反应活性较差，有时需要特殊的反应条件。如硫酸化反应、高级脂肪醇与环氧乙烷反应生成乙氧基化高级醇反应、与有机酸进行酯化反应、与丙烯酸和甲基丙烯酸酯化生成相应的高级醇酯的反应和与五氧化二磷、三氯化氧磷、三氯化磷和焦磷酸进行的磷酸化反应等。

世界上75%以上高级醇均用于表面活性剂，用高级醇生产的合成洗涤剂具有更好的洗涤性能，并能减少环境污染。$C_6 \sim C_{10}$脂肪醇一般称为增塑醇，用于生产塑料、润滑剂和农用化学品；$C_{12} \sim C_{16}$醇用来制造表面活性剂、润滑添加剂和抗氧化剂；$C_{16} \sim C_{18}$醇及其衍生物，用以制造化妆品或医药。作为表面活性剂化学中间体的脂肪醇，主要用于制造阴离子和非离子表面活性剂的配料，如醇类硫酸盐、醇醚硫酸盐、醇乙氧基化物以及具有新兴发展前途的天然表面活性剂——烷基葡萄糖苷等。

二、脂肪胺

脂肪胺是氨分子中部分或全部氢原子被脂肪烃所取代的衍生物。由于连接在氮原子上的脂肪烃数不同，胺可分为伯胺、仲胺、叔胺及多元胺。各种脂肪胺再通过化学加工，可以得到许多衍生物，它们是构成阳离子和两性表面活性剂的主要品种。在伯、仲、叔三类胺中，叔胺的沸点最高，密度最大；而伯胺的沸点最低，密度最小。一般支链胺比相应的直链胺更易挥发。

脂肪胺根据其结构可分为以下五类：即烷基单胺类、咪唑啉类、烷基聚胺类、酰胺类及醚胺类。

制备脂肪胺的主要原料是脂肪腈。脂肪腈是油脂脂肪酸和液态或气态氨在 280 ~ 360℃，以 ZnO 或 Mn（$CH_3COO)_2$ 作催化剂通过还原作用制得，反应时间可长达 24h，反应时氨与脂肪酸的摩尔比为 2∶1，产物需经蒸馏再使用。

1. 伯脂肪胺

通常，伯脂肪胺的工业生产是将脂肪酸通过与氨和氢反应而生成的（腈还原法）。在这一过程中，中间体脂肪腈氢化而生成伯胺。

$$R-COOH + NH_3 \xrightarrow{-H_2O} R-CN \xrightarrow{NH_3} R-CN=NH \xrightarrow{H_2} R-CH_2-NH_2$$

所用催化剂是镍或钴的多相氢化催化剂（用量在 0.5% 以下），在 130 ~ 140℃ 下，氨的分压 2.07MPa，连同氢气总压 3.45MPa，伯胺得率达 96% 以上。反应中需加氨、碱或金属皂以抑制副反应仲胺的产生。

脂肪酸在 300℃ 高温、30MPa 高压和镍、钴或锌、铬等催化剂存在下，可直接催化氢化氨解制得伯胺，同样，甲酯和脂肪酸甘油酯也可以直接转化为伯胺。

$$R-COOH + NH_3 + H_2 \xrightarrow{25MPa} R-CH_2-NH_2$$

2. 仲脂肪胺

脂肪腈催化加氢生成伯胺的同时，也生成仲胺，同时生成氨。氨对仲胺的生成有阻碍作用。若将氨从反应体系中除去，采取适当的工艺可以提高仲胺的收率。该方法已在工业生产实际中得到应用，催化剂为还原镍、骨架镍、载体镍、钴和铜铬等，生成仲胺的温度以 200 ~ 230℃ 为佳，反应压力在 2MPa 以下，催化剂添加量一般为 0.4%。

工业上也可用两步法来合成仲胺。首先不加入控制反应选择性的添加物，在低温高氢压下生成伯胺，然后在高温、低氢压下（或无氢气）脱氨。催化剂用雷尼镍或负载镍。第一步反应温度为 160 ~ 180℃，氢压 2.0 ~ 2.5MPa，第二步反应温度 200℃，氢压 0.5MPa。此外，由高级脂肪醇与氨在镍、钴等加氢催化剂催化下也可以制造仲胺。

3. 叔脂肪胺

叔脂肪胺有对称叔胺（R_3N）和不对称叔胺两种类型。不对称叔胺中包括甲基二烷基胺和二甲基烷基胺。

高级脂肪叔胺的主要工业生产方法有：

（1）以脂肪伯胺或仲胺为原料的甲酸、甲醛烷基化法，此法主要用来生产不对称叔胺；

（2）以脂肪醇为原料，经卤代烷的胺化法；

（3）烯烃溴代烷的胺化法；

（4）脂肪醛胺化还原法等。

对称叔胺的生产方法主要有脂肪腈还原法，即腈经亚胺、席夫碱在载体镍催化下还原而生成，也可采用脂肪腈与脂肪仲胺或脂肪醇与脂肪仲胺在催化剂存在下加氢而生成。

非对称叔胺更具商业价值。甲基二烷基胺及二甲基烷基胺是由伯胺或仲胺同甲醛发生还原性烷基化反应而生成的。还原性烷基化反应是用镍催化剂，在温和的温度与压力条件下进行。

二甲基烷基胺的生产一般是用伯胺与甲醛或甲醇发生的还原甲基化法。反应温度120～130℃，反应压力10～15MPa，添加醋酸及磷酸进行反应，使副反应受到抑制而增加了二甲基烷基胺的收率。

Shapiro 开发了伯胺和仲胺与甲醛在镍催化剂存在下进行烷基化的方法。在商业上是通过腈路线生产脂肪胺。

$$RCOOH + NH_2 \xrightarrow{-H_2O} RCHONH_2 \xrightarrow{-H_2O} RCN$$

在反应温度 280～360℃，压力为 01MPa 的条件下，生成的腈经催化氢化生成脂肪胺。

$$3RCN + 6H_2 \xrightarrow{\text{催化剂}} (RCH_2)_3N + 2NH_3$$

根据以上反应条件不同，可以生成伯胺、仲胺或叔胺，也可以用脂肪醇为原料通过生成的卤化物与二甲胺反应。

$$RCH_2OH + HCl \longrightarrow RCH_2Cl + H_2O$$

$$RCH_2Cl + HN(CH_3)_2 + NaOH \longrightarrow RCH_2N(CH_3)_2 + NaCl + H_2O$$

其他还有脂肪多胺、季铵化合物、甜菜碱类化合物、氧化胺和乙氧基胺等。

脂肪伯胺及其盐主要用途是用作矿物浮选剂、复合肥料抗结块剂、水分排斥剂、金属腐蚀抑制剂、润滑脂添加剂、石油工业的杀菌剂及燃料、汽油添加剂等，伯胺还广泛地用作季胺和乙氧基化衍生物的中间体。

脂肪仲胺多用作化学中间体及二烷基二甲基季铵化合物的基础原料，直接应用的很少。

叔胺除广泛用于各种添加剂如杀菌剂、乳化剂、泡沫剂及化妆品组分等之外，也用作季胺化反应的原料。叔胺的季铵盐类衍生物，如烷基二甲基苄基氯化铵，在清洗和消毒杀菌领域有相当重要的地位，也可采用烷基二甲基苄基氯化铵消灭或防止滋生的一些藻类。以叔胺为原料制造的一系列甜菜碱，如 *N*－烷基甜菜碱是优良的发泡剂和湿润剂，在广泛的 pH 范围内，在低温和硬水中都有效。另外，*N*－烷基甜菜碱在清洗剂配方中也有重要意义，如用作商用车辆清洗剂等。

氧化胺具有良好的泡沫性能并不刺激皮肤，所以广泛用于化妆品工业。在香波、剃须膏等发泡溶液中起助泡和稳定作用，在香波和浴皂中除对皮肤温和外还具有润滑和调整效能。在家庭用液体洗白剂方面，氧化胺除在洗衣漂白剂中使用外，也用于污水管道、厕所马桶用液体漂白剂和消毒剂。

第五节　脂肪酸酯

脂肪酸酯是由脂肪酸和醇进行合成反应制得的结构较简单的化合物。一元醇（C_1～

C_{22}醇)、二元醇（乙二醇、丙二醇、一缩二乙二醇及其他二元醇如各种聚合度的环氧乙烷等)、三元醇（甘油)、四元醇（季戊四醇)、多元醇（山梨糖醇、蔗糖等）与脂肪酸酯化都可以制成各种酯类化合物。其中由一元醇（甲醇、异丙醇、辛醇、丁醇）以及三元醇（甘油）与脂肪酸制取的各种产品是酯类产品中的主要品种。

脂肪酸酯的应用领域极其广泛，尤其是天然脂肪酸酯在食品及化妆品中，具有特殊的功能。例如在面包中添加单甘酯能够增大体积，并具有保鲜及柔软作用，蔗糖酯与聚甘油酯其 HLB 值为 2 ~ 16，因此可广泛用于饮料、冰淇淋、巧克力及油脂的乳化、分散剂中。在化妆品中，脂肪酸酯具有良好的亲和性及柔软性，而且和其他原料的相溶性较好，能降低化妆品的油性感，提高原料的亲水性。

一、脂肪酸甲酯

脂肪酸甲酯是脂肪酸的衍生物，在工业上又称生物柴油（Biodiesel)，具有稳定性好，沸点低，分馏容易等特点，是许多油脂化学品的中间品和工业柴油的重要替代品。脂肪酸甲酯的生产有酯化和醇解方法，前者以脂肪酸为原料如皂脚和油脚脂肪酸以及油脂水解的脂肪酸，后者以油脂为原料。

由于工业化的快速发展，对能源的需求也越来越大，据估计按照目前的使用速度，石油在本世纪中叶有可能被用完。因此，寻找一种能再生的能源迫在眉睫。由于动、植物油的脂肪酸甲酯是生物柴油的理想替代品，脂肪酸甲酯成为目前研究的热点。在西方发达国家（美国、欧盟、日本等）都采用政府鼓励和补贴的办法来发展生物柴油。生物柴油使用最多的是欧洲，份额已占到成品油市场的 5%，欧盟的目标在近几年达到 8%。

生物柴油的原料主要是动物和植物油脂，现在研究最多的是植物油脂，植物油脂以大豆油、菜籽油、棕榈油为主。目前生物柴油主要是用化学法和酶法生产，化学法即用动物或植物油脂与甲醇（或乙醇）等低碳醇在酸或者碱性催化剂和高温（230 ~ 250℃）下进行酯化反应，生成相应的脂肪酸甲酯（或乙酯），经洗涤干燥即得到生物柴油。甲醇（或乙醇）在生产过程中可循环使用，生产过程中可产生 10% 左右的副产品甘油。酶法即用动、植物油脂和低碳醇通过脂肪酶进行酯交换反应，制备相应的脂肪酸甲酯（或乙酯)。酶法合成生物柴油具有条件温和、醇用量小、无污染排放等优点。但目前酶法合成存在的主要问题是对甲醇的转化率较低，一般仅为 40% ~ 60%。

目前，生物柴油的主要问题是成本高，据统计，生物柴油制备成本的 75% 是原料成本。因此采用廉价原料及提高转化率从而降低成本是生物柴油能否工业化的关键。美国已开始通过基因工程方法研究高含油油料作物；日本采用工业废油和废煎炸油；欧洲是在不适合种植粮食的土地上种植富含油脂的农作物。因而随着科技的发展，生物柴油必将成为一种重要的廉价的可再生能源。

另外，在国外脂肪酸甲酯还作为商品出售，Emery 公司、Henkel 公司及 P&G 公司均有一系列脂肪酸甲酯产品。脂肪酸甲酯还可用于制取各种衍生物，如：脂肪醇、烷醇酰胺和 α - 磺基脂肪酸甲酯同系物、糖酯及其他衍生物。

二、蔗糖脂肪酸酯

蔗糖脂肪酸酯亦称脂肪酸蔗糖酯，常简称蔗糖酯（SE)。

蔗糖酯的单酯、双酯和三酯分别由一分子蔗糖和一分子脂肪酸或两分子、三分子脂肪酸构成。酯化反应一般发生在蔗糖的三个伯羟基上，控制酯化程度可得单酯含量不同的产品。随着酯化时所用的脂肪酸种类和酯化度不同，产品一般为白色粉状、块状或蜡状固体，也有无色或微黄色黏稠状或树脂状液体，无臭或有微臭味（未反应脂肪酸臭味），在120℃以下稳定，加热至145℃以上分解，易溶于乙醇、丙酮和其他有机溶剂。单酯易溶于水，双酯和三酯难溶于水。蔗糖酯有良好表面活性，其HLB值在3～15。单酯含量越多，HLB值越高。HLB值低的可用作W/O型乳化剂，HLB值高的用作O/W型乳化剂。

蔗糖酯的天然含量微乎其微，目前主要是人工合成。其主要的合成方法有溶剂法、无溶剂法及微生物合成法等。其中溶剂法较为常见，其工艺是将硬脂酸甲酯在碱性催化剂存在下用二甲基甲胺作溶剂，与蔗糖进行酯交换反应，蒸去副产物即得蔗糖酯产品。由于蔗糖酯的生产易于工业化，原料易得，生产效益好等特点，极具开发前途。

由于蔗糖酯具有广泛的HLB值，能降低水的表面张力，形成胶束，具有去污、乳化、洗涤、分散、湿润、渗透、扩散、起泡、抗氧、黏度调节、杀菌、防止老化、抗静电和防止晶析等多种功能。如在食品中用于制作糕点、面包，可以作为人造乳制品中的乳化稳定剂、食品保鲜剂、减肥添加剂等。近年来，美国开发的蔗糖多酯代替油脂食用发现它可以降低人体胆固醇，用于治疗和防治胆固醇方面的疾病。除了在食品方面的应用，蔗糖酯还广泛应用于化妆品、生物工程的酶制剂、医药、合成树脂、染料、农药、日用化工等行业。

三、失水山梨醇脂肪酸酯和聚氧乙烯失水山梨醇脂肪酸酯

（一）失水山梨醇脂肪酸酯

失水山梨醇脂肪酸酯的商品名为司盘（Span）。司盘类乳化剂以其合成时所用脂肪酸的不同来划分，产品有Span 20、Span 40、Span 60、Span 80等，分别用月桂酸、棕榈酸、油酸、硬脂酸等合成。工业生产方法有以下三种：

（1）一步合成法　将脂肪酸、山梨醇和一定量的碱性催化剂一次加入到反应器中，在3.95～14.5kPa的绝对压力下缓慢升温，在1h内升至220℃并保持3h，然后将温度降至85～95℃，再用双氧水脱色30min，可得到颜色较浅的司盘类乳化剂产品。

（2）先酯化后醚化　在碱性催化剂存在下，山梨醇与脂肪酸酯化。当酸值小于10mgKOH/g时，再加入酸性催化剂使之成酐。

（3）先醚化后酯化　在酸性催化剂及脱色剂存在下，使山梨醇在140℃下脱水生成山梨醇酐。经过滤后，山梨醇酐在0.5%碱性催化剂存在下，于200～250℃与脂肪酸进行反应，制得失水山梨醇酐脂肪酸酯。

司盘类乳化剂应用范围较广，可广泛应用于椰子汁、果汁、牛乳、面包、人造奶油、糕点、巧克力、冰淇淋、口香糖、起酥油和蛋黄酱等食品的生产中。

（二）聚氧乙烯失水山梨醇脂肪酸酯

聚氧乙烯失水山梨醇脂肪酸酯的商品名为吐温（Tween），它是由失水山梨醇脂肪酸酯与环氧乙烷进行加成反应而得。根据反应所用Span的不同，吐温产品有Tween 20、

Tween 40、Tween 60 和 Tween 80。常用的为 Tween 60 和 Tween 80。由于分子中引入了聚醚链，其亲水性增加。

Tween 60 为浅黄色至橙色油状液体或凝胶体，有轻微特殊气味，HLB 值为 14 ~ 15，可用于制备 O/W 型乳状液。Tween 60 与 Span 60 配合使用，可取得良好乳化效果。Tween 60 除可用于 Span 60 所使用的领域外，还可用于面包和乳化香精，用于面包时，可显著增大面包的体积，Tween 80 为浅黄色至橙色油状液体，有轻微臭味，其 HLB 值为 150，常与司盘类乳化剂配合使用。Tween 80 主要用于冰淇淋等冷饮食品，能显著改善搅拌性能和冰淇淋干性，便于冷冻机工作及杀菌卫生处理，还可提高其抗热性能。此外，Tween 80 还可用于其他制品如牛乳中。

四、聚甘油脂肪酸酯

聚甘油脂肪酸酯（Polyglyceryl fatty acid esters，简称聚甘油酯或 PGFE），是由多种脂肪酸与不同聚合度的聚甘油反应制成的一类优良非离子型表面活性剂，外观从淡黄色油状液体至蜡状固体都有，视其所结合的脂肪酸而定，属于单甘油酯的衍生物。聚甘油脂肪酸酯的制备分二步完成，第一步是甘油在高温 220 ~ 280℃ 下聚合脱水，第二步生成物再和脂肪酸进行酯化反应或与油脂进行酯交换反应。

聚甘油脂肪酸酯在耐热性、黏度等方面较多元醇脂肪酸酯高，耐水解性好，具有很强的乳化性能，不仅可配制油包水型（W/O），也可配制成水包油型（O/W）及 W/O/W 或 O/W/O 型乳化剂，具特殊的稳定性，具有去污、乳化、分散、洗涤、湿润、渗透、扩散、起泡、抗氧化、调节黏度、杀菌、防止老化、抗静电、防止晶析等多种功能，本身安全、对人体无毒。可广泛应用于食品工业、日化行业、医药行业和农业化学品中。

五、环氧化油脂

环氧化油脂是在酯类的不饱和键上进行环氧化反应的产物，环氧酯类增塑剂在增塑剂总量中占有相当的比重，其制备方法可采用化学法和酶法。

$$\text{油脂} + H_2O_2 \xrightarrow[\text{强酸性离子交换树脂(8 ~ 9h)}]{\text{H + 催化处理(60 ~ 70℃)}} \text{环氧油}$$

$$\text{油脂} + H_2O_2 \xrightarrow[\text{7℃　14 ~ 16h}]{\text{NOVO 435脂肪酶}} \text{环氧油}$$

选择的植物油可以是大豆油、棉籽油、亚麻籽油、蓖麻籽油等。酶法环氧化可大大减少三废污染，是今后理想的生产环氧油的方法。

环氧酯类增塑剂在增塑剂总量中占有相当的比重。环氧油的产品有环氧大豆油、环氧菜籽油、环氧亚麻油、环氧棉籽油及环氧蓖麻油等，但主要是环氧大豆油，其碘值较高，故产品的环氧值较高，在环氧增塑剂中占 60% 以上。环氧大豆油具有安全无毒、原料资源可再生等优点，作为聚氯乙烯塑料的增塑剂、稳定剂具有广阔的市场。

六、α－磺基脂肪酸酯

脂肪酸甲酯磺酸盐被认为是具有很大潜力的表面活性剂原料。它有优异的螯合水硬度的性能，是优良的阴离子表面活性剂之一，其反应过程如下：

$$\text{脂肪酸甲酯} + SO_3 \longrightarrow \text{脂肪酸磺酸酐}(SO_3\text{需过量20\% ~ 30\%})$$

$$\text{脂肪酸磺酸酐} + \text{未反应酯} \longrightarrow \alpha\text{-磺基脂肪酸酯}$$

反应时间需 40~90min。

生成的 α-磺基脂肪酸酯还可以与二乙醇胺反应，得到 α-脂肪酸酰胺磺酸盐，这些衍生物具有良好的溶解性和钙皂分散性。

直链的 C_{10}~C_{18}α-脂肪酸甲酯磺酸钠，有良好的耐硬水洗涤、生物降解及安全性等优点，且易于制造，消耗低，产品色浅，又能加工成50%的膏状物，是阴离子表面活性剂烷基苯磺酸盐的良好代用品。

七、甘油一酯和甘油二酯

（一）甘油一酯

甘油一酯（MG）有两种构型，即 1-MG 和 2-MG。由于它具有一个亲油的长碳烷基和两个亲水的羟基，因而具有较好的表面活性，被广泛应用于食品、化妆品、医药、洗涤剂工业中。

甘油一酯一般为油状、脂状或蜡状，色泽为淡黄或象牙色，有油脂味或无味，这与脂肪酸基团的大小及不饱和程度有关，具有优良的感官特性。

工业合成甘油一酯主要采用化学法，包括直接酯化法、甘油解法和油脂水解法；另外，生物转化法合成甘油一酯是制备甘油一酯的新方法，也是近年来酶工程研究的热点之一。

目前工业上生产的甘油一酯含量均在 60% 以下，需进行分离提纯，获得高纯度（90% 以上）甘油一酯产品。已报道的甘油一酯的提纯方法有：分子蒸馏法、超临界 CO_2 萃取法、柱层析分离法和溶剂结晶法等。

（二）甘油二酯

甘油二酯（DG）是一类甘油三酯中一个脂肪酸被羟基所代替的结构脂质，分 1，3-甘油二酯和 1，2（2，3）-甘油二酯两种立体异构体。甘油二酯，尤其是 1，3-甘油二酯，其特殊的脂质代谢方式所具有的生理活性使其在预防和治疗肥胖及其相关疾病上有着独特的作用。

甘油二酯是油脂的天然组分，只是含量相对较少，在普通食用油脂中以棉籽油和橄榄油含量较高，分别为 9.5% 和 5.5%。甘油二酯的制备可通过甘油与脂肪酸或脂肪酸甲酯酯化或与甘油三酯酯交换反应获得，这一过程可以通过化学法和酶法来完成。

甘油二酯由于其特殊的代谢途径，可以广泛的应用于医药和食品中，如减肥人造奶油、减肥蛋糕、减肥巧克力、面包等。甘油二酯也可用于制造固形的化妆品，如口红等。此外，利用甘油二酯还可以制造除臭剂、可食涂料、消泡剂、皮革加脂剂等。

第六节　脂肪酰胺

脂肪酸的羟基被胺取代的衍生物统称为脂肪酸酰胺。脂肪酸酰胺具有高熔点、稳定性好、防水性和低溶解性，广泛用于纺织、塑料、造纸、木材加工、橡胶工业、包装材料及制造表面活性剂的中间体。脂肪酰胺有单酰胺、双酰胺、酰肼等化合物。

工业上生产脂肪酸酰胺一般采用脂肪酸、脂肪酸甲酯或油脂为原料与氨进行反应，也可以采用预先制成乙酰胺再与脂肪酸置换制得。以脂肪酸为原料制取脂肪酸酰胺的反应式如下：

$$RCOOH + NH_3 \longrightarrow RCOONH_4 \longrightarrow RCONH_2 + H_2O$$

反应在180℃、低压0.34～0.68MPa条件下进行，反应时间为10～12h，反应中用三氯化铝、硅胶、烷基醇锌或硼酸作为脂肪酸酰胺化作为催化剂。

目前国外用量较多的酰胺品种有：油酸酰胺、芥酸酰胺、硬脂酸酰胺、棕榈酸酰胺、蓖麻酸酰胺、月桂酸酰胺和烷醇酰胺以及双酰胺等。

脂肪酸酰胺的研究历史悠久，但在工业上的应用只是近几十年内的事，主要用途：表面活性剂、纤维油剂、润滑剂及抗黏结剂。其中芥酸酰胺由于与聚烯烃树脂相溶性较好，能产生良好的内润滑性，而在高温下相溶性降低，从而产生了抗黏结效果，因而更适用于加工温度较高的聚丙烯塑料。

烷醇酰胺具有优异的渗透力、洗净性和起泡力，是液体洗涤剂、洗发剂、清洗剂、液体皂、洗面剂等日用化学品中不可缺少的成分。此外，油酸酰胺和蓖麻醇酸酰胺除具有内润滑作用外，还有抗静电作用。

国内，四川芦天化工厂已建立了规模较大的芥酸及芥酸酰胺的生产基地。

若增加脂肪酸甲酯的用量，如2mol脂肪酸甲酯与1mol乙二胺反应则可生成双酰胺。

$$2RCOOCH_3 + H_2NCH_2CH_2NH_2 \xrightarrow{180℃} RCONHCH_2CH_2NHCOR + CH_3OH$$

该产品也可用于液体洗涤剂的配方。

一、单酰胺

单酰胺一般采用脂肪酸或脂肪酸甲酯或油脂为原料与无水氨进行反应，也可采用预先制成乙酰胺再与脂肪酸置换。反应式如下：

$$RCOOH + NH_3 \longrightarrow RCOONH_4 \xrightarrow{\triangle} RCONH_2 + H_2O$$

反应制得的粗脂肪酰胺经精制可得到高纯度酰胺。精制方法有溶剂脱色和真空蒸馏。只有高纯度的脂肪酰胺才具有爽滑性，用于聚烯烃上。制备单酰胺还可以用置换法，它是采用尿素代替氨，但得率低，在80%～85%；还有将脂肪酸转化成脂肪酸酰氯，再与氨水反应成酰胺，经溶剂结晶制得产品。脂肪酰胺也可以用脂肪酸甲酯或脂肪酸与氨反应制得。

二、双酰胺

2mol脂肪酰胺与1mol甲醛或2mol脂肪酸（酯）与1mol乙二胺反应均可以生成双酰胺。该类产品投入工业生产的主要是双硬脂酸酰胺。例如，2mol硬脂酰胺和1mol甲醛在200℃下进行反应可得到坚硬蜡状固态或喷成粉状的亚甲基双硬脂酰胺。

亚甲基双硬脂酰胺可用于粉末冶金的脱模剂和塑料挤压时的润滑剂。亚乙基硬脂酰胺可用于塑料加工的脱模剂和润滑剂，还可用于造纸工业的消泡剂、金属拉丝加工润滑剂、颜料分散剂和纺织的防水剂等。

三、酰肼化合物

脂肪酸单（双）酰肼化合物的合成可采用脂肪酸（酯）及脂肪酰氯与肼、或氯化氢、或水合肼进行反应得到。

单酰肼的熔点低于双酰肼，单酰肼的熔点随碳原子数的增加而增加，双酰肼则随碳原子数的增加而降低。

单酰肼可以进行许多反应，如乙氧基化、水解、成盐和成环等，双酰肼也可以成环和氧化等。双酰肼也可发生成环和乙氧化反应。因此该类物质是化学合成的中间体。

这类产品可用作杀虫剂、杀菌剂、抗氧化剂、纺织助剂、化肥硝酸铵抗结块剂、显影剂等。

第七节　表面活性剂

本节只讨论来自于天然油脂的表面活性剂。

表面活性剂其化学结构的基本特征，是由非极性原子团和极性高的亲水性原子团所构成。这种结构特点使表面活性剂具有以下两种基本性质。

（1）虽然它们具有双亲媒性，但溶解度，特别是分散状态的分子浓度，是较低的，在通常使用浓度下大部分形成胶束（缔合体）而存在。

（2）在溶液与它相相接的界面上，官能团产生选择性定向吸附，使界面的状态或性质发生显著变化。

表面活性剂分成：阴离子型、阳离子型、非离子型和两性离子型四类，每一类都有代表性的分子结构和行为特征，面活性剂基本上在所有工业行业中都有广泛的用途，估计世界的产量已超过1000万t/年。现将主要产品列举如下。

（1）阴离子型表面活性剂　阴离子表面活性剂的疏水部分是与一个阴离子或负电荷离子相连接，在水中离解成带正电荷的阳离子和带负电荷的阴离子，其中阴离子是该表面活性剂的承载体。典型的产品是磺酸盐（烷基苯磺酸盐、脂肪酸酰胺磺酸盐、烷基磺酸盐及硫酸酯盐 $ROSO_3Na$），阴离子表面活性剂是世界上产量最大的一类表面活性剂，被广泛应用于家庭洗涤剂中。

（2）阳离子型表面活性剂　与阴离子表面活性剂一样，阳离子表面活性剂也能在水中离解，但阳离子是该表面活性剂的承载体，如胺盐型及季铵盐型。

它们可用于杀菌剂、纺织品柔软剂、螯合剂、抗静电剂和消泡剂。

（3）两性离子型表面活性剂　两性离子表面活性剂在水溶液中含正负两种电荷，所以它具有无可比拟的物理性及表面活性，它与阴离子和阳离子物质均有优良的相溶性，其行为取决于介质条件及pH，此类产品的例子是烷基甜菜碱。

（4）非离子型表面活性剂　这类表面活性剂的共性是所有的分子结构都以共价键结合，在水介质中不会离解为带电荷的阳离子和阴离子，在水溶液中成为中性的非离子分子状态或胶束状态，由于它们是中性的，因此非离子活性物在酸性、碱性以及金属盐溶液中都比较稳定。它们的溶解性取决于连接的极性基团，最重要的油脂类型的非离子表面活性剂是脂肪醇脂肪酸胺和联胺的乙氧基化合物，如聚氧乙烯脂肪醇、脂肪酸聚氧乙烯酯及多元醇酯等。

思考题

1. 何谓脂肪化学品？
2. 试述工业脂肪酸如何制取、精制与分离。
3. 脂肪酸盐包括哪几类？
4. 如何制备脂肪醇、脂肪胺和脂肪酰胺？
5. 试述蔗糖脂肪酸酯的作用。
6. 试述甘油一酯和甘油二酯的制备工艺。
7. 基于天然油脂的表面活性剂有哪些？

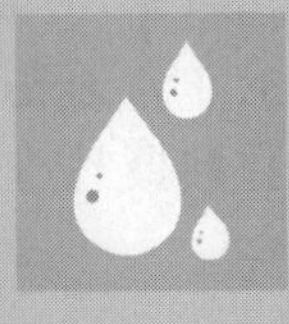

第十一章

油脂营养与健康

第一节 概述

油脂是人类膳食的主要组成部分，从人体生理及营养的需要角度看，油脂的作用主要有：

（1）提供能量 膳食脂肪是向人体供应能量的主要来源之一。油脂分子中碳元素含量为75%左右，高于碳水化合物和蛋白质，每克脂肪在体内彻底氧化可提供大约38kJ的热能，是同样质量碳水化合物和蛋白质的两倍。脂肪每天向人体提供的热能可占热能总摄入量的20%～50%。

（2）构成机体组织，作为机体的保护成分 脂类约占人正常体重的10%～14%。体脂中的一类构成组织脂，是多种组织和细胞的组成成分，如细胞膜是由磷脂、糖脂和固醇组成的类脂层。另一类构成储脂，主要分布在皮下组织、腹腔大网膜、肠系膜、肾脏及肌间结缔组织等处。对机体来讲，存在适量并分布在恰当部位的体脂是必不可少的，它起到支撑和保护器官、减缓冲击与震动、调节体温、保持水分等作用。

（3）提供必需脂肪酸（EFA），调节生理功能 人体必需的几种不饱和脂肪酸称为必需脂肪酸，必须从食物脂肪中摄取，主要用于磷脂的合成，是组织、细胞特别是细胞膜的结构成分。同时，EFA是合成前列腺素等活性二十碳酸衍生物的原料，后者具有调节多种生理功能的重要作用。

（4）促进脂溶性维生素的吸收 脂溶性维生素A、维生素D、维生素E、维生素K在调节生理代谢方面具有重要意义，它们与脂肪相溶，食用油脂作为脂溶性维生素的载体和保护剂，有助于其在人体内的消化和吸收。当饮食中缺少脂肪时，体内的脂溶性维生素也会缺乏。

第二节 脂类的消化与吸收

唾液和胃液缺少胰脂酶，故膳食脂肪在口腔和胃中较不易消化，尤其是胃液的酸性不适于胰脂酶作用。但在无胰脂酶存在的情况下，胃内的舌上脂酶仍可水解10%～30%

的脂肪，此酶分泌自舌腺，是胃内主要脂解酶，以稍小的脂肪为目标，在 pH 2.6～7 范围内皆有活性，但受胆盐抑制。舌上脂酶的水解产物在小肠内有清除脂肪粒表面蛋白质和磷脂的作用，使甘油酯易受胰脂酶的作用，促进脂肪的消化吸收。

脂肪的消化主要是在小肠中进行，脂肪从胃进入小肠时，十二指肠黏液分泌的激素缩胆囊肽刺激胆囊分泌胰脂酶进入小肠，由于肠蠕动和胆汁酸盐的乳化作用，脂肪分散成细小的微团（Micells），水溶性增加，增加了与胰脂酶的接触。通过消化作用，大约有 90% 的脂肪可转变为甘油一酯、脂肪酸和甘油等，它们与胆固醇、磷脂及胆汁酸盐形成混合微团。这种混合微团在与十二指肠和空肠上部的肠黏膜上皮细胞接触时，甘油一酯、脂肪酸即被吸收，这是一种依靠浓度梯度的简单扩散作用。吸收后，中、短链的脂肪酸不经酯化由血液经门静脉直达肝脏；长链的脂肪酸、甘油一酯在肠黏膜细胞的内质网上重新合成甘油三酯，再与蛋白构成乳糜微粒，经由淋巴系统和体循环运输到达肝脏，以及在脂肪组织中贮存；脂肪在进入线粒体中转化为能量时，需要与肉碱结合方可全面氧化转变为水、二氧化碳和能量。

脂肪的消化受到多种因素的影响。首先是脂肪酸在甘油酯上的位置，胰脂酶选择性地水解 1，3 位上的脂肪酸，而 2 位上的脂肪酸不易被水解，在整个消化和吸收过程中，接近 75% 的 *sn*－2 位脂肪酸被保存下来；其次，脂肪的消化率与其熔点有关，一般认为，熔点在 50℃ 以上的硬脂吸收速度不到软脂的 1/2，因此，饱和度高的油脂消化率低。

甘油酯的完全水解有利于脂肪的吸收。人乳脂吸收率高的原因，除了其脂肪酸和甘油酯组成合理外，还因其中含有一定浓度的胆酸盐激活脂酶，它可完全水解甘油三酯。胆酸盐激活脂酶分泌于哺乳母乳腺，通过血液传到母乳中，它特别适合于十二指肠的环境，可水解胰脂酶产生的甘油一酯，使甘油酯水解完全，阻止后续酶的再酯化。

食物中胆固醇的吸收部位主要是空肠和回肠，游离胆固醇可直接吸收；胆固醇酯则经胆汁酸盐乳化后，再经胆固醇酯酶水解生成游离胆固醇后才被吸收，吸收进入肠黏膜细胞的胆固醇再酯化成胆固醇酯，胆固醇酯中的大部分渗入乳糜微粒，少量参与组成极低密度脂蛋白，经淋巴进入血液循环。

食物中的磷脂在磷脂酶的作用下，水解为脂肪酸、甘油、磷酸、胆碱或胆胺，被肠黏膜吸收后，重新合成完整的磷脂分子，参与组成乳糜微粒而进入血液循环。

第三节 脂质的代谢

体内脂肪酸的来源有二：一是机体自身合成，以脂肪的形式储存在脂肪组织中，需要时从脂肪组织中动员，饱和脂肪酸主要靠机体自身合成；另一来源系食物脂肪供给，特别是某些不饱和脂肪酸，人体自身不能合成，需从植物油中摄取。

脂肪在体内的合成有两条途径。一种是将食物中脂肪转化成人体的脂肪；另一种是将糖转变为脂肪，来自糖酵解产生的乙酰辅酶 A 在胞液中多酶复合体系催化下进行饱和脂肪酸的生物合成，最后生成软脂酸，而内质网酶系和线粒体酶系均可使碳链进一步延长。机体还可利用软脂酸、硬脂酸等原料，在去饱和酶的催化下合成不饱和脂肪酸，但不能合成亚油酸、亚麻酸等必需脂肪酸。

糖转变为脂肪是体内脂肪的主要来源，是体内储存能源的过程。糖代谢生成的磷酸二羟丙酮在脂肪和肌肉中转变为 α - 磷酸甘油，与机体自身合成或食物供给的两分子脂肪酸活化生成的脂酰辅酶 A 作用生成磷脂酸，然后脱去磷酸生成甘油二酯，再与另一分子脂酰辅酶 A 作用，生成甘油三酯。

脂肪组织中储存的甘油三酯，经酶的催化分解为甘油和脂肪酸运送到全身各组织利用，甘油经磷酸化后，转变为磷酸二羟丙酮，循糖酵解途径进行代谢，胞液中的脂肪酸首先活化成脂酰辅酶 A，然后由肉毒碱携带通过线粒体内膜进入基质中进行 β - 氧化，产生的乙酰辅酶 A 进入三羧酸循环彻底氧化，这是脂肪代谢的基本途径和体内能量的重要来源。脂肪酸在肝中分解氧化时产生特有的中间代谢产物——酮体，酮体包括乙酰乙酸、β - 羟丁酸和丙酮，由乙酰辅酶 A 在肝脏合成，经血液运送到其他组织，为肝外组织提供能源。在正常情况下，酮体的生成和利用处于平衡状态。

除从食物中摄取外，胆固醇主要由肝细胞内合成，肝脏合成的胆固醇占全身合成总量的 3/4，肝脏也能快速地以脂蛋白形式输送胆固醇到血液。每日合成的胆固醇中，一半以上（约 800mg）在肝中转变为胆酸和脱氧胆酸，胆汁酸盐随胆汁排入消化道参与脂类的消化和吸收；有部分经肠道转变为粪固醇排出体外，日耗用胆固醇 500mg；还有一部分经皮肤由汗液排出。胆固醇在体内不能彻底氧化分解，但可以转变成许多具有生物活性的物质，如肾上腺皮质激素、雄激素及雌激素等。皮肤中的 7 - 脱氢胆固醇在日光紫外线的照射下，可转变为维生素 D_3，后者在肝及肾中转变为 1，25 - 二羟 D_3 的活性形式，参与钙、磷代谢。

由甘油构成的磷脂统称为甘油磷脂，包括卵磷脂和脑磷脂等，卵磷脂是合成血浆脂蛋白的重要组分，构成生物膜脂双层结构的基本骨架。人体多种组织都能合成磷脂，含量以脑组织为最，但合成效率以肝脏为最。合成磷脂的前体是磷脂酸，而胞苷三磷酸和胞苷二磷酸则是合成磷脂的关键。

由鞘氨醇构成的磷脂称为鞘磷脂，是生物膜的重要组分，参与细胞识别及信息传递。鞘氨醇由软脂酰辅酶 A 和丝氨酸反应形成，鞘氨醇经长链脂酰辅酶 A 作用形成 *N* - 酰基鞘氨醇，即神经酰胺，又进一步和胆碱作用而形成鞘磷脂。

磷脂被摄进入人体消化道后，在小肠中进行消化。由于磷脂酶的专一性，磷脂分子有四处可被不同磷脂酶分裂成不同产物。磷脂酶 A_1 作用于 *sn* - 1 位酯键，磷脂酶 A_2 使磷脂分子 *sn* - 2 位酯键水解，均生成溶血磷脂和脂肪酸，溶血磷脂尚有助于食糜中脂类进一步乳化，浓度过高时则损害细胞膜。在各种磷脂酶的作用下，磷脂最终可分解为脂肪酸、甘油、磷酸、氨基醇等，除脂肪酸是脂溶性外，其余大多数为水溶性物质，均易于吸收。

在胆盐存在下，肠内卵磷脂约有 25% 可以不经消化就直接被吸收入门静脉中。但大部分需经分解后才能吸收，吸收后，也可在肠壁中重新合成磷脂再入血液中。

第四节　血浆脂蛋白与脂肪的运输

血浆中所含的脂类统称血脂，它的组成包括甘油三酯、磷脂、游离脂肪酸、胆固醇及酯等。血脂含量与全身脂类相比，只占极小部分，但所有脂类均通过血液转运至各组织，血液每日转运脂肪数百克。血脂受膳食、年龄、性别、职业以及代谢等的影响，波动范围较大，一般正常血液中其值在400～700mg/dL。其中甘油酯值男子在40～160mg/dL，女子在20～108mg/dL。

正常人血浆含脂类虽多，却仍清澈透明，这是因为血脂在血浆中不是以自由状态而是以血浆脂蛋白的形式存在和运输的。血脂与载脂蛋白结合成脂蛋白，脂肪被蛋白质包裹起来便有了水溶性。载脂蛋白主要有apoA、apoB、apoC、apoD和apoE五类，还有若干亚型。血浆脂蛋白的结构为球状颗粒，表面为极性亲水基团，核心为非极性疏水基团。各种血浆脂蛋白的密度、颗粒大小、表面电荷、电流行为及免疫性取决于其脂类/蛋白质比率，一般用超速离心法和电泳法将它们分为四类，即高密度脂蛋白（HDL，α-脂蛋白）、极低密度脂蛋白（VLDL，前β-脂蛋白）、低密度脂蛋白（LDL，β-脂蛋白）和乳糜微粒（CM），见表11-1。

表11-1　　血浆脂蛋白分类及其性质

分类	密度/（g/mL）	颗粒直径/nm	甘油酯/%	磷脂/%	胆固醇/%	蛋白质/%	主要载脂蛋白
CM	≤0.950	80～500	>50	8	2～7	0.8～2.5	AI，B，C
VLDL	0.950～1.006	25～80	50～70	10～15	10～15	5～10	B，CⅠ，CⅡ，CⅢ，E
LDL	1.006～1.063	20～25	8～10	20	45	25	B
HDL	1.063～1.210	5～30	8	30	20	45～50	AⅠ，AⅡ

CM是甘油三酯比例高的小密度大颗粒，在小肠上皮细胞内形成，转运外源性脂肪（饮食中的甘油三酯）进入血液，释放出大部分甘油三酯，其余被肝脏吸收，半衰期为10min左右。由于CM的进入，餐后血液即呈乳状。VLDL在肝细胞内由乳糜微粒合成，转运内源性脂肪；VLDL的代谢途径与乳糜微粒相似，半衰期是6～12h。由于脂蛋白脂酶的作用，VLDL分解生成更小的胆固醇与磷脂含量高的低密度脂蛋白（LDL），正常人空腹血浆中不易检出乳糜微粒与VLDL。

正常人空腹血浆中LDL的含量为61%～70%，HDL为30%～40%。胆固醇是脂蛋白运输的一种重要脂质，它主要以胆固醇酯的形式被转运。LDL的主要脂质成分是胆固醇酯（60%左右），因此它的主要功能是运输血中的胆固醇至各组织细胞。从防治动脉硬化的角度而言，LDL能使组织中的胆固醇浓度上升而促进动脉硬化的发生，所以被称为“劣质脂蛋白”。血液LDL的正常值上限为130mg/dL，大于160mg/dL时认为易增加患动脉硬化危险性。而HDL对周围细胞过多的以及来自富含甘油三酯脂蛋白分解脱落的胆固醇，起一种“清道夫”的作用，以防止胆固醇堆积于动脉硬化病变处，并通过与LDL竞争细胞膜受体部位，控制周围细胞的胆固醇含量，干扰动脉壁胆固醇的沉积，故HDL有“好胆固醇”之称。血中HDL正常值在35～85mg/dL，一般认为，低于40mg/dL时即可增加患心脏病的危险性。有研究表明，HDL每降低1%，患心脏病的危险性上升3%。雌激素可升高妇女的HDL水平，因此，女子有比男子更高的HDL水平，特别是绝经前妇女，很少受到心脏病的攻击。

HDL的作用与其代谢有关，肝及小肠新分泌的HDL富含蛋白质（近50%）和磷脂、胆固醇酰基移转酶（LCAT），当通过血液进入组织间隙时，周围细胞表面的游离胆固醇即占据 HDL 表面，在 LCAT 催化下，一部分游离胆固醇与磷脂中 sn－2 位上的不饱和脂肪酸酯化，进入 HDL 颗粒核，使游离胆固醇不易在血管壁上沉积；HDL 不断接纳来自周围细胞的游离胆固醇，结果使得 HDL 颗粒内的胆固醇含量增高，颗粒密度降低，LCAT 活性随之减弱，满载胆固醇的 HDL 颗粒进入肝脏，胆固醇酯被降解排泄，HDL 又重新回到血液进行循环。

血总胆固醇，特别是 HDL 及 LDL 含量的变化及相对比值是脂质营养研究的重要方面。有人认为，总胆固醇/HDL 的比值在 4.0 以下是合适的，临界值是 6.0。事实上，各种脂蛋白均是人体脂质的运载体，且存在一定的代谢相关性。脂质从肠道吸收后，均以脂蛋白形式进入血液循环，在各类水解酶类的作用下，脂质运载体被逐渐水解。由于脂质的疏水性质，脂质包埋于运载体的核心，因而在水解过程中，运载体外围蛋白的水解速度快于核心脂质的水解速度；由于胆固醇的密度小于蛋白质，因而 HDL 的密度在代谢过程中逐渐减小而成为 LDL，其在血浆中的溶解性也随之降低。可见，总胆固醇/HDL 的比值实质上反映了胆固醇复合物在血浆中的溶解度及转变和分解代谢强度，因此，常用来作为指示心血管疾病的指标。

第五节　脂质的营养

一、多不饱和脂肪酸和必需脂肪酸

多不饱和脂肪酸（Polyunsaturated Fatty Acid，简称 PUFA）可分为 $n-6$ 系列和 $n-3$ 系列，前者包括亚油酸（LA，18:2）、γ－亚麻酸（GLA，18:3）、花生四烯酸（ARA，20:4）等，而后者有 α－亚麻酸（ALA，18:3）、二十碳五烯酸（EPA，20:5）、二十二碳六烯酸（DHA，22:6）等。

必需脂肪酸（Essential Fatty Acid，简称 EFA）通常仅指亚油酸和 α－亚麻酸。这两种脂肪酸只有植物能够合成，而人体缺乏从头合成这两种脂肪酸的酶，不能从脂肪酸的甲基端数起第三个碳和第六个碳上导入双键，因此，这两种脂肪酸必须从食物中摄取。在体内脱氢酶和增碳酶（延长酶）的作用下，这两类多不饱和脂肪酸的代谢途径如下：

$n-6$ 系列：亚油酸（LA，18:2）→γ－亚麻酸（GLA，18:3）→二高－γ－亚麻酸（DH-GLA，20:3）→花生四烯酸（ARA，20:4）。

$n-3$ 系列：α－亚麻酸（ALA，18:3）→十八碳四烯酸（Stearidonic，18:4）→二十碳五烯酸（EPA，20:5）→二十二碳六烯酸（DHA，22:6）。

可见，γ－亚麻酸和花生四烯酸是亚油酸的代谢产物，EPA 和 DHA 是 α－亚麻酸的代谢产物。从 $n-6$ 系列脂肪酸衍生出的活性二十碳酸衍生物，包括前列腺素 PGE_2、环前列腺素 PGI_2、血栓素 TXA_2、白三烯等。这些脂肪酸衍生物活性广泛，如血栓素 TXA_2 使血小板聚集和血管收缩，促进凝血，而环前列腺素 PGI_2 抗凝血，正常时二者相互制约，力求平衡；白三烯影响白细胞功能，有强力支气管平滑肌收缩及增加毛细血管通透性作用。而环前列腺素 PGI_3 和血栓素 TXA_3 等来源于 $n-3$ 系列，血栓素 TXA_3 几乎无生物活性；环前列腺素 PGI_3 和血栓素 TXA_2 的作用相反，可抑制血小板聚集，使血管舒张，血压下降。

很多研究已确认亚油酸具有降低血清总胆固醇作用，其机理尚未完全阐明，有研究认为它能促进胆固醇氧化为胆汁酸而排出体外。但此种降胆固醇作用随亚油酸在总能量摄取量中所占的比例而变，一旦超过15%，其降总胆固醇效果就会下降，而且HDL含量也大为下降。可见，亚油酸的摄取量要合理，否则效果相反。

花生四烯酸的降胆固醇效果要比亚油酸强，其机制还有待于进一步研究。

摄食富含 γ－亚麻酸的月见草油，其降胆固醇作用也得到确认。

亚油酸能够调节副肾上腺皮质激素的分泌，提高抵御外部各种刺激的能力。由亚油酸代谢过程中产生的二十碳三烯酸（二高－γ－亚麻酸，DHGLA，20:3）和花生四烯酸（ARA，20:4），能够合成不同作用或者相反作用的前列腺素，例如，同样是花生四烯酸生成的活性二十碳酸衍生物，有的使血压上升，有的可使血压下降，有的促进血小板凝集（TXA_2），有的却具抗凝血作用（PGI_2），由此可见摄取亚油酸是必要的，但其生理作用是双向的，在一定条件下，身体可以进行自我调节，以保持平衡状态。

在必需脂肪酸的生理作用方面，过去人们比较强调 $n-6$ 系列脂肪酸，即亚油酸和由其转化的花生四烯酸等的作用，而忽略 $n-3$ 系列的 α－亚麻酸的生理作用。α－亚麻酸容易氧化，其某些生理功能远不如亚油酸，原来不被人们重视，甚至对其是否为必需脂肪酸有过怀疑。但近年来的研究发现，与 $n-6$ 系列脂肪酸比，$n-3$ 系列脂肪酸有更明显的降低血脂效果。其降低血脂作用表现为对血浆中甘油三酯水平的影响，而非仅对胆固醇水平的影响。补充鱼油能降低乳糜微粒中甘油三酯水平；$n-3$ 系列脂肪酸有类似阿司匹林作用，使血液不容易凝结。

α－亚麻酸的生理功能主要是其代谢产物二十碳五烯酸（EPA）和二十二碳六烯酸（DHA）的功效。最近的研究证明，EPA 和 DHA 两者的生理功能也有些不同，如 EPA 对降低血中甘油三酯有效，而 DHA 对抗凝血和降低血中胆固醇有效，特别是在儿童脑神经传导和突触的生长发育方面有着极其重要的作用。

α－亚麻酸对儿童视网膜和脑的发育和保持其功能有着特殊的作用，并对在其后来一生中是否易患高血压和心脏病有着长期的影响。人体的大脑发育始于妊娠的第3个月，到2至3周岁时终止。胎儿通过胎盘从母体中获取 DHA，在妊娠第3个月胎儿大脑开始发育时，DHA 的含量达到最大，妊娠6个月后，胎儿视网膜中 DHA 与花生四烯酸的比例随着胎龄而成倍增加。DHA 在细胞膜构造中具有特殊作用，脑的重量从婴儿出生时的400g增加到成人时的1400g，所增加的是联结神经细胞的网络，而这些网络主要是由脂质构成，其中 DHA 的量可达10%。若母体缺乏 DHA，会造成胎儿脑细胞的磷脂质不足，从而影响其脑细胞的生长和发育，产生弱智儿。出生后的婴儿如不能从母乳或食物中获得充足的 DHA，则脑发育过程就会延缓或受阻，智力发育将停留在较低的水平。由此说明 DHA 对脑神经传导和突触的生长发育的重要性。

进入老年阶段，大脑脂质发生变化，尤其是 DHA 含量下降明显，伴随着出现记忆力下降，因此补充 DHA 可以延缓老年性痴呆症的出现，而且有催眠和镇静的作用。

$n-3$ 系列和 $n-6$ 系列多不饱和脂肪酸对于哺乳动物而言，都是日常必需的。当幼小动物的饮食中缺少这些脂肪酸时，就会产生一些典型的病理学症状，但是缺少 $n-3$ 脂肪酸和 $n-6$ 脂肪酸所产生的症状是不同的。由此说明 $n-3$ 和 $n-6$ 是两个不同的代谢系列，其生理功能不同，并且有互相制约作用。试验证明，过多摄取亚油酸可致使一些慢性疾病症状加重，而在服用 EPA、DHA 等 $n-3$ 系列脂肪酸后，能预防和减轻这些症状，其机理是 $n-3$ 系列脂肪酸对 Δ6 脱氢酶的亲和力大于 $n-6$ 系列的亚油酸，$n-3$ 系列脂肪酸通过竞争性抑制 Δ6 脱氢酶，降低了血清磷脂和组织中花生四烯酸的浓度，促进了系列前列腺素的合成，引起活性二十碳酸衍生物组成的变化。通过抑制花生四烯酸的合成，$n-3$ 系列脂肪酸对抑制动脉粥样硬化的形成起到有益的作用。由此可见，维持膳食中的 $n-3$ 和 $n-6$ 脂肪酸之间的平衡是必须的，同时，平衡要稍微向 $n-3$ 脂肪酸倾斜，这将有助于活性二十碳酸衍生物达到合适、平衡的水平。值得指出的是，目前这两类多不饱和脂肪酸的不同效果虽已被确认，但是对它们之间的最佳比例，还没有一致的看法。

多不饱和脂肪酸中还有一族特殊的成员，即共轭亚油酸（Conjugated Linoleic Acid，简称 CLA），它是亚油酸的立体和位置异构体的混合物，其中具有生理功能的主要是 9*c*，11*t* - 和 10*t*，12*c* - CLA。大量研究表明，活性 CLA 对胃癌、动脉硬化、应激性症状、糖尿病、乳腺癌、皮肤癌有抑制作用，至于其抗癌作用机理仍不十分明确，大致与其抑制生物体内二十碳酸衍生物合成的作用有关，但饮食中 CLA 的含量在 1% 时才能达到最大抑癌效果。CLA 还能降低乳腺组织的脂质过氧化程度，显示出抗氧化性；并具有减少体内脂肪而同时增加蛋白质的功效，受到减肥者及体育爱好者的欢迎。最新的研究表明，CLA 是过氧化物酶体增生活化受体 α（Peroxisome Proliferator - Activated Receptor α，简称 PPAR α）的高亲和力的配体和活化因子，其中 9*c*，11*t* - CLA 是最强的脂肪酸类型的 PPARα 配体之一。

流行病学和脂质代谢研究均表明，适量 PUFA 的摄入对生物体内脂蛋白的代谢有利，进而有利于维持心血管疾病的正常功能，但若不同时补充足够的抗氧化剂，将易引起膜脂质特别是 LDL 的过氧化作用。脂质氧化变性是动脉硬化的初期病变，也是形成泡沫细胞的主要原因，因此，从这个意义上说，摄食过量 PUFA 引起动脉硬化的作用甚至比饱和脂肪酸更强。

二、单不饱和脂肪酸

与多不饱和脂肪酸比，单不饱和脂肪酸（Monounsaturated Fatty Acid，简称 MUFA）具有高的氧化稳定性，油酸/亚油酸比例高的饮食与血浆 LDL 的氧化势呈负相关。另一方面，饮食中 MUFA 取代饱和脂肪酸使得 LDL 与 HDL 的比值向有益的方向改变。由此可见，降低植物油中 PUFA 的含量而提高 MUFA 的含量具有重要意义。

油酸是饮食脂肪中主要的 MUFA，曾认为它对于血清胆固醇的影响是中性的，故称为中性脂肪酸，但是从地中海地区食用橄榄油人群心血管疾病发病率低的情况，以及高血脂患者食用橄榄油降低了血脂的试验结果，说明油酸具有积极的作用。与摄取亚油酸一样，油酸也具有降低 LDL 胆固醇效果。然而亚油酸在降低 LDL 胆固醇同时也降低了 HDL 胆固醇，而摄食油酸却不会降低 HDL 胆固醇。油酸的这种作用有学者认为是摄取较多油酸时，LDL 中油酸含量较多，而此类 LDL 在体内比较耐受氧化。当然，对油酸的这种作用还存在争议，日本学者研究中未见油酸有降低血中胆固醇的效果，有人认为，油酸降低 LDL 胆固醇的作用，对食用动物脂肪较多的欧洲人可能有效，而对正常的饮食者没有效果。当然这也可能是试验设计上存在着问题。

如同 $n-3$ 系列和 $n-6$ 系列脂肪酸之间的代谢存在互相制约的关系，亚油酸、α-亚麻酸和油酸三类不饱和脂肪酸也存在互相制约。如要提高一方的作用，则须抑制对另一方的摄取，这些脂肪酸的摄取应保持平衡。由于单不饱和脂肪酸特别是油酸的重要性，采用这三类脂肪酸的比例来指导脂肪酸的膳食结构具有合理性。

联合国卫生组织建议，人类膳食脂肪中饱和脂肪酸:单不饱和脂肪酸:多不饱和脂肪酸大至应为 1:1:1。日本最近在修订营养所需量时，提高了单不饱和脂肪酸的比例，推荐三者的摄取比例为 1:1.5:1。

三、饱和脂肪酸及中链脂肪酸

动物实验和临床研究都暗示饱和脂肪酸（Saturated Fatty Acid，简称 SFA）是引起血清胆固醇和甘油三酯水平升高的一个饮食因素，有促进动脉硬化而且还会促进血栓形成的作用。有人曾提出血清胆固醇的变化与饱和脂肪酸的摄取量呈正线性相关，而与多不饱和脂肪酸摄取量呈负线性相关。

但是并不是所有的饱和脂肪酸都能等效地升高血清中胆固醇，具有提高血清中胆固醇作用的仅有月桂酸、豆蔻酸和棕榈酸，其作用强弱次序可能是月桂酸、棕榈酸、豆蔻酸。有些试验表明，与油酸相比，月桂酸明显提高血清胆固醇和 LDL，棕榈酸更甚。但是也有试验表明，血清胆固醇正常者摄入棕榈酸和油酸时，对于脂蛋白胆固醇的影响没有差别。至于硬脂肪酸和 12 碳以下的短中链（$C_4 \sim C_{10}$）饱和脂肪酸，则很少或不提高血清中胆固醇浓度。短中链饱和脂肪酸被迅速吸收后送达肝脏，在肝的线粒体中发生 β 氧化。而硬脂酸与其他饱和脂肪酸影响胆固醇效果不同的原因之一，是其溶解度要比其他脂肪酸低，且硬脂酸被 $\Delta9$ 脱氢酶迅速转化为油酸，其在体内的不饱和反应比链延长反应要快得多，从而不呈现出如棕榈酸那样的胆固醇上升效果。这些结论也表明人类对饮食中的不同种类的饱和脂肪酸的敏感性是不同的，脂肪酸对血清脂质的影响随脂肪酸的种类不同而异，与实验条件也相关。另外，还与总能量摄取量的不同，以及所采用的是天然油脂抑或是半合成脂质都有关。

脂质营养主要关注长碳链脂肪酸（Long Chain Fatty Acid，简称 LCFA）及其酯的作用，短链脂肪酸（Short Chain Fatty Acid，简称 SCFA）和中链脂肪酸（Medium Chain Fatty Acid，简称 MCFA）比长链脂肪酸的碳链短，其理化性质、代谢过程和生理功能也有所不同。目前普遍认为，短中链脂肪酸通过门静脉系统输送，长链脂肪酸通过淋巴系统输送。中链脂肪酸酯被胰脂酶水解，主要以游离脂肪酸的形式进入门静脉，极易被吸收，只有当胆盐或胰脂酶缺乏时才以甘油三酯的形式吸收。中链脂肪酸甘油三酯不易与蛋白质结合，而易以游离脂肪酸形式与血清蛋白结合通过门静脉运输，比长链脂肪酸先到肝脏，从肠内水解进入血液只需 0.5h，2.5h 可达最高峰，而长链脂肪酸一般需要 5h。由于中链脂肪酸可被优先吸收，从而对长链脂肪酸酯和胆固醇酯的吸收有抑制作用。大部分中碳链脂肪酸在肝脏被直接利用，其氧化作用与葡萄糖一样迅速，几乎不被合成脂肪，只有少量短期内出现在周围血液中。

一般认为，中链脂肪酸对血清胆固醇没有影响，在膳食中采用中链脂肪酸来替代30%能量的碳水化合物，对血清胆固醇值也没什么影响，因此可用中链脂肪酸来治疗高脂血症。中碳链脂肪酸被吸收后无需肉碱协助可迅速氧化，不为碳水化合物和蛋白质摄入量充足的代谢机制所调控，所以中链甘油三酯可作为特殊营养食品的配料，为那些因胰脏或胆囊出现问题而吸收不良的病患者提供能量，并借此提高油溶性维生素的吸收效率。由于婴幼儿消化系统未发育完全，胆酸分泌不够，摄取乳脂肪的能力有限，在婴幼儿食品中加入中链甘油三酯，可以促进脂肪的吸收。另外，中链甘油三酯也可作为运动员的能量补充源。

四、反式脂肪酸

天然植物油脂中和一般动物脂肪中的不饱和脂肪酸大都是以顺式结构存在的，但乳脂和蛋黄油等少数天然动物油中也可发现少量反式脂肪酸（Trans Fatty Acid，简称为TFA）。天然存在于乳脂中的反式脂肪酸是奶牛体内厌氧微生物对不饱和脂肪酸生物氢化的结果。据报道，澳大利亚和荷兰的牛脂中含反式脂肪酸达5%，加拿大安大略省乳脂中反式脂肪酸含量为2%～11%。但氢化植物油及其制品中的反式脂肪酸含量可达10%～40%，甚至更高。在氢化油为原料的人造奶油中反式脂肪酸平均含量可达10%以上，且几乎全是反式油酸，也有一些反式亚油酸。油脂精炼过程中形成的反式脂肪酸大部分为反式亚油酸和反式亚麻酸。由于反式脂肪酸的来源、种类不同，即使摄入总量相同，其安全风险可能相差悬殊，仍需要进一步开展相关评估。

日常膳食中反式脂肪酸的主要来源，并不一定是氢化油或使用氢化油的食品，而取决于膳食结构。欧洲膳食中30%～80%的反式脂肪酸来自反刍动物脂肪，美国人80%反式脂肪酸都来自于氢化油，这就意味着，即使二者摄入反式脂肪酸的总量完全相同，由于反式脂肪酸的来源不同，其对健康的危害程度可能大相径庭。2013年我国居民反式脂肪酸摄入水平及风险评估结果显示，加工食品是城市居民膳食反式脂肪酸的主要来源，占总摄入量的71.2%，其余为天然来源。在加工食品中，植物油的贡献占49.8%，其他加工食品的贡献率较低。

关于反式脂肪酸的营养价值及对人体的影响问题已进行了很多研究。由于来源和研究结果的显著差异，反式脂肪酸的膳食营养和安全评价多年来一直存在争议，有益？无益？有害？一直未有定论。目前，反式脂肪酸有害论已占上风，越来越多的证据表明，反式脂肪酸能增加血清总胆固醇、LDL数量，降低HDL数量，反式脂肪酸可能比饱和脂肪酸更易引发心脏病。但也有很多学者认为，从这些研究中尚不能得出反式脂肪酸提高了心血管疾病发生危险性的结论，因为据报道，西方发达国家人群每天膳食中各种反式脂肪酸的含量为10g左右，这一数值远低于被证明反式油酸提高了血浆中LDL水平研究中的反式脂肪酸摄入量。膳食中的反式脂肪酸同样可被人体吸收，并存在于人体组织中，在有充足必需脂肪酸时，反式脂肪酸的存在不会影响正常的生理活动，但它不具有必需脂肪酸的生理作用。

反式脂肪酸影响人类健康最大的问题，恐怕在于儿童和孕妇摄入的反式脂肪酸量对必需脂肪酸代谢的影响。有研究表明，反式脂肪酸与人的胚胎发育有关系，两个来自欧洲的研究报告表明，低出生体重与血中反式脂肪酸含量有非常明显的关系。由于不同种类的脂肪酸对同一种酶（脱氢酶、增碳酶、酰基转移酶、氧化酶及前列腺素合成酶等）有竞争性，反式脂肪酸会影响其他不饱和脂肪酸的代谢，改变生物膜中磷脂的脂肪酸组成并影响膜的结构和通透性，抑制多不饱和脂肪酸的生成，进而影响前列腺素等的合成。

反式脂肪酸对人体健康的潜在不良作用可通过减少氢化油脂及胆固醇的摄入量，同时增加必需脂肪酸摄入等方法来降低。

五、结构脂质

狭义而言，结构脂质（Structured Lipid，简称 SL）是在甘油结构的一定位置上配置特定脂肪酸的油脂，是一种半合成脂质。从消化吸收观点看，它是一种可控制热量的油脂。

胰脂酶主要作用于甘油三酯的 *sn*－1，3 位。研究发现，长链饱和脂肪酸的吸收与甘油三酯构成有关。在由油酸、硬脂酸组成的不同结构的几种甘油三酯中，硬脂酸的吸收率差异很大，油酸的差异无显著性。若硬脂酸分布于甘油三酯的 *sn*－2 位，胰脂酶水解形成的 *sn*－2 硬脂酸甘油一酯易吸收，如果硬脂酸分布于甘油三酯的 *sn*－1 或 *sn*－3 位，胰脂酶水解形成的游离硬脂酸与钙、镁离子形成不溶的皂，从而不易吸收。人乳脂 *sn*－2 位富集棕榈酸，吸收率高，并有利于钙吸收的原因也在于此。因此，脂肪酸在甘油三酯中的分布及胰脂酶的 1，3 位专一性与甘油三酯的吸收密切相关。

棕榈油在常温下呈固态或半固态，其中棕榈酸含量很高，约为 40%，脂肪酸组成接近于动物脂肪，但并不像人们所想象的那样致使血中胆固醇升高。对此的一项解释是在于棕榈油的甘油三酯构成较特殊，棕榈酸多结合于甘油三酯的 *sn*－1，3 位上，而 *sn*－2 位上结合的多是油酸，棕榈酸可被分布于内质网和线粒体中的脂肪酸延长酶转化为硬脂酸。

这些例子说明脂肪酸结合位置不同的甘油三酯，有不同的生理功能。在一定程度上，脂肪酸在甘油三酯骨架中的位置决定了该脂肪是否提高血中胆固醇含量。可以预见，*sn*－1，3 位为中链饱和脂肪酸、*sn*－2 位为多不饱和脂肪酸的甘油三酯在肠道吸收快，可作为能量被代谢，在体内较少沉积，可用于输液。相反 *sn*－1，2 位为中链脂肪酸、*sn*－3 位为 C_{22} 的饱和脂肪酸构成的甘油三酯，在肠道难以吸收，因此是一种低热能脂肪来源，可用于减肥食品中。

结构脂质实际上是组合型的功能性脂质，通常是指以长碳链、短中碳链、多不饱和酸进行甘油三酯重排的脂质，可根据不同的需要，用酯交换等方法将油脂中的脂肪酸重新组合以获得有不同保健作用的油脂。Caprenin 和 Salatrim 型的低热油脂是重排甘油三酯的两个典型。宝洁公司的 Caprenin 是由辛酸、葵酸和山嵛酸随机组成的甘油酯，它的发热量只有 20.9kJ/g，而普通油脂的发热量为 37.7kJ/g。将氢化植物油与短链脂肪酸进行酯交换制得的 Salatrim 型低热混合甘油酯中，大量的硬脂酸酯化于甘油分子的 *sn*－1，3 位上，短链脂肪酸相对较低的热值再加上硬脂酸的低吸收率，使得 Salatrim 比传统的食用油脂发热量低，在人体内发热量为 19.7～21.3kJ/g。

日本研制成功一种特殊结构的甘油二酯，即通过酶水解除去油脂的 *sn*－2 脂肪酸，成为 *sn*－1，3－甘油二酯。这种结构脂不像一般油脂那样在肠内经胰酶将 *sn*－1，3 位脂肪酸水解后再经胆汁酸的作用而合成油脂，而是直接作为热量消耗掉，因此不会在体内积蓄，有防止血脂上升和降低内脏中脂肪的作用。

结构脂质潜在的和报道的好处很多，已成为油脂营养学研究热点之一。

六、磷脂

磷脂（Phospholipid）是生命细胞的重要组成部分，也是构成神经组织、特别是脑脊髓的主要成分，同时也是血球及其他细胞膜的主要构成材料，对人体的正常活动和新陈代谢起着重要的作用。

人体内各主要器官中磷脂含量差别很大，大脑脂质中磷脂含量是内脏的2倍，是肌肉的3倍。中枢神经系统干重的50%为脂质，而其中一半为磷脂。这一结果表明器官机能的主要性能与磷脂含量的多少有关，器官的组织活动越强，磷脂量越多，反之就越少。正常的血液中磷脂占总脂量的25%，人体血浆中磷脂的含量150～250mg/dL。

磷脂在人体内发挥的种种生理功能构成了磷脂营养的基础。作为动物膜的主要构成原料，每个细胞的细胞膜和线粒体、内质网、高尔基体、微粒体及细胞核的腔中均含有磷脂并有较高浓度的分布，以结构脂的形式存在于有机体内的磷脂，担负着基质通过细胞膜的交换、控制的特殊职能，可以调节人体细胞膜的功能，使细胞膜处于正常状态。通过磷脂营养物质的介入，还可以改善动脉血管的组成，维持酯酶的活性，改善体内脂质的代谢，促进脂肪及脂溶性维生素的吸收。因此，在所有器官、组织、细胞、血液及体液中，磷脂起着重要的生理生化作用，人体应适当补充磷脂。

磷脂是血浆脂蛋白的重要组成成分，具有稳定脂蛋白、调节血脂的作用；组织中胆固醇等脂类在血液中运输，都需足够的磷脂才能顺利进行；胆固醇的溶解和排泄也都需要磷脂。卵磷脂通常在β位上结合较多的不饱和脂肪酸，在胆固醇酰基移转酶（LCAT）作用下，β位不饱和脂肪酸与游离胆固醇酯化，使游离胆固醇不易在血管壁上沉积，因此有明显增加HDL，同时降低LDL的作用。由于磷脂的乳化作用，富含磷脂的HDL能除去体内过剩的胆固醇和甘油三酯。

此外，卵磷脂还能增加神经介质的形成，是神经活动不可缺少的物质。食物中的磷脂被机体消化吸收后释出胆碱，当大脑中乙酰胆碱含量增加时，大脑的神经细胞之间的信息传递速度加快，记忆功能得到增强。

卵磷脂是人体内含量最多的一种磷脂，占磷脂总量一半以上。卵磷脂是一种两性物质，是一种使用广泛的食品乳化剂。卵磷脂具有抗氧化作用，由于含有较多的不饱和脂肪酸，卵磷脂暴露于空气中会氧化变成黄褐色。

大豆磷脂属于公认安全品（GRAS），人体每日允许摄入量（ADI）值不需要特殊规定，根据世界卫生组织的报告，每人每日食用83g大豆磷脂，无任何副作用。尽管鸡蛋含有多量胆固醇，但鸡蛋中丰富的卵磷脂可以抑制人体对胆固醇的吸收。

七、胆固醇

胆固醇（Cholesterol）是固醇类化合物中一员。它是人体不可缺少的一种营养物质，是构成细胞膜的主要成分，是合成维生素D、固醇类激素如性激素和肾上腺皮质激素的前体。人体内存在的胆固醇大部分存在于中枢组织，通常情况下每天由肠道和肝脏合成胆固醇1g左右，从食物中摄取0.3～0.6g，这些胆固醇中有0.4～0.5g转变成胆汁酸被利用，约1g排出体外。正常人体具有调节血中胆固醇含量的功能，使之保持平衡。成人空腹时血浆中总胆固醇量一般在150～250mg/dL，最好低于200mg/dL，但过低对健康也是不利的。

不同人群血液胆固醇受饮食胆固醇的影响变化很大，有一部分人是高度敏感的，另一部分则是低敏感的。能引起血浆胆固醇上升的最小饮食胆固醇摄入量称为阈值。胆固醇摄入量在100～300mg/d附近时，不会引起血浆胆固醇的显著升高。

胆固醇熔点高，不溶于水，由血液中的载脂蛋白运输，LDL和HDL是携带胆固醇的运输工具，HDL的主要功能是将胆固醇从细胞运送到肝脏继而排泄出体外，在清除胆固醇中起作用，因而认为它是有益的，而LDL是将胆固醇运送到细胞内，过多的胆固醇会沉着于血管，使之丧失良好的弹性而引起血流不畅。

有证据表明，膳食中胆固醇含量与血浆总胆固醇和LDL胆固醇浓度正相关，后者又与心血管病有关。尽管人们对动脉粥样硬化的发病机制还不完全清楚，但已经肯定的是，血液中脂质特别是胆固醇的增高是导致动脉粥样硬化的一个重要发病因素；血浆总胆固醇的70%存在于LDL中，是引起动脉粥样硬化的一种主要脂蛋白，尤其是LDL在体内的氧化产物，即氧化低密度脂蛋白，致动脉粥样硬化作用更强。

血液中的胆固醇有两种来源，直接来自食物中的胆固醇即外源性胆固醇，占20%左右；内源性胆固醇由糖、氨基酸、脂肪酸的代谢产物在体内合成，占80%左右，可见，内源性胆固醇占主导地位。要降低血液中的胆固醇，除了限制摄入外，更重要的是减少内源性胆固醇的合成。

体内胆固醇的合成和降解受很多因素影响，普遍的观点是，膳食中饱和脂肪酸可促进内源性胆固醇合成，使血浆胆固醇升高，不饱和脂肪酸则可降低血浆胆固醇；大量摄入胆固醇会抑制内源性胆固醇的合成。2003年，日本阪大学学者提出了体内胆固醇新的合成机理。

胆植物甾醇（Phytolsterol）分子结构与胆固醇极为相似，研究证明植物甾醇具有降低胆固醇的明确功能，其机理可能是植物甾醇在小肠微绒毛膜吸收胆固醇时与胆固醇相互竞争，阻碍对胆固醇的吸收；而植物甾醇本身的吸收率很低，即使有少量吸收也会以胆汁酸形式重新分泌出来。植物甾醇这种降低胆固醇的功能与摄取胆固醇的量有密切关系。只有当每天摄入胆固醇量高于400mg时，植物甾醇才会表现出对胆固醇吸收的阻碍。每天摄入3g植物甾醇可降低15%～40%心脏病发病率，这比摄入不饱和脂肪能更有效。因此，植物油降低胆固醇的作用部分地归功于其中一定含量的植物甾醇，有人认为植物甾醇与不饱和脂肪有着协同作用。

八、植物化合物

2013年中国营养学会推出的新版《中国居民膳食营养素参考摄入量》（DRIs）对脂质营养与功能提出了新认识，除了对脂肪、脂肪酸、脂溶性维生素等相关内容有多处修订外，还首次增加了“植物化合物（phytochemicals）对人体的作用”的内容，其中对已有充分科学依据的多个植物化合物，如植物甾醇、甾醇酯、叶黄素、番茄红素等，提出了特定建议值（specific proposed levels，SPL）和可耐受最高摄入量（tolerable upper intake level，UL）；同时系统介绍了硫辛酸、异硫氰酸酯、白藜芦醇、绿原酸等成分的结构、性质、吸收代谢、生物学作用。当这些成分的摄入量达到SPL时，有利于健康。新版DRIs建议通过在膳食中增加植物化合物的摄入，来达到干预慢病、肥胖等现代人营养问题的目的。

植物化合物也称为“植物化学物”、“植物营养素（phytonutrients）”，它们实际上不是必需营养素，而是传统的营养素以外的化学物质，是指那些有益健康，但又不符合必需营养素标准的营养成分，可以用“健康有益物质（desirable or beneficial for health）”来单独分类。对那些表现出既有利又有害双重效应的物质，还可以用“生理调节物质（physiological modulators）”的称谓。

对于食用植物油来说，其中的植物化合物基本等同于其内含的除脂溶性维生素（A、D、E、K）以外的各种脂肪伴随物。研究证明，传统的营养素以外的这些植物化合物对多不饱和脂肪酸具有保护作用，对人体则起到改善生理功能、预防慢病等各种有益和重要作用。这些内源性植物化合物在成品油中的种类，越丰富多样越好，但每一种植物化合物的量，则不必过高。显然食用油应该尽可能保留这些微量成分的多样性。

第六节　脂肪的膳食平衡

在欧、美等一些发达国家，来自肉类、乳制品和其他脂肪食物以及烹饪用油的油脂摄入量已占膳食总能量的40%～50%，多不饱和脂肪和饱和脂肪的比例0.2～0.5，胆固醇摄入量约500mg/d。这种饮食与发达国家人群肥胖、心血管疾病、高血压、中风、结石、某些癌症的高发有关2016年美国农业部发布的2015—2020膳食指南引起了公众极大关注，指南限制添加糖和饱和脂肪摄入，指出膳食胆固醇“与营养过剩不相关”，不再推荐限制其摄入。总体上看，我国人群的脂肪摄入状况形势同样不容乐观。2012年中国居民营养与健康状况调查结果显示，我国居民每人每天平均脂肪摄入量为80g，占总能量摄入的33.1%，有些人群由脂肪提供的热量已占总热量的40%以上，并呈继续上升趋势，仅有45%的成年人食用油摄入量符合推荐的25～30g，这样的膳食结构显然是不合理的，随之而来的就是心脑血管病及肿瘤等发病率高发的问题。

要保证人体健康，膳食脂肪的控制和合理使用至关重要。在考虑膳食脂肪的合理需求量时，应综合考虑“质”和“量”等两方面，注重各种营养成分之间的平衡，即：

（1）总摄入热量及由脂肪提供的热量；

（2）必需脂肪酸的量；

（3）饱和脂肪酸、单不饱和脂肪酸与多不饱和脂肪酸三者的比值；

（4）$n-3$不饱和脂肪酸与$n-6$不饱和脂肪酸的比值。

（5）含有丰富多样的有益脂肪伴随物。

通过近二三十年的膳食脂肪酸平衡的研究，国际组织和各国相关机构在膳食脂肪方面取得了一些共识：每日总脂肪的摄入量不超过总能量的30%，减少饱和脂肪酸的摄入量，使其不超过总能量的10%，不饱和脂肪酸中不饱和键多而易氧化，产生脂质过氧化物，过多摄入对健康不利，尤其是PUFA，其摄入量亦应不超过总能量的10%。WHO/

FAO 曾建议膳食 SFA:MUFA:PUFA 应为 1:1:1，$n-6$ 与 $n-3$ 的比例应为（4～6）:1 为宜。限制反式脂肪酸的摄入，2 岁前的儿童特别注意相对减少总脂肪和饱和脂肪的摄入。对于饱和脂肪酸、单不饱和脂肪酸、多不饱和脂肪酸三类脂肪酸的比例，也有报告指出更合适的比例应是 0.5:1.2:0.5。

对于多不饱和脂肪酸，摄入要适当，2013 版《中国居民膳食营养素参考摄入量》推荐成人日摄入多不饱和脂肪酸占总能量的 2.5%（2.5%E）就可以满足人体健康的基本需要，日摄入亚油酸不要超过总能量的 9%。而对 α 亚麻酸，推荐的摄入范围在总能量的 0.5%～2.0%；长链 $n-3$ 脂肪酸 EPA 和 DHA 的推荐摄入量在 0.25～2.0g。

由于近几十年来世界各地尤其是西方国家膳食中 $n-6/n-3$ 比值大幅上升，由以前的正常水平上升到目前的 20:1～30:1，为此很多组织曾提出了 $n-6/n-3$ 的推荐比值。不过由于一直缺乏有效的证据支撑，这一推荐比值也逐渐被取消了，而代之以摄入量的推荐范围，表 11－2 列出了一些其他国家或组织给出的摄入量推荐范围。

表 11－2　　脂肪酸摄入量推荐范围

国家/组织	提出时间	推荐值（E：总能量）
FAO/WHO	2008	亚油酸 2.5%E～9%E；α－亚麻酸 0.5%E～2%E；EPA＋DHA0.25～2g
美国/加拿大	2005	亚油酸 5%E － 10%E；α－亚麻酸 0.6%E～1.2%E
欧洲食品安全局	2008	亚油酸 4%E；α－亚麻酸 0.5%E；EPA＋DHA0.25g
荷兰	2006	亚油酸 2%E；α－亚麻酸 1%E；长链 $n-3$0.2g
北欧诸国	2012	PUFA5%E～10%E，$n-3>1\%E$；EPA＋DHA0.2～0.25g
澳大利亚/新西兰	2005	亚油酸 13g/8g（男/女）；α－亚麻酸 1.3g/0.8g（男/女）；EPA＋DPA＋DHA 0.16～3g
日本	2015	$n-6$ 10～11g/8g（男/女）；$n-3$ 2～2.4g/1.6～2.0g（男/女）

对于健康成年人来说，WHO/FAO 建议，总脂肪摄取量以不超过膳食提供总能量的 30% 为宜，若以一个成年人日均需能 10000kJ 计算，脂肪的供应量大致为 75g；营养学家建议膳食用油应以植物油为主，动物油与植物油以 3:7 作为正常健康人膳食用油的合理配比。对中、老年人，特别是冠心病、胆固醇过高、动脉硬化等心血管疾病的病人，应以富含多不饱和脂肪酸的油脂作为主要膳食用油。虽然植物油的选择受到地理环境的限制，但我国菜籽油、大豆油产量很大，其亚油酸、亚麻酸的含量均较高，作为主要膳食用油是非常合适的，为了增加 $n-3$ 型的 α－亚麻酸、EPA 和 DHA 的摄入，还可以适量补充鱼油、苏籽油等保健油脂。总之，膳食油脂应多样化，各种类型的脂肪酸应保持一定的比例，要大力提倡食用脂肪酸合理搭配的调和油。

由于油酸的积极作用，橄榄油、茶籽油、卡诺拉油在膳食用油上的作用也日渐重要。茶籽油素有“中国橄榄油”之称，已得到消费者青睐。卡诺拉油解决了芥酸和硫苷的安全性问题，其油酸含量很高，接近 60%，饱和脂肪酸含量不超过 7%，是常见植物油中含量最低的，芥酸含量在 5% 以下，亚油酸为 20%，亚麻酸为 9%，二者含量适中，

$n-6$ 和 $n-3$ 比例比较恰当。此外，卡诺拉油中的维生素 E 含量比普通菜油高出一倍，其氧化稳定性优良。可见卡诺拉油的脂肪酸组成远优于普通菜油和低芥酸菜油，是最好的常见植物油之一。卡诺拉油菜籽已在中国得到广泛种植，我国应当大力开发卡诺拉菜籽油产品。

第七节　脂质与疾病

在注重食品的天然、营养和保健功能的今天，人们对油脂产品，已不仅仅只满足于能量、营养性和色泽、味觉、嗅觉等感官功能方面，而更多的是追求其同时具有特定的免疫、生理调节功能。

油脂与健康的关系问题之所以成为当前研究和关注的一个热点，是因为心血管疾病已经成为发达国家人口死亡的主要原因。虽然导致心血管疾病发生和上升的关联因子远超过膳食油脂一项，如应激、遗传、高血压、糖尿病、吸烟、环境、缺乏锻炼等均与心血管疾病相关联。但是，膳食脂肪如果不是心血管疾病和动脉粥样硬化的主要原因，起码也是一个重要原因。过量脂肪、饱和脂肪酸、反式脂肪酸、胆固醇等因素对于人体健康的影响是值得深入探讨和研究的。

一、心脑血管疾病和动脉粥样硬化

动脉粥样硬化是动脉壁的加厚与硬化，动脉粥样硬化导致动脉腔的变窄，从而阻碍了血液流动。引起动脉粥样硬化与相关的心脑血管疾病的原因是多方面的，高脂血症、抽烟、糖尿病、高血压和肥胖均是引发病因的危险因素，但饮食脂肪直接影响血液中脂质和脂蛋白，因此与动脉粥样硬化密切相关，有人指出脂肪日摄入量、脂肪占膳食总热量与冠心病的相关系数分别为 0.654 和 0.489。

研究表明，饮食脂肪不仅显著影响血清中胆固醇和甘油三酯的含量，而且影响脂蛋白中脂质组成，饱和脂肪和胆固醇会升高血清低密度脂蛋白胆固醇的含量，是诱发动脉粥样硬化的危险因素之一。海生鱼油中含丰富的 EPA、DHA 等 $n-3$ 型多不饱和脂肪酸，摄取鱼油能使血清中胆固醇和甘油三酯含量下降，格陵兰岛上的爱斯基摩人主食鱼和海生动物，冠心病的发生率很低。

饮食脂肪对免疫功能有重大影响，活性二十碳酸衍生物参与了免疫调控，增加 $n-3$ 型多不饱和脂肪酸量能产生有益的生理反应。最近，日本学者报道了 $n-3$ 系脂肪酸的这种新的作用，即摄入 DHA 可预防人们遇到压力时敌意性亢进的效果，而敌意性亢进也是引起如动脉硬化等疾病的主要原因之一。

但多不饱和脂肪酸极易氧化，易加速动脉壁细胞的氧化，间接引起动脉粥样硬化的作用更强。因此，膳食中以多不饱和脂肪酸大量取代饱和脂肪酸并不一定合适。而饮食中的抗氧化剂如维生素 E 可抑制 LDL 的氧化和内表皮下平滑肌细胞向单核细胞的补充，从而起到抗动脉粥样硬化的作用，对冠状动脉粥样硬化的研究证实，在摄入多不饱和脂肪酸同时，摄入足量的抗氧化剂，动脉粥样硬化的危险性减低。

饮食脂肪影响心血管疾病和动脉粥样硬化的作用机理不乏一二。经典的胆固醇理论将其归因于饮食脂肪中高熔点、高化学惰性的胆固醇。自从发现胆固醇是冠状动脉硬化斑中的一个主要成分以来，人们就一直怀疑胆固醇是导致心脏病的重要因素，早年的研究表明，血清胆固醇水平（约240mg/dL）较高的人，有患心血管疾病的较大危险，据估计胆固醇含量每升高1mg/dL，得冠心病的几率就会多1%。另外，在心血管疾病高发地区的居民食物中，胆固醇与总脂肪、饱和脂肪酸一样，也是趋于丰富的。

但是，胆固醇是参与形成细胞膜、合成激素的重要原料，是人体不可或缺的物质。人体中胆固醇主要来自两个途径：体内合成和食物摄入。其中，体内合成约占胆固醇含量的70%～80%，而食物摄入约占20%～30%。受遗传和代谢等因素的影响，人们对膳食胆固醇的吸收以及胆固醇对血脂的影响存在很大的个体差异，部分人群的高胆固醇摄入反而会反馈性抑制自身胆固醇的合成，因此胆固醇摄入量不会直接反映血液中胆固醇水平。日本的研究也显示，胆固醇摄入量与脑中风并无关联。研究还发现，即使胆固醇摄入量达到每天768mg，也没有发现与心血管疾病的发病率或死亡率有关联。2016年发布的《2015—2020年美国居民膳食指南》取消了胆固醇摄入量每日不超过300mg的限制。

虽然2016年美国居民膳食指南不再限制膳食胆固醇的摄入，但需要注意的是，“取消明确限量”并不意味着放任胆固醇的摄入，高胆固醇血症患者和血脂异常的人更需要控制膳食胆固醇。随着对高含量甘油三酯的脂蛋白引发动脉粥样硬化和冠心病作用的重要性的逐渐认识，人们发现胆固醇对血清甘油三酯水平也有显著影响，摄入胆固醇引起的甘油三酯合成量升高使脂肪酸氧化变慢，加速脂肪酸合成形成甘油三酯，最终结果是对VLDL分解的损害以及富含甘油三酯的脂蛋白量的增加。有研究表明，即使其血中胆固醇水平处正常值，富含甘油三酯和LDL的个体，其患心脏疾病的危险性是其他人的38倍，而降低甘油三酯和升高HDL，可大大降低心脏病的发生。

血浆脂蛋白代谢被认为与动脉粥样硬化的发生密切相关。HDL能与LDL争夺血管壁平滑肌细胞膜上的脂蛋白受体，抑制细胞掠取LDL的能力，从而防止血管内皮细胞中LDL的蓄积，控制细胞中胆固醇的含量。研究发现，遗传性载脂蛋白基因突变可造成外源性胆固醇运输系统不健全，使血浆中LDL与HDL比例失常，此情况下食物中胆固醇的含量就会影响血中胆固醇的含量，因此这种病人应采用控制膳食胆固醇的方法加以治疗。引起动脉粥样硬化的另一个原因是LDL的受体基因的遗传性缺损，LDL不能将胆固醇送入细胞内降解，因此内源性胆固醇降解受到障碍，致使血浆中胆固醇增高。

也有研究认为，血管内表皮功能异常和损伤是引发动脉粥样硬化的主要原因。大部分心血管病并非源于胆固醇在冠状动脉上沉积作用，而是由于血管损伤引起的炎症反应。炎症斑或破裂，或使血凝结，从而引发心血管病，这一过程在血浆酶原和血管紧张素原的协同作用下得以强化。来自饮食的高浓度脂肪酸可引起内表皮损伤，破坏内表皮的选择性屏障功能，少量的不饱和脂肪酸氧化物可大大加剧破坏内表皮屏障作用，LDL氧化物可引起动脉壁脂肪结节，其结果是加速了富含胆固醇的脂蛋白残余物透过并进入动脉管壁并沉积。血浆高胆固醇特别是胆固醇氧化物以及高血压、糖尿病、吸烟等也都引起动脉损伤，同型半胱氨酸也导致动脉损伤，这些因素可引起损伤、炎症和修复周而复始的循环，甚至持续达数十年之久，导致钙化，并最终引起血栓和血管梗塞。

从生物膜系统的结构与特性出发，也可得到饮食脂肪与有关疾病作用机理的一些启示。自由基的产生与消除的动态平衡失调导致生物大分子的过氧化而产生相互交联，当过剩自由基作用于膜磷脂中的不饱和脂肪酸时，膜脂分子间的交联可导致膜的变形性下降，当过剩自由基作用于 DNA 时，则可能导致基因突变甚至引起癌瘤的发生。因此，维持生物膜的流动性和结构的完整性是细胞进行正常生命活动的前提和必要条件。提高红细胞的主动变形能力，改善生物膜的流动性，从而促进膜脂中胆固醇等使膜产生板块固化的物质的动态代谢强度，是不饱和脂肪酸营养保健作用的基础之一。一些脂质的降血脂、防治心血管疾病和抗癌等作用主要就是通过影响人体组织生物膜的结构和功能实现的。近年来发现果蔬的综合氧化还原性是新鲜果蔬消除体内自由基、防止组织中脂质过氧化、阻断强致癌剂 *N*－亚硝胺类在人体内合成的本质原因所在。人体血液对脂溶性物质的溶解、代谢能力随着人体衰老而下降，血液成分的疏水性能降低，致使胆固醇等脂溶性物质渐向生物膜相富集，生物膜的流动性下降，血红细胞的主动变形指数减小。因此，凡是能改善生物膜流动性和促进膜中脂溶性高熔点物质的动态代谢强度和向体液中扩散和分解代谢的天然食品成分，如 PUFA、MUFA、磷脂、茶多酚等均有防治心管疾病作用。

关于膳食脂肪与心血管疾病之间的关系，人们的认识并不一致，有些甚至是矛盾的。例如胆固醇的影响，对不同年龄阶段的人群可能绝然相反，在性别上差异也很大。有学者认为，人体日均摄食 300mg 胆固醇，比内源性胆固醇的量（约 1g/d）要少得多，而且膳食胆固醇对内源性胆固醇的合成有“反馈抑制作用”，当膳食胆固醇摄入较多时，则可抑制内源性胆固醇的合成，故没有必要限制膳食胆固醇。由此可见，影响心血管疾病和动脉粥样硬化的因素十分复杂，许多方面尚无定论。但营养学家的饮食建议很简单：无论何种油脂都应尽量少吃，使摄入食物量不超过身体对能量的需求。摄入低脂肪、高可溶性纤维和富含天然抗氧化物的食品，有利于减少和消除动脉粥样硬化的病因。

二、高血压

血压是心脏产生的泵力和动脉血管阻力两种作用的共同结果，高血压是指过高的动脉血压，特别是以舒张压持续过高为特征的心血管疾病，是心脑血管疾病突发而抢救不及的祸根。高血压的起因很复杂，90% ~95% 尚不可知。研究证实，高血压的发病率与多种疾病互为因果，高血压与饮食中的钠呈正相关，与钾、钙或镁负相关，与营养代谢紊乱的肥胖紧密有关。

饮食脂肪对高血压的发病也起着重要作用，但饮食脂肪对血压的调控作用有许多争议，不同脂肪酸降压作用的研究结果很不一致，不同的实验设计使得对这些研究结果的解释很困难。有研究指出，多不饱和脂肪酸/饱和脂肪酸比值高的膳食对高血压患者有益。有意思的是，油脂摄入量过少的地区，与大量摄入油脂特别是动物性油脂的地区一样，其高血压的发病率都异常的高，对此解释是油脂摄入过少的人群，往往盐的摄入量偏高，且胆固醇在血液中的含量低，由胆固醇和磷脂构成的血管保护膜质地脆弱，而大量诱发此病。

n－3 型必需脂肪酸在降血压的影响在统计学上有意义，长期摄入适量的富含 *n*－3 型必需脂肪酸的鱼油对降低血压有益。其降低血压的机理如下：

（1）降低血液黏度；

（2）降低血液中升压物质的反应活性；

（3）抑制血栓素 TXA_2 的产生，增加环前列腺素 PGI_3 的作用；

（4）刺激内源性一氧化氮生成。

预防降低和治疗高血压的饮食建议包括：饮食中脂肪、K、Ca、Na 等离子的量要适当，适当限制钠盐摄入，提高 $n-3$ 型多不饱和脂肪酸油脂的摄入量，减轻体重。

三、肥胖

肥胖可用体重指数，即体重/身高^2，即 kg/m^2 表示，体重指数大于 30 即为肥胖，大于 40 为病态肥胖。肥胖增加了心脏的负担，肥胖特别是极度肥胖使糖尿病、高血压、高胆固醇血症、冠心病、心血管综合征及某些癌症的发病率和死亡率升高。

引起肥胖的原因很多，除少数由于内分泌失调等原因造成的肥胖症外，多数情况下是由于营养失调所造成。营养摄入的增加必然导致能量的增加，当摄入能量超过机体的能量消耗时，多余的能量就会变成脂肪被机体贮存起来，而且脂肪细胞膨胀并自我复制，成为导致肥胖的一个重要原因。

膳食脂肪转换成体脂的效率较高，即使两种膳食的总热量相同，摄入高脂、低糖膳食的人比摄入低脂、高糖膳食的人也易发胖。脂肪的氧化率相对较低，研究表明，蛋白质和碳水化合物摄入量的变化可立即影响其氧化率，而脂肪摄入量的变化不能立即影响其氧化率。新的研究表明，高脂膳食可抑制大脑内的食欲控制信使物质，该物质来源于受几种激素调控的肽类，肥胖者的食欲控制系统会对高脂食品失去反应，使肥胖者不由自主地从高脂食品中摄取 2 倍于碳水化合物的能量。普林斯顿大学学者甚至指出，高脂、高糖膳食者有成瘾性，当给予动物以高脂膳食时，大脑内一种刺激食欲、降低能量消耗的甘丙肽（galanin）的量即增加，导致肥胖者吃的更多，这种饮食最终导致能量不平衡和肥胖的发生。

肥胖是引发动脉粥样硬化等心血管疾病的独立危险因子。肥胖者的血脂中往往具有高胆固醇、高甘油三酯、高游离脂肪酸、高 LDL 和低 HDL 的特点。肥胖者血浆中高浓度脂肪酸抑制了一氧化氮，而一氧化氮有助于放松血管并降低血压。

总脂肪的摄入量可以预示肥胖的发生，而脂肪的种类如不饱和度可影响脂肪组织微粒的形态。脂肪在身体的分布影响心血管疾病的发生，肥胖者腰围/臀围的比值可以指示其患心血管疾病的危险性，对于男性，这个比值大于 1，对于女性，其值为 0.8。一个 40in（101.6cm）臀围的女肥胖者腰围每增加 6in（约 15cm），其死亡率就提高 60%。

活性共轭亚油酸可促进脂肪酸的氧化，抑制前脂肪细胞的分化和增殖，从而减少体脂，达到减肥目的。在美国，主要用葵花籽油为原料经共轭化生产含 50% 左右共轭亚油酸产品，日本则用红花籽油为原料生产含 70% 共轭亚油酸产品，这些产品以液状、粉末状和软胶丸的形态提供给保健食品业和医药业。

防治肥胖的方法是减少脂肪和总能量的摄入量，增加有氧运动、体育运动和少吃脂肪会使体重逐渐地适度下降，使诱发高血压、高血脂及高胆固醇等病症的危险因素减少，也就减少了心脏病的起因。但减肥如果仅仅是节食，而不注意蛋白质的补充有可能导致营养失调。所以，在减肥时，应减少脂肪和总能量的摄入，特别是注意膳食脂肪组成和胆固醇摄入量，同时增加蛋白质的摄入量，还要适量增加富含亚油酸油脂的摄入量，达到既减肥、又健康的效果。

四、糖尿病

糖尿病是一种由多种因素引发的代谢紊乱，其特征是血糖水平高和胰岛素活力不足，这种疾病的一般症状是多饮多尿。遗传、环境、生活方式等因素都会引起糖尿病。

胰岛素促进血糖进入细胞组织。根据造成胰岛素活力不足的机制，将糖尿病划分为两种主要类型：即胰岛素依赖型和非胰岛素依赖型糖尿病，前者称Ⅰ型糖尿病，后者称Ⅱ型糖尿病，Ⅱ型糖尿病人中，80% ~90%伴随着肥胖，称为Ⅱb型糖尿病，而伴随消瘦的Ⅱ型糖尿病称之为Ⅱa型。Ⅱ型糖尿病患者均有细胞功能缺陷，影响到胰岛素调节的葡萄糖的吸收，这种胰岛素不能维持血液中糖浓度到正常水平的现象称为胰岛素抗性。

糖尿病表现为葡萄糖在血中的大量集积，这与饮食密切相关，高脂高糖饮食者明显易得糖尿病。由高脂饮食引发的非胰岛素依赖型糖尿病的关键因素是肥胖。高脂饮食造成肥胖，肥胖促进了胰岛素抗性及Ⅱb型糖尿病。来源于脂肪的两种物质：肿瘤坏死因子α（TNF-α）和胰岛素抵抗素（Resistin）干扰了胰岛素的功能。胰岛素抵抗素还明显促进肝脏内脂肪酸转化为葡萄糖，进一步增加患糖尿病的危险。由脂肪衍生而来的脂联素（Adiponectin）可以对抗抵抗素的这种作用，脂联素减少炎症反应，增加胰岛素活性，降低血糖，甚至改善HDL/LDL平衡。不幸的是，所有类型的糖尿病人体内脂肪的代谢都很紊乱，越肥胖者其脂联素水平越严重不足。

脂肪代谢紊乱对动脉粥样硬化的发生起着关键的作用，约90%因糖尿病致死的患者是死于动脉硬化。控制脂肪摄入能改善各种类型糖尿病患者血液中脂质和葡萄糖的状况，有研究表明，高多不饱和脂肪酸油脂的饮食对控制糖尿病有有益的作用，当然也有相反的例子。

对于糖尿病患者进行饮食控制的主要目的是保持适当的血糖水平和减少综合征的发生，目前，对糖尿病患者的饮食建议是：减少食物中脂肪量，增加碳水化合物和可溶性纤维量。减少饮食中脂肪和总热量是防治Ⅱb型糖尿病的最有效方法。

五、肿瘤

关于膳食脂肪与某些肿瘤的关系可从流行病学和医学研究结果两方面来看。流行病学统计结果表明，人类消耗脂肪的数量与乳腺癌、结肠癌、直肠癌、前列腺癌、卵巢癌、胰腺癌所引起的死亡率呈正相关。就地区而言，乳腺癌及结肠癌在欧美等食用脂肪较多的地区高发，而在亚洲、非洲及南美洲食用脂肪较少的地区低发。例如，日本人的乳腺癌和结肠癌的死亡率比美国人要低得多，但是移居到美国的日本人及其后代肿瘤发病的情况逐渐与日本本土不同，而与美国当地居民相似，其他国家的移民也有类似情况，看来，环境因素特别是膳食因素，似乎比遗传因素的影响还要大。

动物实验表明，当脂肪含量由总能量的2% ~5%增加到20% ~27%时，癌症的发生率会增加并且发生时间提前，当增加到35%时，会加速致癌物质的诱发。对英格兰和威尔士从1928—1977年的50年内乳腺癌死亡率和肉、脂肪、糖、谷物、水果蔬菜的消费量之间的关系的研究表明，第二次世界大战时，居民的肉、脂肪、糖的消费明显减少，而谷物、水果蔬菜的消费量增加，这期间乳腺癌死亡率也明显减少，直到1954年这些食物的消费已恢复到战前水平时，乳腺癌死亡率还没有恢复到战前水平，此状况保持了十几年，说明在膳食成分与乳腺癌死亡率的关系上存在着滞后现象。膳食脂肪的消费量与癌症死亡率之间存在正相关，还不一定就意味着它们是因果关系，膳食脂肪的致癌作用机理目前还不够清楚。

有证据表明，癌症是一个多阶段的过程，致癌过程可分为引发和加速两个阶段，癌细胞不间断地分裂，并能转移且侵害新的组织。脂肪可促进癌症的发展，而不是引发癌症，高脂肪膳食和脂质过氧化物可增进原发的乳腺癌和由各种致癌物诱发的癌的发生，但没有迹象表明脂肪本身就是一个致癌物。例如，当试验动物在用致癌物处理并引发出癌以后，再饲喂以高脂膳食，则可观察到癌的增长，当降低食物中脂肪的含量水平时则可抑制癌的增长。关于膳食脂肪影响癌的机理目前已提出了一些假设，对乳腺癌而言，可能是由于雌激素平衡的改变，即高脂膳食对雌激素有浓缩和促进分泌作用，刺激了乳腺癌发生。最近的一项研究显示高反式脂肪酸会增加绝经后的妇女患乳腺癌的几率。对于肠肿瘤而言，可能是膳食脂肪可激发胆汁酸的产生，其中的脱氧胆酸和石胆酸可以致癌。其他的可能性还包括脂肪对细胞膜的组成和性质的影响，对免疫系统的影响以及增加过氧化物或由多不饱和脂肪酸衍生的前列腺素等具有生物活性的化合物的产生。不管机理如何，膳食脂肪作为癌的促进剂这一事实表明，膳食脂肪含量可以影响癌症发展的后期阶段，降低食物中脂肪的水平对于抑制癌是有益的。

膳食脂肪与肿瘤关系的研究已有约半个世纪，获得的流行病学统计数字和医学实验数据很多，膳食脂肪和癌症的相关是肯定的，但有些结果是相互矛盾的。根据发达国家的经验，限制脂肪摄入量低于总热量的30%有抑癌作用。然而，人们的饮食很复杂，加速癌变的饮食因素很多，谨慎的做法是，不仅减少饮食中总脂肪的量，而且在饮食中要有足量的营养物质，如维生素A、维生素C、维生素E和胡萝卜素，钙、锌、硒等矿物质和膳食纤维。

六、精神疾病

精神分裂症的“膜假说”表明，大多数精神分裂症患者细胞膜中必需脂肪酸（EFA）缺乏，尤其是$n-3$系列脂肪酸水平低下。有研究认为，前列腺素和多巴胺之间在生理上有相对拮抗作用。精神分裂症患者存在多巴胺功能亢进，可能间接反映了体内前列腺素的不足。

关于精神分裂症研究结果显示，$n-6$系列EFA对精神分裂症的疗效不肯定，但$n-3$系列EFA对精神分裂症有肯定的治疗作用。双盲对照研究发现饮食中$n-3$系列的EFA的摄入量与精神分裂症的严重程度相关。每日补充10g浓缩鱼油可导致精神分裂症症状显著的改进。将一批难治性精神分裂症病人分为三组，在三个月的试验期间，三组病人继续使用抗精神病药物，但分别补充EPA、DHA和玉米油安慰剂。结果，EPA治疗组病人获临床进步，与DHA、安慰剂组相比有统计学意义的差异。也有人报道用EPA单一治疗精神分裂症有显著且持续不变的疗效。EPA有效而DHA无效的原因不明。

摄食适量的$n-3$系脂肪酸可以起到调节一定身心健康的效果，$n-3$系列脂肪酸可减轻抑郁，且对缓解双相情感障碍有效，对儿童多动症、阿尔茨海默病以及怀孕、哺乳期的精神障碍也有一定疗效。研究显示，抑郁症与红细胞膜低水平的 $n-3$ 系列 EFA 相联系，$n-6$ 系与 $n-3$ 系脂肪酸比率的增加会加重抑郁。2004 年年初，英国皇家精神医学院公布的一项研究指出，甜食和乳制品摄入量高的人，在体内缺乏 $n-3$ 系脂肪酸的情况下，更容易出现精神分裂症等严重的精神疾病。研究同时发现，如果孕妇摄入的 $n-3$系脂肪酸不足，就可能导致婴儿出现行为障碍、注意力不集中等问题；同时，孕妇本人也会出现忧郁等精神疾病。$n-3$ 系脂肪酸对精神疾病潜在的治疗作用表明，或许，EFA 的临床应用将会提供一种廉价、安全、有效的精神疾病治疗新手段。

七、其他疾病

进行性肾病与脂质代谢紊乱紧密相关，高脂膳食参与了这种疾病的发生过程，膳食中的脂肪酸通过改变血清脂质构成而产生肾毒性作用，有证据显示，蛋白质和脂肪含量低的膳食对治疗进行性肾病有益。

肝脏是脂肪代谢的主要场所，进入肝脏中的脂肪酸可以被进一步氧化，也可以合成甘油三酯或磷脂储存于肝脏，不过肝脏储存脂肪有一定的限度（大约 4%，主要是磷脂），多余的脂肪由脂蛋白经血液运输至其他组织。由于糖代谢紊乱、大量动员脂肪组织中的脂肪，或由于肝功能损害，或由于脂蛋白合成重要原料卵磷脂和其组分胆碱供应不足，使肝脏脂蛋白合成发生障碍，不能及时将脂肪运出，造成脂肪在肝细胞中堆积，肝脏脂肪的含量超过 10%，就形成了脂肪肝。脂肪的大量堆积可使许多肝细胞破坏，结缔组织增生，造成肝硬化。对于脂肪肝，常采用饮食疗法，即限制脂肪性食物的摄入，增加蛋白质和蛋氨酸、叶酸和维生素的摄入，以促进卵磷脂的合成来减少肝细胞中的脂肪，增强肝细胞的再生能力和机能。

$n-3$ 系脂肪酸具有明显而广泛的抗炎作用，这种作用是通过抑制某些前列腺素的合成而实现的，某些特殊的前列腺素能抑制全身免疫功能而引起特殊的炎症、红肿反应。研究表明，增加摄入 $n-3$ 系不饱和脂肪酸，对类风湿性关节炎有治疗作用。关节炎患者的膝关节滑液内白三烯浓度高，降低白三烯的量对关节炎患者有益，$n-3$ 系多不饱和脂肪酸能抑制花生四烯酸代谢成为白三烯，减少关节炎病痛，增加关节灵活性。

胆结石与膳食中的胆固醇有关，肥胖、体重急剧减轻等都容易导致胆结石。膳食脂肪对骨质的生理和健康也有重要作用，脂肪的类型会影响骨质的生理代谢过程，并进而控制着儿童骨骼的形成和成年人骨骼的重建。

思考题

1. 试述脂类在人体内的消化与吸收过程。
2. 分述中链脂肪酸、单不饱和脂肪酸、多不饱和脂肪酸、必需脂肪酸和反式脂肪酸的营养特点。
3. 什么是结构脂质，在营养上有何作用？
4. 脂肪膳食平衡的原则是什么？
5. 新版膳食指南中为什么取消对胆固醇摄入量的限制？
6. 举例阐述脂质与疾病的关系。

第十二章

油脂毒理与安全

第一节 概述

除了油脂中天然存在或添加的某些组分有潜在毒性外，不论是纯脂肪或含其他类脂物，在加工、储存、流通和食用中，某些热敏性或化学不稳定性成分有可能发生一系列的化学反应而产生毒性。其中，加热和煎炸过程中产生的有毒的不饱和脂肪氧化物，特别是形成的脲不加合物具有强致癌作用；氢化油中反式脂肪酸的生物化学特性一直引人关注；天然或添加的碳氢化合物在液体油中的溶解度也是个问题。由于细胞膜对脂溶性物质的吸收选择性差，人体对环境污染中绝大多数脂溶性有毒物质的吸收、富集而造成的潜在毒性是不能忽视的。多氯联苯致使食用油中毒的悲惨事件至今仍然使人心存忧虑；油脂浸出技术所采用的溶剂，以及它对环境的污染，正受到越来越多的质疑和重新审视，而采用超临界 CO_2 浸出技术，至少在连续化和生产成本上，很长时间内尚不能替代现有的油脂浸出技术。另外，随着转基因油料作物品种的不断增加和商品化，转基因油脂产品的安全性也越来越成为人们关注的焦点。与此同时，世界各国对食品管理卫生法规日趋严格，对人们常年食用的油脂产品的安全性提出了新的挑战。

第二节 油脂天然成分的安全性

一、特殊脂肪酸

（一）芥酸

芥酸即二十二碳烯酸，主要存在于十字花科种子，如油菜籽、芥菜籽中，普通菜籽油含有50%左右的芥酸。关于高芥酸菜籽油对健康的影响问题，曾有过很多争论，最初认为芥酸有毒，可损伤老鼠的心脏，并确证摄入大量高芥酸菜籽油的幼鼠发生以脂沉积症为特征的心肌炎，而较年老的老鼠发生以纤维变性为特征的心肌炎，其原因都是由芥酸引起的。但后来用其他动物进行的试验以及人体试验的结果证明，除了老鼠以外，芥酸对其他动物以及人体都没有毒害作用，对老鼠的心脏之所以造成损伤是由于老鼠体内缺少一系列酶类，对菜籽油的消化吸收率较低的缘故。

从营养角度看，高芥酸菜籽油中人体必需脂肪酸含量过低，而芥酸含量过高，芥酸碳链过长，影响人体吸收，因此高芥酸菜籽油的营养价值远不如大豆油、棉籽油等其他植物油。

（二）环取代酸

天然油脂中常见的环取代酸有环丙烷酸、环丙烯酸、环戊烯酸等。

环丙烯脂肪酸（CPFA）如苹婆酸、锦葵酸。CPFA 对人类的健康影响尚未明确，CP－FA 对脂肪酸和胆固醇代谢的改变作用可能对人体有潜在的不良影响。实验已发现，喂食 CPFA 鼠的胆汁分泌减少，造成通过粪便清除胆固醇的能力降低。饲料中的环丙烯酸能降低产蛋量及孵出能力；阻止生长及性发育。CPFA 通过阻断硬脂酰辅酶 A－Δ9－脱氢酶的活力限制了体内硬脂酸合成油酸，改变生物膜的通透性或脂肪的熔点，大量摄取 CPFA 导致饱和脂肪酸沉积，同时体内组织脂肪中不饱和脂肪酸量减少。

环戊烯酸如大风子酸、大风子油酸。大风子酸和大风子油酸均具有毒性，若加氢饱和环戊烯基的双键可消除毒性。

大风子油、苹婆油可用于医治麻风病，人们发现其有效成分是其中的特异性环戊烯十三（烷）酸，而 CPFA 具有优良的抗真菌作用。

CPFA 等特异性脂肪酸在油脂营养和安全性研究已引起关注。有研究揭示，在改善生物膜的流动性和脂质过氧化作用方面，CPFA 同时具有 PUFA 和 MUFA 的优点，并证实能提高血红细胞的主动变形能力。有人推测 CPFA 这种作用的机理是其分子中的特异性顺式环内烷基结构产生类似顺式双键对脂链的扭曲效应，从而可改善生物膜的结构与功能。同时由于 CPFA 脂链中无双键 π 电子，不易被体内自由基作用而产生脂质过氧化，因此有利于防治心血管疾病及高脂膳食导致的脂代谢紊乱症。

CPFA 也是人类长期食用果实的脂类成分，广泛存在于木本植物中，在锦葵目、柿目、鼠李目果树种子油中大量存在，对数十种多年生果树种子油的脂肪酸组成进行分析，发现 CPFA 在荔枝、苹婆种子油中为优势组分，其含量高达 40%～54%，在木棉和棉花种子中亦发现含有较多的 CPFA，毛棉籽油中含量可达 0.6%～1.2%，但精炼后含量只有 0.1%～0.5%。

（三）羟基脂肪酸

重要的羟基不饱和脂肪酸是蓖麻酸，它是一种单羟基不饱和脂肪酸，存在于蓖麻油中，含量达 90%。它对大小肠上皮细胞有促分泌作用，有致泻的毒性。以 5% 含量的食物喂养大鼠四个星期，导致生长抑制，蛋白质效率降低，血浆脂质升高。

（四）中碳链脂肪酸及其酯

中碳链甘油三酯（MCT）作为主要膳食脂肪对啮齿类动物没有明显的毒性。FDA 指出，中碳链甘油三酯对人的口腔和肠胃一般无害，推荐健康成年人中碳链甘油三酯的食用量为 30～100g/d，最高可占日能量要求的 40%。但实验表明，在健康志愿者和病人的膳食配方中加入过多的 MCT 之后，一般会出现呕吐、腹胀、肠胃不舒服、腹部绞痛、渗透腹泻等症状。

实验表明，血液中中碳链脂肪酸的存在常常可以引起有害结果，例如在新陈代谢和脂代谢伴随的肝脏功能不全和损伤中发现有 MCT 的作用。研究也表明，MCT 的大量摄入可引起未结合辛酸在血液中的积累，并进入脑髓而导致神经衰弱。

（五）多不饱和脂肪酸

虽然 $n-6$ 和 $n-3$ 系列多不饱和脂肪酸（PUFA）都是人体不可缺少的物质，但是摄入过量也是有害的。目前，人们日常膳食中从植物油及其制品中摄取的 $n-6$ 系列多不饱和脂肪酸的量大大超过需要的量，这样就造成了对花生四烯酸代谢的潜在影响。亚油酸摄入过多，势必使花生四烯酸的合成过多，组织中过多的花生四烯酸会促进某些活性二十碳衍生物前列腺素等的过量生成，由于二十碳衍生物起着局部激素和细胞间信使的作用，其不当的竞争性作用可抑制机体的免疫功能，并促进一些肿瘤细胞的生长。动物实验表明，提高亚油酸的摄入量增加了冠状动脉形成粥样硬化斑的危险性，含 $n-6$ 系 PUFA 的膳食增强了癌症加速与发展阶段及癌转移阶段的突变过程，其机制可能包括它参与并影响了花生四烯酸的代谢和前列腺素的合成平衡、脂质的过氧化及膜的流动性。但是，供过于求的活性二十碳衍生物引起的有害生理作用和毒性，许多尚不得可知。

长期或大量摄入 $n-3$ 系 PUFA 也会造成细胞膜上由于脂质氧化而形成氧化状态，这就要求相应提高体内酶（如超氧化物歧化酶、谷胱甘肽过氧化酶等）和非酶抗氧化剂如维生素 E 的防护作用。研究证实，早产儿的膳食中如果 PUFA 过高，可造成维生素 E 的缺乏。富含 EPA 和 DHA 的鱼油对花生四烯酸的竞争性作用抑制了凝血恶烷 TXA_2 的合成，升高了前列腺素 PGI_3，引起凝血平衡向血管舒张和血小板聚积降低的方向变化，这也是造成大量食用鱼油的格陵兰岛上的因纽特人伤口流血不止的原因。

二、油料特殊成分

（一）棉酚

棉酚是一种黄色酚类色素，在棉籽中有三种存在形式，即酚醛式、内酯式、环酮式。游离态棉酚具有毒性并可在机体中进行积累。挤压时产生的高温和高压有利于棉酚和蛋白质的结合，降低棉籽中蛋白质的消化率和赖氨酸的利用率。普通棉籽含棉酚 0.15% ~1.8%，棉籽油通过全精炼过程可完全去除其中的棉酚，粕中残留棉酚的量取决于棉籽中棉酚的原始浓度和制油条件。棉酚的毒性来自游离棉酚，FDA 和 WHO 分别建议将食品中棉酚的含量限制为 450mg/kg 和 600mg/kg。

棉酚同时具有酚和醛的性质，棉酚和蛋白质或肽上赖氨酸残基上的 ε－氨基反应生成席夫碱，使蛋白质发生交联和营养价值降低。提高蛋白质或赖氨酸摄入量能减少而不会抵消棉酚的毒性。在临床研究中，20mg/d 的醋酸棉酚可用作男性避孕药，不会发生中毒现象。停止使用后即恢复生育能力，没有发生后代畸形的现象。

无腺体棉新品种的培育于 20 世纪 70 年代获得成功，无腺体棉仁中含棉酚仅 0.017% 以下，完全达到食用级指标。

（二）致甲状腺肿大素

未精炼的菜籽油对人体引起不良影响的一个重要因素是含硫化物较高，菜籽油的硫化物是菜籽中的硫代葡萄糖苷在制油过程中分解产生的，这些硫化物是硫氰酸酯、异硫氰酸酯（Isothiocyanate，ITC）和恶唑烷硫酮（Oxazolidine，OZT），以及另外几种含量较小、至今尚未完全定性的含硫化合物。硫化物具有辛辣刺激气味，菜籽油的气滋味即是由它们引起的。未精炼的毛油含有硫化物达到200mg/kg以上，食用菜籽油中硫化物的含量不能超过5mg/kg。

这些硫化物对人体的毒性主要是抑制甲状腺素的合成，致甲状腺肿大，恶唑烷硫酮是一种强致甲状腺肿素，可使试验动物的甲状腺肿大，抑制甲状腺素的合成和降低碘吸收的水平。硫氰酸酯化合物抑制甲状腺对碘的吸收，降低甲状腺素过氧化物酶（将碘氧化的酶类）的活性，并阻碍需要游离碘的反应；碘缺乏反过来又会增强硫氰酸盐对甲状腺肿大的作用，从而造成甲状腺肿大。由于甲状腺激素的释放及浓度的变化对氧的消耗、心血管功能、胆固醇代谢、神经肌肉运动和大脑功能具有很重要的影响，因此甲状腺素缺乏会严重影响生长和发育。

但是，也有大量资料表明，硫代葡萄糖苷的裂解产物可激活人体微粒体氧化酶的活性，并明显提高大鼠肝细胞的谷胱甘肽转移酶的活性，故有预防癌变的作用。资料显示，甘蓝属蔬菜所含的各种甘蓝黑芥子硫苷的水解产物或衍生物均有较强的防癌能力，可以抑制由多种致病物诱发的小鼠肺癌、乳腺癌、食管癌、肝癌及胃癌的发生，特别是对激素依赖性的癌如乳腺癌、子宫癌有显著的抑制作用。多种蔬菜防癌的实验证明，各类蔬菜均有一定的预防结肠癌的能力，而以十字花科甘蓝属蔬菜的防癌能力最强。流行病学也表明，经常食用十字花科甘蓝属蔬菜的人群的胃癌、食管癌及肺癌的发病率低。

第三节　油脂加工过程形成的危害物质

一、反式脂肪酸

此处的反式脂肪酸（trans fatty acids，TFA）是一类含有孤立反式构型双键的不饱和脂肪酸的总称，与顺式脂肪酸不同，反式双键碳原子上的2个氢原子分布在双键的两侧，空间构象呈线性，与饱和脂肪酸类似。根据上述定义，共轭亚油酸（CLA）就不属于反式脂肪酸。反式脂肪酸在体内的酰基转移反应、氧化反应、产生热量、胆固醇酯化活性、结合进入甘油三酯和磷脂的作用机制等，几乎与饱和脂肪酸一样。例如，磷脂中反式脂肪酸与饱和脂肪酸一样主要出现在sn-1位，而不出现在sn-2位。

经重氮标记的三油酸甘油酯与三反油酸甘油酯被结合进入乳糜微粒的效果相同，证明油脂的胰脂酶水解以及与小肠黏膜细胞的结合力不受反油酸的反式双键的影响。然而，亚油酸的顺-反、反-反式异构体失去必需脂肪酸的活性，只有其中的一小部分能转化为长链的PUFA。因此，反式脂肪酸会加剧必需脂肪酸的缺乏。给大鼠喂饲含反式脂肪酸的氢化橄榄油，红细胞和肝脏线粒体膜发生改变，红血球细胞对溶血变得更敏感，这一症状与动物缺乏必需脂肪酸所表现出的不良反应相一致，这一现象可解释为：反式脂肪酸结合进入磷脂的方式与饱和脂肪酸相同，由于反式脂肪酸异构体的刚性结构和高熔点性质，反式脂肪酸结合进入膜磷脂会改变细胞膜的流动性和渗透性。

反式脂肪酸升高 LDL 胆固醇、降低 HDL 胆固醇的效果与饱和脂肪酸相同反式脂肪酸通过对 Δ6 脱氢酶的竞争性抑制能有效干扰顺式 γ - 亚麻酸和 α - 亚麻酸在肝中的代谢，从而加重必需脂肪酸缺乏，当缺乏必需脂肪酸的反馈抑制因子时，反式脂肪酸对脂质代谢的干扰会造成活性十二碳衍生物的慢性失衡，引起花生四烯酸及 2 - 系列活性二十碳酸衍生物过量，从而对心血管疾病和动脉粥样硬化有促进作用。已有研究指出，反式脂肪酸导致心血管疾病的几率是饱和脂肪酸的 3 ~ 5 倍，反式脂肪酸的危害比饱和脂肪酸更大。

儿童神经与视觉的发育都需要 PUFA，反式脂肪酸干扰新生儿体内长链 PUFA 的合成，这一现象引起人们对孕期和围产期大量摄取反式脂肪酸安全性的关注。对美国芝加哥地区 8500 名 65 岁以上居民的长期跟踪研究表明，大量摄取反式脂肪酸的人血液中胆固醇增加，不仅加速心脏的动脉硬化，也促使大脑的动脉硬化，从而降低人体认知功能，引发老年痴呆症。

欧洲膳食的反式脂肪酸主要来自反刍动物脂肪的反式十八碳一烯酸，美国人膳食中反式脂肪酸主要来自于氢化油的反式油酸，尽管都是反式十八碳一烯酸，但它们的结构差异较大。而精制植物油中大部分反式脂肪酸为反式亚油酸和反式亚麻酸。由于反式脂肪酸的来源、种类不同，即使摄入总量相同，其膳食安全风险也可能相差悬殊。

关于反式脂肪酸安全问题的争论已经持续半个多世纪，20 世纪 90 年代，“反式脂肪酸有害论” 才获得国际学术界共识。由于 TFA 对人体的负面影响，各国相继出台相关法规，对食品中 TFA 含量、标示等做出相应规定。WHO 建议膳食摄入反式脂肪酸所提供的能量应限定在膳食总能量的 1% 以下。丹麦首先立法要求从 2003 年 6 月 1 日起，除天然动物脂肪及其产品外，丹麦市场禁止销售任何含反式脂肪酸超过 2% 的油脂及其油脂食品。2003 年 7 月美国 FDA 规定自 2006 年 1 月 1 日起，食品营养标签中必须标注产品的饱和脂肪酸和反式脂肪酸含量。我国近年来发布的各种婴儿配方食品国家标准中明确规定“不应使用氢化油脂”，卫生部于 2011 年 10 月 12 日发布的《食品安全国家标准预包装食品营养标签通则》（GB28050 - 2011）规定，“食品配料含有或生产过程中使用了氢化和（或）部分氢化油脂时，在营养成分表中应标示反式脂肪（酸）的含量”。并建议，“每天摄入反式脂肪酸不应超过 2.2g，过多摄入有害健康”。

二、脂质氧化产物

（一）脂质空气氧化产物

一般认为，油脂的酸败有水解和氧化两种类型。虽然两者往往不能完全区分，但后者更为重要，也更为复杂。在空气、光线和各种催化剂的作用下，常温下的不饱和脂肪可经不同途径与空气氧反应而产生脂质氧化物，其各种机理并未十分清楚。但一般认为不饱和脂肪的自动氧化遵循自由基反应机理，氧化自活泼的双键邻位碳原子开始。PUFA 的自发性自动氧化进行得很慢，但在促氧化剂存在时，氧化诱导期很短或几乎没有。自动氧化脂质的毒性大致表现在以下几方面：

（1）油脂的初级氧化产物是脂肪的氢过氧化物，具有毒性，它又进一步降解生成羟自由基、烷氧基自由基和烃基自由基等，并降解成种类众多的次级氧化产物，如烃、醛（如丙二醛）、酮等，构成油脂特征回味。从自动氧化的亚油酸甲酯中分离出来的二次氧化产物，特别是5~9碳、具有氢过氧烃基的烯醛的毒性远比氢过氧化物大。另一方面，氢过氧化物的分解过程也产生以过氧键交联为特征的极性聚合物，对动物产生毒性。

在生物体内的脂质过氧化过程中，过氧化自由基相对稳定，能扩散到细胞的各个部分与细胞的易氧化组分反应。过氧自由基与DNA反应，引起DNA链断裂、交联和氧化变性。生物膜上LDL的氧化过程与脂质过氧化十分相似，LDL中的PUFA氧化生成过氧化物，然后造成脂肪酸链的断裂。断裂的产物与LDL的脱辅基蛋白B共价结合，将赖氨酸残基上的ε $N-H_2$ 封闭形成氧化变性的LDL（mLDL）。mLDL与动物内膜上充满脂质的泡状细胞的形成有因果关系，泡状细胞会聚集在动脉壁上并导致动脉粥样硬化。在主动脉中可检测到脂质过氧化物，此过氧化物与主动脉粥样硬化的严重性呈正相关。人们熟知的褐脂质就是一种脂质氧化物的聚合物或是一种交联到蛋白质母体的多不饱和脂肪分解产物的Schiff基团，它在动脉粥样硬化斑块中几乎同胆固醇一样普遍。动物实验证明了脂肪的氢过氧化物具有细胞毒性，许多脂质过氧化物被认为是致癌的促进剂。脂质的氧化和氧化分解产物会造成蛋白质、生物膜及其他影响细胞生理过程的物质的显著破坏。

（2）脂肪氧化物通过与蛋白质共氧化，或通过引起蛋白质上的氨基酸侧链共价交联使蛋白质的营养价值降低。研究表明，蛋氨酸被氧化生成了有毒的蛋氨酸砜产物，色氨酸的吲哚环与次级氧化产物反应使色氨酸损失，油脂自动氧化产物与胱氨酸的二硫键作用，可使卵蛋白失去营养作用和发生沉淀现象。脂质二次氧化产物的羰基，比糖更易与蛋白质和氨基酸发生美拉德反应，最终降低了有效赖氨酸的含量。若把过氧化值为530~550mmol/kg油的变质大豆油，以10%的比率添加到大白鼠的日粮中，需要补充更多的蛋白质来弥补毒性物质对营养的破坏，说明变质油破坏了蛋白质营养成分。

（3）过氧化的脂肪有可能抑制肠、肝脏和其他组织中的黄嘌呤氧化酶、琥珀酸脱氢酶、唾液淀粉酶等酶的活性，并使血液中谷丙转氨酶和谷草转氨酶的酶活性增加，显示中毒症状。有研究表明，使大鼠中毒的脂过氧化物剂量是16mmolO_2/kg体重。高度氧化而酸败的油脂可以使受试动物体重下降、贫血、白细胞减少，对消化道有严重的损害作用，用甲基亚麻酸酯氢过氧化物喂雄性大白鼠，引起肠道肿大，食欲降低，并造成腹泻，重者造成死亡。

（4）过氧化脂质会降低维生素A、维生素D、维生素C、维生素E和叶酸的活性和作用效果。超氧阴离子会使维生素E分解，脂肪酸的初级和次级氧化物含量增加造成维生素E减少。长期摄入氧化脂可加剧核黄素缺乏。

可见，不饱和脂肪的自动氧化一方面破坏了油脂和食品中的不饱和脂肪酸特别是必需脂肪酸和脂溶性维生素，另一方面，氧化产物本身具有多种毒性。但正常情况下，存在于食品中的氢过氧化物分解很快，含量很低，而且分解物的异味可以被立即察觉，因此不会对人体造成显著危害。大部分通过膳食被吸收的脂质氧化物以CO_2的形式被排出，在A-mes鼠伤寒沙门氏菌致畸实验中，自动氧化的亚油酸和亚麻酸仅有弱的致畸作用，出现这种现象的原因部分是由于其致畸性的氢过氧化物能快速的被外源性的过氧化氢酶除去。在细胞培养体系中，脂质自动氧化产生的氢过氧化自由基能与多环芳烃反应生成有致癌性作用的氧化物，不饱和的氢过氧化物产生的过氧自由基引起苯并芘的协同氧化，生成7，8-二羟基苯并芘的环氧化物。

过氧化值（POV）是表示油脂氧化变质的早期指标，即在变质油脂的过氧化值达到最高值以前，其毒性物质是氢过氧化物。白鼠急性毒性试验表明，氢过氧化物的半致死量是300mg/kg体重。

羰基值表示二次生成物中羰基的积聚量，是油脂氧化变质后期指标，这时，低分子化合物是主要有毒物质。

我国各级食用植物油国家标准中，规定POV不超过10mmol/kg油，对羰基值，普通食用油要求不超过20mmol/kg油，色拉油则要求不超过10mmol/kg油。

脂肪氧化生成的次级产物有丙二醛、4-羟基不饱和醛、环状氧化物、烃类等。丙二醛是不饱和脂肪氧化生成的3碳次级产物，是衡量脂质过氧化程度的有用指标。丙二醛的毒性以半致死量（LD_{50}）表示，约为600mg/kg体重，高于甲醛和乙二醛。丙二醛的致畸性与基因毒性是由于它能与DNA上的胞嘧啶和鸟嘌呤交联。长期涂抹丙二醛可导致皮肤癌。PUFA自动氧化的次级产物中，同时具有环氧基和氢过氧基的脂肪酸、4-羟基醛、不饱和醛的毒性很强，其中的4-羟基壬醛（4-Hydroxynoneal）有特别强的细胞毒性。

在空气氧存在下，胆固醇会自动氧化生成70多种胆固醇氧化物，其中氧化程度最高、毒性最强的是三羟基胆甾烷醇（3β，5α，6β-三羟基胆甾烷醇）。食品中胆固醇氧化物（COP）结构的相似使其定性定量分析很困难，而且在COP的纯化过程中会发生一种结构向另一种结构的转化。

食用含胆固醇氧化物的食品后，COP主要在肝脏中储留。COP被有效代谢后从粪便排出，氧化甾醇从小肠中被吸收，之后转化为脂肪酸酯或硫酸酯形式，通过脂蛋白的输送，在肝脏中被降解为胆酸。从胆汁分泌的甾醇被小肠微生物代谢和粪便排出，过程与胆固醇相同。动物实验显示COP是从食物中摄入的，由乳糜微粒和LDL运输的，因此在一定的程度促进了氧化变性LDL的生成，而后者是诱发动脉粥样硬化的重要原因。胆固醇的氢过氧化物环氧衍生物可诱发动脉粥样硬化，有弱致畸性、细胞毒性和抑制胆固醇合成酶活力的作用。但最近提出的一项假说认为，胆固醇同时有抗氧化性，其性质与维生素C和β-胡萝卜素相似，在某些条件下具有促氧化性，而在另外的条件下可抑制脂质氧化。

（二）热氧化聚合物

油炸烹饪操作使食品在高温、富氧条件下与油脂接触不同时间，可使食品最终吸收高达40%的油脂，并引成油炸食品的特征风味。显然，在此过程中，油脂的热氧化和热聚合反应常常同时发生，因此它使油脂发生化学劣变的可能性比其他加工手段为甚。

加热后会引起甘油三酯的水解及自由基历程的PUFA氧化和聚合。高温下油脂部分水解，然后再缩合成相对分子质量较大的醚型化合物，增加油脂的黏度，使其乳化困难，妨碍脂肪酶的活性。水解同时加速了油脂的氧化变质。水解生成的甘油在高温下可分解生成具有强烈的辛辣气味的丙烯醛，丙烯醛对鼻、眼黏膜有较强的刺激作用，损害人体的呼吸系统，引起呼吸道疾病，有报道指出长时间进行煎炸操作并缺乏防护措施者，其患呼吸系统疾病的概率是正常人的2.3倍。

在空气或隔绝空气的情况下，油脂都能进行热聚合反应。在隔绝空气的高温下，共轭双键与非共轭双键之间的反应生成六元环结构的聚合物，具有强烈的毒性，亚麻仁油和鱼油很容易发生此类反应。而在高温有氧时，油脂发生激烈的热氧化聚合反应，热氧化聚合物大多含有羰基和羟基，以碳-碳键结合而成，这点区别于过氧键为特征的自动氧化聚合物。在自动氧化中，饱和脂肪的氧化很慢，而在热氧化过程中，饱和脂肪也同样发生激烈的热氧化，只是相对而言，饱和脂肪含量高的油脂较不易热聚合。

油炸过程中油脂被缓慢加热至200℃以上，氧通过搅拌被油脂吸收，油脂食物中的水分进入油中，其中发生的与温度有关的化学反应有自动氧化、热聚合和热氧化，相应生成挥发和非挥发的降解产物。

从加热油中分离到的挥发物有200多种，有游离脂肪酸、低分子烃、饱和和非饱和醛酮，它们大部分挥发到空气中，有一部分进入食品中帮助形成油炸食品所期望的特征风味。

不饱和脂肪的次级氧化产物形成的非挥发物有单体氧化物、环状氧化物、二聚体和多聚体所组成，非挥发物被油脂及食物吸收，使油脂进一步氧化分解，并产生物理变化，如黏度增加，颜色加深和起泡。单体氧化物经双键异构化生成有反式或共轭双键的短链脂肪酸，单一脂肪酸上的交联形成环状脂肪酸。单体氧化物通过Diels-Alder反应形成二聚体，两个脂肪酸之间键合也生成二聚酸，进一步发生链反应和逐步反应生成多聚体。二聚体和多聚物是由氧化物和未氧化酰基甘油共同反应而成的，多聚反应是造成油脂热氧化破坏的首要原因。

试验表明，具有较高羰基值的氧化脂肪具有的毒性会引起平滑肌内质网状结构增生，并诱发肝脏中微粒体酶，损伤肝中巯激酶和琥珀酸脱氢酶的活力。在病理变化方面，经过加热后的脂肪，能够引起动脉粥样硬化。环状氧化物是一种脲不加合物，活性强，容易受亲核进攻，能造成胃扩张、肾损伤、肝和其他组织的病灶出血和严重的心脏损伤，有致癌性和辅助致癌作用，将其以20%的比例混入基础饲料饲养大鼠，经3~4d，大鼠即死亡；以5%~10%掺入饲料，大鼠有脂肪肝及肝增大现象。如果用棉籽油进行试验，每天都把油在205℃加热7~8h，搅拌2h，加热40d之后，油中含有的脲不加合物，使受试动物三周内全部中毒死亡。

热氧化脂肪中的烃类是加热油烟的主要成分，特别是C10以上的烃具有很强的毒性。热氧化使油具有毒性的程度，随油脂不饱和程度升高而增加。含EPA、DHA的鱼油极易发生热氧化。共轭二烯脂肪酸含量高的油脂，加热超过10h，都显示出中毒症状，而经氢化的油，即使加热43h，也只是引起受试动物的暂时腹泻。从热油中得到的单聚物和强极性的二聚物组分，对大白鼠都是有毒的。环化的单聚合物，对全身组织器官都有毒性。单聚合物的毒性比二聚合物的毒性要大。225℃加热棉籽油，配合搅拌连续加热200h，结果有9%的脂肪酸转变成环化单聚合物形式的脂肪酸聚合物，若以0.4mL的口服剂量给大白鼠试验，13d之内引起死亡。二聚合物组分引起消化率降低，接着发生腹泻，但其毒性比环化单聚合物稍小，也许这是由于机体对它吸收减少的原因。普遍认为，更高级的聚合物在体内吸收性降低，因此毒性甚小，但在肠道局部位置会刺激使其发炎。

食用油需要加热的场合很多，尽管加热使油脂产生或多或少的问题，但是，研究认为，只要保证烹调和煎炸用油的高品质以及遵循食品加工的操作规程，在日常生活中适量食用煎炸食品是安全无虞的。由于煎炸食品在方便食品和快餐食品中举足轻重的地位，提高煎炸油的品质，特别是寻求安全、高效、无毒的煎炸油抗氧化剂，是降低油脂热氧化聚合物危害的有效手段。

三、氯丙醇酯类物质

甘油酯酰基被1个或2个氯取代所形成的化合物总称为氯丙醇酯类物质，其种类较多，其中植物油中含量较高、潜在毒性较大的为3-氯丙醇酯，包括3-氯丙醇单酯和3-氯丙醇双酯。

3-氯丙醇酯通常容易在油脂及油脂食品热加工及油脂精炼过程中形成，油脂中氯的来源非常广泛：油脂精炼中使用的辅料（如水、酸、碱液、脱色土等），含氯包装材料（如聚氯乙烯和聚偏二氯乙烯）及油脂在使用（尤其煎炸）过程中由原材料引入的含氯物质（主要是氯化钠、氯化钙、氯化镁等调味剂或添加剂）。

3-氯丙醇酯对人体是否有直接毒害作用尚无定论，普遍认为3-氯丙醇酯仅是一种潜在的食品安全风险因子。3-氯丙醇酯在肠道特定脂肪酶的水解作用下可能释放3-氯丙醇（3-MCPD），从而呈现出3-MCPD的系统毒性。

世界卫生组织（WHO）下属的食品添加剂联合专家委员会（JECFA）在2001年6月评估了3-MCPD的危险性，并提出暂定3-MCPD的人体每日最大耐受摄入量（provisional maximum tolerable daily intake，PMTDI）为2μg/kgBW。2011年世界卫生组织（WHO）下属的国际癌症研究机构（IARC）将3-MCPD归为了2B组，认为其是“可能的人类致癌物”。2012年开始，我国规定固态调味品、液态调味品3-MCPD含量分别须低于1.0mg/kg、0.4mg/kg。世界各国包括我国均尚未出台油脂中氯丙醇酯的限量标准，但已启动其风险评估工作。

四、多环芳烃与苯并芘

含有两个以上苯环的碳氢化合物称为多环芳烃（PAHs），PAHs是一大类多环芳烃的总称，即指两个以上苯环稠合或六碳环与五碳环稠合的一系列芳烃化合物及其衍生物，如苯并［a］蒽、苯并［a］菲、苯并芘［B（a）P］、二苯并芘［b，e］和三苯并芘等。已发现的多环芳烃约有200多种，其特点是高沸点、高熔点，水溶解度很小，但有高亲脂性，其中很多都具有致癌活性。有人估计，成年人每年从食物中摄取的PAHs总量为1~2mg，如果40年累积摄入PAHs超过80mg，可能诱发癌症。

B（a）P是PAHs中的最重要的一种致癌物，它由五个苯环稠合而成。已鉴定出70多种不同来源的PAHs，因此对食品中PAHs的致癌性评价不能仅以B（a）P作为指标。

植物油料除在生长过程中受空气、水和土壤中的PAHs污染，以及油料加工中可被烟熏和润滑油污染外，油脂食品及油籽内的有机物在高温下很易形成PAHs，形成PAHs的化学机制尚不清楚，但其PAHs浓度与脂肪含量成正比。研究发现，某些食品成分如胆固醇在高温下热聚变会产生苯并芘，烤肉中苯并芘最可能的来源是熔化的脂肪滴至加热器上，再裂解而成。有人在食品长时间烘烤、煎炸而产生的碳化物中，发现有脂肪酸和氨基酸在高温反应形成的苯并芘化合物。食品煎炸加工时，油经常反复使用，温度一般可高达185～200℃或更高，老煎炸油中苯并芘B（a）P含量可达1.4～4.5μg/kg。强加热至650℃，脂肪酸产生的苯并芘含量最高可达80mg/kg，大大高于诱导小鼠肝癌所需要的剂量，而有些食品烘烤时，温度有时就可以达到600℃左右。另外，植物油籽在蒸炒烘烤时产生的焦炭颗粒与油料直接接触，可使有些毛油中B（a）P含量达到1～40μg/kg。有报道称经重烟熏的椰子制得的毛油中，含量高达400μg/kg，故有人认为，各类植物油中高含量的多环芳烃与油籽的烘烤有关。

苯并芘氧化代谢为亲电性化合物后具有广泛的致畸性、基因毒性、胎毒性和致癌性。随食物摄入人体内的苯并芘大部分可被消化道吸收，经过血液很快遍布人体，人体乳腺和脂肪组织可蓄积苯并芘。人体吸收的苯并芘一部分与蛋白质结合，可使控制细胞生长的酶发生变异，使细胞失去控制生长的能力而发生病变；一部分则参与代谢分解，在肝脏组织中生成其活化产物——7，8苯并芘环氧化物，并进一步氧化产生最终的致癌物——苯并芘二醇环氧化物，具有极强的致突变性，可以直接和细胞中不同成分反应，如B（a）P代谢物与脂质氧化生成的过氧自由基相互作用后生成的活性中间体能结合到生物大分子上，形成基因突变，从而导致癌的发生。

食品中的某些特定组分能通过抑制PAHs代谢为致癌成分，从而将其毒性降低到最小，例如，BHT和BHA等合成抗氧化剂与B（a）P同时喂给动物后，能抑制B（a）P对小鼠前胃的致畸作用，并能抑制大鼠肺和乳腺中肿瘤的生成。维生素A能抑制B（a）P与DNA的结合。

我国《食品安全国家标准　食品中污染物限量》（GB 2762—2012）规定油脂及其制品中苯并［a］芘的最高残留限量为10μg/kg；美国将16种PAHs规定为主要污染物；2011年欧盟发布的法规除了规定可直接消费或作为食品成分的油类和脂肪类（不包括可可脂）中的苯并［a］芘最高残留限量为2μg/kg外，还规定4种优先控制的多环芳烃，即苯并［a］芘、苯并［a］荧蒽、苯并［b］荧蒽、屈］的总量不得超过10μg/kg。

油脂中的多环芳烃一般在吸附脱色等一系列精炼过程中被脱除。

五、呋喃类物质

呋喃（Furan）分子式为C_4H_4O，是一个具有芳香味与低沸点（31℃）的小分子环状烯醚，也是最简单的含氧五元杂环化合物。呋喃具有高度挥发性和亲脂性，难溶于水，易溶于有机溶剂，易燃。

研究发现，油脂中呋喃的主要来源除了油料中的葡萄糖、乳糖、果糖等碳水化合物的热降解反应以外，多不饱和脂肪酸、类胡萝卜素也是呋喃重要的前体物。多不饱和脂肪酸，如亚油酸和亚麻酸丰富的油脂经加热即可形成呋喃。亚麻酸形成的呋喃是亚油酸的4倍多，并且三氯化铁催化可以使呋喃形成量增加几倍。最近的研究发现5－戊基呋喃（5－pentylfuran）的浓度与橄榄油氧化时间呈显著正相关性，5－戊基呋喃作为呋喃的一种衍生物，目前正作为酸败的一种化学标记物。

多不饱和脂肪酸通过活性氧的非酶化作用或脂氧合酶的酶解作用可以形成脂类氢过氧化物，氢过氧化物在过渡金属离子的催化下发生均裂，形成2－烯烃醛（2－alkenal）、4－氧代－2－烯烃醛（4－oxo－2－alkenal）和4－羟基－2－烯烃醛（4－hydroxy－2－

alkenal），有研究者提出了呋喃（如5－戊基呋喃）由相应的4－羟基－2－丁烯（4－hydroxy－2－butenal）通过环化、脱水的形成机制。

呋喃容易通过生物膜并被肺或肠吸收，在人体中可引起肿瘤或癌变；呋喃还具有麻醉和弱刺激作用，吸入后可引起头痛、头晕、恶心、呕吐、血压下降、呼吸衰竭等症状，对肝、肾损害严重。2005年以来通过对食品中呋喃的暴露情况及其对人体的潜在影响的深入研究，FDA与欧盟食品安全局（EFSA）得出了一致的研究结论，即呋喃可能对人体致癌。国际癌症研究机构（IARC）将呋喃归类为2B组，即可能使人类致癌物。呋喃虽已被IRAC归类为2B组，但目前欧盟、美国FDA等国际权威机构并未对其在食品中摄入限量作规定。

第四节　油脂中食品添加剂的安全性

一、维生素强化剂

维生素A是机体内所必需的生物活性物质。一些鱼肝中有很高的维生素A含量。鲨鱼肝含维生素A10000IU/g，比目鱼肝多达100000IU/g。人长期每天摄入约3000IU/kg体重维生素A可引起慢性维生素A中毒症，其症状包括成年人的头痛、疲劳、恶心、嘴唇开裂，皮肤干燥和粗糙、鼻腔出血和腹泻等。儿童的症状有困倦、体重下降、鳞片状皮炎、厌食和骨骼发育异常等。由于肝具有储存维生素A的功能，维生素A中毒也可能引起肝功能异常和肿大。维生素A中毒使骨骼稳定性下降，容易形成骨折。人体对维生素A毒性的敏感性差异极大，一些人在日摄入量50000IU的水平即表现中毒症状，另一些人的摄入量高达150000和200000IU时才有反应。

维生素E能提供氢给活性自由基，从而中断由活性氧引发的自由基链反应，本身形成相对稳定的酚自由基，这是维生素E的抗氧化机制。能增强脂质抗氧化性的α、γ、δ型维生素E的最适合浓度分别大约是100，250和500mg/kg，超过这一浓度的维生素E有时表现促氧化作用。醌式α－生育酚是维生素E在生物体系中的最主要氧化产物，氧化生育酚在油脂储存过程中有促氧化作用，可极大地促进脂质氧化物的生成，抗坏血酸的一项重要作用是在分子水平上将生育酚的自由基还原为生育酚，在维生素E的自由基被不可逆的氧化为生育醌之前使之再生。增加食物中维生素E的量会使脂肪组织中的维生素E过剩，如果同时摄入的维生素C的量不足，维生素E氧化物的积累将在体内产生促氧化作用。

维生素D可能是脂溶性维生素中毒性最强的一种，成人日摄入100000IU或儿童日摄入40000IU即表现中毒症状，引起多种器官病态。长期摄入超过每天营养推荐量（RDNI）的维生素D造成的软组织钙会引发动脉粥样硬化和心肌缺血，尽管补充维生素D是治疗佝偻病的正确方法，但喂养过量的维生素D反而会引起动物发生佝偻病。维生素D日推荐摄入量在加拿大是100IU/d，在美国是200IU/d；对孕期妇女和婴儿的维生素D推荐摄入量高达400IU/d。

大部分西方国家对人造奶油进行强制性营养强化，维生素 A 添加量范围在 3180 ~ 45000IU/kg，而维生素 D（胆钙化醇）添加量在 480 ~ 5300IU/kg，维生素 E 强化油脂和奶油的水平在 65 ~ 190mg/kg 比较适宜。当食物中 PUFA 增高时，维生素 E 的供应量也要增加，当 α - 生育酚/PUFA 比值为 0.4mg/g 时，通常就可保证维生素 E 发挥防止 PUFA 氧化变质及其他生物学功能。

二、人工合成抗氧化剂

抗氧化剂是能抑制油脂自动氧化反应、有效防止油脂酸败的食品添加剂。到 2001 年，我国已批准的抗氧化剂已有 16 种，分为化学合成和天然两大类。近年来，人们认识到抗氧化剂不仅可以防止由超氧自出基引发的油脂酸败，亦可消除由人体产生的内源性活性氧自由基，阻断自由基对人体细胞膜及大分子蛋白质、DNA 的损伤，防止炎症及恶性肿瘤的发生。油脂抗氧化剂必须是油溶性的，国内外常用的合成油脂抗氧化剂有 BHA、BHT、PG（没食子酸丙酯）、TBHQ（特丁基对苯二酚）等。抗氧能力的顺序在植物油中是 TB-HQ、PG、BHT、BHA，在动物脂肪中为 TBHQ、PG、BHA、BHT，对于无水乳脂，抗氧能力依次是 PG、TBHQ、BHA。

BHA 是约 4% 2 - 叔丁基茴香醚与 96% 3 - 叔丁基茴香醚的混合物，BHT 是对甲酚被异丁烯烷化形成的产物。BHA 和 BHT 的急性毒性较弱，大白鼠经口 LD_{50} 分别为 2.9g/kg 和 1.7 ~ 1.97g/kg，1996 年，FAO/WHO 制订 BHA、BHT 的 ADI 分别为 0 ~ 0.5mg/kg 体重和 0 ~ 0.3mg/kg 体重。BHA 和 BHT 曾被认为具有抗肠癌作用，BHA 可抑制由二甲基偶氮苯（奶油黄）、苯并芘、二甲基苯并［a］芘（DMBA）、甲基亚硝胺（DENA）等致癌物诱导的大鼠和小鼠的胃、肝、肺和乳腺等器官恶性肿瘤的发生，也能有效抑制黄曲霉素 B1 诱发的肝癌。甚至有人认为，美国人胃癌发病率的显著降低与食品中加入的 BHA 有关。但 BHA 和 BHT 都能促使大鼠发生膀胱癌，1977 年日本科学家发现，用含 2% BHA 的饲料饲喂大鼠，有近 30% 的鼠发生前胃癌。因此，合成抗氧化剂的安全性受到质疑。一般认为，BHA 具有致癌和防癌的双重作用，取决于癌发生的不同时期。近年的研究表明，只有大剂量的 BHA（20g/kg）才导致试验动物胃肠道上皮细胞的损伤并致癌。总之，BHA、BHT 在癌发生学中的作用仍未被确切了解。

在大多数情况下，TBHQ 比其他抗氧化剂有更为有效的抗氧化性，1972 年美国批准使用，我国 1991 年批准使用，最大使用限量 0.2g/kg。1995 年 FAO/WHO 对其 ADI 定为 0 ~ 0.2mg/kg 体重。就已有的研究来看，TBHQ 的安全性要比目前普遍广泛使用的 BHA 和 BHA 更为可靠，某些研究证明，BHA 和 BHT 对动物有致癌作用，而 TBHQ 则仅存在可疑的致突变活性。

PG 在机体内被水解成 4 - *O* - 甲基没食子酸，随尿排出体，用 5% PG 含量的饲料喂饲大鼠两年，未见有毒性作用。大白鼠经口 LD_{50} 分别为 3.8g/kg。1994 年 FAO/WHO 将 PG 的 ADI 定为 0 ~ 1.4mg/kg 体重。

食品抗氧剂以单独或更多以复配形式使用，BHA 本身在植物油中是一种有效抗氧化剂，也对 PG 等抗氧化剂有协同作用。BHA 的热稳定性优于 PG，所以在用于煎炸和烘烤的油脂中常用 BHA。BHA、BHT、TBHQ 使用量均为 0.2g/kg，PG 使用量为 0.1g/kg，BHA 及 BHT 混合使用时，总量不得超过 0.2g/kg；BHA、BHT、PG 混合使用时，BHA

及 BHT 总量不得超过 0.1g/kg，PG 不得超过 0.05g/kg。以上使用量均以脂肪为基数。

第五节　油脂加工中的环境污染物

一、 二噁英及其类似物

二噁英(Dioxins) 被称为当今世界对人体健康最具潜在危害的一类环境污染物，它是含有氯代含氧三环芳烃为基础结构的一类化合物的总称。常将二噁英类与其他一些卤代芳烃化合物，如多氯联苯（PCBs）、多溴联苯（PPBs）等统称为二噁英及其类似物(Dioxins - likecompounds)，这类化合物的毒性具有相似性。

二噁英是燃烧和工业生产的副产物，主要来源疑是阻燃材料。二噁英在环境中广泛存在，能强烈地吸附在颗粒上，不易挥发，其性质很稳定，对理化因素和生物降解都具有抵抗作用，通过环境和植物进入食物链得以富集，最终转移到人体内产生危害，人体中平均半衰期约为 7 年。二噁英具有较强的脂溶性和蓄积作用，易残留于脂肪中。

二噁英类物质由于卤原子取代位置的不同，可有 210 个同系物异构体，美国环保局确认的二噁英类物质有 30 种，其中包括氯代二苯并 - 对 - 二噁英（PCDDs）7 种，氯代二苯并呋喃（PCDFs）10 种，多氯联苯（PCDDs）13 种，其中代表性的是 2，3，7，8 - 四氯联苯并 - 对 - 二噁英（TCDD），是目前所有已知的化合物中毒性最强的。WHO 于 1998 年建议二噁英的限量标准比剧毒品氰化物的限量标准（0.005mg/kg 体重）还要低一百万倍，TCDD 具有极强的致癌作用，已被国际癌症研究中心列为人类一级致癌物。一次摄入或接触较大剂量的二噁英可引起人急性中毒，出现头痛、头晕、呕吐、肝功能障碍、肌肉疼痛等症状，严重者可残废甚至死亡。长期摄入或接触较少剂量会导致慢性中毒，可引起皮肤毒性（氯痤疮）、肝毒性、免疫毒性、生殖毒性、发育毒性以及致癌性等。

多数 PCBs 表现出生殖毒性，对人类生殖功能有不利的影响，雄性尤为敏感。PCBs 为脂溶性物质，可以通过胎盘和乳汁进入胎儿或婴儿体内，引起发育神经毒性。主要表现为致畸、上腭裂、智力损伤以及生殖力下降。国际癌症研究中心（IARC）已将其定为可能令人类致癌的物质。PCBs 干扰内分泌系统使儿童的行为怪异，使水生动物雌性化。

非鱼类食物中 PCBs 的含量一般不超过 15mg/kg，但有些食用油的 PCBs 含量可达 150mg/kg，这是因为在食用油精炼过程中，导热油和机械润滑油由于密封不严而渗入食品，从而导致 PCBs 和 PCDFs 污染。1968 年日本九州，1979 年我国台湾发生的两次米糠油中毒事件中分别有 1600 人和 2061 人中毒，经测定，污染米糠油中的 PCBs 量超过 2400mg/kg。

二、农药残留

目前，广泛使用的农药一般为有机磷和有机氯类，油料作物在生长过程中频繁接触杀虫剂，油脂储运、制取等过程中也有可能污染农药，因此食用油中会有农药残留。

食用油中残留的农药对人体的肝、肾和神经系统均能产生危害，摄入量较大则会有致畸形、促癌和致癌作用。毛油精炼后其残留量极少，特别是经脱臭处理后其残留量可在最低检出量以下。

三、溶剂残留

浸出法制取的毛油是不能直接作为食用油进行销售的，必须经过脱溶、脱酸、脱臭等精炼工序后，方可生产出符合我国食用油脂质量标准和卫生标准的食用油而上市销售。在生产工艺好的条件下，溶剂残留一般不超过 10mg/kg，有些国家要求不得检出，我国 2003 年出台的食用植物油新标准规定，一、二级油的溶剂残留不得检出（10mg/kg 以下），三、四级油为 50mg/kg 以下。

我国现用抽提溶剂有植物油抽提溶剂、工业己烷、6 号抽提溶剂油，成分均是以正己烷为主的各种己烷异构体，以及一定量的庚烷、戊烷类物质，但不纯时可含有一定量的芳香烃和稠环化合物，如苯、甲苯和二甲苯、苯并芘［B（a）P］等对人体有害有毒物质，给食用油污染留下空间。因此，提高浸出溶剂纯度，并严格执行各种食用油质量标准，是解决溶剂残留问题的现实途径。当然，进一步改进浸出工艺和设备以尽量降低残溶，研究开发新的、更理想的油脂浸出溶剂和大型的冷榨制油工艺设备也是题中之义。

浸出法制油工艺是一种国际先进、科学的油脂生产技术，其发展水平标志着一个国家制油工业的技术水平，至今，我国油脂浸出的主要经济技术指标已达到或接近国外先进水平，用浸出法生产的食用油，只要符合国家颁布的技术质量标准中的任何一个质量等级，都可以放心食用，不存在安全性问题。

随着人们环保意识的日益增强，降低或消除正己烷溶剂排放量的要求不断升级。由于正己烷所引发的神经毒害效应，美国已将其列入有害大气污染类物质。

美国约 1/4 植物油厂已采用异己烷（主要为 2 - 甲基戊烷和 3 - 甲基戊烷）为主成分的溶剂进行浸出。异己烷虽然与正己烷一样均属于己烷类溶剂，但毒性更低，法规管理宽松，未被列入美国《清洁空气法》（CAA）、《有害产品法》（HPA）等联邦法规的限制名单中。我国目前较少采用异己烷进行工业化大规模浸出制油，但就异己烷理化特性而言，与现行浸出溶剂浸出工艺和设备完全相接，可以在不更改现有浸出设备和工艺前提下实现大规模生产。

四、黄曲霉毒素

由于某些霉变油料的存在，机榨毛油中的霉变毒素可大大超标，如花生油极易被黄曲霉毒素污染，其含黄曲霉毒素有时高达 1000 ~ 10000μg/kg。黄曲霉毒素属剧毒物，毒性高于氰化钾，是目前发现的最强的化学致癌物质，致癌性为奶油黄（二甲基偶氮苯）的 900 倍，比二甲基亚硝胺诱发肝癌的能力大 75 倍。

黄曲霉毒素可以在脂肪组织中积累达到很高的水平，表现出很强的毒性。黄曲霉毒素能抑制呼吸与氧化磷酸化的耦合，对线粒体细胞有毒害作用，这是造成常见的黄曲霉毒素中毒和生化损伤的共同原因。家禽食用被黄曲霉毒素沾染的饲料后，在它的可食部分及乳中会出现其羟基化代谢物，具有急性、亚急性或慢性毒性作用。人类食用黄曲霉毒素污染的食品后，肝癌发病率提高，许多黄曲霉毒素能与乙型肝炎病毒协同作用诱发肝癌。

黄曲霉毒素耐热，在一般烹饪加工的温度下不易破坏，高于280℃时才会发生裂解。它在水中的溶解度较低，易溶于油和一些有机溶剂。在碱性条件下，其内酯环被破坏形成钠盐而溶于水，但在酸性条件下发生逆反应，恢复其毒性。

黄曲霉毒素能被皂脚、活性白土、活性炭等吸附，在脱臭等高温处理中也可以被破坏，因此，油脂经常规精炼可以除去这种毒素。黄曲霉毒素对紫外光特别敏感，其吸收波长在222、254和365nm，研究表明，油中黄曲霉毒素含量随紫外照射时间延长而降低，并迅速降解成一些无紫外吸收的小分子物质，经毒理学验证，此类降解后小分子物质无毒、无致癌性。

我国规定一般食用油中黄曲霉毒素含量小于10μg/kg，花生油中小于20μg/kg。

五、包装材料中的有毒成分

聚氯乙烯（PVC）、聚偏氯乙烯（PVDC）、聚乙烯（PE）和聚对苯二甲酸乙二醇酯（PET）常被用作食品包括食用油脂产品的包装材料，一些合成的塑料添加剂如增塑剂也被引入包装材料中用以增强其力学性质。

聚氯乙烯（PVC）是产量最大的包装塑料，一般认为PVC本身无毒，但其中混有的一定数量的氯乙烯单体对人体有致癌性，有人认为氯乙烯单体在肝脏中可能形成氧化氯乙烯，该物质具有强烈的烷基化作用，可与DNA结合引发肿瘤。日本规定聚氯乙烯中氯乙烯单体的含量不得超过1mg/kg。

增塑剂是低熔点的小分子化合物或是高沸点的液体有机物，使用最多的如邻苯二甲酸酯（phthalic acid esters，PAEs），其他有己二酸酯、癸二酸酯和磷酸酯、柠檬酸酯、环氧化大豆油等。

许多低分子的增塑剂容易扩散迁移到食品中，特别是高脂食品受辐射后，塑料包装物中的增塑剂向食品发生显著迁移，降低食品的口感品质。邻苯二甲酸酯、己二酸酯、环氧化大豆油等具有显著致癌性的证据很少。但研究表明PAEs具有较强的生殖毒性，长期接触会导致死精症和睾丸癌，欧美、日本、中国等先后将邻苯二甲酸酯列入优先控制的名单。食用油被PAEs污染的主要途径目前普遍认为是包装材料中的PAEs向食用油发生迁移，但除了来源于包装材料，油料本身及加工工艺也可能是造成食用油被PAEs污染的重要原因。

未见明确针对食用油PAEs限量的国内外法规。

第六节 脂肪代用品

在可控制热量的油脂产品方面，自从宝洁公司的低热量脂肪替代品——蔗糖长碳链脂肪酸聚酯（商品名Olestra）在1996年被FDA认可以来，各种低热量油脂产品相继登场，如山梨醇聚酯 Sorbestrine、丙氧基甘油酯 EPGS、三烷氧基丙三羧基酯 TATCA、聚甘油脂肪酸酯等。Olestra 是采用中、长碳链饱和或不饱和脂肪酸与蔗糖酯化反应制得的脂肪替代品，可 100% 取代休闲食品中的油脂。由于其相对分子质量大，非极性脂肪酸所占比重大，难以为脂酶水解，所以不被吸收、代谢，不产生热量，起到类似膳食纤维的生理功能作用。

但脂肪替代品或多或少存在安全性问题。从国外使用的情况来看，Olestra 对消化道有潜在的不良影响，如引起腹痛、腹泻和肛瘘等。脂肪替代品替代食品中 35% 以上的油脂，会引起严重的腹泻。由于它的亲脂性，脂肪替代品争夺食品中脂溶性维生素或其他营养素溶入其中，从而降低人体对它们的吸收率，如 Olestra 对亲脂性的类胡萝卜素吸收有很大影响，必须通过强化维生素 A 来补偿。为此，FDA 要求含有 Olestra 的食品必须标示“本产品含有 Olestra，可能引起腹痛和腹泻。Olestra 抑制一些维生素和营养素的吸收。本品添加了维生素 A、维生素 D、维生素 E、维生素 K”。

第七节　油炸食品中的丙烯酰胺

某些油炸或焙烤的淀粉类食品中含有较高含量的丙烯酰胺。采用不同分析方法确证，丙烯酰胺并不是分析过程中产生的新生物。

油炸薯片和油炸薯条中含有较高含量的丙烯酰胺，约有一半的炸薯片中丙烯酰胺含量可达 100 ~ 1000μg/kg，而在生马铃薯原料和普通马铃薯蒸煮食品中则几乎检测不出。薯条中丙烯酰胺的含量随油炸时间的长短而变化，过度油炸薯条中的丙烯酰胺含量明显提高。

丙烯酰胺属中等毒性，大鼠、小鼠和兔经口 LD_{50} 为 150 ~ 180mg/kg，丙烯酰胺对各类动物均有不同程度的神经毒作用，可引起人体的急性、亚急性、慢性中毒反应。急性、亚急性中毒以中枢神经损害症状为主，突出的症状是小脑共济失调，慢性中毒以周围神经损害症状为主。丙烯酰胺的毒性特点是在体内有一定的蓄积效应。瑞典的研究显示，普通瑞典人每天丙烯酰胺的摄入量可达到 100μg，但此摄入量仍低于动物实验中对动物神经系统或生殖系统产生作用的最低有效剂量的 1000 倍以上。

近年来，许多动物实验、体外细胞培养实验已显示丙烯酰胺有一定的致癌性、致突变性，因此对人来说也可能是致癌物。流行病学研究显示，长期接触 0. 30mg/m^3 丙烯酰胺的工人发生胰癌的风险是未接触者的 2. 26 倍，但目前的研究工作尚不全面，仍未明确丙烯酰胺对人体一定致癌。

丙烯酰胺虽然不来自脂肪本身，但与食品的油炸过程密切有关，油炸或焙烤淀粉类食品中产生丙烯酰胺的机理、变化途径等目前尚不清楚。丙烯酰胺对人体的危害性到底有多大，目前也不十分清楚。世界卫生组织（WHO）规定每个成年人每天从水中摄入的丙烯酰胺量不应超过 1μg，根据欧洲标准，食品中丙烯酰胺的含量应低于食品重量的亿分之一。

第八节 矿物油

矿物油是石油分馏产品的总称，是 C_{10} ~ C_{50} 的复杂混合物烃类。矿物油可分为饱和烷烃矿物油（MOSH）和芳香烃矿物油（MOAH）。

食用油脂生产中，有如下3个原因会导致矿物油污染：①油料加工前带入，如油料作物的生长土壤受到污染，农药中的矿物油迁移至油料作物，油料晾晒过程中的环境污染等导致油料本身含有矿物油；②油脂加工过程中带入，如液体石蜡作为加工助剂用于油脂食品，粮油加工设备润滑所用的食品机械专用白油的泄漏等；③油脂加工后带入，如包装材料的迁移。

欧洲食品安全局认为MOSH毒性主要体现在其具有生物蓄积性，而MOAH可能具有基因毒性和致癌性，C_{16} ~ C_{35} 矿物油对人群的健康安全影响应受到重点关注。研究表明矿物油中包含许多有毒物质，如长链烷烃及芳香烃等，都会对生物体造成危害。矿物油会对人体消化系统造成破坏，使人体产生恶心、呕吐等症状，也会引发突发性食物中毒，甚至导致人体昏迷；其他危害包括：破坏人体内细胞，从而损坏神经系统；破坏人体呼吸系统，降低血液中所含红细胞，导致呼吸功能衰竭；发生皮肤发炎过敏；引起人类畸形及癌症等疾病。基于欧洲食品安全局2012年的评估，欧洲人群的矿物油暴露水平约为0.03 ~0.2mg/（kg体重·d）（成年人和老年人），最高暴露水平群体来自3 ~10岁的儿童，为0.17mg/（kg体重·d）。2015年，我国评估了中国人群中矿物油的膳食暴露水平，其中植物油为17.05mg/kg。2014年，德国联邦风险评估所（BFR）规定了包装材料中矿物油的迁移限制要求。

矿物油应用非常广泛，可作为消泡剂、脱模剂、防粘剂、润滑剂用于发酵工艺、糖果、薯片和豆制品的加工中。欧洲食品安全局通过动物实验得出结论——高黏度矿物油（HVMO）和中低黏度矿物油（MVMO）无明显副作用的剂量为1200mg/（kg体重·d）。我国GB 2760—2014《食品安全国家标准 食品添加剂使用标准》批准使用的食品级矿物油有两种：白油（又名液体石蜡） （GB 1886.215—2016）、石蜡（GB 1886.26—2016）。白油作为被膜剂，可用于除胶基糖果以外的其他糖果及鲜蛋，最大使用量为5.0g/kg；作为加工助剂，功能为消泡剂、脱模剂、被膜剂，常用于油脂、糖果、薯片、膨化食品、粮食等加工工艺中。石蜡（C_{18} ~ C_{32}）作为加工助剂，功能为脱模剂，常用于糖果、焙烤食品加工工艺中。

现阶段国内尚未出台关于食用油中矿物油的定量标准，仅有GB/T 2009.37—2003涉及矿物油的定性鉴别。而欧盟于2015年出台了ISO 17780—2015《植物油中脂肪烃的测定方法》。相比于芳香烃矿物油，饱和烃矿物油较易检测，目前全国粮食标准化委员会已经启动了MOSH分析方法标准的立项工作。但相比于饱和烃矿物油，芳香烃矿物油的潜在危害较大，建立其定量分析方法更为紧迫和重要。

第九节　转基因油料产品的安全性

目前，转基因技术已广泛应用于大豆、玉米、油菜籽、棉籽等油料作物的生产。美国和南美地区是转基因产品播种面积和产量最大的地区，加拿大转基因油菜籽的播种面积也在快速增长。因此，它们出口的大豆、油菜籽及其毛油等加工产品中都包含较多的转基因成分。

我国是油料和油脂进口大国，这些年大豆、油菜籽及其毛油的进口数量都保持在较高水平，据估计，我国市场上90%的豆油是转基因豆油。

在转基因作物种植方面，我国也是全球增长最快的国家，目前有6种转基因作物种已经商品化，主要品种是棉花，其他包括大豆、玉米、油菜等油料作物。

目前，已经商品化的转基因油料作物所转入的外源基因主要是抗性（抗虫、抗除草剂等）基因，也有少数品种和品系是改变油脂成分和含量的，即通过控制和改变油料作物脂肪合成酶的基因，来改变脂肪酸的链长和饱和度。随着转基因技术的不断商品化，会有更多的新的转基因油料产品出现。

转基因油料给人类带来的好处是显而易见的。但由其加工而成的食品的安全性仍是个问题。已有报道蝴蝶幼虫因采食了转基因玉米的花粉而致死，一些昆虫吃了抗病虫的转基因农作物后并没有死亡，说明它们已对转基因作物产生的毒素具备了抵抗力；与普通大豆相比，耐除草剂的转基因大豆中的大豆异黄酮减少了；将耐除草剂的转基因菜籽和杂草一起培育，结果杂草具有耐除草性。英国科学家称，喂食转基因马铃薯的受试老鼠的内脏器官收缩或发育不良，免疫能力下降。这些现象均表明，至少目前转基因技术的手段还是不完善的，新基因的插入是随机的，远未达到定向插入的程度。

转基因技术产生的基因有可能扩散到自然界中去，因而，人们担心这种对生命“任意修改”而创造出来的新型遗传基因和生物可能是一种新的污染源，污染源一旦产生，是很难消除的，它对人类和生态环境造成的安全问题将集中在以下两方面：

（1）对人类健康来说，外源基因不是自然遗传基因，它的结构是否稳定？在人体内是否会发生突变而有害人体的健康？是否会增加食物过敏？植物里引入的抗性基因是否会像其他有害物质一样能通过食物链进入人体内？基因转入后是否产生新的有害遗传性状或不利于人体健康的成分？

（2）在农业和生态环境方面，转基因生物对农业和生态环境的影响如何？推广抗虫害的转基因作物一定时期后，是否可能使害虫产生免疫并遗传，并创造出超级害虫？若有特殊功能的基因转移到相近的野生生物种系中去，可能造成的“基因污染”如何控制？其他生物吃了转基因食物，是否可能灭绝或产生诱变？传统的栽培品种逐渐被少数转基因品种所取代，是否会慢慢破坏生物的多样性，最终造成生态失衡？

迄今为止，并没有发现转基因食品特别是食用油脂产品危害人体健康和环境的确切证据，但一时也难以取得全面的证据以说服反对者，这也许就是尚需进行转基因食品安全性研讨的主要原因。当然，任何一种新技术都会带来一定的不确定性和风险，目前为止的证据表明，与化学农药对人体健康和环境的影响相比，转基因工程这种取自物种的方法无疑是先进的。与转基因技术所创造的利益相比，它的不确定性和风险是相对较小的，并且可以人为管理和控制。

思考题

1. 如何认识油脂的安全性？
2. 举例说明特殊脂肪酸的安全性。
3. 油脂加工过程中可能形成哪些有害物质，如何避免？
4. 试述反式脂肪酸的危害性。
5. 如何看待转基因油料产品的安全性？

参考文献

1. A. Gupta, P. B. Myrdal. Development of a perillyl alcohol topical cream formulation [J]. Int J Pharm, 2004, 269 (2): 373 ~ 383
2. C. Casimir, Akoh David B. Min. Food Lipids. Second Edition. Marcel Dekker, New York, 2002
3. E. Bernardini. Oilseeds, Oils and Fats, Volume I Raw Materials. Interstampa – Rome, Italy, 1983
4. E. Bernardini. Oilseeds, Oils and Fats, VolumeⅡOils and Fats Processing. Interstampa – Rome, Italy, 1984
5. F. Shahidi. Bailey's Industrial Oil and Fat Products, 6th ed. , 2005, John Wiley & Sons, Inc
6. F. D. Gunstone.China Market Report [J] Lipid Technology. PJ Barnes & Associates, UK, 2005, 5: 120
7. F. D. Gunstoe, Frank A. Norris. Lipids in Foods Chemistry, Biochemistry and Technology, 1983, Pergamon Press
8. G. H. Ripple, M. N. Gould, R. Z. Arzoomanian, et al. Phase I clinical and pharmacokinetic study of perillyl alcohol administered four times a day [J]. Clin Cancer Res, 2000, 6 (2): 390 ~ 396
9. ISTA Mielke Gmbh, Oil World 2020, Hamburg Germany, 1999
10. P. L. Crowell. Prevention and therapy of cancer by dietary monoterpenes [J]. J Nutr, 1999, 129 (3): 775 ~ 778
11. D. Richard, O' Brien. FATS and OILS, 1998, Technomic Pubishing Company, Inc.
12. T. P. Hilditch and P. N. Williams. The Chemical Constitution of Natural Fats. 4th Ed. Chapman & Hall, London, 1964
13. W. Ning, T. J. Chu, C. J. Li, et al. Genome – wide analysis of the endothelial transcriptome under short term chronichypoxia [J]. Physiol Genomics, 2004, 17, 18 (1): 70 ~ 78
14. H. И. 沙拉波夫著, 油料植物及油的形成过程. 北京: 科学技术出版社, 1965
15. Y. H. Hui 主编. 贝雷: 油脂化学与工艺学 (第五版). 徐生庚, 裘爱泳等译. 北京: 中国轻工业出版社, 2001
16. 毕艳兰等著. 油脂化学. 北京: 化学工业出版社, 2005
17. 程司堃, 王茹, 李晓晔等. 毛细管气相色谱法测定紫苏提取液中紫苏醇含量. 药品质量控制 [J]. 2005, 24 (6): 522 ~ 523
18. 程玉亭主编. 油脂质量检测新技术与新标准实务全书. 北京: 当代中国音像出版社, 2004
19. 褚绪轩. 2005 年油料油脂形势分析及其对策. 粮油加工与食品机械, 2005, (7): 8 ~ 14
20. 董玉京主编. 新型饲料与饲料添加剂. 北京: 海洋出版社, 1993
21. 谷克仁, 梁少华主编. 植物油料资源综合利用. 北京: 中国轻工业出版社, 2001
22. 陈智文. 美国大豆生产及贸易现状 [J]. 世界农业, 2005, (1): 15 ~ 17
23. 韩国麒著, 油脂化学. 郑州: 河南科技出版社, 1995
24. 汤逢. 油脂化学. 南昌: 江西科学技术出版社, 1985
25. 张根旺等著. 油脂化学 [M]. 北京: 中国财政经济出版社, 1999
26. 徐学兵等著. 油脂化学 [M]. 北京: 中国商业出版社, 1993
27. 何东平著. 油脂制取及加工技术 [M]. 武汉: 湖北科学技术出版社, 1998
28. 惠伯棣主编. 类胡萝卜素化学及生物化学 [M]. 北京: 中国轻工业出版社, 2005
29. 李秉定. 茶叶抗氧化剂的研究. 无锡轻工学院博士论文, 1989

30. 李慧芳，陈宽维．不同鸡种肌肉肌苷酸和脂肪酸含量的比较［J］．扬州大学学报（农业与生命科学版）．2004，25（3）
31. 刘秉和．要重视紫苏的利用和开发［J］．湖南中医药导报，2000，6（2）：16～18
32. 油脂加工（第1版）［M］．刘大川译．北京：中国商业出版社，1988
33. 刘喜亮，刘智峰．世界植物油料油脂的生产贸易消费概况［J］．粮油加工与食品机械，2005，（2）：14～18
34. 龙康候编．萜类化学［M］．北京：人民卫生出版社，1978
35. 苏望懿主编，油脂加工工艺学［M］．第1版，武汉：湖北科学技术出版社，1991
36. 田仁林著．谷类油脂［M］．北京：科学出版社，1987
37. 王瑞元主编．中国油脂工业发展史［M］．北京：化学工业出版社，2005
38. 吴加根．谷物与大豆食品工艺学［M］．北京：中国轻工业出版社，1995
39. 吴时敏主编．功能性油脂［M］，北京：中国轻工业出版社，2001
40. 张根旺，刘景顺．油脂工业副产品的综合利用［M］．北京：中国财政经济出版社，1989
41. 张天胜．生物表面活性剂及其应用［M］．北京：化学工业出版社，2005
42. 赵国志．世界植物油料油脂的生产贸易消费概况［J］．粮食形势，2005，（3）：29～32
43. 郑建仙．功能性食品学［M］．北京：中国轻工业出版社．2003
44. J. W. Fahey，A. T. Zalcmann，P. Talalay. The chemical diversity and distribution of glucosinolates and isothiocyanates among plants［J］. Phytochemistry，2001，56：5～51
45. 王永刚．中国油脂油料供求、贸易、政策的现状与前景［J］．中国油脂，2010，35（2）：1～5
46. Wyatt Thompson，Seth Meyer，Travis Green. The U. S. biodiesel use mandate and biodiesel feedstock markets［J］. Biomass and bioenergy，2010（34）：883～889
47. R. H. V. Corley. How much palm oil do we need?［J］. Enviromental Science and policy，2009（12）：134～139